# Einführung in die Halbleiter-Schaltungstechnik

Holger Göbel

# Einführung in die Halbleiter-Schaltungstechnik

6., aktualisierte Auflage

Holger Göbel
Helmut-Schmidt-Universität/
Universität der Bundeswehr Hamburg
Hamburg, Deutschland

Ergänzendes Material zu diesem Buch finden Sie auf
https://www.springer.com/de/book/9783662565629.

ISBN 978-3-662-56562-9           ISBN 978-3-662-56563-6 (eBook)
https://doi.org/10.1007/978-3-662-56563-6

Die Deutsche Nationalbibliothek verzeichnet diese Publikation in der Deutschen Nationalbibliografie; detaillierte bibliografische Daten sind im Internet über http://dnb.d-nb.de abrufbar.

Springer Vieweg

Gedruckt auf säurefreiem und chlorfrei gebleichtem Papier

Springer Vieweg ist ein Imprint der eingetragenen Gesellschaft Springer-Verlag GmbH, DE und ist ein Teil von Springer Nature.
Die Anschrift der Gesellschaft ist: Heidelberger Platz 3, 14197 Berlin, Germany

# Aus dem Vorwort zur ersten Auflage

Die Mikroelektronik hat seit dem Aufkommen der ersten integrierten Schaltungen Anfang der 70-er Jahre des 20. Jahrhunderts mittlerweile in praktisch allen Bereichen des täglichen Lebens Einzug gehalten. Um mit dieser Technologie umgehen zu können, aber auch deren Möglichkeiten und Grenzen realistisch einschätzen zu können, ist ein fundiertes Wissen über den Aufbau und die Funktionsweise integrierter Schaltung unerlässlich.

Die Halbleiter-Schaltungstechnik stellt dabei gemeinsam mit anderen Disziplinen, wie z.B. der technischen Informatik, einen Zugang zum Verständnis dieser wichtigen Technologie dar. Das vorliegende Buch führt den Leser in die Halbleiter-Schaltungstechnik ein und basiert auf Vorlesungen zu den Themen Elektronik und integrierte Schaltungen, die von dem Autor im Grund- und Hauptstudium des Studienganges Elektrotechnik an der Helmut-Schmidt-Universität / Universität der Bundeswehr in Hamburg seit 1997 gehalten werden.

Die Motivation zum Schreiben dieses Buches waren neben dem Wunsch von Studierenden nach einem kompakten und dennoch leicht verständlichen Skript zahlreiche Anfragen nach dem an der Professur für Elektronik der Helmut-Schmidt-Universität / Universität der Bundeswehr in Hamburg entwickelten interaktiven Lehr- und Lernprogramm S.m.i.L.E, welches nun als Beilage zu diesem Buch erscheint.

Das Buch ist so aufgebaut, dass es dem Leser die grundlegenden Prinzipien und die Funktionsweise von Bauelementen und Schaltungen vermittelt, ohne ihn jedoch mit einer Fülle von Informationen zu überfordern. So wird die Halbleiterphysik nur soweit erklärt, wie sie zum Verständnis der Funktion der wichtigsten Halbleiterbauelemente nötig ist, welche dann in den nachfolgenden Kapiteln des Buches beschrieben werden. Auch in der Schaltungstechnik beschränkt sich das Buch auf die wichtigsten Grundschaltungen, wobei die entsprechenden Gleichungen so abgeleitet werden, dass der Leser in die Lage versetzt wird, die Vorgehensweise auch auf andere, komplexe Schaltungen zu übertragen. Neben den wichtigsten analogen Grundschaltungen und deren Eigenschaften, vom einstufigen Spannungsverstärker bis hin zum integrierten Operationsverstärker, gibt das Buch auch eine Übersicht über den Entwurf digitaler Schaltungen in unterschiedlichen Technologien.

Das Verständnis des Lehrstoffes wird dabei durch den strukturierten Aufbau sowie die Hervorhebung der wichtigsten Gleichungen und Textaussagen erleichtert. Zudem sind in dem Text Verweise auf das interaktive Lernprogramm S.m.i.L.E eingefügt, mit dem sich

der Leser komplexe Zusammenhänge mit Hilfe interaktiver Applets selbst veranschaulichen kann. Das gleiche gilt für die in dem Buch vorgestellten Schaltungen, zu denen
PSpice-Dateien zur Verfügung gestellt werden, die es dem Leser ermöglichen, die Funktion der Schaltungen an praktischen Beispielen selbst nachzuvollziehen.

Hamburg, Deutschland                                                    Holger Göbel
Frühjahr 2005

# Vorwort zur sechsten Auflage

Die sechste Auflage ist inhaltlich, bis auf kleinere Korrekturen, mit der fünften Auflage identisch. Insbesondere wurde bei dem das Buch begleitenden Schaltungssimulator PSpice an der Version 9.1 festgehalten, da diese nicht nur einfacher zu bedienen ist, sondern auch weniger Einschränkungen unterliegt als die aktuelle Version des Programms. Geändert hat sich hingegen der Buchsatz, so dass das Buch nun auch auf mobilen Endgeräten komfortabel gelesen werden kann. Entsprechendes gilt für die das Buch ergänzenden Applets, die von der Webseite http://smile.hsu-hh.de aufrufbar sind. Diese wurden hinsichtlich Bedienung und Darstellung ebenfalls für die Nutzung auf mobilen Endgeräten optimiert.

Hamburg, Deutschland                                                                      Holger Göbel
Frühjahr 2018

# Liste der verwendeten Symbole

## Formelzeichen

| Name | Bedeutung | Einheit |
|------|-----------|---------|
| $a, A$ | Übertragungsfunktion | |
| $A(s)$ | komplexe Übertragungsfunktion | |
| $A(j\omega)$ | Frequenzgang | |
| $\lvert A(j\omega)\rvert$ | Amplitudengang | |
| $a^*$ | Übertragungsfunktion der erweiterten Schaltung | |
| $A$ | Fläche | $m^2$ |
| $A_u$ | Spannungsverstärkung | 1 |
| $A_{u'}$ | Spannungsverstärkung der vereinfachten Schaltung | 1 |
| $B_N$ | Stromverstärkung im Normalbetrieb | 1 |
| $B_I$ | Stromverstärkung im Inversbetrieb | 1 |
| $C$ | Kapazität | F |
| $C_L$ | Lastkapazität | F |
| $C_{\mathrm{ox}}$ | Oxidkapazität | F |
| $C'$ | Kapazität pro Fläche | $F\,m^{-2}$ |
| $C_{\mathrm{BE}}$ | Basis-Emitterkapazität | F |
| $C_{\mathrm{BC}}$ | Basis-Kollektorkapazität | F |
| $C_d$ | Diffusionskapazität | F |
| $C_j$ | Sperrschichtkapazität | F |
| $C_{j0}$ | Sperrschichtkapazität bei $U_{pn} = 0\,\mathrm{V}$ Sperrspannung | F |
| $d_{\mathrm{ox}}$ | Oxiddicke | m |
| $D_n$ | Diffusionskoeffizient der Elektronen | $m^2\,s^{-1}$ |
| $D_p$ | Diffusionskoeffizient der Löcher | $m^2\,s^{-1}$ |
| $E$ | Elektrische Feldstärke | $V\,m^{-1}$ |
| $E_e$ | Bestrahlungsstärke | $W\,m^{-2}$ |
| $E_{\max}$ | Maximalwert der elektrischen Feldstärke | $V\,m^{-1}$ |
| $E_v$ | Beleuchtungsstärke | lx |
| $E_{\mathrm{ph}}$ | Photonenbestrahlungsstärke | $s^{-1}\,m^{-2}$ |

| Name | Bedeutung | Einheit |
|---|---|---|
| $F(W)$ | Fermiverteilung | 1 |
| $g_D$ | Diodenleitwert | $\mathrm{A\,V^{-1}}$ |
| $g_m$ | Steilheit | $\mathrm{A\,V^{-1}}$ |
| $g_\pi$ | Transistoreingangsleitwert | $\mathrm{A\,V^{-1}}$ |
| $g_0$ | Transistorausgangsleitwert | $\mathrm{A\,V^{-1}}$ |
| $G$ | Generationsrate | $\mathrm{m^{-3}\,s^{-1}}$ |
| $G$ | Gleichtaktunterdrückung | 1 |
| $G_{\mathrm{ph}}$ | Fotogenerationsrate | $\mathrm{m^{-3}\,s^{-1}}$ |
| $i$ | Impuls | $\mathrm{kg\,m\,s^{-1}}$ |
| $i$ | Kleinsignalstrom | A |
| $I$ | Strom, allgemein | A |
| $I]$ | Quellenvektor | A |
| $I_B$ | Basisstrom | A |
| $I_C$ | Kollektorstrom | A |
| $I_{\mathrm{DS}}$ | Drain-Source-Strom | A |
| $I_e$ | Strahlstärke | $\mathrm{W\,sr^{-1}}$ |
| $I_E$ | Emitterstrom | A |
| $I_G$ | Gatestrom | A |
| $I_{\mathrm{ph}}$ | Fotostrom | A |
| $I_{\mathrm{pp}}$ | primärer Fotostrom | A |
| $I_v$ | Lichtstärke | cd |
| $I_S$ | Sperrstrom der Diode | A |
| $I_S$ | Transfersättigungsstrom des Bipolartransistors | A |
| $I_T$ | Transferstrom des Bipolartransistors | A |
| $j$ | Stromdichte | $\mathrm{A\,m^{-2}}$ |
| $j$ | imaginäre Einheit | |
| $j_{\mathrm{Diff}}$ | Diffusionsstromdichte | $\mathrm{A\,m^{-2}}$ |
| $j_{\mathrm{Drift}}$ | Driftstromdichte | $\mathrm{A\,m^{-2}}$ |
| $j_{\mathrm{ges}}$ | Gesamtstromdichte | $\mathrm{A\,m^{-2}}$ |
| $j_n$ | Elektronenstromdichte | $\mathrm{A\,m^{-2}}$ |
| $j_p$ | Löcherstromdichte | $\mathrm{A\,m^{-2}}$ |
| $k$ | Rückkopplungsfaktor | |
| $k_n$ | Verstärkungsfaktor des Prozesses (n-MOS) | $\mathrm{A\,V^{-2}}$ |
| $k_p$ | Verstärkungsfaktor des Prozesses (p-MOS) | $\mathrm{A\,V^{-2}}$ |
| $l$ | Länge, allgemein | m |
| $l$ | Kanallänge des Feldeffekttransistors | m |
| $L_e$ | Strahldichte | $\mathrm{W\,sr^{-1}m^{-2}}$ |
| $L_n$ | Diffusionslänge der Elektronen | m |
| $L_p$ | Diffusionslänge der Löcher | m |
| $L_v$ | Leuchtdichte | $\mathrm{cd\,m^{-2}}$ |
| $M$ | Kapazitätskoeffizient | 1 |

| Name | Bedeutung | Einheit |
|---|---|---|
| $n$ | Elektronendichte | $m^{-3}$ |
| $n$ | Nullstelle der Übertragungsfunktion | $rad\,s^{-1}$ |
| $n_B$ | Elektronendichteverteilung in der Basis | $m^{-3}$ |
| $n_i$ | Intrinsicdichte | $m^{-3}$ |
| $n_n$ | Elektronendichte im n-Gebiet | $m^{-3}$ |
| $n_p$ | Elektronendichte im p-Gebiet | $m^{-3}$ |
| $n_0$ | Elektronendichte im thermodynamischen Gleichgewicht | $m^{-3}$ |
| $n'$ | Überschusselektronendichte | $m^{-3}$ |
| $N$ | Emissionskoeffizient | 1 |
| $N(W)$ | Zustandsdichte | $m^{-3}$ |
| $N_A$ | Akzeptordichte | $m^{-3}$ |
| $N_C$ | Äquivalente Zustandsdichte an der Leitungsbandkante | $m^{-3}$ |
| $N_D$ | Donatordichte | $m^{-3}$ |
| $N_V$ | Äquivalente Zustandsdichte an der Valenzbandkante | $m^{-3}$ |
| $p$ | Löcherdichte | $m^{-3}$ |
| $p$ | Polstelle der Übertragungsfunktion | $rad\,s^{-1}$ |
| $p'$ | Überschusslöcherdichte | $m^{-3}$ |
| $p_n$ | Löcherdichte im n-Gebiet | $m^{-3}$ |
| $p_p$ | Löcherdichte im p-Gebiet | $m^{-3}$ |
| $p_0$ | Löcherdichte im thermodynamischen Gleichgewicht | $m^{-3}$ |
| $Q$ | Ladung, allgemein | $A\,s$ |
| $Q_d$ | Diffusionsladung | $A\,s$ |
| $Q_j$ | Sperrschichtladung | $A\,s$ |
| $r_\pi$ | Transistoreingangswiderstand | $V\,A^{-1}$ |
| $r_0$ | Transistorausgangswiderstand | $V\,A^{-1}$ |
| $R$ | Rekombinationsrate | $m^{-3}\,s^{-1}$ |
| $R$ | Widerstand, allgemein | $V\,A^{-1}$ |
| $R_a$ | Lastwiderstand | $V\,A^{-1}$ |
| $R_{aus}$ | Ausgangswiderstand | $V\,A^{-1}$ |
| $R_{aus'}$ | Ausgangswiderstand der vereinfachten Schaltung | $V\,A^{-1}$ |
| $R_{aus}^*$ | Ausgangswiderstand der erweiterten Schaltung | $V\,A^{-1}$ |
| $R_e$ | Quellwiderstand | $V\,A^{-1}$ |
| $R_{ein}$ | Eingangswiderstand | $V\,A^{-1}$ |
| $R_{ein'}$ | Eingangswiderstand der vereinfachten Schaltung | $V\,A^{-1}$ |
| $R_{ein}^*$ | Eingangswiderstand der erweiterten Schaltung | $V\,A^{-1}$ |
| $R_k$ | Rückkopplungswiderstand | $V\,A^{-1}$ |
| $R_\square$ | Flächenwiderstand | $V\,A^{-1}$ |
| $t_f$ | Abfallzeit | $s$ |
| $t_r$ | Anstiegszeit | $s$ |
| $t_S$ | Speicherzeit | $s$ |
| $T$ | Temperatur | $K$ |

| Name | Bedeutung | Einheit |
|------|-----------|---------|
| $u$ | Kleinsignalspannung | V |
| $U$ | Spannung, allgemein | V |
| $U]$ | Knotenpotentialvektor | V |
| $U_a$ | Ausgangsspannung | V |
| $u_a$ | Kleinsignalausgangsspannung | V |
| $u_{a'}$ | Kleinsignalausgangsspng. der vereinfachten Schaltung | V |
| $U_{AN}$ | Early-Spannung | V |
| $U_{br}$ | Durchbruchspannung | V |
| $U_B$ | Versorgungsspannung | V |
| $U_{B+}$ | Positive Versorgungsspannung | V |
| $U_{B-}$ | Negative Versorgungsspannung | V |
| $U_{\mathrm{BC}}$ | Basis-Kollektor-Spannung | V |
| $U_{\mathrm{BE}}$ | Basis-Emitter-Spannung | V |
| $U_{\mathrm{CE_{Sat}}}$ | Kollektor-Emitter-Sättigungsspannung | V |
| $U_{\mathrm{CE}}$ | Kollektor-Emitter-Spannung | V |
| $U_{\mathrm{DS}}$ | Drain-Source-Spannung | V |
| $U_{\mathrm{DS,sat}}$ | Drain-Source-Sättigungsspannung | V |
| $U_e$ | Eingangsspannung | V |
| $u_e$ | Kleinsignaleingangsspannung | V |
| $u_{e'}$ | Kleinsignaleingangsspng. der vereinfachten Schaltung | V |
| $U_{\mathrm{GS}}$ | Gate-Source-Spannung | V |
| $U_K$ | Kanalpotenzial | V |
| $U_{\mathrm{ox}}$ | Spannung über dem Gateoxid | V |
| $U_{pn}$ | Spannung über dem pn-Übergang | V |
| $U_{\mathrm{SB}}$ | Source-Bulk-Spannung | V |
| $U_{Th}$ | Einsatzspannung | V |
| $v_n$ | Driftgeschwindigkeit der Elektronen | $\mathrm{m\,s^{-1}}$ |
| $v_p$ | Driftgeschwindigkeit der Löcher | $\mathrm{m\,s^{-1}}$ |
| $w$ | Weite, allgemein | m |
| $w_E$ | Emitterweite | m |
| $W$ | Energie, allgemein | eV |
| $w_n$ | Länge des neutralen n-Gebietes | m |
| $w_p$ | Länge des neutralen p-Gebietes | m |
| $W_A$ | Akzeptorniveau | eV |
| $W_D$ | Donatorniveau | eV |
| $W_C$ | Energieniveau der Leitungsbandkante | eV |
| $W_D$ | Donatorniveau | eV |
| $W_{em}$ | Energie eines emittierten Photons | eV |
| $W_{Ex}$ | Austrittsarbeit | eV |
| $W_F$ | Ferminiveau | eV |
| $W_g$ | Bandabstand | eV |
| $W_i$ | Intrinsicniveau | eV |

| Name | Bedeutung | Einheit |
|---|---|---|
| $W_{\mathrm{kin},n}$ | Kinetische Energie der Elektronen | eV |
| $W_{\mathrm{ph}}$ | Photonenenergie | eV |
| $W_V$ | Energieniveau der Valenzbandkante | eV |
| $W_X$ | Elektronenaffinität | eV |
| $x_B$ | Basisweite | m |
| $x_n$ | Ausdehnung der Raumladungszone im n-Gebiet | m |
| $x_p$ | Ausdehnung der Raumladungszone im p-Gebiet | m |
| $[Y]$ | Leitwertmatrix | $\mathrm{AV^{-1}}$ |
| $\beta_n$ | Verstärkungsfaktor des n-Kanal MOSFET | $\mathrm{AV^{-2}}$ |
| $\beta_p$ | Verstärkungsfaktor des p-Kanal MOSFET | $\mathrm{AV^{-2}}$ |
| $\beta_N$ | Kleinsignalstromverstärkung des Bipolartransistors | 1 |
| $\varepsilon_r$ | Relative Dielektrizitätszahl | 1 |
| $\eta$ | Wirkungsgrad, allgemein | 1 |
| $\eta_{\mathrm{inj}}$ | Injektionswirkungsgrad | 1 |
| $\eta_{\mathrm{opt}}$ | optischer Wirkungsgrad | 1 |
| $\eta_q$ | Quantenwirkungsgrad | 1 |
| $\eta_P$ | Leistungswirkungsgrad | 1 |
| $\eta_{q,\mathrm{ext}}$ | externer Quantenwirkungsgrad | 1 |
| $\eta_{q,\mathrm{int}}$ | interner Quantenwirkungsgrad | 1 |
| $\mu_n$ | Beweglichkeit der Elektronen | $\mathrm{m^2\,V^{-1}\,s^{-1}}$ |
| $\mu_p$ | Beweglichkeit der Löcher | $\mathrm{m^2\,V^{-1}\,s^{-1}}$ |
| $\varphi$ | Phase | ° |
| $\varphi(j\omega)$ | Phasengang | ° |
| $\varphi_R$ | Phasenrand | ° |
| $\Phi_e$ | Strahlungsleistung | W |
| $\Phi_i$ | Diffusionspotenzial | V |
| $\Phi_K$ | Kontaktpotenzial | V |
| $\Phi_{\mathrm{ph}}$ | Photonenstrom | $\mathrm{s^{-1}}$ |
| $\Phi_v$ | Lichtstrom | lm |
| $\rho$ | Ladungsdichte | $\mathrm{A\,s\,m^{-3}}$ |
| $\sigma$ | Elektrische Leitfähigkeit | $\mathrm{AV^{-1}\,m^{-1}}$ |
| $\sigma_n$ | Flächenladungsdichte | $\mathrm{A\,s\,m^{-2}}$ |
| $\tau_n$ | Lebensdauer der Elektronen | s |
| $\tau_N$ | Transitzeit im Normalbetrieb | s |
| $\tau_I$ | Transitzeit im Inversbetrieb | s |
| $\tau_p$ | Lebensdauer der Löcher | s |
| $\tau_T$ | Transitzeit | $s$ |
| $\omega$ | Kreisfrequenz, allgemein | $\mathrm{rad\,s^{-1}}$ |
| $\omega_\beta$ | Beta-Grenzfrequenz | $\mathrm{rad\,s^{-1}}$ |
| $\omega_H$ | obere Grenzfrequenz | $\mathrm{rad\,s^{-1}}$ |
| $\omega_L$ | untere Grenzfrequenz | $\mathrm{rad\,s^{-1}}$ |
| $\omega_T$ | Transitfrequenz | $\mathrm{rad\,s^{-1}}$ |

## Sonstige Symbole

| Name | Bedeutung |
|------|-----------|
| // | Parallelschaltung |
| · | logische UND-Verknüpfung |
| + | logische ODER-Verknüpfung |

## Physikalische Konstanten

| Name | Bedeutung | Wert |
|------|-----------|------|
| $c$ | Lichtgeschwindigkeit im Vakuum | $2{,}997 \times 10^8 \, \mathrm{ms^{-1}}$ |
| $h$ | Planck'sches Wirkungsquantum | $4{,}135 \times 10^{-15} \, \mathrm{eV \, s}$ |
| $q$ | Elementarladung | $1{,}6 \times 10^{-19} \, \mathrm{A \, s}$ |
| $k$ | Boltzmann-Konstante | $1{,}38 \times 10^{-23} \, \mathrm{J \, K^{-1}}$ |
| $\varepsilon_0$ | Dielektrizitätszahl des Vakuums | $8{,}854 \times 10^{-12} \, \mathrm{A \, s \, V^{-1} \, m^{-1}}$ |

## Materialeigenschaften von Silizium

| Name | Bedeutung | Wert bei $T = 300 \, \mathrm{K}$ |
|------|-----------|------|
| $W_G$ | Bandabstand | $1{,}1 \, \mathrm{eV}$ |
| $\varepsilon_r$ | relative Dielektrizitätszahl von Si | $11{,}9$ |
| $\varepsilon_{ox}$ | relative Dielektrizitätszahl von $SiO_2$ | $3{,}9$ |
| $n_i$ | Intrinsicdichte | $1{,}5 \times 10^{16} \, \mathrm{m^{-3}}$ |
| $N_C$ | Äquivalente Zustandsdichte | $2{,}8 \times 10^{25} \, \mathrm{m^{-3}}$ |
| $N_V$ | Äquivalente Zustandsdichte | $1{,}04 \times 10^{25} \, \mathrm{m^{-3}}$ |
| $\mu_n$ | Beweglichkeit der Elektronen | $0{,}135 \, \mathrm{m^2 \, V^{-1} \, s^{-1}}$ |
| $\mu_p$ | Beweglichkeit der Löcher | $0{,}048 \, \mathrm{m^2 \, V^{-1} \, s^{-1}}$ |

# Inhaltsverzeichnis

# Grundlagen der Halbleiterphysik

**1**

## 1.1 Grundlegende Begriffe

### 1.1.1 Das Bändermodell

Nach dem Bohr'schen Atommodell bestehen Atome aus einem positiv geladenen Atomkern, um den herum sich negativ geladene Elektronen auf einzelnen Bahnen bewegen. Jeder Bahn kann dabei ein bestimmter Energiewert $W$ zugeordnet werden, der mit zunehmendem Bahnradius größer wird. Trägt man die möglichen Energieniveaus in ein Diagramm ein, erhält man einzelne Linien, deren Abstände zueinander für ein Atom charakteristisch sind. Der Abstand $\Delta W$ zwischen zwei Linien entspricht dann genau der Energie, die nötig ist, um das Elektron von einer inneren Bahn auf eine weiter außen gelegene Bahn zu bringen, wie im folgenden einfachen Beispiel schematisch dargestellt ist. Die Energie kann dabei zum Beispiel durch Erhöhung der Temperatur oder durch Bestrahlung mit Licht aufgebracht werden. Im Ruhezustand, d. h. ohne Zufuhr von Energie, nehmen die Elektronen den energetisch niedrigsten Zustand ein, d. h. die Elektronen befinden sich auf den innersten Bahnen (Abb. 1.1).

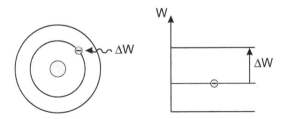

**Abb. 1.1** Modell eines Atoms mit zwei Energiezuständen und dazugehöriges Liniendiagramm

 S.m.i.L.E: 1.1_Energiezustände

© Springer-Verlag GmbH Deutschland, ein Teil von Springer Nature 2019
H. Göbel, *Einführung in die Halbleiter-Schaltungstechnik*,
https://doi.org/10.1007/978-3-662-56563-6_1

Wir wollen nun statt eines einzelnen Atoms mehrere Atome betrachten, die dicht nebeneinander angeordnet sind. In diesem Fall beobachtet man wegen der Wechselwirkung der Atome untereinander eine Aufspaltung der einzelnen Energiezustände. Die Aufspaltung ist um so größer, je geringer der Abstand der Atome zueinander ist, wie in Abb. 1.2 schematisch dargestellt ist. Dieses Verhalten ist vergleichbar mit dem verkoppelter Resonatoren, bei denen durch Wechselwirkung eine Aufspaltung der Resonanzfrequenzen auftritt.

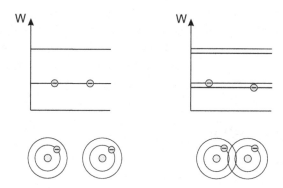

**Abb. 1.2** Die Wechselwirkung zwischen Atomen führt zu einer Aufspaltung der Energieniveaus

 S.m.i.L.E: 1.1_Wechselwirkung

Bei sehr vielen miteinander in Wechselwirkung stehenden Atomen, wie z. B. in Festkörpern, erfolgt die Aufspaltung demzufolge in sehr viele einzelne Zustände, so dass man nicht mehr von diskreten Energiezuständen, sondern von Energiebändern spricht. Für sehr niedrige Temperaturen befinden sich alle Elektronen in dem energetisch tiefer liegenden Band, dem Valenzband, während das obere Band, das Leitungsband, vollständig unbesetzt ist. Den Bereich zwischen dem Valenz- und dem Leitungsband nennt man Bandlücke oder das verbotene Band, da hier keine Energiezustände existieren, die von Elektronen besetzt werden können. Der Abstand zwischen der Valenzbandkante $W_V$ und der Leitungsbandkante $W_C$ ist der Bandabstand $W_g$ (Abb. 1.3).

Grundsätzlich weisen alle Festkörper eine solche Bandstruktur auf, insbesondere auch Silizium, ein Material, welches in kristalliner Form als Grundsubstanz zur Herstellung von Halbleitern verwendet wird und dessen Eigenschaften wir im Folgenden genauer untersuchen werden.

**Merksatz 1.1**
Die Energiezustände von Elektronen in einem Festkörper lassen sich in dem so genannten Bänderdiagramm darstellen. Bei $T = 0\,\mathrm{K}$ ist das Valenzband vollständig mit Elektronen besetzt, während sich in dem Leitungsband keine Elektronen befinden.

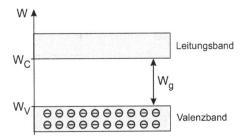

**Abb. 1.3** Bänderdiagramm eines Halbleiters. Bei $T = 0\,\mathrm{K}$ ist das Valenzband voll mit Elektronen besetzt, während sich in dem Leitungsband keine Elektronen befinden

 S.m.i.L.E: 1.1_Atome

### 1.1.2 Silizium als Halbleiter

Silizium ist ein vierwertiges Element, d. h. auf der äußeren Schale befinden sich vier Elektronen, die Valenzelektronen, welche Bindungen mit benachbarten Atomen eingehen können. Die weiter innen liegenden Schalen sind voll besetzt und daher für die Bindungseigenschaften des Atoms nicht von Bedeutung. In den nachfolgenden Darstellungen werden daher diese Schalen der Übersichtlichkeit halber nicht weiter dargestellt, sondern nur die vier äußeren Elektronen.

**Das Kristallgitter**
In einem Siliziumkristall sind die einzelnen Siliziumatome in einer regelmäßigen, räumlichen Struktur, dem Kristallgitter, angeordnet. Dabei geht jedes der vier Valenzelektronen eine Bindung mit einem anderen, benachbarten Siliziumatom ein, wie in Abb. 1.4, links, schematisch dargestellt ist. Bei $T = 0\,\mathrm{K}$ sind alle Elektronen fest an die Siliziumatome gebunden. Die Elektronen können sich also nicht frei in dem Halbleiter bewegen, so dass auch kein Ladungstransport stattfinden kann. Im Bänderdiagramm ist dieser Zustand dadurch gekennzeichnet, dass sich alle Elektronen in dem Valenzband befinden und das Leitungsband unbesetzt ist (Abb. 1.4, rechts).

**Eigenleitungsträgerdichte**
Erwärmt man den Siliziumkristall, erhöht sich die mittlere Energie der Elektronen. Ist dabei die aufgenommene Energie eines Elektrons größer als der Bandabstand $W_g$, der im Fall von Silizium bei etwa $1,1\,\mathrm{eV}$ liegt, so kann das Elektron vom Valenzband in das Leitungsband gelangen. In dem Halbleiterkristall entspricht dies dem Aufbrechen einer Bindung, so dass nun ein freies Elektron existiert, welches sich im Halbleiterkristall bewegen und damit Ladung transportieren kann (Abb. 1.5). Die Zahl der freien Elektronen hat damit einen entscheidenden Einfluss auf die elektrischen Eigenschaften des Halbleiters, wie wir später noch genauer untersuchen werden.

Je höher die Temperatur ist, um so mehr Elektronen können die Bandlücke überwinden; die Anzahl der freien Elektronen im Halbleiter steigt daher mit zunehmender

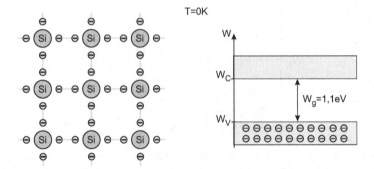

**Abb. 1.4** Bei $T = 0$ K sind in dem Kristallgitter alle Bindungen intakt; im Bänderdiagramm befinden sich entsprechend alle Elektronen im Valenzband

   S.m.i.L.E: 1.1_Kristallgitter

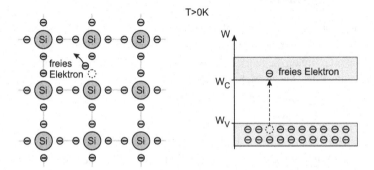

**Abb. 1.5** Durch Temperaturerhöhung brechen in dem Kristallgitter einzelne Bindungen auf, was im Bänderdiagramm dem Übergang von Elektronen vom Valenz- in das Leitungsband entspricht

   S.m.i.L.E: 1.1_Undotierter Halbleiter

Temperatur $T$. Die auf das Volumen bezogene Dichte der durch thermische Generation erzeugten freien Elektronen im Halbleiter nennt man Eigenleitungsträgerdichte oder Intrinsicdichte $n_i$. Für Silizium liegt dieser Wert bei Raumtemperatur bei etwa $n_i = 1{,}5 \times 10^{10}$ cm$^{-3}$ und steigt stark mit zunehmender Temperatur an (Abb. 1.6).

---

**Merksatz 1.2**

Durch Temperaturerhöhung brechen Bindungen in dem Siliziumkristall auf, so dass freie Elektronen entstehen, die sich im Kristall bewegen können. Im Bänderdiagramm entspricht dies dem Übergang von Elektronen aus dem Valenz- in das Leitungsband.

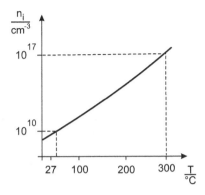

**Abb. 1.6** Die Eigenleitungsträgerdichte von Silizium steigt mit zunehmender Temperatur stark an

### 1.1.3 Das thermodynamische Gleichgewicht

Nach Abb. 1.5 hinterlässt ein Elektron, das vom Valenzband ins Leitungsband gelangt, im Valenzband eine Lücke, ein so genanntes Loch. Durch das Aufbrechen von Bindungen in einem reinen Siliziumkristall kommt es also zur Erzeugung von Elektron-Loch-Paaren, wobei der Halbleiter nach außen stets neutral bleibt. Diesen Prozess bezeichnet man als thermische Generation von Ladungsträgern. Die Generationsrate $G$ hängt dabei von der Temperatur $T$ ab, so dass man allgemein schreiben kann

$$G = G(T) \,. \tag{1.1}$$

Der Generation von Ladungsträgern steht ein Rekombinationsprozess gegenüber, der zum Verschwinden von Ladungsträgern führt. Dabei nimmt die Wahrscheinlichkeit, dass ein Elektron mit einem Loch rekombiniert, mit der Anzahl der Reaktionspartner zu. Die Rekombinationsrate $R$ lässt sich daher durch den Ansatz

$$R = r(T)np \tag{1.2}$$

beschreiben, wobei $n$ die Elektronendichte und $p$ die Löcherdichte pro Volumen ist. Der Rekombinationskoeffizient $r(T)$ ist eine temperaturabhängige Proportionalitätskonstante, die wir später noch genauer untersuchen werden. Durch die beiden gegenläufigen Prozesse Generation und Rekombination stellt sich somit für jede Temperatur $T$ in dem Halbleiter ein Gleichgewichtszustand, das so genannte thermodynamische Gleichgewicht, ein, in welchem die Generationsrate gleich der Rekombinationsrate ist, d. h. es gilt

$$G(T) = R(T) \,. \tag{1.3}$$

Zur Kennzeichnung des thermodynamischen Gleichgewichts verwenden wir den Index 0 bei den Ladungsträgerdichten, so dass wir schreiben können

$$G(T) = r(T) n_0 p_0 \tag{1.4}$$

und damit

$$\frac{G(T)}{r(T)} = n_0 p_0 .$$ (1.5)

Da bei den bisher betrachteten undotierten Halbleitern wegen der paarweisen Generation und Rekombination die Löcherdichte gleich der Elektronendichte ist, d. h. $p_0 = n_0 = n_i$ gilt, ergibt sich für das so genannte Dichteprodukt $n_0 p_0$ der Ausdruck

$$\boxed{n_0 p_0 = n_i^2}.$$ (1.6)

Diese wichtige Beziehung, welche wir später zur Berechnung der Ladungsträgerdichten im Halbleiter nutzen werden, bezeichnet man als das Massenwirkungsgesetz.

**Bänderdiagramm und Leitfähigkeit**

Da die Elektronen, um in das Leitungsband zu kommen, die Bandlücke überwinden müssen, hängt die Zahl der freien Elektronen ebenso von dem Abstand zwischen Valenz- und Leitungsband ab. Je kleiner der Bandabstand $W_g$, um so leichter können Elektronen vom Valenzband in das Leitungsband gelangen und desto höher ist die Leitfähigkeit des Materials. Abb. 1.7 zeigt den Vergleich von Bänderdiagrammen verschiedener Materialien. Ist der Bandabstand sehr gering oder, wie bei Metallen, nicht vorhanden, handelt es sich um elektrisch gut leitende Materialien. Bei sehr großem Bandabstand ($W_g > 3\,\text{eV}$) können Elektronen nur sehr schwer die Bandlücke zwischen Valenz- und Leitungsband überwinden; man spricht in diesem Fall von Isolatoren. Materialien mit einem Bandabstand im Bereich von etwa $1\,\text{eV}$, wie z. B. Silizium, bezeichnet man als Halbleiter, deren elektrische Leitfähigkeit zwischen der von Leitern und Isolatoren liegt.

**Merksatz 1.3**
Frei werdende Elektronen hinterlassen im Kristallgitter Stellen, an denen Elektronen fehlen, so genannte Löcher. Im thermodynamischen Gleichgewicht genügt die Elektronen- und Löcherdichte dem Massenwirkungsgesetz.

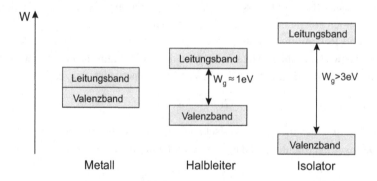

**Abb. 1.7** Vergleich der Bänderdiagramme von Metallen, Halbleitern und Isolatoren

### 1.1.4 Dotierte Halbleiter

Zur Herstellung von elektronischen Bauelementen werden Halbleiter benötigt, bei denen eine Ladungsträgerart dominiert, was durch Einbau von Fremdatomen, das so genannte Dotieren, erreicht werden kann. Je nachdem ob in dem Halbleiter mehr Elektronen oder mehr Löcher vorhanden sind bezeichnet man diesen als n- oder p-dotierten Halbleiter.

**n-dotierte Halbleiter**
Einen Halbleiter, bei dem im thermodynamischen Gleichgewicht mehr freie Elektronen als Löcher vorhanden sind, nennt man n-Typ Halbleiter. Dies lässt sich dadurch erreichen, dass bei der Herstellung der Siliziumkristall mit einem fünfwertigen Element wie z. B. Phosphor dotiert, d. h. verunreinigt wird, wobei die Dichte der Dotieratome dabei typischerweise im Bereich von $10^{12}\,\mathrm{cm}^{-3}$ bis $10^{18}\,\mathrm{cm}^{-3}$ liegt. Dies bedeutet, dass in dem Kristallgitter einige Siliziumatome durch Phosphoratome ersetzt werden, wobei jeweils eine Bindung der fünfwertigen Phosphoratome in dem Kristallgitter ungesättigt bleibt. Die zum Ionisieren des Phosphoratoms nötige Energie, die im Bereich einiger meV liegt, wird im Bänderdiagramm durch den Abstand $W_C - W_D$ zwischen dem so genannten Donatorniveau $W_D$ und der Leitungsbandkante $W_C$ dargestellt (Abb. 1.8).

Da die Bindungsenergie dieses ungesättigten Elektrons an das Phosphoratom sehr gering ist, genügt bereits die thermische Energie bei Raumtemperatur, um das Phosphoratom zu ionisieren, d. h. das Elektron von Atomrumpf abzulösen. Man erhält dann ein freies Elektron sowie ein ortsfestes positiv ionisiertes Phosphoratom $P^+$ (Abb. 1.9). Da das Phosphoratom ein Elektron abgibt, bezeichnet man Phosphor in diesem Zusammenhang auch als Donator.

An dieser Stelle sei angemerkt, dass der Halbleiter bei den beschriebenen Vorgängen nach außen stets neutral bleibt, da jedem Elektron ein positiv ionisiertes Dotierungsatom gegenübersteht.

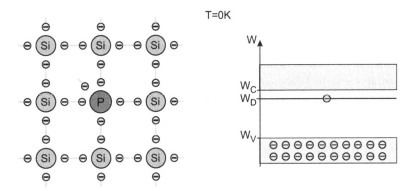

**Abb. 1.8** Das Dotieren des Silizium-Kristallgitters mit fünfwertigen Atomen bewirkt, dass sich zusätzliche Elektronen in dem Kristallgitter befinden, die sich sehr leicht aus den Bindungen lösen lassen

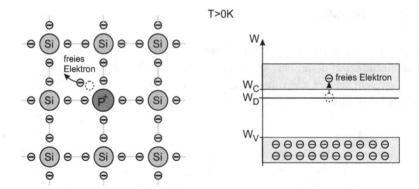

**Abb. 1.9** Bei $T > 0$ K ionisieren die Dotieratome, so dass sich die Elektronen frei im Kristallgitter bewegen können, was im Bänderdiagramm dem Übergang in das Leitungsband entspricht

 S.m.i.L.E: 1.1_n-dotierter Halbleiter

Wegen der geringen Ionisierungsenergie $W_C - W_D$ sind bereits bei Raumtemperatur nahezu alle Dotieratome ionisiert, d. h. die Dichte $n_0$ der freien Elektronen ist etwa gleich der Dichte der Dotieratome $N_D$, d. h.

$$\boxed{n_0 = N_D} . \tag{1.7}$$

Die Löcherdichte $p_0$ lässt sich aus dem bereits erwähnten Massenwirkungsgesetz (1.6) bestimmen. Mit

$$p_0 = \frac{n_i^2}{n_0} \tag{1.8}$$

erhält man

$$\boxed{p_0 = \frac{n_i^2}{N_D}} . \tag{1.9}$$

Die Elektronendichte $n_0$ liegt im thermodynamischen Gleichgewicht also deutlich über der Löcherdichte $p_0$, so dass man die Elektronen in einem n-Halbleiter auch als Majoritätsladungsträger und die Löcher als Minoritätsladungsträger bezeichnet.

Die abgeleiteten Beziehungen für die Ladungsträgerdichten gelten innerhalb eines relativ großen Temperaturbereiches. Bei sehr niedrigen Temperaturen trifft jedoch die Annahme nicht mehr zu, dass alle Dotieratome ionisiert sind. Die Elektronendichte im n-Halbleiter ist daher für sehr niedrige Temperaturen geringer als die Dichte der Dotieratome. Bei sehr hohen Temperaturen wird die thermische Energie schließlich so groß, dass die Eigenleitungsträgerdichte $n_i$ gegenüber der durch Dotierung hervorgerufenen Ladungsträgerdichte dominiert. Damit ergibt sich der in Abb. 1.10 am Beispiel eines n-Halbleiters dargestellte Verlauf der Majoritätsladungsträgerdichte über der Temperatur.

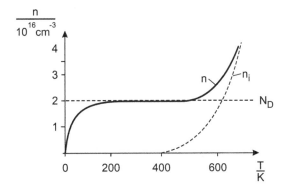

**Abb. 1.10** Die Ladungsträgerdichte in einem dotierten Siliziumhalbleiter entspricht in dem technisch relevanten Temperaturbereich der Dotierungsdichte $N_D$ und nimmt erst für sehr hohe Temperaturen zu

---

**Merksatz 1.4**
Durch Dotieren von Silizium mit Donatoratomen (z. B. Phosphor) geben diese jeweils ein Elektron ab. Die Elektronendichte im Halbleiter entspricht dann der Dichte der Donatoren.

---

**p-dotierte Halbleiter**
Bei einem p-Typ Halbleiter sind im thermodynamischen Gleichgewicht mehr Löcher als freie Elektronen vorhanden. Einen solchen Halbleiter erhält man durch Dotieren von Silizium mit einem dreiwertigen Element, wie z. B. Bor. Das Boratom wirkt dabei im Kristallgitter als so genannter Akzeptor, d. h. es nimmt im Kristallgitter sehr leicht ein viertes Elektron auf (Abb. 1.11).

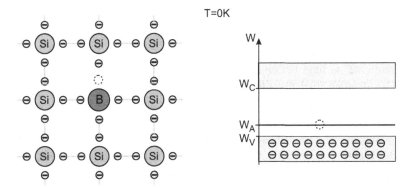

**Abb. 1.11** Das Dotieren des Silizium-Kristallgitters mit dreiwertigen Atomen bewirkt, dass freie Stellen in dem Kristallgitter entstehen, an die sich sehr leicht andere Elektronen anlagern können

Dabei entsteht ein negativ ionisiertes Boratom und ein Loch an der Stelle, an der sich das Elektron zuvor befand (Abb. 1.12), wobei der Halbleiter insgesamt jedoch neutral bleibt.

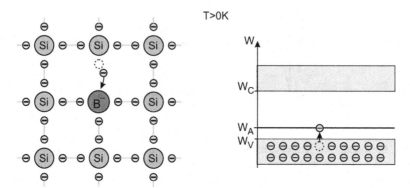

**Abb. 1.12**  Bei $T > 0\,\mathrm{K}$ ionisieren die Dotieratome, d. h. sie nehmen jeweils ein viertes Elektron aus einer der Bindungen des Kristallgitters auf

  S.m.i.L.E: 1.1_p-dotierter Halbleiter

Zur Bestimmung der Löcherdichte $p$ in einem p-Halbleiter können wir annehmen, dass wegen der geringen Ionisierungsenergie $W_A - W_V$ bereits bei Raumtemperatur alle Dotieratome ionisiert sind, d. h. jeweils ein Elektron aufgenommen haben, so dass die Löcherdichte $p_0$ gleich der Dichte $N_A$ der Dotieratome ist, also

$$p_0 = N_A \,. \tag{1.10}$$

Für die Elektronendichte $n_0$ erhält man aus dem Massenwirkungsgesetz die Beziehung

$$n_0 = \frac{n_i^2}{N_A} \,. \tag{1.11}$$

Die Löcherdichte $p_0$ liegt bei einem p-Typ Halbleiter im thermodynamischen Gleichgewicht also deutlich über der Elektronendichte $n_0$, so dass man die Löcher auch als Majoritätsladungsträger und die Elektronen als Minoritätsladungsträger bezeichnet.

An die Stelle des fehlenden Elektrons kann nun ein Elektron von einer benachbarten Bindung gelangen, welches dann seinerseits wieder ein Loch an der Stelle hinterlässt, an der sich das Elektron zuvor befand, wie in Abb. 1.13 schematisch dargestellt ist. Dieses Wandern von Löchern im Valenzband kann daher ebenfalls zum Ladungstransport beitragen, so dass wir Löcher als eigenständige Teilchen betrachten können, die eine positive Ladung besitzen.

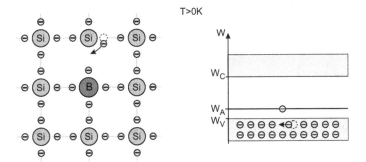

**Abb. 1.13** Der Transport von Ladung erfolgt bei einem p-dotierten Halbleiter durch die Bewegung von Elektronen im Valenzband

Bei der Darstellung der zum Ladungstransport beitragenden Teilchen genügt es daher, neben den Elektronen im Leitungsband, die Löcher im Valenzband zu betrachten, für die wir im Folgenden ein eigenes Symbol verwenden. Damit ergibt sich schließlich die vereinfachte Darstellung nach Abb. 1.14.

**Abb. 1.14** Der Ladungstransport im Valenzband kann ebenso durch positiv geladene Löcher dargestellt werden

 S.m.i.L.E: 1.1_Löcherkonzept

> **Merksatz 1.5**
> Durch Dotieren von Silizium mit Akzeptoratomen (z. B. Bor) nehmen diese jeweils ein Elektron auf und es entstehen Löcher. Die Löcherdichte im Halbleiter bestimmt sich dann aus der Dichte der Akzeptoren.

## 1.2 Grundgleichungen der Halbleiterphysik

### 1.2.1 Berechnung der Ladungsträgerdichten

Nach den oben durchgeführten qualitativen Betrachtungen wollen wir nun die Abhängigkeit der Ladungsträgerdichten von den Eigenschaften des Halbleiters genauer untersuchen. Dazu bestimmen wir zunächst die Zahl der möglichen Energiezustände, die von Ladungsträgern in den Energiebändern besetzt werden können, die so genannte Zustandsdichte $N$. Anschließend bestimmen wir die Wahrscheinlichkeit $F$, mit der diese Zustände besetzt sind. Die tatsächliche Zahl der Ladungsträger erhält man dann durch

Multiplikation der beiden Größen. Im Verlauf der Rechnung werden wir dabei auch das
so genannte Ferminiveau einführen, mit Hilfe dessen die Funktion von Halbleiterbauelementen anschaulich erklärt werden kann.

### Zustandsdichte

Bei der Einführung des Bänderdiagramms hatten wir festgestellt, dass die Bänder durch
eine Aufspaltung einzelner Energiezustände im Festkörper entstehen. Es soll nun untersucht werden, wie viel unterscheidbare Energiezustände $N(W)$ tatsächlich in einem
Bereich zwischen $W$ und $dW$ und pro Volumen existieren. Dazu gehen wir von folgenden Überlegungen aus: Ist die einem Valenzelektron zugeführte Energie $W$ größer als die
zur Überwindung des verbotenen Bandes nötige Energie, so erhält das Elektron im Leitungsband zusätzliche kinetische Energie $W_{kin,n}$ und demnach einen Impuls $i$ mit dem
Betrag (Abb. 1.15)

$$i = \sqrt{2mW_{kin,n}} \ . \tag{1.12}$$

Alle Elektronen im Leitungsband mit einer Energie zwischen $W_{kin,n}$ und $W_{kin,n} +$
$dW_{kin,n}$ haben daher einen Impuls, dessen Betrag zwischen $i$ und $i + di$ liegt. Dies heißt
anschaulich, dass die Endpunkte aller möglichen Impulsvektoren in einer Kugelschale mit
dem Radius $i$ und der Dicke $di$ liegen (Abb. 1.16).

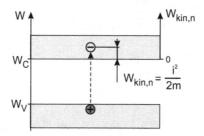

**Abb. 1.15** Ist die zugeführte Energie größer als zur Überwindung des Bandabstandes nötig, so erhält
ein Elektron einen zusätzlichen Impuls $i$

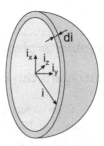

**Abb. 1.16** Die Endpunkte der Impulsvektoren liegen in einer Kugelschale, deren Radius mit der
zugeführten Energie wächst

 S.m.i.L.E: 1.2_Zustandsdichte

Je größer die Energie $W_{kin,n}$ ist, um so größer ist auch der Impuls $i$ und damit das Volumen $4\pi i^2 di$ der Kugelschale. Die Anzahl der möglichen Impulsvektoren, d. h. der Zustände, die in der Kugelschale Platz finden, steigt also mit zunehmender Energie. An der Bandkante bei $W_{kin,n} = 0$ ist das Volumen der Kugelschale und damit auch die Zustandsdichte gleich null. Eine quantitative Herleitung führt auf eine wurzelförmige Abhängigkeit der Zustandsdichte von der Energie

$$N(W) \sim \sqrt{W_{kin}} \ . \tag{1.13}$$

Die gleichen Überlegungen gelten für die Zustandsdichte der Löcher im Valenzband, für die man ein entsprechendes Ergebnis erhält, d. h. eine Zunahme der Zustandsdichte mit zunehmender kinetischer Energie $W_{kin,p}$ der Löcher. Die Zustandsdichten haben also den in Abb. 1.17 dargestellten prinzipiellen Verlauf.

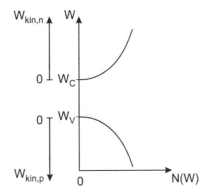

**Abb. 1.17** Die Zustandsdichte steigt mit der kinetischen Energie der Teilchen und damit mit dem Abstand zu den Bandkanten

> **Merksatz 1.6**
> Die Zustandsdichte gibt die mögliche Anzahl der Elektronen bzw. Löcher pro Volumen- und Energieeinheit an. Dabei steigt die Zahl der Zustände mit zunehmendem Abstand von den Bandkanten.

**Fermiverteilung**

Als nächstes stellen wir uns die Frage, wie groß die Wahrscheinlichkeit ist, dass ein bestimmter Energiezustand von einem Elektron besetzt wird. Dazu betrachten wir eine Menge von Teilchen, die jeweils bestimmte Energiezustände $W$ annehmen können, bei einer gegebenen Temperatur, d. h. gegebener Gesamtenergie. Bei $T = 0$ K, d. h. wenn von außen keine Energie zugeführt wird, befinden sich alle Teilchen auf dem niedrigsten Energieniveau (Abb. 1.18).

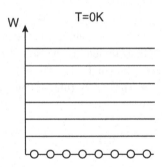

**Abb. 1.18** Bei $T = 0\,\mathrm{K}$ nehmen alle Teilchen in einem System ihren niedrigsten Energiezustand an

Dies gilt allerdings nur, wenn die Anzahl der Teilchen pro Energieniveau nicht eingeschränkt ist. Handelt es sich bei den Teilchen um Elektronen, unterliegen diese dem Pauli-Prinzip, aus dem folgt, dass sich maximal zwei Elektronen auf einem Energiezustand befinden dürfen. Daher sind selbst bei $T = 0\,\mathrm{K}$ auch von null verschiedene Energiezustände mit Elektronen besetzt und man erhält die in Abb. 1.19 dargestellte Verteilung.

Bis zu einer bestimmten Energie $W = W_F$ sind bei $T = 0\,\mathrm{K}$ alle Energiezustände vollständig mit Elektronen besetzt, so dass die Besetzungswahrscheinlichkeit $F(W)$ für $W < W_F$ gleich eins und für $W > W_F$ gleich null ist.

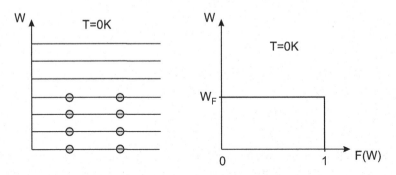

**Abb. 1.19** Bei einem System mit Elektronen sind bei $T = 0\,\mathrm{K}$ auch von null verschiedene Energiezustände besetzt, da nur zwei Elektronen pro Energiezustand erlaubt sind

Erhöht man nun die Temperatur, steigt die mittlere Energie der Elektronen, so dass nun auch höhere Energiezustände besetzt werden und niedrigere Energiezustände entsprechend unbesetzt bleiben. Eine mögliche Verteilung der Elektronen auf die einzelnen Energiezustände bei gegebener Temperatur $T > 0\,\mathrm{K}$ ist in Abb. 1.20 gezeigt. Die Wahrscheinlichkeit $F(W)$, dass höhere Energiezustände besetzt sind, steigt also mit zunehmender Temperatur und die Besetzungswahrscheinlichkeit für niedrige Energiezustände

$W < W_F$ nimmt dementsprechend ab. Die sich ergebende Verteilungskurve $F(W)$ ist in Abb. 1.20 rechts aufgetragen. Bei dem Ferminiveau $W_F$ beträgt die Besetzungswahrscheinlichkeit 50 %; es gilt also die Definition

$$F(W_F) = \frac{1}{2}.$$ (1.14)

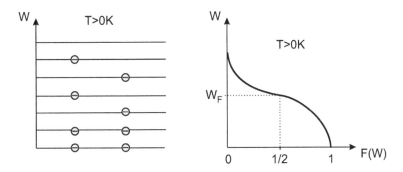

**Abb. 1.20** Mit zunehmender Temperatur steigt die Besetzungswahrscheinlichkeit für energetisch höhergelegene Zustände

 S.m.i.L.E: 1.2_Fermiverteilung

Die mathematische Herleitung der Verteilungsfunktion $F(W)$ führt auf die so genannte Fermiverteilung

$$F(W) = \frac{1}{1 + \exp\left[(W - W_F)\frac{1}{kT}\right]}$$ (1.15)

mit der Boltzmann-Konstanten $k = 1{,}38 \times 10^{-23}$ JK$^{-1}$. Als Besetzungswahrscheinlichkeit für Löcher erhält man $1 - F(W)$, da das Vorhandensein eines Loches gleichbedeutend mit dem Fehlen eines Elektrons ist.

**Merksatz 1.7**
Die Fermiverteilung gibt die Wahrscheinlichkeit an, mit der ein Energiezustand mit Elektronen besetzt ist. Das Energieniveau, bei dem die Besetzungswahrscheinlichkeit gleich $1/2$ ist, bezeichnet man als Ferminiveau.

**Ladungsträgerdichte und Ferminiveau**
Multipliziert man die Anzahl $N(W)$ der möglichen Energiezustände mit der jeweiligen Besetzungswahrscheinlichkeit $F(W)$ der Zustände, erhält man die Ladungsträgerdichte

pro Volumen und Energieeinheit (Abb. 1.21). Dabei liege das Ferminiveau $W_F$ zunächst in der Mitte zwischen den Bandkanten. Diesen Wert bezeichnet man als das so genannte Intrinsicniveau $W_i$

$$W_i = \frac{1}{2}(W_C + W_V).$$  (1.16)

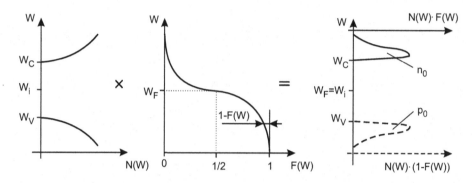

**Abb. 1.21** Durch Multiplikation der Zustandsdichte mit der Besetzungswahrscheinlichkeit erhält man die Ladungsträgerdichten pro Volumen und Energie

Die Teilchendichten pro Volumen ergeben sich durch Integration der Ausdrücke $N(W) \times F(W)$ bzw. $N(W) \times (1 - F(W))$ über die Energie $W$. Dies entspricht der Bestimmung der Fläche unter den entsprechenden Kurven, also

$$n_0 = \int_{W_c}^{\infty} N(W)\, F(W)\, dW$$  (1.17)

für die Elektronendichte. Die Ausführung der Integration führt auf

$$n_0 = N_C \exp\left[-(W_C - W_F)\frac{1}{kT}\right],$$  (1.18)

wobei alle Konstanten in der so genannten äquivalenten Zustandsdichte $N_C$ zusammengefasst sind. $N_C$ ist temperaturabhängig und hat für Silizium bei 300 K einen Wert von etwa $N_C = 2{,}8 \times 10^{19}\,\text{cm}^{-3}$. Analog ergibt sich für die Löcherdichte

$$p_0 = N_V \exp\left[-(W_F - W_V)\frac{1}{kT}\right]$$  (1.19)

mit der äquivalenten Zustandsdichte $N_V$ für Löcher, deren Wert für Silizium bei 300 K etwa $N_V = 1{,}04 \times 10^{19}\,\text{cm}^{-3}$ beträgt.

Wie die Gleichungen (1.18) und (1.19) zeigen, sind die Ladungsträgerdichten $n_0$ und $p_0$ sehr stark von der Lage des Ferminiveaus abhängig. Dies wird auch deutlich, wenn wir in Abwandlung von Abb. 1.21 das Ferminiveau nun dicht an die Leitungsbandkante legen. Es ergibt sich dann ein größerer Wert für $n_0$ und ein kleinerer Wert für $p_0$. Die Zahl der freien Elektronen ist in diesem Fall also größer, die Zahl der Löcher deutlich kleiner (Abb. 1.22).

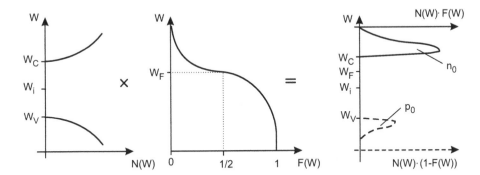

**Abb. 1.22** Durch Verschieben des Ferminiveaus verschiebt sich das Gleichgewicht zwischen Elektronen und Löchern

 S.m.i.L.E: 1.2_Freie Ladungsträger

Aus der Lage des Ferminiveaus im Bänderdiagramm kann also die Elektronen- und Löcherdichte im thermodynamischen Gleichgewicht berechnet werden. Im Folgenden wollen wir daher die Lage des Ferminiveaus abhängig von der Art und der Stärke der Dotierung des Halbleiters bestimmen. Zunächst wollen wir jedoch die Gleichungen (1.18) und (1.19) in einer etwas anderen Form darstellen. Wir hatten bereits gesehen, dass für undotierte, d. h. intrinsische Halbleiter im thermodynamischen Gleichgewicht wegen der paarweisen Generation bzw. Rekombination von Ladungsträgern stets gilt

$$n_0 = p_0 = n_i . \tag{1.20}$$

Mit (1.18) und (1.19) folgt daraus unmittelbar

$$N_C \exp\left[-(W_C - W_F)\frac{1}{kT}\right] = N_V \exp\left[-(W_F - W_V)\frac{1}{kT}\right] = n_i . \tag{1.21}$$

Auflösen dieser Beziehung nach $W_F$ führt auf

$$W_F = \frac{1}{2}[W_C + W_V] + \frac{1}{2}kT \ln \frac{N_V}{N_C} , \tag{1.22}$$

wobei der zweite Term auf der rechten Seite der letzten Gleichung in der Größenordnung von einigen zehn meV liegt und gegenüber dem ersten Term vernachlässigbar ist. Es gilt daher in guter Näherung

$$W_F = \frac{1}{2}(W_C + W_V) \ . \tag{1.23}$$

Bei undotierten Halbleitern liegt das Ferminiveau $W_F$ also etwa in der Mitte zwischen den Bandkanten bei dem Intrinsicniveau $W_i$, d. h.

$$W_F = W_i \ . \tag{1.24}$$

Weiterhin ist im undotierten Fall $n_0 = n_i$, so dass wir aus (1.18) erhalten

$$n_i = N_C \exp\left[-(W_C - W_i)\frac{1}{kT}\right] \ . \tag{1.25}$$

Dividiert man (1.18) durch diesen Ausdruck erhalten wir schließlich

$$\boxed{n_0 = n_i \exp\left[(W_F - W_i)\frac{1}{kT}\right]} \ . \tag{1.26}$$

Analog ergibt sich für die Löcherdichte der Ausdruck

$$\boxed{p_0 = n_i \exp\left[(W_i - W_F)\frac{1}{kT}\right]} \ , \tag{1.27}$$

der die Trägerdichte abhängig von dem Abstand zwischen Intrinsicniveau und Ferminiveau beschreibt. Durch Multiplikation der beiden zuletzt gefundenen Gleichungen ergibt sich für das Dichteprodukt

$$p_0 n_0 = N_C N_V \exp\left[-(W_C - W_V)\frac{1}{kT}\right] = n_i^2 \ . \tag{1.28}$$

Das Ladungsträgerdichteprodukt hängt also nicht von der Lage des Ferminiveaus ab, vielmehr gilt das bereits erwähnte Massenwirkungsgesetz

$$n_0 p_0 = n_i^2 \ . \tag{1.29}$$

Dieses besagt, dass im thermodynamischen Gleichgewicht eine Zunahme der einen Ladungsträgerart zu einer Abnahme der Anzahl der anderen Ladungsträger führt. Dies lässt sich anschaulich dadurch erklären, dass z. B. eine Zunahme der Elektronendichte $n$ im Halbleiter über die Gleichgewichtsdichte hinaus, zu einer Erhöhung der Rekombinationsrate $R$ führt. Dies bewirkt aber wegen des paarweisen Verschwindens von Löchern und Elektronen eine Verringerung der Löcherdichte.

> **Merksatz 1.8**
> Die Ladungsträgerdichte ergibt sich durch Multiplikation der Besetzungswahrscheinlichkeit mit der Anzahl der verfügbaren Plätze. Die Lage des Ferminiveaus hat dabei entscheidenden Einfluss auf die Löcher- und Elektronendichte im Halbleiter.

### 1.2.2 Bestimmung der Lage des Ferminiveaus

Wie im letzten Abschnitt gezeigt wurde, ist das Ferminiveau von entscheidender Bedeutung bei der Berechnung der Ladungsträgerdichten. Im Folgenden sollen daher zwei Verfahren zur grafischen und rechnerischen Bestimmung der Lage des Ferminiveaus beschrieben werden.

**Grafische Bestimmung der Lage des Ferminiveaus**
Im thermodynamischen Gleichgewicht ist ein Halbleiter elektrisch neutral, so dass unter der Annahme, dass alle Dotierungsatome $N_D$, bzw. $N_A$ ionisiert sind, gilt

$$q\left[p_0 - n_0 + N_D - N_A\right] = 0 . \tag{1.30}$$

Die Größen $p_0$ und $n_0$ tragen wir nun im logarithmischen Maßstab über der Energie $W$ auf, wobei wir die bereits gefundenen Beziehungen (1.18) und (1.19) verwenden. Dabei ergeben sich Geraden mit der Steigung $\pm 1/kT$. Addiert man zu diesen Kurven jeweils die Dotierungsdichte $N_A$ bzw. $N_D$, erhält man die gesamte negative bzw. positive Ladung. Da der Halbleiter elektrisch neutral ist, ist der Gleichgewichtszustand durch den Schnittpunkt der Kurven gegeben, der damit auch die Lage des Ferminiveaus festlegt, wie wir uns anhand des folgenden Beispiels veranschaulichen wollen.

> **Beispiel 1.1**
> Für den Fall eines n-Halbleiters mit $N_D = 10^{16}\,\mathrm{cm}^{-3}$ sowie $N_V = 1,04 \times 10^{19}\,\mathrm{cm}^{-3}$ und $N_C = 2,8 \times 10^{19}\,\mathrm{cm}^{-3}$ soll die Lage des Ferminiveaus grafisch bestimmt werden.
>
> Wir tragen dazu die Kurven (1.18) und (1.19) auf und addieren zu der Kurve für $p_0$ die Dichte der Dotieratome $N_D$ (Abb. 1.23). Der Schnittpunkt der beiden Kurven legt die Lage des Ferminiveaus fest, welches bei dem n-dotierten Halbleiter dicht an der Leitungsbandkante $W_C$ liegt. Aus dem Diagramm ist weiterhin zu erkennen, dass eine Erhöhung der Dotierung zu einer weiteren Verschiebung des Ferminiveaus in Richtung Leitungsband führt.

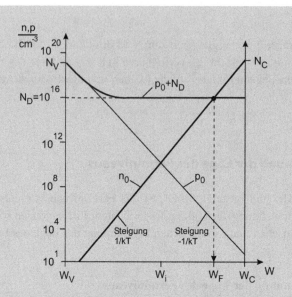

**Abb. 1.23** Durch logarithmisches Auftragen der Ladungsträgerdichten lässt sich die Lage des Ferminiveaus aus dem Schnittpunkt der Ladungskurven bestimmen

   S.m.i.L.E: 1.2_Ferminiveau

**Rechnerische Bestimmung der Lage des Ferminiveaus**

Zur rechnerischen Bestimmung der Lage des Ferminiveaus gehen wir von der Beziehung

$$n_{n0} = N_D \tag{1.31}$$

aus, die besagt, dass die Elektronendichte in einem n-Halbleiter im thermodynamischen Gleichgewicht der Dotierungsdichte entspricht. Die Löcherdichte bestimmt sich dann aus dem Massenwirkungsgesetz zu

$$p_{n0} = \frac{n_i^2}{n_{n0}} = \frac{n_i^2}{N_D} \ . \tag{1.32}$$

Setzen wir dies in (1.26) ein, erhalten wir

$$W_F - W_i = kT \ln \frac{n_{n0}}{n_i} \ . \tag{1.33}$$

Dies führt schließlich mit $n_{n0} = N_D$ auf eine Beziehung zur Bestimmung der Lage des Ferminiveaus, abhängig von der Dotierungsdichte $N_D$

$$W_F - W_i = kT \ln \left( \frac{N_D}{n_i} \right) \ . \tag{1.34}$$

Eine entsprechende Ableitung für p-Halbleiter führt auf

$$p_{p0} = N_A \qquad (1.35)$$

$$n_{p0} = \frac{n_i^2}{N_A} \qquad (1.36)$$

$$W_F - W_i = -kT \ln \frac{N_A}{n_i} \; . \qquad (1.37)$$

**Beispiel 1.2**
Für einen n-dotierten Siliziumhalbleiter mit $N_D = 10^{16}\,\mathrm{cm}^{-3}$ sollen die Ladungsträgerdichten sowie die Lage des Ferminiveaus rechnerisch bestimmt werden. Für
die Majoritätsladungsträgerdichte erhalten wir

$$n_{n0} = N_D = 10^{16}\,\mathrm{cm}^{-3} \qquad (1.38)$$

und für die Minoritätsladungsträgerdichte ergibt sich

$$p_{n0} = \frac{n_i^2}{N_D} = 2{,}2 \times 10^4\,\mathrm{cm}^{-3} \; . \qquad (1.39)$$

Die Lage des Ferminiveaus bestimmt sich damit zu

$$W_F - W_i = kT \ln \left( \frac{N_D}{n_i} \right)$$
$$= 0{,}35\,\mathrm{eV} \; , \qquad (1.40)$$

so dass wir das in Abb. 1.24 dargestellte Bänderdiagramm erhalten, bei dem das
Ferminiveau in der Nähe der Leitungsbandkante liegt.

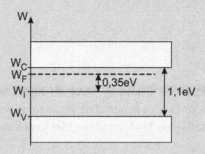

**Abb. 1.24** Bei einem n-Typ Halbleiter liegt das Ferminiveau in der Nähe der Leitungsbandkante

 S.m.i.L.E: 1.2_Ladungsträgerdichte

**Merksatz 1.9**
Bei einem n-Halbleiter liegt das Ferminiveau um so näher an der Leitungsbandkante je höher die Dotierungsdichte $N_D$ ist. Umgekehrt liegt bei einem p-Halbleiter das Ferminiveau um so näher an der Valenzbandkante je stärker der Halbleiter mit Akzeptoratomen dotiert ist.

## 1.3  Ladungsträgertransport, Strom

### 1.3.1  Elektronen- und Löcherstrom

Bewegen sich Elektronen oder Löcher im Halbleiter, so wird Ladung transportiert und es fließt ein Strom $I$. Handelt es sich bei den Ladungsträgern um Elektronen, so spricht man von einem Elektronenstrom $I_n$, bei Löchern entsprechend von einem Löcherstrom $I_p$. In Halbleitern ist es oft zweckmäßig, mit der auf den Leitungsquerschnitt $A$ bezogenen Stromdichte $j$ zu rechnen, für die gilt

$$j = I/A \, . \tag{1.41}$$

Die Gesamtstromdichte setzt sich aus Elektronen- und Löcherstromdichte zusammen, so dass gilt:

$$\boxed{j = j_n + j_p} \, . \tag{1.42}$$

Die zum Stromfluss führende Teilchenbewegung kann dabei verschiedene physikalische Ursachen haben. Im Folgenden unterscheiden wir zwischen dem durch Konzentrationsunterschiede hervorgerufenen Diffusionsstrom und dem durch ein elektrisches Feld verursachten Driftstrom.

### 1.3.2  Driftstrom

Durch Anlegen eines elektrischen Feldes $E$ wirkt auf freie Ladungsträger im Halbleiter eine Kraft, so dass diese sich bewegen. Die Bewegungsrichtung ist dabei bei Löchern in Richtung des elektrischen Feldes und bei Elektronen entgegen der Feldrichtung (Abb. 1.25).

Die Ladungsträger können sich allerdings nicht völlig ungehindert durch den Halbleiter bewegen, sondern werden an dem Kristallgitter gestreut. Deshalb werden die Teilchen bei angelegtem elektrischen Feld nicht weiter beschleunigt, sondern bewegen sich mit einer konstanten mittleren Geschwindigkeit, die für kleine Feldstärken proportional der Feldstärke $E$ ist. Die Proportionalitätskonstante ist die so genannte

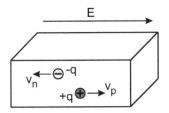

**Abb. 1.25**  Durch das Anlegen eines elektrischen Feldes bewegen sich Ladungsträger im Halbleiter

  S.m.i.L.E: 1.3_Drift

Ladungsträgerbeweglichkeit $\mu$, die für Elektronen in Silizium bei niedrigen Dotierungen einen Wert von etwa $\mu_n = 1350\,\mathrm{cm^2\,V^{-1}\,s^{-1}}$ und für Löcher einen Wert von etwa $\mu_p = 480\,\mathrm{cm^2\,V^{-1}\,s^{-1}}$ bei Raumtemperatur besitzt. Für die Ladungsträgerdriftgeschwindigkeit der Elektronen bzw. der Löcher gilt damit

$$v_p = \mu_p E \ , \tag{1.43}$$

$$v_n = -\mu_n E \ . \tag{1.44}$$

Mit zunehmender Feldstärke werden die Ladungsträger immer stärker an dem Kristallgitter und an Störstellen gestreut, so dass sie schließlich eine Sättigungsgeschwindigkeit $v_{\mathrm{sat}}$ erreichen, die auch bei weiter zunehmender Feldstärke nicht überschritten wird (Abb. 1.26).

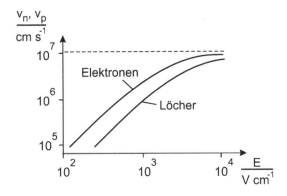

**Abb. 1.26**  Die Driftgeschwindigkeit von Elektronen und Löchern in Silizium steigt mit zunehmender elektrischer Feldstärke und geht für hohe Feldstärken gegen einen Sättigungswert

Die Beweglichkeit $\mu$ ist daher nicht konstant, sondern nimmt mit zunehmendem elektrischen Feld ab. Mit zunehmender Temperatur $T$ und zunehmender Dotierungsdichte $N_A$ bzw. $N_D$ nimmt die Beweglichkeit ebenso ab.

Der Driftstrom berechnet sich aus dem Produkt der Dichte und der Geschwindigkeit der transportierten Ladung. Für den Driftstrom der Elektronen erhalten wir also

$$j_{\text{Drift},n} = -q n v_n \, , \qquad (1.45)$$

wobei das Minuszeichen daher kommt, dass die Stromrichtung der Bewegungsrichtung der negativ geladenen Elektronen entgegengesetzt ist. Mit (1.44) führt dies schließlich auf

$$\boxed{j_{\text{Drift},n} = q n \mu_n E} \, . \qquad (1.46)$$

Entsprechend erhalten wir für die Driftstromdichte der Löcher

$$\boxed{j_{\text{Drift},p} = q p \mu_p E} \, . \qquad (1.47)$$

Die gesamte Driftstromdichte ist damit

$$j_{\text{Drift}} = j_{\text{Drift},n} + j_{\text{Drift},p} \qquad (1.48)$$

$$= q \left[ \mu_n n + \mu_p p \right] E \qquad (1.49)$$

$$= \sigma E \, , \qquad (1.50)$$

wobei der Ausdruck

$$\boxed{\sigma = q \left[ \mu_n n + \mu_p p \right]} \qquad (1.51)$$

als die elektrische Leitfähigkeit $\sigma$ bezeichnet wird. Neben der Beweglichkeit der Ladungsträger hängt die Leitfähigkeit also wesentlich von der Anzahl der freien Ladungsträger ab.

---

**Merksatz 1.10**
Der Driftstrom wird durch die Wirkung eines elektrischen Feldes auf Ladungsträger verursacht. Der Strom ist dabei proportional zu der Ladungsträgerdichte und der Ladungsträgerbeweglichkeit.

---

### 1.3.3  Diffusionsstrom

Frei bewegliche Teilchen in einem Volumen führen ständig eine thermische Bewegung aus. Sind die Teilchen ungleichmäßig im Raum verteilt, so führt dies zu einer Nettobewegung, da im Mittel mehr Teilchen aus dem Gebiet höherer Teilchendichte in das Gebiet niedriger Teilchendichte gelangen als umgekehrt. Diese Diffusionsbewegung hat also einen Teilchenstrom in Richtung abnehmender Teilchendichte zur Folge und wirkt somit Konzentrationsunterschieden entgegen, wie in Abb. 1.27 gezeigt. Dabei ist es für den Diffusionsvorgang unerheblich, ob die Teilchen geladen sind oder nicht, da dieser allein auf thermischen Effekten beruht.

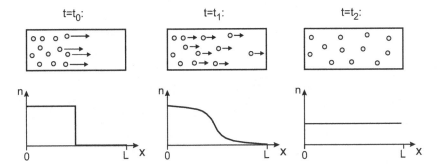

**Abb. 1.27** Ein Konzentrationsunterschied verursacht eine Diffusionsbewegung in Richtung abnehmender Konzentration

  S.m.i.L.E: 1.3_Diffusion

Handelt es sich bei den Teilchen, die sich aufgrund von Diffusion bewegen, um Elektronen oder Löcher in einem Halbleiter, wird Ladung transportiert und es fließt ein elektrischer Strom, der Diffusionsstrom, der proportional zu dem Gradienten der Ladungsträgerverteilung ist. Für die Diffusionsstromdichte der Elektronen erhält man

$$j_{\text{Diff},n} = qD_n \frac{dn}{dx} \tag{1.52}$$

mit dem Diffusionskoeffizienten der Elektronen $D_n$, der über die so genannte Einstein-Beziehung

$$D_n = \frac{kT}{q}\mu_n \tag{1.53}$$

mit der Temperatur und der Ladungsträgerbeweglichkeit verknüpft ist. Entsprechend gilt für die Diffusionsstromdichte der Löcher

$$j_{\text{Diff},p} = -qD_p \frac{dp}{dx} \tag{1.54}$$

mit

$$D_p = \frac{kT}{q}\mu_p \,. \tag{1.55}$$

Die unterschiedlichen Vorzeichen in den Gleichungen für Löcher- und Elektronenstrom kommen daher, dass bei gleicher Richtung der Teilchenstromdichte die Richtung des elektrischen Stromes wegen der entgegengesetzten Ladung von Löchern und Elektronen ebenfalls entgegengesetzt ist. Damit erhalten wir schließlich die für die gesamte Elektronenstromdichte

$$j_n = q\mu_n n E + qD_n \frac{dn}{dx} \tag{1.56}$$

und entsprechend für die Löcherstromdichte

$$j_p = q\mu_p pE - qD_p \frac{dp}{dx} \, . \tag{1.57}$$

**Merksatz 1.11**
Der Diffusionsstrom wird durch Konzentrationsunterschiede der Ladungsträger-dichte verursacht und ist unabhängig von dem elektrischen Feld. Der Strom ist proportional dem Gradienten der Ladungsträgerdichte und dem Diffusionskoeffi-zienten.

### 1.3.4   Bänderdiagramm bei Stromfluss

Zum Abschluss dieses Abschnittes wollen wir noch den Ladungstransport im Bänderdia-gramm betrachten. Wir hatten das Bänderdiagramm bisher lediglich für Fall des thermo-dynamischen Gleichgewichtes untersucht. Nun wenden wir uns dem allgemeinen Fall zu, bei dem durch den Halbleiter ein Strom fließt. Dazu betrachten wir als Beispiel einen ho-mogenen, n-dotierten Halbleiter. Zunächst liege an dem Halbleiter keine Spannung an, so dass auch kein Strom durch den Halbleiter fließt. Trägt man das Bänderdiagramm über dem Ort $x$ auf, ergibt sich damit der in Abb. 1.28 gezeigte Verlauf, wobei Randeffekte an den Kontakten nicht berücksichtigt sind.

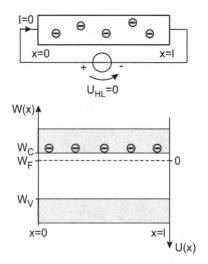

**Abb. 1.28**  Das Ferminiveau eines Halbleiters ohne angelegte Spannung verläuft horizontal

In dem Bänderdiagramm ist zusätzlich die Spannung $U(x)$ eingetragen, die sich als Potenzialdifferenz zwischen zwei Punkten entlang des Halbleiters ergibt, wobei als

Bezugspunkt der rechte Rand des Halbleiters gewählt wurde. Das Potenzial $\Phi$ ist dabei mit der Energie über die Beziehung

$$W = -q\Phi \qquad (1.58)$$

verknüpft. Verlaufen also die Energiebänder entlang des gesamten Halbleiters auf einer Höhe, so fällt entlang des Halbleiters keine Spannung ab und es fließt auch kein Strom $I$. Legen wir nun eine Spannung $U_{HL} > 0$ an den Halbleiter, kommt es gemäß (1.58) zu einer Absenkung der Energiebänder an der Stelle höheren Potenzials gegenüber der Stelle niedrigeren Potenzials. Damit erhält man den in Abb. 1.29 dargestellten Verlauf der Energiebänder, bei dem diese nicht mehr horizontal verlaufen[1].

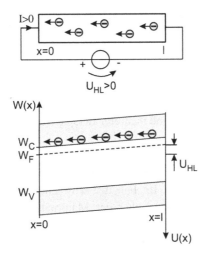

**Abb. 1.29** Durch das Anlegen einer Spannung verschiebt sich das Bänderdiagramm und die Elektronen wandern in Richtung niedrigerer Energie

 S.m.i.L.E: 1.3_Ladungstransport

Da die Ladungsträger stets versuchen, den Zustand niedrigster Energie anzunehmen, streben die Elektronen im Bänderdiagramm nach unten. Wegen der schräg verlaufenden Bandkanten führt dies in dem Beispiel zu einer Ladungsträgerbewegung durch den Halbleiter von rechts nach links und damit zu einem Strom $I$. Die Bewegung der Ladungsträger erfolgt dabei durch das elektrische Feld im Halbleiter aufgrund der angelegten Spannung.

Wir können damit festhalten, dass für den Fall, dass das Ferminiveau in einem Halbleiter horizontal verläuft, kein Strom durch den Halbleiter fließt. Weiterhin gilt, dass das

---

[1] Auch wenn der Begriff des Ferminiveaus nur im thermodynamischen Gleichgewicht sinnvoll ist, werden wir der Anschaulichkeit halber das Ferminiveau auch bei Störungen des Gleichgewichts als Bezugsgröße verwenden.

Anlegen einer Spannung zwischen zwei Punkten eines Halbleiters zu einer Verschiebung des Ferminiveaus zwischen den beiden Punkten gemäß (1.58) führt.

---

**Merksatz 1.12**
Bei einem Halbleiter im thermodynamischen Gleichgewicht verläuft das Ferminiveau horizontal. Durch Anlegen einer Spannung an den Halbleiter verschieben sich im Bänderdiagramm die Punkte höheren Potenzials gegenüber den Punkten niedrigeren Potenzials nach unten.

---

## 1.4  Ausgleichsvorgänge im Halbleiter

### 1.4.1  Starke und schwache Injektion

Wird das thermodynamische Gleichgewicht in einem Halbleiter gestört, so versucht der Halbleiter, den Gleichgewichtszustand wieder herzustellen. Die dabei ablaufenden Ausgleichsvorgänge sollen dabei anhand mehrerer Beispiele beschrieben werden.

**Schwache Injektion**
Bei Störungen des thermodynamischen Gleichgewichts unterscheidet man zwischen schwacher und starker Injektion. Im Fall der schwachen Injektion gilt, dass die Minoritätsträgerdichte sehr klein gegenüber der Majoritätsträgerdichte ist und dass die Abweichung der Majoritätsträgerdichte von dem Gleichgewichtswert sehr gering ist. Im Fall eines n-Typ Halbleiters gilt also bei schwacher Injektion

$$n_n \approx n_0 \quad \text{und} \quad n_n \gg p_n \,. \tag{1.59}$$

**Starke Injektion**
Bei starker Injektion liegen sowohl die Majoritätsträgerdichte als auch die Minoritätsträgerdichte deutlich über den Gleichgewichtswerten und es gilt im Fall des n-Typ Halbleiters

$$n_n \approx p_n \quad \text{und} \quad n_n \gg N_D \,. \tag{1.60}$$

Die drei Fälle thermodynamisches Gleichgewicht, schwache und starke Injektion sind in Abb. 1.30 nochmals dargestellt.

Bei den folgenden Ableitungen werden wir dabei stets den Fall der schwachen Injektion betrachten, so dass die oben angegebenen Näherungen (1.59) verwendet werden können.

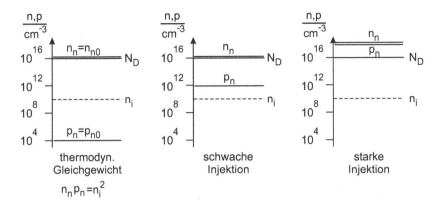

**Abb. 1.30** Darstellung der Trägerdichten im thermodynamischen Gleichgewicht sowie für die Fälle schwache und starke Injektion

**Überschussladungsträgerdichten**

Statt der absoluten Ladungsträgerdichten $n$ und $p$ ist es oftmals zweckmäßig, die Abweichungen der Ladungsträgerdichten von ihren jeweiligen Gleichgewichtswerten zu betrachten. Diese bezeichnet man als Überschussladungsträgerdichten $n'$ und $p'$, die wie folgt definiert sind:

$$n' = n - n_0 \tag{1.61}$$

$$p' = p - p_0 \,. \tag{1.62}$$

Da bei homogener Dotierung auch die Gleichgewichtsträgerdichten ortsunabhängig sind, gilt insbesondere

$$\frac{dn}{dx} = \frac{dn'}{dx} \quad \text{bzw.} \quad \frac{dp}{dx} = \frac{dp'}{dx} \tag{1.63}$$

sowie

$$\frac{dn}{dt} = \frac{dn'}{dt} \quad \text{bzw.} \quad \frac{dp}{dt} = \frac{dp'}{dt} \,. \tag{1.64}$$

## 1.4.2 Die Kontinuitätsgleichung

Die zentrale Gleichung zur Berechnung von Ausgleichsvorgängen im Halbleiter ist die so genannte Kontinuitätsgleichung. Die Aussage dieser Gleichung ist, dass eine Änderung der Ladungsträgerdichte in einem bestimmten Volumen nur dadurch erfolgen kann, dass entweder die Zahl der in das Volumen hineinfließenden Ladungsträger ungleich der Zahl der hinausfließenden Ladungsträger ist oder aber Ladungsträger innerhalb des betrachteten Volumens generiert werden bzw. rekombinieren (Abb. 1.31).

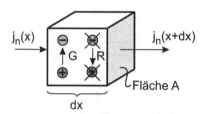

**Abb. 1.31** In einem begrenzten Volumen kann sich die Ladungsträgerdichte durch Zu- bzw. Abfluss oder durch Generation bzw. Rekombination von Ladungsträgern ändern

Betrachten wir ein Volumen mit der Querschnittsfläche $A$ und der Länge $dx$, so erhalten wir demnach als Ausdruck für die Änderung der Elektronenzahl im Volumen $A\,dx$

$$\frac{\partial n}{\partial t} A\,dx = A \left[ \frac{j_n(x)}{-q} - \frac{j_n(x + dx)}{-q} \right] + (G - R)\,A\,dx \qquad (1.65)$$

Für kleine $dx$ können wir die Gleichung in Differenzialschreibweise ausdrücken, d. h.

$$\frac{\partial n}{\partial t} = \frac{1}{q} \frac{\partial j_n}{\partial x} + G - R \,. \qquad (1.66)$$

Analog erhält man für die Löcherdichte den Ausdruck

$$\frac{\partial p}{\partial t} = -\frac{1}{q} \frac{\partial j_p}{\partial x} + G - R \,. \qquad (1.67)$$

Die Kontinuitätsgleichungen für Halbleiter beschreiben demnach den Zusammenhang zwischen Strömen und den Teilchendichten. Sie gelten auch, wenn kein thermodynamisches Gleichgewicht vorliegt. In den folgenden Abschnitten werden wir daher die Kontinuitätsgleichung verwenden, um Ausgleichsvorgänge im Halbleiter nach Störungen des thermodynamischen Gleichgewichts zu untersuchen. Dazu werden wir drei einfache Gedankenexperimente durchführen, deren Ergebnisse wir bei der späteren Ableitung der Gleichungen elektronischer Bauelemente benötigen.

**Merksatz 1.13**
Eine Änderung der Ladungsträgerdichte im Halbleiter erfolgt entweder durch Zu- oder Abfluss von Ladungsträgern oder durch Generation bzw. Rekombination. Der Zusammenhang wird durch die Kontinuitätsgleichung beschrieben.

### 1.4.3  Temporäre Störung des Gleichgewichts

**Injektion von Minoritäts- und Majoritätsträgern**
Wir betrachten einen n-Silizium Halbleiter, bei dem die Generationsrate durch Lichteinstrahlung zunächst erhöht wurde und die Lichtquelle dann zur Zeit $t = 0$ wieder abgeschaltet wird (Abb. 1.32). Es gelte schwache Injektion. Gesucht ist der zeitliche Verlauf der Ladungsträgerdichten nach dem Abschalten der Lichtquelle. Dabei gilt wegen der paarweisen Generation bzw. Rekombination der Ladungsträger, dass die Überschussträgerdichten $n' = n_n - n_{n0}$ und $p' = p_n - p_{n0}$ während des gesamten Experiments stets gleich groß sind.

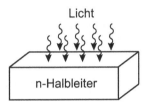

**Abb. 1.32** Versuchsanordnung, bei der das thermodynamische Gleichgewicht eines Halbleiters durch Bestrahlung mit Licht gestört wird

 S.m.i.L.E: 1.4_Temporäre Störung des TGG

Zur Berechnung gehen wir von der Kontinuitätsgleichung (1.67) aus und ersetzen dort zunächst den Ausdruck $G - R$ durch (1.1) und (1.2), d. h.

$$G - R = G - rnp \ . \tag{1.68}$$

Drücken wir darin die Trägerdichten $n$ und $p$ durch die Überschussträgerdichten (1.61) und (1.62) aus, so erhalten wir

$$G - R = G - r \left(n_0 + n'\right) \left(p_0 + p'\right) \ . \tag{1.69}$$

Ausmultiplizieren dieser Beziehung führt auf

$$G - R = G - rn_0 p_0 - rn_0 p' - rn' p_0 - rn' p' \ . \tag{1.70}$$

Da sich die ersten beiden Terme auf der rechten Seite dieser Gleichung definitionsgemäß aufheben und die letzten beide Terme wegen der Annahme der schwachen Injektion vernachlässigbar sind, erhält man die einfache Beziehung

$$G - R = -\frac{1}{\tau_p} p' \ , \tag{1.71}$$

wobei wir den Ausdruck $rn_0$ mit $1/\tau_p$ abgekürzt haben. Da kein Strom durch den Halbleiter fließt, ist $dj/dx = 0$ und wir erhalten schließlich mit der Kontinuitätsgleichung (1.67) für $t > 0$

$$\frac{dp_n}{dt} = G - R = -\frac{1}{\tau_p} p'_n \, . \tag{1.72}$$

Da sich die Ladungsträgerdichten und die Überschussladungsträgerdichten nur um den konstanten Gleichgewichtswert unterscheiden, gilt zudem

$$\frac{dp_n}{dt} = \frac{dp'_n}{dt} \tag{1.73}$$

und man erhält die einfache Differentialgleichung

$$\frac{dp'_n}{dt} = -\frac{1}{\tau_p} p'_n \, , \tag{1.74}$$

welche den Ausgleichsvorgang beschreibt. Die Lösung der Differentialgleichung lautet

$$\boxed{p'_n(t) = p'_n(0) \exp\left(-\frac{t}{\tau_p}\right)} \, . \tag{1.75}$$

Der Ausgleichsvorgang wird also durch eine abklingende Exponentialfunktion beschrieben (Abb. 1.33). Die Zeitkonstante $\tau_p$, mit der der Ausgleich erfolgt, ist ein Maß dafür, wie lange es dauert, bis die überschüssigen Ladungsträger rekombiniert sind. Man bezeichnet $\tau_p$ daher auch als die Lebensdauer der Minoritätsladungsträger, d. h. in diesem Fall der Löcher.

Anschaulich lässt sich dieses Verhalten dadurch erklären, dass durch die erhöhten Trägerdichten die Rekombinationsrate $R$ gemäß (1.2) größer als die Generationsrate $G$ wird, was solange zu einer Abnahme der Trägerdichten führt, bis das Gleichgewicht wieder hergestellt ist. Umgekehrt gilt, dass bei einer Unterschreitung der Gleichgewichtsdichten die Rekombinationsrate $R$ abnimmt, so dass $R < G$ ist und demzufolge Ladungsträgerpaare bis zur Wiederherstellung des Gleichgewichtszustandes generiert werden (Abb. 1.34).

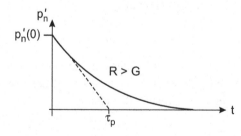

**Abb. 1.33** Ausgleichsvorgang nach einer Störung des thermodynamischen Gleichgewichts durch Erhöhung der Trägerdichten. Der Ausgleich erfolgt mit der Minoritätsträgerlebensdauer als Zeitkonstante

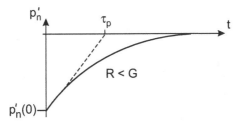

**Abb. 1.34** Ausgleichsvorgang nach einer Störung des thermodynamischen Gleichgewichts durch Verringerung der Trägerdichten

> **Merksatz 1.14**
> Weichen Elektronen- und Löcherdichte im Halbleiter durch eine äußere Störung von ihren Gleichgewichtswerten ab, so stellt sich das thermodynamische Gleichgewicht durch Generation bzw. Rekombination von Ladungsträgern nach Beendigung der Störung wieder ein. Die den Ausgleichsvorgang beschreibende Zeitkonstante ist die Minoritätsträgerlebensdauer.

**Injektion von Minoritätsladungsträgern**
Wir betrachten einen p-Halbleiter, bei dem das thermodynamische Gleichgewicht gestört wird, indem ab der Zeit $t = 0$ dauerhaft Minoritätsladungsträger, also Elektronen injiziert werden (Abb. 1.35). Gesucht ist wieder der zeitliche Verlauf der Überschussdichten $p'$ und $n'$ im Halbleiter.

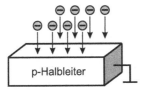

**Abb. 1.35** Versuchsanordnung, bei der die Ladungsneutralität in einem Halbleiter durch ausschließliche Injektion von Minoritätsträgern gestört wird

Im Gegensatz zu dem letzten Experiment, bei dem der Halbleiter wegen der paarweisen Generation bzw. Rekombination der Ladungsträger nach außen stets neutral blieb, wird hier die Neutralität wegen der Injektion von nur einer Ladungsträgerart zunächst gestört. Dadurch entsteht ein großes elektrisches Feld, welches zu einem Löcherstrom und einem Anstieg der Löcherdichte im Halbleiter führt, solange bis die Neutralität wieder hergestellt ist. Dieser Ausgleich geschieht innerhalb der so genannten dielektrischen Relaxationszeit $\tau_d \approx 10^{-12}$ s, die sehr viel kleiner ist als die Trägerlebensdauer, so dass sich der in Abb. 1.36 gezeigte Verlauf der Überschussträgerdichten im Halbleiter ergibt.

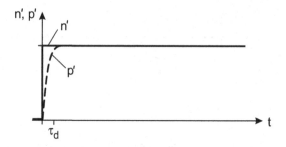

**Abb. 1.36**  Der Ausgleich eines Ladungsungleichgewichtes erfolgt sehr schnell innerhalb der dielektrischen Relaxationszeit

Dies bedeutet, dass bei einer Störung des thermodynamischen Gleichgewichts durch Injektion von ausschließlich Minoritätsträgern sich aus Gründen der Ladungsneutralität sofort die Majoritätsträgerdichte anpasst, so dass $n' = p'$ gilt. Der sich dann einstellende Zustand entspricht damit praktisch dem oben beschriebenen Fall der gleichzeitigen Injektion von Minoritäts- und Majoritätsträgern.

> **Merksatz 1.15**
> Störungen der Neutralität im Halbleiter gleichen sich innerhalb der dielektrischen Relaxationszeit aus.

### 1.4.4  Lokale Störung des Gleichgewichts

In einem weiteren Experiment stören wir das thermodynamische Gleichgewicht im Halbleiter, indem wir am Rand ($x = 0$) einer n-Si Halbleiterprobe gleichzeitig Löcher und Elektronen injizieren (Abb. 1.37). Es liege schwache Injektion vor. Gesucht ist der Verlauf der Ladungsträger im stationären Fall, d. h. für $\partial/\partial t = 0$.

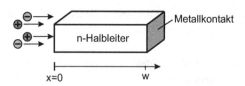

**Abb. 1.37**  Versuchsanordnung, bei der Ladungsträger lokal in einen Halbleiter injiziert werden

 S.m.i.L.E: 1.4_Lokale Störung des TGG

Da sowohl Elektronen als auch Löcher in die Probe injiziert werden, fließt sowohl ein Elektronen- als auch ein gleichgroßer, aber entgegengesetzt gerichteter Löcherstrom, so

dass gilt:

$$j_n = -j_p \, . \tag{1.76}$$

Damit ist der Gesamtstrom im Halbleiter

$$j_{\text{ges}} = j_n + j_p = 0 \, . \tag{1.77}$$

Wir wollen nun das Verhalten der Minoritätsladungsträger untersuchen. Dazu stellen wir die Kontinuitätsgleichung für die Löcher auf und erhalten aus (1.67) mit (1.71) und $\partial/\partial t = 0$

$$0 = -\frac{1}{q}\frac{dj_p}{dx} - \frac{p'}{\tau_p} \, . \tag{1.78}$$

Die Löcherstromdichte $j_p$ hat sowohl einen feldabhängigen Drift- als auch einen Diffusionsanteil. Um das elektrische Feld zu bestimmen, setzen wir in (1.76) die Gleichungen für die Elektronen- und Löcherstromdichte (1.56) und (1.57) ein und lösen diese nach dem elektrischen Feld $E$ auf. Dies führt auf

$$E = \frac{1}{\mu_p p_n + \mu_n n_n}\left[D_p \frac{dp_n}{dx} - D_n \frac{dn_n}{dx}\right] \, . \tag{1.79}$$

Damit ergibt sich schließlich für die Löcherstromdichte $j_p$

$$j_p = \frac{q}{1 + \frac{\mu_n n_n}{\mu_p p_n}}\left[D_p \frac{dp_n}{dx} - D_n \frac{dn_n}{dx}\right] - qD_p\frac{dp_n}{dx} \, . \tag{1.80}$$

Der erste Term auf der rechten Seite verschwindet für den Fall schwacher Injektion, da hier $p_n \ll n_n$ gilt und wir erhalten somit

$$j_p = -qD_p\frac{dp_n}{dx} \, . \tag{1.81}$$

Dies bedeutet, dass bei den Minoritätsladungsträgern der Driftstrom gegenüber dem Diffusionsstrom vernachlässigbar ist. Diese wichtige Erkenntnis werden wir uns später bei der Berechnung der Ströme in Halbleiterbauelementen zunutze machen.

Um den Verlauf der Ladungsträger über dem Ort zu bestimmen, setzen wir (1.81) in (1.78) ein und erhalten damit eine Differenzialgleichung für die Überschusslöcherdichte im Halbleiter

$$D_p\frac{d^2 p_n'}{dx^2} - \frac{p_n'}{\tau_p} = 0 \, . \tag{1.82}$$

Dabei gilt am rechten Rand der Probe

$$p_n'(w) = 0 \, , \tag{1.83}$$

da durch den Metallkontakt thermodynamisches Gleichgewicht erzwungen wird. Bezeichnen wir die Dichte der injizierten Überschussladungsträger am linken Rand mit $p'_n(0)$, so erhalten wir als Lösung der Differenzialgleichung

$$p'_n(x) = p'_n(0) \frac{\exp\left(\frac{w-x}{L_p}\right) - \exp\left(-\frac{w-x}{L_p}\right)}{\exp\left(\frac{w}{L_p}\right) - \exp\left(-\frac{w}{L_p}\right)} \tag{1.84}$$

$$= p'_n(0) \frac{\sinh\left(\frac{w-x}{L_p}\right)}{\sinh\left(\frac{w}{L_p}\right)} . \tag{1.85}$$

Den Ausdruck

$$L_p = \sqrt{D_p \tau_p} \tag{1.86}$$

bezeichnet man als die so genannte Diffusionslänge der Löcher. Wir wollen die Lösung nun für zwei wichtige Spezialfälle betrachten, den Fall langer Abmessungen und den Fall kurzer Abmessungen des Halbleiters.

**Lösung für den Fall langer Abmessungen**
Ist die Länge des Halbleiters groß gegenüber der Diffusionslänge, d. h. $w \gg L_p$, vereinfacht sich die Lösung zu

$$\boxed{p'_n(x) = p'_n(0) \exp\left(-\frac{x}{L_p}\right)} , \tag{1.87}$$

wie in Abb. 1.38 dargestellt ist.

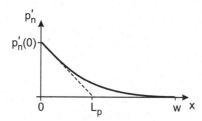

**Abb. 1.38** Bei einer lokalen Störung des thermodynamischen Gleichgewichts klingt die Störung mit einer Exponentialfunktion mit zunehmender Entfernung vom Ort der Störung ab

Nach (1.81) bedeutet die abnehmende Steigung der Löcherdichte, dass auch der Löcherstrom mit zunehmendem Abstand von dem Rand $x = 0$ des Halbleiters geringer wird. Dies lässt sich anschaulich dadurch erklären, dass die bei $x = 0$ injizierten Elektronen und Löcher auf ihrem Weg durch den Halbleiter miteinander rekombinieren und daher mit zunehmendem Abstand vom Rand immer weniger Ladungsträger übrig bleiben. Die Diffusionslänge $L_p$ ist also ein Maß dafür, wie weit sich ein Ladungsträger im Halbleiter im Mittel bewegen kann, bevor er rekombiniert.

**Lösung für den Fall kurzer Abmessungen**

Ist die Länge des Halbleiters klein gegenüber der Diffusionslänge, d. h. $w \ll L_p$, erhält man als Lösung näherungsweise eine Gerade

$$\boxed{p'_n(x) = p'_n(0)\left(1 - \frac{x}{w}\right)},$$ (1.88)

wie in Abb. 1.39 dargestellt ist.

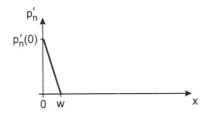

**Abb. 1.39** Bei kurzen Halbleitern klingt eine lokale Störung des thermodynamischen Gleichgewichts mit einer Geraden ab

Bei einer lokalen Störung des thermodynamischen Gleichgewichts wird der Verlauf der Überschussladungsträgerdichten also durch eine Exponentialfunktion beschrieben, die mit zunehmender Entfernung vom Ort der Störung immer weiter abklingt. Sind die Abmessungen des Halbleiters kurz gegenüber der Diffusionslänge der Minoritätsträger, kann die Exponentialfunktion durch eine Gerade angenähert werden. Dies bedeutet mit (1.81), dass der Löcherstrom entlang des Halbleiters konstant ist. Anschaulich heißt dies, dass der Halbleiter so kurz ist, dass praktisch keine Ladungsträger in dem Halbleiter rekombinieren, sondern vielmehr alle Ladungsträger den rechten Rand bei $x = w$ erreichen.

> **Merksatz 1.16**
> Bei einer lokalen Störung des thermodynamischen Gleichgewichts klingt die Störung mit zunehmendem Abstand vom Ort der Störung ab. Die Abklingkonstante ist die Minoritätsträgerdiffusionslänge.

## Literatur

1. Müller, R (1995) Grundlagen der Halbleiter-Elektronik. Springer, Berlin
2. Schaumburg, H (1991) Werkstoffe und Bauelemente der Elektrotechnik, Bd 2, Halbleiter, B.G. Teubner, Stuttgart
3. van der Ziel, A (1976) Solid State Physical Electronics. Prentice-Hall, New Jersey

# Diode

**2**

## 2.1 Aufbau und Wirkungsweise der Diode

### 2.1.1 Diode im thermodynamischen Gleichgewicht

Die Diode ist ein Bauelement mit zwei Elektroden, dessen Widerstand sehr stark von der Polarität der angelegten Spannung abhängt. Die Diode kann daher als Gleichrichter oder als elektrischer Schalter eingesetzt werden. Neben Metall-Halbleiter-Dioden, den so genannten Schottky-Dioden, ist die pn-Diode die häufigste Realisierungsform. Letztere besteht aus einem n-dotierten Gebiet, der Kathode (K), und einem p-dotierten Gebiet, der Anode (A), so dass man häufig auch von einem pn-Übergang spricht (Abb. 2.1a).

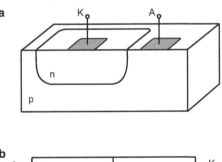

**Abb. 2.1** Schnittbild einer pn-Diode (**a**) und vereinfachte eindimensionale Darstellung des pn-Übergangs (**b**)

Der Name Diode leitet sich dabei von dem griechischen Wort diodos für Übergang ab. Da solche Übergänge in praktisch allen Halbleiterbauelementen vorkommen, ist die

© Springer-Verlag GmbH Deutschland, ein Teil von Springer Nature 2019
H. Göbel, *Einführung in die Halbleiter-Schaltungstechnik*,
https://doi.org/10.1007/978-3-662-56563-6_2

Kenntnis der Funktionsweise der Diode Voraussetzung für das Verständnis anderer Bauelemente wie dem Bipolartransistor und dem Feldeffekttransistor.

Das Verhalten eines pn-Übergangs lässt sich erklären, wenn man in einem Gedankenexperiment ein p- und ein n-dotiertes Gebiet zusammenbringt, wobei wir im Folgenden von der vereinfachten eindimensionalen Struktur (Abb. 2.1b) ausgehen. Wegen der unterschiedlichen Ladungsträgerkonzentrationen im p- und im n-dotierten Gebiet und den damit verbundenen Konzentrationsgradienten an dem Übergang bei $x = 0$ entsteht zunächst eine Diffusionsbewegung von Elektronen in Richtung des p-Gebietes und von Löchern in Richtung des n-Gebietes (vgl. Abschn. 1.3.3). Durch das Abwandern der Elektronen entsteht am linksseitigen Rand des n-Gebietes ein Bereich mit sehr niedriger Elektronenkonzentration. Die ortsfesten, positiv ionisierten Donatoratome werden in diesem Bereich also nicht mehr neutralisiert, so dass der Halbleiter hier positiv geladen ist. Entsprechendes gilt am rechtsseitigen Rand des p-Gebietes, wo durch die abwandernden Löcher wegen der ionisierten Akzeptoratome ein negativ geladener Bereich entsteht. Den von beweglichen Ladungsträgern weitgehend ausgeräumten Bereich nennt man Raumladungszone. Die Ladung der dort vorhandenen, nicht kompensierten Dotierungsatome führt zu einem elektrischen Feld, welches vom n-Gebiet zum p-Gebiet zeigt. Dies bewirkt eine Driftbewegung der Ladungsträger (vgl. Abschn. 1.3.2), die der Diffusionsbewegung jeweils entgegengerichtet ist (Abb. 2.2).

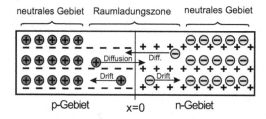

**Abb. 2.2** In der Nähe des pn-Übergangs entsteht ein Bereich, in dem praktisch keine freien Ladungsträger (⊕, ⊖), sondern nur die ortsfesten ionisierten Dotieratome (−, +) vorhanden sind. In dieser so genannten Raumladungszone heben sich die Drift- und die Diffusionsströme gegenseitig auf

 S.m.i.L.E: 2.1_pn-Übergang

Im thermodynamischen Gleichgewicht stellt sich nun ein Zustand ein, in dem die Driftströme von den Diffusionsströmen jeweils kompensiert werden, so dass effektiv kein Ladungstransport erfolgt. In den neutralen Gebieten der Diode kompensieren sich daher die Ladungen der freien Ladungsträger und der Dotieratome, in der Raumladungszone bleibt als Nettoladung die Ladung der Dotieratome. Damit ergeben sich die in Abb. 2.3 gezeigten Verläufe von Raumladungsdichte $\rho$, elektrischem Feld $E$, Potenzial $\Phi$ und der Ladungsträgerverteilung. Die Größen $-x_p$ und $x_n$ geben dabei die Ausdehnung der Raumladungszone in das p- bzw. in das n-Gebiet an.

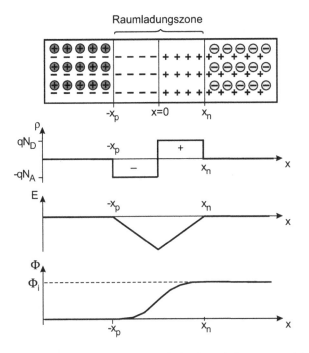

**Abb. 2.3** Da die ionisierten Dotieratome im Bereich der Raumladungszone nicht durch freie Ladungsträger kompensiert werden, entsteht dort ein elektrisches Feld und eine Spannung

 S.m.i.L.E: 2.1_Raumladungszone

Zur Berechnung der sich einstellenden Spannung $\Phi_i$ zwischen p- und n-Gebiet geht man davon aus, dass sich Diffusions- und der Driftstrom im thermodynamischen Gleichgewicht jeweils kompensieren. Für den Elektronenstrom gilt somit

$$j_{n,\text{Diff}} + j_{n,\text{Drift}} = 0 \,. \tag{2.1}$$

Aus $j_n = 0$ folgt mit (1.56)

$$j_n = q\mu_n n E + q D_n \frac{dn}{dx} = 0 \,. \tag{2.2}$$

Damit erhält man für das elektrische Feld

$$E \, dx = -\frac{D_n}{\mu_n} \frac{dn}{n} \,, \quad \text{mit } D_n = \frac{kT}{q} \mu_n \,. \tag{2.3}$$

Die Integration dieser Gleichung führt dann auf die Spannung $\Phi_i$ über dem Übergang

$$\Phi_i = \frac{kT}{q} \int_{n_{p0}}^{n_{n0}} \frac{dn}{n} \tag{2.4}$$

$$= \frac{kT}{q} \ln \frac{n_{n0}}{n_{p0}} \,. \tag{2.5}$$

Ersetzen wir nun noch die Ladungsträgerdichten $n_{n0}$ und $n_{p0}$ durch (1.7) und (1.11), also

$$n_{n0} = N_D , \quad n_{p0} = \frac{n_i^2}{N_A} , \tag{2.6}$$

erhalten wir schließlich

$$\boxed{\Phi_i = \frac{kT}{q} \ln \frac{N_A N_D}{n_i^2}} . \tag{2.7}$$

Über dem pn-Übergang liegt also eine Spannung, das so genannte Diffusionspotenzial. Diese Spannung liegt typischerweise im Bereich von $0{,}6 \ldots 0{,}7\,\text{V}$. Den Ausdruck $kT/q$ bezeichnet man als Temperaturspannung $U_T$

$$U_T = \frac{kT}{q} , \tag{2.8}$$

die bei Raumtemperatur etwa bei $26\,\text{mV}$ liegt. Durch Umformen von (2.5) erhält man für die Elektronendichte im p-Gebiet

$$n_{p0} = n_{n0} \exp\left(-\frac{q}{kT} \Phi_i\right) . \tag{2.9}$$

Analog ergibt sich für die Löcherdichte im n-Gebiet der Ausdruck

$$p_{n0} = p_{p0} \exp\left(-\frac{q}{kT} \Phi_i\right) . \tag{2.10}$$

Die letzten beiden Ausdrücke verknüpfen die Trägerdichten mit der Spannung über dem pn-Übergang und werden daher im Folgenden zur Ableitung der Diodengleichung benutzt.

**Merksatz 2.1**
Durch das Zusammenbringen eines p- und eines n-Halbleiters entsteht an der Grenzschicht ein von freien Ladungsträgern ausgeräumter Bereich, die Raumladungszone. Die durch den Konzentrationsgradienten verursachte Diffusionsbewegung von Ladungsträgern wird dabei von der durch das elektrische Feld der Raumladungszone hervorgerufenen Driftbewegung kompensiert.

### 2.1.2  Diode bei Anlegen einer äußeren Spannung

**Diode bei kurzgeschlossenem p- und n-Gebiet**
Wir wollen nun die Diodenstruktur untersuchen, wenn von außen eine Spannung $U_{pn}$ über die Diode angelegt wird. Zunächst soll der in Abb. 2.4, links, dargestellte Fall betrachtet

werden, dass das p- und das n-Gebiet über einen metallenen Leiter miteinander kurzgeschlossen sind. Die Diffusionsspannung $\Phi_i$ führt dabei nicht zu einem Stromfluss, da sich
an den beiden Metall-Halbleiter-Übergängen, ähnlich wie an dem pn-Übergang, so genannte Kontaktspannungen aufbauen und die Summe aller Spannungen gleich null sein
muss. Im Fall des Kurzschlusses gilt also

$$+ \Phi_{K1} + \Phi_{K2} - \Phi_i = 0 \ . \tag{2.11}$$

Die Kontaktspannungen und die Spannung $\Phi_i$ heben sich also gerade auf, d. h.

$$\Phi_{K1} + \Phi_{K2} = \Phi_i \ . \tag{2.12}$$

Bei $U_{pn} = 0$ liegt demnach an dem pn-Übergang die Spannung $\Phi_i$ an. Eine Änderung
der äußeren Spannung $U_{pn}$ führt dann, da die Metall-Halbleiter-Übergänge sehr niederohmig sind, zu einer entsprechenden Änderung der Spannung $\Phi_i$ über dem pn-Übergang
(Abb. 2.4, rechts).

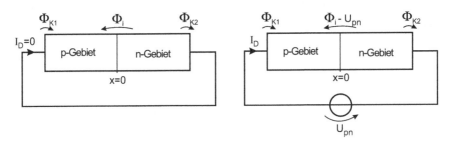

**Abb. 2.4** Ohne von außen angelegte Spannung heben sich die Kontaktspannungen und das Diffusionspotenzial gerade auf. Eine zusätzliche Spannung $U_{pn}$ führt dann zu einer entsprechenden
Änderung der effektiv über dem Übergang liegenden Spannung

Wir werden nun die beiden Fälle betrachten, dass von außen eine positive Spannung,
d. h. $U_{pn} > 0\,\mathrm{V}$ und eine negative Spannung, d. h. $U_{pn} < 0\,\mathrm{V}$ an die Diode gelegt wird.

**Diode in Durchlasspolung**
Durch Anlegen einer Spannung $U_{pn} > 0\,\mathrm{V}$ an die Diode verringert sich die effektive Spannung über der Raumladungszone und damit das elektrische Feld. Die Driftbewegung der
Ladungsträger wird damit schwächer und die Diffusion dominiert. Es gelangen also Elektronen durch die Raumladungszone bis in das neutrale p-Gebiet und entsprechend Löcher
ins neutrale n-Gebiet, wo sie jeweils mit den dortigen Majoritätsträgern rekombinieren
(Abb. 2.5). Diese werden aus den neutralen Gebieten nachgeliefert, was einem Stromfluss
$I_D$ entspricht. Je größer die Spannung $U_{pn}$, um so mehr Ladungsträger diffundieren über
den Übergang und um so größer wird der Strom $I_D$.

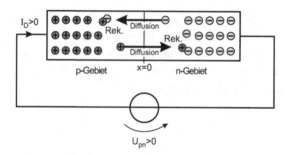

**Abb. 2.5** Bei in Durchlassrichtung angelegter Diodenspannung verringert sich das elektrische Feld über dem Übergang und die Diffusion von Ladungsträgern wird nicht mehr durch das elektrische Feld kompensiert. Die ortsfesten, ionisierten Dotieratome sind hier und im Folgenden nicht mehr eingezeichnet

**Diode in Sperrpolung**

Wird eine Spannung $U_{pn} < 0$ an die Diode gelegt, erhöht sich die Spannung über dem pn-Übergang und damit auch das elektrische Feld. Es dominiert nun die Driftbewegung der Ladungsträger, durch die Minoritätsträger durch die Raumladungszone transportiert werden (Abb. 2.6). Wegen der geringen Minoritätsträgerdichten ist der Strom $I_D$ jedoch sehr klein.

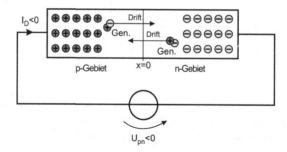

**Abb. 2.6** Bei in Sperrrichtung angelegter Diodenspannung vergrößert sich das elektrische Feld über dem Übergang und die Ladungsträger bewegen sich ausschließlich durch Drift über den Übergang

 S.m.i.L.E: 2.1_Diode

## 2.2  Ableitung der Diodengleichung

### 2.2.1  Diode mit langen Abmessungen

Nachdem wir das Verhalten des pn-Übergangs bei Anlegen einer Spannung qualitativ untersucht haben, wollen wir nun eine Gleichung ableiten, die den Zusammenhang zwischen Diodenstrom und angelegter Spannung quantitativ beschreibt. Dazu setzen wir schwache

Injektion voraus und nehmen an, dass in der Raumladungszone keine Generation bzw. Rekombination von Ladungsträgern stattfindet. Ebenso vernachlässigen wir den ohmschen Spannungsabfall über den Kontakten und den neutralen Bahngebieten. Unter dieser Voraussetzung gilt, dass eine von außen an die Diode angelegte Spannung $U_{pn}$ zu einer entsprechenden Änderung der Spannung über dem Übergang führt. Die Gleichung (2.10) für die Teilchendichte kann damit um die von außen angelegte Spannung erweitert werden und wir erhalten

$$p_n(x_n) = p_{p0} \exp\left[-\frac{q}{kT}\left(\Phi_i - U_{pn}\right)\right] . \tag{2.13}$$

Ersetzen wir $p_{p0}$ mit Hilfe von (2.10), ergibt sich

$$p_n(x_n) = p_{n0} \exp\left(\frac{q}{kT}U_{pn}\right) . \tag{2.14}$$

Weiterhin drücken wir die Ladungsträgerdichten durch die Überschussladungsträgerdichten

$$p'_n(x_n) = p_n(x_n) - p_{n0} \tag{2.15}$$

aus, was auf

$$p'_n(x_n) = p_{n0}\left[\exp\left(\frac{q}{kT}U_{pn}\right) - 1\right] \tag{2.16}$$

führt. D. h. das Anlegen einer positiven Spannung $U_{pn}$ an die Diode bewirkt eine Erhöhung der Minoritätsträgerdichten an den Rändern der Raumladungszone. Da aus Neutralitätsgründen die Majoritätsträgerdichten ebenfalls ansteigen (vgl. Abschn. 1.4.3), erhält man die in Abb. 2.7 gezeigte Verteilung der Ladungsträger in der Diode.

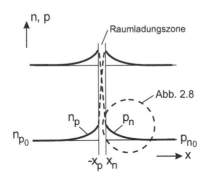

**Abb. 2.7** Die Injektion von Ladungsträgern bei in Durchlassrichtung gepolter Diode führt zu einem Anstieg der Trägerdichten an den Rändern der Raumladungszone

Dies entspricht einer Injektion von Ladungsträgern in die neutralen Gebiete und damit einer lokalen Störung des thermodynamischen Gleichgewichts, wie wir es bereits in Abschn. 1.4.4 untersucht haben. Gemäß (1.87) genügt die Minoritätsträgerüberschussdichte $p'_n$ im n-Gebiet demnach der Beziehung

$$p'_n(x) = p'_n(x_n) \exp\left(-\frac{x - x_n}{L_p}\right) . \tag{2.17}$$

Ersetzen von $p'_n(x_n)$ mit (2.16) führt auf

$$p'_n(x) = p_{n0} \left[ \exp\left(\frac{q}{kT} U_{pn}\right) - 1 \right] \exp\left(-\frac{x - x_n}{L_p}\right) . \qquad (2.18)$$

Da der Driftstromanteil des Minoritätsträgerstromes nach (1.80) und (1.81) vernachlässigbar ist, ist der Minoritätsladungsträgerstrom $I_p$ im n-Gebiet ein reiner Diffusionsstrom und es gilt an der Stelle $x_n$

$$I_p(x_n) = -qAD_p \left.\frac{d\,p}{d\,x}\right|_{x=x_n} . \qquad (2.19)$$

Dabei erhalten wir die Ableitung der Löcherdichte durch Differenzieren von (2.18), so dass sich für den Löcherstrom an der Stelle $x_n$ schließlich

$$I_p(x_n) = \frac{qAD_p p_{n0}}{L_p} \left[ \exp\left(\frac{q}{kT} U_{pn}\right) - 1 \right] . \qquad (2.20)$$

ergibt. Die über dem pn-Übergang anliegende Spannung bestimmt also die Abweichung der Minoritätsladungsträgerdichte am Rand der Raumladungszone von dem Gleichgewichtswert. Die Steigung der Ladungsträgerdichte am Rand $x_n$ der Raumladungszone ist dabei nach (2.19) proportional dem entsprechenden Teilchenstrom $I_p$, wie in Abb. 2.8 nochmals verdeutlicht ist.

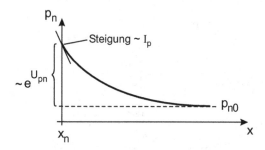

**Abb. 2.8** Die Ladungsträgerdichte am Rand der Raumladungszone steigt exponentiell mit der Spannung über dem pn-Übergang. Die Steigung der Minoritätsträgerdichte am Rand der Raumladungszone ist proportional zu dem entsprechenden Strom

Analog erhält man für den Elektronenstrom $I_n$ am Rand der Raumladungszone im p-Gebiet

$$I_n(-x_p) = \frac{qAD_n n_{p0}}{L_n} \left[ \exp\left(\frac{q}{kT} U_{pn}\right) - 1 \right] . \qquad (2.21)$$

Da aus Kontinuitätsgründen der Gesamtstrom entlang der Diode konstant sein muss, gilt

$$I_D = I_n(x) + I_p(x) = \text{const.} \qquad (2.22)$$

Weiterhin kann wegen der kurzen Abmessung die Generation und die Rekombination von Ladungsträgern innerhalb der Raumladungszone vernachlässigt werden, d. h. Elektronen- und Löcherstrom ändern sich innerhalb der Raumladungszone nicht, so dass man schließlich den in Abb. 2.9 gezeigten Verlauf der Ströme über dem Ort erhält.

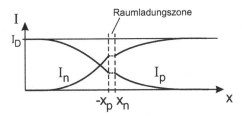

**Abb. 2.9** Verlauf des Diodenstromes und der Teilströme entlang des Ortes. Der Gesamtstrom kann aus der Summe von dem Elektronenstrom an der Stelle $-x_p$ und dem Löcherstrom an der Stelle $x_n$ berechnet werden

Damit kann der Diodenstrom durch Addition der bekannten Ströme $I_n(-x_p)$ und $I_p(x_n)$ an den Rändern der Raumladungszone berechnet werden. Mit (2.20) und (2.21) erhalten wir aus

$$I_D = I_n(-x_p) + I_p(x_n) \tag{2.23}$$

schließlich die Diodengleichung

$$\boxed{I_D = I_S \left[ \exp\left(\frac{q}{kT} U_{pn}\right) - 1 \right]} \tag{2.24}$$

mit dem Sättigungsstrom $I_S$

$$I_S = qA \left( \frac{D_p}{L_p} p_{n0} + \frac{D_n}{L_n} n_{p0} \right) . \tag{2.25}$$

Ersetzen wir noch die Minoritätsträgerdichten $n_{p0}$ und $p_{n0}$ mit Hilfe von (1.11) und (1.9), erhalten wir für den Sättigungsstrom schließlich

$$\boxed{I_S = qAn_i^2 \left( \frac{D_p}{L_p N_D} + \frac{D_n}{L_n N_A} \right) .} \tag{2.26}$$

Als Diodenkennlinie ergibt sich damit eine Exponentialfunktion, die für positive Spannungen sehr stark ansteigt und für negative Spannungen gegen den Grenzwert $-I_S$ strebt (Abb. 2.10). Man erkennt, dass für den in Durchlassrichtung gepolten pn-Übergang die Diodenspannung mit dem Wert $U_{pn} \approx 0{,}7\,\mathrm{V}$ angenähert werden kann. Der Wert von $I_S$ kann bestimmt werden, indem man die Diodenkennlinie für hinreichend große Spannungen in einer logarithmischen Darstellung aufträgt und die sich ergebende Gerade bis $U_{pn} = 0\,\mathrm{V}$ extrapoliert.

Der Diodenstrom hängt zudem von der Temperatur ab, da die Temperatur $T$ sowohl in dem Exponentialterm der Diodengleichung auftritt als auch über die Intrinsicdichte in den Sättigungsstrom eingeht. Insgesamt ergibt sich dabei ein Anstieg des Stromes mit zunehmender Temperatur; die Diode zeigt also ein Heißleiterverhalten.

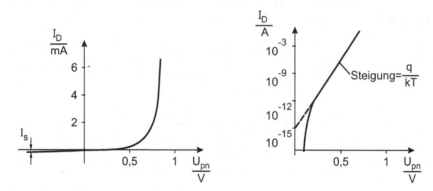

**Abb. 2.10**  Diodenkennlinie in linearer und logarithmischer Darstellung

    S.m.i.L.E: 2.2_Diodenkennlinie

---

**Merksatz 2.2**
Je nach Polarität der von außen an die Diode angelegten Spannung vergrößert oder verkleinert sich das elektrische Feld über dem pn-Übergang. Bei Anlegen einer positiven Spannung wird das elektrische Feld kleiner, so dass die Diffusion von Ladungsträgern nicht mehr durch die Driftbewegung kompensiert wird. Es fließt ein großer Durchlassstrom, der exponentiell mit der angelegten Spannung steigt.

---

### 2.2.2  Diode mit kurzen Abmessungen

Die bisher abgeleiteten Beziehungen gelten unter der Annahme, dass die Bahngebiete der Diode hinreichend lang sind. Bei kurzen Abmessungen ergeben sich für die Minoritätsladungsträgerverteilungen keine Exponentialkurven, sondern einfache Geraden (vgl. Abschn. 1.4.4), wie in Abb. 2.11 dargestellt ist. Die Minoritätsladungsträgerverteilung im n-Gebiet genügt demnach der Beziehung

$$p'_n(x) = p'_n(x_n) \left( 1 - \frac{x - x_n}{w_n} \right) \tag{2.27}$$

$$= p_{n0} \left[ \exp\left( \frac{q}{kT} U_{pn} \right) - 1 \right] \left( 1 - \frac{x - x_n}{w_n} \right) . \tag{2.28}$$

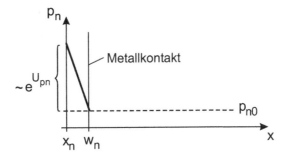

**Abb. 2.11** Bei einer Diode mit kurzer Abmessung nehmen die Trägerdichten mit einer linearen Funktion ab

Entsprechendes gilt für die Elektronendichte $n_p$ im p-Gebiet. Die Berechnung der Ströme erfolgt analog zu der langen Diode und führt schließlich auf die Stromgleichung

$$I_D = I_S \left[ \exp\left( \frac{q}{kT} U_{pn} \right) - 1 \right] \tag{2.29}$$

mit dem Sättigungsstrom

$$I_S = q A n_i^2 \left[ \frac{D_p}{w_n N_D} + \frac{D_n}{w_p N_A} \right] . \tag{2.30}$$

Bei der kurzen Diode muss also in der Diodengleichung nur die Diffusionslänge der Minoritätsträger durch die effektive Länge der Bahngebiete ersetzt werden.

### 2.2.3 Abweichung von der idealen Diodenkennlinie

Für sehr kleine und sehr große Ströme weicht die berechnete Diodenkennlinie von der gemessenen Kennlinie ab. Grund dafür ist, dass für sehr kleine Ströme die Rekombination von Ladungsträgern in der Raumladungszone nicht vernachlässigt werden darf. Bei sehr großen Strömen gilt die Annahme der schwachen Injektion (vgl. Abschn. 1.4.1) nicht mehr und es muss der Spannungsabfall über den neutralen Bahngebieten berücksichtigt werden. Insgesamt ergibt sich damit ein Verlauf des Diodenstromes über der Spannung, wie er in Abb. 2.12 gezeigt ist.

Die unterschiedlichen Steigungen der Diodenkennlinie in der logarithmischen Darstellung für die Bereiche kleiner, mittlerer und großer Spannungen können dabei durch einen Parameter $N$, den Emissionskoeffizienten, beschrieben werden. Jeder Bereich wird dann durch eine Funktion

$$I_{D,i} = I_{S,i} \left[ \exp\left( \frac{q}{NkT} U_{pn} \right) - 1 \right] \tag{2.31}$$

beschrieben, wobei der Parameter $N$ zwischen eins und zwei liegt.

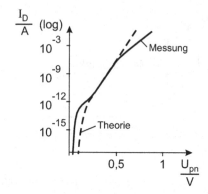

**Abb. 2.12**  Für sehr kleine und sehr große Spannungen weicht die gemessene Diodenkennlinie von der theoretisch bestimmten Kennlinie ab

### 2.2.4  Kapazitätsverhalten des pn-Übergangs

**Sperrschichtkapazität $C_j$**

Durch Verändern der Spannung $U_{pn}$ ändert sich die Weite der Raumladungszone und damit die Menge der in der Raumladungszone befindlichen Ladung $Q_j$ (Abb. 2.13), wobei die Ladung durch die nicht kompensierten Dotieratome hervorgerufen wird. Diese

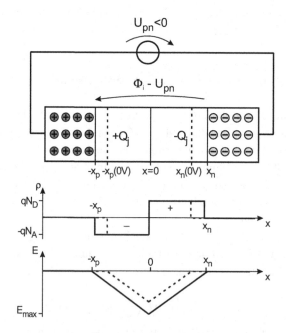

**Abb. 2.13**  Durch Anlegen einer Spannung $U_{pn}$ über dem Übergang ändert sich die Weite der Raumladungszone und damit die darin gespeicherte Ladung

Ladungsänderung bei einer Änderung der Spannung entspricht dem Verhalten einer Kapazität, die als so genannte Sperrschichtkapazität $C_j$ bezeichnet wird und die sich aus

$$C_j = \frac{dQ_j}{dU_{pn}} \tag{2.32}$$

ergibt.

Die Ladung $Q_j$ in dem n- bzw. p-Gebiet bestimmt sich aus der jeweiligen Ladungsdichte $\rho$. Diese ist unter Vernachlässigung der in der Raumladungszone befindlichen freien Ladungsträger (Depletion-Näherung) durch die Dichte der ionisierten Dotierungsatome gegeben, also

$$\rho = -qN_A\,, \qquad \text{für } -x_p \leq x < 0 \tag{2.33}$$

$$\rho = +qN_D\,, \qquad \text{für } 0 \leq x \leq x_n\,. \tag{2.34}$$

Da aus Neutralitätsgründen die Ladung $Q_j$ in dem n- und dem p-Gebiet betragsmäßig gleich groß ist, gilt

$$Q_j = -qx_n A N_D = -qx_p A N_A\,. \tag{2.35}$$

Daraus folgt unmittelbar

$$N_D x_n = N_A x_p\,, \tag{2.36}$$

d. h. die Raumladungszone dehnt sich um so weiter in das n- bzw. p-Gebiet aus, je geringer die Dotierung dort ist.

Um die Ladung $Q_j$ durch die Spannung $U_{pn}$ auszudrücken, bestimmen wir zunächst die elektrische Feldstärke $E$. Diese ergibt sich durch Integration der Ladungsdichte $\rho$ über den Ort $x$. Für $-x_p \leq x < 0$ erhalten wir mit (2.33)

$$E(x) = \frac{1}{\varepsilon_0 \varepsilon_r} \int \rho \, dx \tag{2.37}$$

$$= -\frac{q}{\varepsilon_0 \varepsilon_r} N_A \left(x + x_p\right)\,. \tag{2.38}$$

Der maximale Wert $E_{\max}$ der Feldstärke wird bei $x = 0$ erreicht, d. h.

$$E(0) = E_{\max} = -\frac{q}{\varepsilon_0 \varepsilon_r} N_A x_p\,. \tag{2.39}$$

Die Spannung $\Phi_i - U_{pn}$ über dem pn-Übergang ergibt sich dann schließlich durch Integration des elektrischen Feldes. Im Fall der dreieckförmigen Feldstärkeverteilung vereinfacht sich dies zu der Bestimmung der Fläche des Dreiecks, d. h.

$$\Phi_i - U_{pn} = -\frac{1}{2} \left(x_n + x_p\right) E_{\max}\,. \tag{2.40}$$

Die gesamte Weite der $w$ der Raumladungszone

$$w = x_n + x_p \tag{2.41}$$

bestimmt sich dann mit (2.40), (2.39) und (2.36) zu

$$\boxed{w = \sqrt{\frac{2\varepsilon_0\varepsilon_r}{q}\left[\frac{1}{N_A} + \frac{1}{N_D}\right](\Phi_i - U_{pn})}.} \tag{2.42}$$

Für die Ausdehnung der Raumladungszone in das n- bzw. p-Gebiet erhalten wir mit (2.36) und (2.41)

$$x_n = w\frac{N_A}{N_D + N_A} \tag{2.43}$$

$$x_p = w\frac{N_D}{N_A + N_D}. \tag{2.44}$$

Wir können nun die Ladung $Q_j$ mit Hilfe der Beziehungen (2.35) (2.42) und (2.43) abhängig von der Spannung $U_{pn}$ ausdrücken und erhalten

$$Q_j = -qA\frac{N_A N_D}{N_D + N_A}\sqrt{\frac{2\varepsilon_0\varepsilon_r}{q}\left[\frac{1}{N_A} + \frac{1}{N_D}\right](\Phi_i - U_{pn})}. \tag{2.45}$$

Die Sperrschichtkapazität berechnet sich dann nach (2.32) zu

$$C_j = \frac{dQ_j}{dU_{pn}} \tag{2.46}$$

$$= \frac{A\,\varepsilon_0\,\varepsilon_r}{\sqrt{\frac{2\,\varepsilon_0\,\varepsilon_r}{q}\left[\frac{1}{N_A} + \frac{1}{N_D}\right](\Phi_i - U_{pn})}} \tag{2.47}$$

und damit

$$\boxed{C_j = \frac{A\varepsilon_0\varepsilon_r}{w},} \tag{2.48}$$

wobei $w$ die Weite der Raumladungszone nach (2.42) ist. Die letzte Gleichung zeigt, dass sich die Sperrschichtkapazität wie ein Plattenkondensator verhält, wobei der Plattenabstand der Weite der Raumladungszone entspricht. Zu beachten ist dabei, dass die Weite der Raumladungszone von der angelegten Spannung $U_{pn}$ abhängt, so dass die Kapazität spannungsabhängig ist. Die auf der Kapazität gespeicherte Ladung $Q_j$ bestimmt sich daher nicht einfach durch Multiplikation der Spannung $U_{pn}$ mit dem Wert der Kapazität, sondern durch Integration der Kapazität $C_j(U_{pn})$ über die Spannung.

Zur Vereinfachung der Schreibweise von (2.47) verwendet man oft die Abkürzung

$$C_{j0} = \frac{A\,\varepsilon_0\,\varepsilon_r}{\sqrt{\frac{2\,\varepsilon_0\,\varepsilon_r}{q}\left[\frac{1}{N_A}+\frac{1}{N_D}\right]\Phi_i}} \tag{2.49}$$

für die Sperrschichtkapazität bei $U_{pn} = 0\,\text{V}$. Damit erhalten wir

$$C_j = C_{j0}\left(1-\frac{U_{pn}}{\Phi_i}\right)^{-1/2}. \tag{2.50}$$

Bei der Herleitung hatten wir einen pn-Übergang vorausgesetzt, bei dem sich die Dotierung an der Stelle $x = 0$ abrupt ändert. Bei realen Dioden erfolgt der Übergang zwischen p- und n-Gebiet jedoch stetig. Um die Gleichungen für diese Fälle anzupassen, verallgemeinert man den zuletzt gefundenen Ausdruck durch Verwendung des so genannten Kapazitätskoeffizienten $M$

$$C_j = C_{j0}\left(1-\frac{U_{pn}}{\Phi_i}\right)^{-M}. \tag{2.51}$$

Die auf der Sperrschichtkapazität gespeicherte Ladung $Q_j$ ergibt sich dann mit

$$Q_j(U_{pn}) = \int_0^{U_{pn}} C_j(U)\,dU \tag{2.52}$$

zu

$$\boxed{Q_j = \frac{C_{j0}\,\Phi_i}{1-M}\left[1-\left(1-\frac{U_{pn}}{\Phi_i}\right)^{1-M}\right].} \tag{2.53}$$

Die Spannungsabhängigkeit der Sperrschichtkapazität ist in Abb. 2.14 dargestellt, wobei die gemessene Kurve von der berechneten Kurve im Durchlassbereich mit zunehmender Spannung immer mehr abweicht, da die Funktion $C_j(U_{pn})$ an der Stelle $U_{pn} = \Phi_i$ eine Polstelle aufweist. Damit verbundene numerische Probleme können vermieden werden, indem die Kurve für positive Spannungen durch eine Gerade extrapoliert wird. Der Fehler ist gering, da im Durchlassbereich eine andere Kapazität, die so genannte Diffusionskapazität, dominiert, die im nächsten Abschnitt behandelt wird.

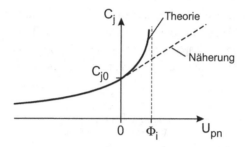

**Abb. 2.14**  Die Sperrschichtkapazität steigt mit zunehmender Spannung $U_{pn}$

---

**Beispiel 2.1**

Für eine Diode mit $N_D = 1 \times 10^{16}\,\mathrm{cm}^{-3}$, $N_A = 1 \times 10^{14}\,\mathrm{cm}^{-3}$ und einer Fläche von $100\,\mu\mathrm{m} \times 100\,\mu\mathrm{m}$ soll die Weite der Raumladungszone und die Sperrschichtkapazität bei $U_{pn} = 0\,\mathrm{V}$ bestimmt werden.

Zur Berechnung der Weite der Raumladungszone bestimmen wir zunächst das Diffusionspotenzial $\Phi_i$ aus (2.7) und erhalten $\Phi_i = 0{,}58\,\mathrm{V}$. Die Weite der Raumladungszone beträgt dann nach (2.42) $w = 2{,}7\,\mu\mathrm{m}$. Die Ausdehnung erfolgt dabei fast ausschließlich in das p-dotierte Gebiet, da dies deutlich geringer dotiert ist als das n-Gebiet. Die Sperrschichtkapazität bestimmt sich dann mit (2.48) zu $C_j = 0{,}38\,\mathrm{pF}$.

---

**Merksatz 2.3**

Durch Änderung der Spannung über dem pn-Übergang ändert sich die Weite der Raumladungszone und damit die Menge der in der Raumladungszone gespeicherten Ladung. Dies entspricht dem Verhalten einer Kapazität, die als Sperrschichtkapazität bezeichnet wird.

---

**Diffusionskapazität $C_d$**

Durch Anlegen einer Spannung $U_{pn}$ in Durchlassrichtung wird Ladung in die neutralen Gebiete der Diode injiziert, wie in Abb. 2.15 dargestellt ist.

Die injizierte Ladung bezeichnet man als Speicherladung oder Diffusionsladung $Q_d$. Da diese sich mit der am Übergang angelegten Spannung ändert, entspricht auch dies wieder dem Verhalten einer Kapazität, die als Diffusionskapazität $C_d$ bezeichnet wird und die sich aus

$$C_d = \frac{dQ_d}{dU_{pn}} \tag{2.54}$$

bestimmt. Zur Berechnung der Diffusionskapazität bestimmen wir zunächst die Diffusionsladung, wobei es aus Neutralitätsgründen auch hier genügt, die gesamte positive

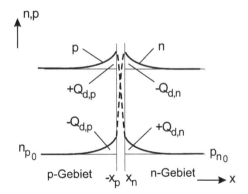

**Abb. 2.15** In Durchlassrichtung ändert sich die Menge der in die neutralen Gebiete injizierten Ladung bei sich ändernder Spannung $U_{pn}$

Ladung, also $+Q_{d,n}$ und $+Q_{d,p}$ zu berechnen. Zur Berechnung von $Q_{d,n}$ gehen wir von der bekannten Verteilung der Minoritätsträger in der Diode aus. So gilt für die Überschussladungsträgerdichte $p'(x)$ im n-Gebiet für $x > x_n$ nach (2.18)

$$p'_n(x) = p_{n0} \left[ \exp\left( \frac{q}{kT} U_{pn} \right) - 1 \right] \exp\left[ \frac{-(x - x_n)}{L_p} \right] , \qquad (2.55)$$

wobei der erste Klammerausdruck die Spannungsabhängigkeit der Ladungsträgerdichte am Rand der Raumladungszone beschreibt und der Exponentialterm den abklingenden Verlauf der Dichte mit zunehmendem Abstand vom Rand der Raumladungszone. Die gesamte im n-Gebiet gespeicherte Überschussladung $Q_{d,n}$ wird damit durch Integration über den Ort $x$

$$Q_{d,n} = qA \int_{x_n}^{\infty} p'(x) dx \qquad (2.56)$$

$$= qAL_p p_{n0} \left[ \exp\left( \frac{q}{kT} U_{pn} \right) - 1 \right] . \qquad (2.57)$$

Mit der weiter oben abgeleiteten Beziehung (2.20) für den Löcherstrom $I_p$ in der Diode und mit $L_p = \sqrt{D_p \tau_p}$ lässt sich dies umschreiben zu

$$Q_{d,n} = \frac{L_p^2}{D_p} I_p(x_n) \qquad (2.58)$$

$$= \tau_p I_p(x_n) . \qquad (2.59)$$

Analog folgt für die positive Ladung im p-Gebiet $Q_{d,p}$

$$Q_{d,p} = \tau_n I_n(-x_p) . \qquad (2.60)$$

Die gesamte Speicherladung $Q_d$ wird damit

$$Q_d = Q_{d,p} + Q_{d,n} \tag{2.61}$$

$$= \tau_n I_n(-x_p) + \tau_p I_p(x_n) . \tag{2.62}$$

Gewichtet man die Lebensdauern mit den entsprechenden Stromanteilen, so erhält man die so genannte Transitzeit $\tau_T$

$$\tau_T = \tau_n \frac{I_n(-x_p)}{I_D} + \tau_p \frac{I_p(x_n)}{I_D} . \tag{2.63}$$

Mit dieser Größe lässt sich die Speicherladung durch die einfache Beziehung

$$\boxed{Q_d = \tau_T I_D} \tag{2.64}$$

ausdrücken. Wir werden später sehen, dass die Menge der in der Diode gespeicherten Ladung entscheidenden Einfluss auf die Schaltzeit der Diode hat, so dass die Transitzeit $\tau_T$ eine wichtige Größe zur Beschreibung des Schaltverhaltens der Diode ist.

Mit Hilfe der Diodengleichung (2.24) können wir (2.64) in der Form

$$Q_d = \tau_T I_S \left[ \exp\left( \frac{q}{kT} U_{pn} \right) - 1 \right] \tag{2.65}$$

darstellen. Setzt man dies in (2.54) ein, ergibt sich schließlich für die Diffusionskapazität $C_d$

$$\boxed{C_d = \tau_T \frac{q}{kT} I_S \exp\left( \frac{q}{kT} U_{pn} \right)} , \tag{2.66}$$

was bei in Durchlassrichtung gepolter Diode für $U_{pn} > 100\,\mathrm{mV}$ durch

$$C_d = \tau_T \frac{q}{kT} I_D \tag{2.67}$$

angenähert werden kann.

Für kurze Dioden mit $w_n \ll L_p$ bzw. $w_p \ll L_n$ erhält man die gleiche Beziehung für die Diffusionskapazität. Es gilt jedoch

$$Q_d = \tau_{pw} I_p + \tau_{nw} I_n \tag{2.68}$$

$$= \tau_T I_D \tag{2.69}$$

mit

$$\tau_{pw} = \frac{w_n^2}{2D_p} \tag{2.70}$$

und

$$\tau_{nw} = \frac{w_p^2}{2D_n} . \tag{2.71}$$

Die Gesamtkapazität der Diode setzt sich somit aus der Sperrschichtkapazität $C_j$ und der Diffusionskapazität $C_d$ zusammen, wobei die Sperrschichtkapazität im Sperrbereich und die Diffusionskapazität im Durchlassbereich dominiert.

---

**Beispiel 2.2**

Für eine Diode mit $I_S = 10^{-15}$ A und $\tau_T = 10^{-6}$ s soll die Diffusionskapazität bei $U_{pn} = 0.5$ V bestimmt werden. Mit (2.66) ergibt sich für die Diffusionskapazität $C_d = 8.6$ pF.

---

**Merksatz 2.4**

Durch Änderung der Spannung eines in Durchlassrichtung gepolten Übergangs ändert sich die Menge der durch Diffusion in die neutralen Gebiete injizierten Ladung. Dies entspricht dem Verhalten einer Kapazität. Diese Kapazität, die als Diffusionskapazität bezeichnet wird, überwiegt bei Durchlasspolung der Diode.

---

## 2.3 Modellierung der Diode

### 2.3.1 Großsignalersatzschaltung der Diode

Das Großsignalersatzschaltbild beschreibt das Verhalten der Diode im gesamten Arbeitsbereich. Das statische Verhalten der Diode wird durch die Diodengleichung beschrieben, die durch eine spannungsgesteuerte Stromquelle $I_D(U_{pn})$ mit

$$I_D(U_{pn}) = I_S \left[ \exp\left(\frac{q}{kT} U_{pn}\right) - 1 \right] \tag{2.72}$$

dargestellt werden kann.

Zur Beschreibung des dynamischen Verhaltens muss berücksichtigt werden, dass auch durch eine Änderung der Diodenladung ein Stromfluss hervorgerufen wird. Die gesamte in der Diode gespeicherte Ladung setzt sich dabei aus der Diffusionsladung $Q_d$ und der Sperrschichtladung $Q_j$ zusammen. Damit erhält man schließlich das in Abb. 2.16, links, gezeigte Ersatzschaltbild, welches das statische und das dynamische Verhalten der Diode beschreibt. Um die ohmschen Widerstände der neutralen Bahngebiete sowie der Kontakte zu berücksichtigen, kann das Schaltbild noch um einen Serienwiderstand $R_s$ erweitert werden (Abb. 2.16, rechts). Der gesamte durch die Diode fließende Strom bestimmt sich somit aus

$$I_D = I_{D,pn} + I_{D,Q} . \tag{2.73}$$

Dabei ist der Strom $I_{D,Q}$ durch die zeitliche Ableitung der in der Diode gespeicherten Ladung gegeben. Drücken wir nun auch den Strom $I_{D,pn}$, der das statische Verhalten des pn-Übergangs beschreibt, mit (2.64) durch die Diffusionsladung aus, so können wir schließlich den Diodenstrom in Abhängigkeit von der in der Diode befindlichen Ladung darstellen. Wir erhalten dann

$$I_D = \frac{Q_d}{\tau_T} + \frac{d\,(Q_d + Q_j)}{d\,t}\;.\tag{2.74}$$

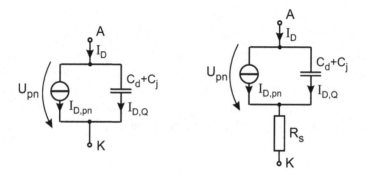

**Abb. 2.16** Das Ersatzschaltbild der Diode besteht aus einer Stromquelle und einer Kapazität, welche das dynamische Verhalten der Diode beschreibt. Der Widerstand $R_s$ beschreibt die ohmschen Widerstände der Kontakte und der neutralen Bahngebiete

### 2.3.2  Schaltverhalten der Diode

Die in der Diode gespeicherte Ladung beeinflusst maßgeblich das Schaltverhalten der Diode, da beim Abschalten einer in Durchlassrichtung gepolten Diode erst die in der Diode gespeicherte Ladung $Q_d$ ausgeräumt werden muss, bevor der pn-Übergang in Sperrrichtung gelangt. Wir wollen dies mit der in Abb. 2.17 dargestellten Schaltung genauer untersuchen, bei der die Diode für $t \leq 0$ über einen Vorwiderstand $R$ in Durchlassrichtung gepolt ist und zum Zeitpunkt $t = 0$ in Sperrrichtung geschaltet wird.

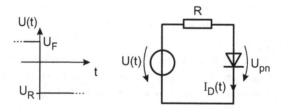

**Abb. 2.17** Testschaltung zur Untersuchung des dynamischen Verhaltens der Diode

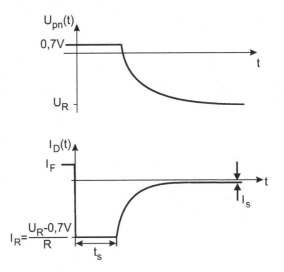

**Abb. 2.18** Verlauf von Diodenspannung und -strom während des Abschaltens der Diode. Es fließt so lange ein Rückstrom durch die Diode, bis die in der Diode gespeicherte Ladung vollständig ausgeräumt ist

Für den Diodenstrom $I_D(t)$ und die Diodenspannung $U_D(t)$ erhält man dann die in Abb. 2.18 gezeigten Verläufe über der Zeit. Wir wollen nun näherungsweise die Zeit $t_S$ bestimmen, während der durch die Diode nach dem Umschalten ein Strom fließt und gleichzeitig der Übergang noch in Vorwärtsrichtung gepolt ist. Dazu betrachten wir zunächst die Diode vor dem Umschalten. Da die Diode für $t \leq 0$ in Durchlassrichtung geschaltet ist, können wir die über der Diode anliegende Spannung näherungsweise mit $U_{pn} = 0{,}7\,\text{V}$ angeben (vgl. Abschn. 2.2.1). Für den Strom $I_F$ erhalten wir dann

$$I_F = \frac{U_F - 0{,}7\,\text{V}}{R} \,, \tag{2.75}$$

wobei der durch die Näherung $U_{pn} = 0{,}7\,\text{V}$ gemachte Fehler klein ist, wenn $U_F \gg 0{,}7\,\text{V}$ ist. Die in der Diode befindliche Diffusionsladung ist dann

$$Q_d|_{t=0} = I_F \tau_T \,. \tag{2.76}$$

Die Diode wirkt daher wie eine geladene Kapazität, so dass nach dem Umschalten, d. h. für $t > 0$, zunächst ein sehr großer Strom $I_R$ fließt, der nur durch den Widerstand $R$ begrenzt wird, so dass wir für $|U_R| \gg 0{,}7\,\text{V}$

$$I_R = \frac{U_R - 0{,}7\,\text{V}}{R} \tag{2.77}$$

erhalten. Der Zusammenhang zwischen dem Strom und der Ladung ist nach (2.74) gegeben durch

$$I_D(t) - \frac{Q_d}{\tau_T} = \frac{d\,(Q_d + Q_j)}{d\,t} \,. \tag{2.78}$$

Diese Gleichung besagt, dass die in der Diode gespeicherte Ladung sowohl durch das Ausräumen mit einem Strom als auch durch Rekombination der Ladungsträger abgebaut werden kann, was den beiden Termen auf der linken Seite der Gleichung entspricht. Wir wollen hier den vereinfachten Fall betrachten, dass der Rückstrom groß ist und daher der Ladungsabbau durch Rekombination vernachlässigt werden kann. Es gilt dann

$$I_D(t) = \frac{d\,(Q_d + Q_j)}{d\,t}\;.\tag{2.79}$$

Da sich während des Abschaltvorganges bis zur Zeit $t = t_S$, also solange die Diode noch in Durchlassrichtung gepolt ist, die Sperrschichtladung $Q_j$ praktisch nicht ändert, kann die Änderung von $Q_j$ gegenüber der von $Q_d$ vernachlässigt werden und wir erhalten die vereinfachte Gleichung

$$I_D(t) = \frac{d\,Q_d}{d\,t}\;.\tag{2.80}$$

**Bestimmung der Speicherzeit $t_S$**
Die Lösung von (2.80) erfolgt durch Integration mit der Randbedingung, dass zur Zeit $t = t_S$ die Speicherladung $Q_d$ vollständig abgebaut ist, d. h.

$$Q_d(t_S) = 0\;.\tag{2.81}$$

Wir erhalten damit

$$\int_0^{t_S} d\,t = \frac{1}{I_R} \int_{Q_{d0}}^{0} d\,Q\;.\tag{2.82}$$

Nach Ausführung der Integration ergibt sich

$$t_S = -\frac{1}{I_R}\,Q_d|_{t=0}\;,\tag{2.83}$$

was mit (2.76) schließlich auf die Beziehung

$$\boxed{t_S = -\frac{I_F}{I_R}\,\tau_T}\tag{2.84}$$

führt.

**Merksatz 2.5**
Bevor ein in Durchlassrichtung gepolter pn-Übergang in Sperrpolung geht, muss erst die in der Diode gespeicherte Ladung ausgeräumt werden. Ein Maß dafür ist die Transitzeit.

### 2.3.3  Kleinsignalersatzschaltung der Diode

Das Kleinsignalersatzschaltbild beschreibt das Verhalten der Diode bei kleinen Aussteuerungen um einen festen Arbeitspunkt. Dazu nähert man die nichtlineare Funktion $I_D(U_{pn})$
in dem Arbeitspunkt $U_{pn,A}$ durch eine Gerade an (Abb. 2.19). Die Stromänderung $i_D$ bei
kleinen Spannungsänderungen $u_{pn}$ um den Arbeitspunkt herum wird dann näherungsweise durch die Steigung der Geraden

$$g_D = \left.\frac{dI_D}{dU_{pn}}\right|_{U_{pn,A}} \tag{2.85}$$

beschrieben. Damit erhalten wir den Zusammenhang

$$i_D = g_D u_{pn} . \tag{2.86}$$

Die Verwendung von Kleinbuchstaben verdeutlicht dabei, dass es sich um Kleinsignalgrößen handelt. Damit ergibt sich das in Abb. 2.20, links, gezeigte Kleinsignal-
Ersatzschaltbild.

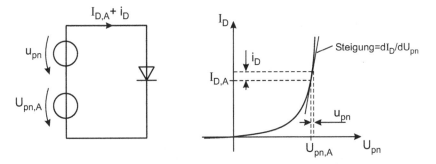

**Abb. 2.19** Bei der Untersuchung des Verhaltens der Diode für kleine Aussteuerungen um einen
festen Arbeitspunkt herum kann die nichtlineare Diodengleichung durch eine Gerade angenähert
werden

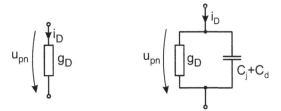

**Abb. 2.20** Kleinsignalersatzschaltbild der Diode für den stationären Fall (*links*). Zur Beschreibung
des dynamischen Verhaltens wird das Ersatzschaltbild durch eine Kapazität ergänzt (*rechts*)

Für den Kleinsignalparameter $g_D$, den Diodenleitwert, gilt dann

$$g_D = \frac{d I_D}{d U_{pn}}\bigg|_{U_{pn,A}} \tag{2.87}$$

$$= I_S \frac{q}{kT} \exp\left(\frac{q}{kT} U_{pn,A}\right) . \tag{2.88}$$

Für $U_{D,A} > 100\,\text{mV}$ vereinfacht sich dies zu

$$\boxed{g_D = \frac{q}{kT} I_{D,A}} . \tag{2.89}$$

Um auch das dynamische Verhalten zu beschreiben, erweitern wir die Schaltung um die Diodenkapazitäten, was auf die in Abb. 2.20, rechts, dargestellte Schaltung führt. Für die Kapazitäten $C_j$ und $C_d$ gilt dabei, wie auch für den Parameter $g_D$, dass diese von dem Arbeitspunkt der Diode, d. h. der angelegten Spannung $U_{pn,A}$, bzw. dem Strom $I_{D,A}$ abhängen. Wir erhalten damit für die Sperrschichtkapazität nach (2.51)

$$\boxed{C_j = C_{j0}\left(1 - \frac{U_{pn,A}}{\Phi_i}\right)^{-M}} \tag{2.90}$$

und für die Diffusionskapazität nach (2.66)

$$\boxed{C_d = \tau_T \frac{q}{kT} I_S \exp\left(\frac{q}{kT} U_{pn,A}\right)} . \tag{2.91}$$

**Merksatz 2.6**
Das Kleinsignalersatzschaltbild beschreibt das Verhalten der Diode bei Aussteuerung mit einen kleinen Signal um einen festen Arbeitspunkt herum. Die Kleinsignalparameter hängen dabei von dem Arbeitspunkt der Diode ab.

### 2.3.4 Durchbruchverhalten der Diode

Wird an die Diode eine große Spannung in Sperrrichtung angelegt, so steigt der Diodenstrom ab einer bestimmten Spannung $U_{br}$ sehr stark an (Abb. 2.21). Man spricht in diesem Fall von dem Durchbruch der Diode, der unterschiedliche physikalische Ursachen haben kann, die im Folgenden kurz diskutiert werden sollen.

**Lawinendurchbruch**
Bei Sperrpolung werden in der Diode Elektron-Loch-Paare generiert, die durch die Raumladungszone wandern und durch das elektrische Feld beschleunigt werden. Bei sehr hohen

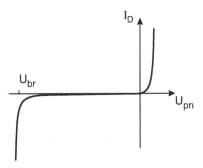

**Abb. 2.21** Bei sehr großen negativen Spannungen kommt es zum Durchbruch der Diode, was zu einem starken Anstieg des Sperrstromes führt

Feldstärken kann die aufgenommene Energie der Ladungsträger so groß werden, dass beim Stoß mit Gitteratomen neue Elektron-Loch-Paare erzeugt werden, die ebenso beschleunigt werden und dadurch wiederum neue Elektronen-Loch-Paare generiert werden. Dieser Effekt tritt ab einer bestimmten Feldstärke auf und führt dann zu einem starken Anstieg des Stromes.

**Tunneldurchbruch**
Bei Dioden mit sehr hohen Dotierungen ist der Effekt des Tunneldurchbruchs maßgebend, da hier die Weite der Raumladungszone sehr klein ist und Ladungsträger direkt vom Valenzband ins Leitungsband ‚tunneln' können (Zener-Effekt). Der Tunneldurchbruch tritt bei kleineren Spannungen auf als der Lawinendurchbruch. Man kann diesen Effekt gezielt einsetzen, um Dioden mit einer definierten Durchbruchspannung, so genannte Zener-Dioden, herzustellen.

**Thermischer Durchbruch**
Die oben beschriebenen Durchbruchmechanismen führen zwar zu einem starken Anstieg des Diodenstromes, aber nicht zwangsläufig zu einer Zerstörung des Bauteils. Diese tritt erst dann ein, wenn die maximal zulässige Verlustleistung $P_{max}$ der Diode überschritten wird. Man spricht dann von einem thermischen Durchbruch, der zur Zerstörung der Diode führt.

## 2.4 Bänderdiagrammdarstellung der Diode

### 2.4.1 Regeln zur Konstruktion von Bänderdiagrammen

In dem ersten Kapitel hatten wir bereits das Bänderdiagramm eines homogen dotierten Halbleiters bei Anlegen unterschiedlicher Spannungen kennengelernt (vgl. Abschn. 1.3.4). Wir wollen nun das Bänderdiagramm der Diode untersuchen und fassen dazu zunächst die bereits gefundenen Ergebnisse zu einfachen Regeln zur Konstruktion von Bänderdiagrammen zusammen:

- Zunächst werden die beiden Bänderdiagramme des n-und des p-Gebietes getrennt nebeneinander gezeichnet, wobei die Bandkanten, also $W_C$ und $W_V$, jeweils auf dem gleichen Niveau verlaufen.
- Nun werden die Bandkanten des n-und des p-Gebietes miteinander verbunden und anschließend die beiden Bänderdiagramme des n-und des p-Gebietes so weit vertikal gegeneinander verschoben, bis das Ferminiveau in dem gesamten Halbleiter auf einer Höhe verläuft. In der Umgebung des Übergangs ergibt sich dadurch eine Verbiegung des Valenz- und des Leitungsbandes.
- Um das Bänderdiagramm bei Anlegen einer Spannung zu ermitteln, wird zunächst ein Gebiet als Bezugspunkt gewählt, an dem die Spannung 0V beträgt. Das Anlegen einer positiven Spannung an einer anderen Stelle des Halbleiters bewirkt dann, dass sich das entsprechende Ferminiveau einschließlich des Valenz- und Leitungsbandes gegenüber dem Bezugsniveau nach unten verschiebt, wobei die Verschiebung mit zunehmender Spannung größer wird. Entsprechend verschieben sich die Bänder bei Anlegen einer negativen Spannung nach oben.
- Da der ohmsche Spannungsabfall in den neutralen Bahngebieten in der Regel vernachlässigbar gegenüber den Spannungen über pn-Übergängen ist, kann die Bandverbiegung entlang der neutralen Gebiete vernachlässigt werden.

### 2.4.2  Bänderdiagramm der Diode

Nach Anwendung der oben beschriebenen Regeln erhalten wir schließlich das in Abb. 2.22 dargestellte Bänderdiagramm im thermodynamischen Gleichgewicht.

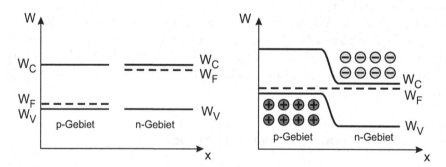

**Abb. 2.22** Konstruktion des Bänderdiagramms der Diode im thermodynamischen Gleichgewicht. Vor dem Zusammenbringen der unterschiedlich dotierten Gebiete liegen die Bandkanten auf einer Höhe (*links*). Nach dem Verbinden der Bandkanten des p- und des n-Gebietes werden die beiden Hälften des Bänderdiagramms so weit gegeneinander verschoben, bis das Ferminiveau auf einer Höhe verläuft (*rechts*)

In der Abbildung sind zusätzlich die jeweiligen Majoritätsträger in den Gebieten eingezeichnet, d. h. die Elektronen im n-Gebiet und die Löcher im p-Gebiet. Da die Ladungsträger stets versuchen, den Zustand niedrigster Energie einzunehmen, streben Elektronen im Bänderdiagramm nach unten und Löcher nach oben. Wegen der Energiebarriere zwischen dem p- und dem n-Gebiet können die jeweiligen Majoritätsträger daher nicht über den Übergang gelangen. Legen wir jedoch eine positive Spannung an das p-Gebiet gegenüber dem n-Gebiet, so verschiebt sich das Ferminiveau im p-Gebiet um den Wert $-qU_{pn}$ nach unten (Abb. 2.23). Dadurch verringert sich die Höhe der Barriere, so dass Elektronen ins p-Gebiet und Löcher ins n-Gebiet gelangen können; die Diode ist also in Durchlasspolung. Wird eine Spannung mit umgekehrter Polarität an die Diode gelegt, erhöht sich hingegen die Barriere; die Diode ist in diesem Fall in Sperrrichtung gepolt.

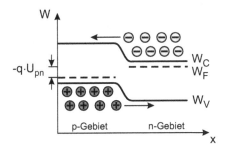

**Abb. 2.23** Durch Anlegen einer Spannung in Durchlassrichtung verringert sich die Potenzialbarriere und die Ladungsträger können in das jeweils benachbarte Gebiet gelangen, so dass ein Strom fließt

 S.m.i.L.E: 2.4_pn-Übergang

---

**Merksatz 2.7**

Im Bänderdiagramm stellt der pn-Übergang eine Energiebarriere dar, die von den Ladungsträgern nicht überwunden werden kann. Durch Anlegen einer Spannung an den Übergang kann die Höhe der Barriere verändert werden.

---

## 2.5 Metall-Halbleiter-Übergänge

Neben dem pn-Übergang ist der Übergang zwischen Metall und Halbleiter von großer praktischer Bedeutung. So findet man Metall-Halbleiter-Übergänge z. B. bei jedem Bauelement an den Stellen, an denen das Halbleitermaterial mit den aus Metall bestehenden Anschlussdrähten verbunden wird (Abb. 2.24).

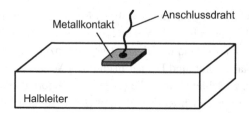

**Abb. 2.24** Metall-Halbleiter-Übergänge finden sich unter anderem bei den elektrischen Anschlüssen von Halbleiterbauelementen

Abhängig von den Materialeigenschaften des Metalls und des Halbleiters kann ein Metall-Halbleiter-Übergang entweder ohmsches Verhalten oder aber diodenähnliches Verhalten aufweisen. Die Ableitung der entsprechenden Gleichungen ist jedoch äußerst komplex, so dass wir im Folgenden das Verhalten lediglich qualitativ beschreiben werden. Dabei werden wir auf das bereits im letzten Abschnitt beschriebene Bänderdiagramm zurückgreifen, womit sich das Verhalten von Metall-Halbleiter-Übergängen sehr einfach und anschaulich erklären lässt. Zunächst kommen wir jedoch nochmals kurz auf das Bänderdiagramm des pn-Übergangs zurück und führen zwei neue Größen, die so genannte Elektronenaffinität und die Austrittsarbeit ein.

## 2.5.1 Elektronenaffinität und Austrittsarbeit

Bei der Ableitung des Bänderdiagramms für den pn-Übergang sind wir davon ausgegangen, dass die Valenzbandkanten und die Leitungsbandkanten des p- und des n-Halbleiters energetisch auf einer Höhe verlaufen, solange die beiden Hälften des Übergangs noch nicht miteinander verbunden sind (vgl. Abschn. 2.4.1). Die physikalische Rechtfertigung dafür ist, dass die so genannte Elektronenaffinität $W_X$ im n-Halbleiter und im p-Halbleiter gleich groß ist. Unter Elektronenaffinität versteht man dabei die Energie, die nötig ist, um ein energiemäßig an der Leitungsbandkante $W_C$ befindliches Elektron aus dem Halbleiter zu entfernen. Im Bänderdiagramm kann die Elektronenaffinität daher als Abstand zwischen der Leitungsbandkante $W_C$ und dem so genannten Vakuumniveau $W_0$, welches das Bezugsniveau darstellt, eingezeichnet werden (Abb. 2.25).

Wir können daher unsere Konstruktionsregeln für Bänderdiagramme aus Abschn. 2.4.1 verallgemeinern, indem wir festlegen, dass beim Zeichnen der einzelnen Diagramme das Vakuumniveau $W_0$ als Bezugspunkt zu verwenden ist.

Im Folgenden wird es sich dabei als zweckmäßig erweisen, statt der Elektronenaffinität als Maß für die relative Lage des Bänderdiagramms, die so genannte Austrittsarbeit $W_{Ex}$ zu verwenden. Diese ist als der Abstand zwischen dem Ferminiveau $W_F$ und dem Vakuumniveau $W_0$ definiert und gibt die Energie an, die nötig ist, um ein energetisch auf dem Ferminiveau befindliches Elektron aus dem entsprechenden Material zu entfernen. Dies bedeutet anschaulich, dass nachdem zwei Materialien mit unterschiedlichen

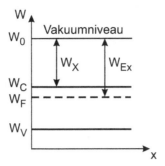

**Abb. 2.25** Definition der Elektronenaffinität $W_X$ und der Austrittsarbeit $W_{Ex}$

Austrittsarbeiten in Kontakt gebracht wurden, Elektronen von dem Material mit niedrigerer Austrittsarbeit leichter in das mit höherer Austrittsarbeit gelangen als umgekehrt.

Wir werden nun das Bänderdiagramm für einen Metall-Halbleiter-Übergang nach den verallgemeinerten Konstruktionsregeln am Beispiel eines n-Halbleiters ableiten. Das Bänderdiagramm des Metalls ergibt sich dabei aufgrund der Tatsache, dass im Metall keine Bandlücke existiert (vgl. Abb. 1.7), sondern ein Kontinuum von Zuständen, die bis zu einem bestimmten Wert, dem Ferminiveau des Metalls, vollständig mit Elektronen besetzt sind, während die energetisch höher liegenden Zustände unbesetzt sind.

### 2.5.2 Metall-Halbleiter-Übergang mit n-Halbleiter

**Schottky-Kontakt**

Als Beispiel wollen wir einen Metall-Halbleiter-Übergang mit einem n-Typ Halbleiter untersuchen, bei dem die Austrittsarbeit $W_{Ex,HL}$ geringer als die des Metalls $W_{Ex,M}$ ist, was auch als so genannter Schottky-Kontakt bezeichnet wird. Um das Bänderdiagramm zu konstruieren, skizzieren wir die beiden Bänderdiagramme für den Halbleiter und für das Metall zunächst getrennt, wobei gemäß unserer verallgemeinerten Regel das Vakuumniveau $W_0$ als Bezugsniveau zu verwenden ist (Abb. 2.26, links).

Werden nun das Metall und der Halbleiter miteinander in Kontakt gebracht, so muss im thermodynamischen Gleichgewicht das Ferminiveau in beiden Materialien auf einer Höhe verlaufen (vgl. Abschn. 1.3.4). Entsprechend müssen wir daher die beiden Bänderdiagramme vertikal gegeneinander verschieben, was zu einer Verbiegung der Bänder im Bereich des Übergangs führt, wie in Abb. 2.26, rechts, gezeigt ist. Die sich ergebende Spitze in der Leitungsbandkante $W_C$ stellt nun sowohl für Elektronen, die aus dem Metall in den Halbleiter gelangen wollen, als auch für Elektronen, die aus dem Halbleiter in das Metall gelangen wollen, eine Potentialbarriere dar, die nicht ohne weiteres überwunden werden kann.

Bevor wir auf das Verhalten des Übergangs bei Anlegen einer Spannung eingehen, wollen wir uns das Zustandekommen des in Abb. 2.26, rechts, gezeigten Bänderdiagramms

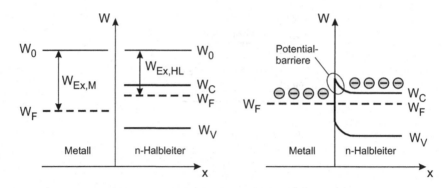

**Abb. 2.26** Bänderdiagramm eines Schottky-Kontakts (Metall-Halbleiter-Übergang mit n-Halbleiter und $W_{Ex,HL} < W_{Ex,M}$) vor (*links*) und nach dem Kontaktieren (*rechts*)

  S.m.i.L.E: 2.5_Metall-HL-Kontakt 1

noch auf eine andere Weise erklären. Dazu kommen wir auf die oben gemachte Aussage zurück, dass Elektronen von dem Material mit niedrigerer Austrittsarbeit leichter in das mit höherer Austrittsarbeit gelangen als umgekehrt. Für die in Abb. 2.26 dargestellten Verhältnisse ($W_{Ex,HL} < W_{Ex,M}$) bedeutet dies, dass Elektronen von dem Halbleiter in das Metall wandern. Dies führt im Metall zu einer Anhäufung von Elektronen, also einer Akkumulation und gleichzeitig zu einer Verarmung des Halbleiters an Elektronen und damit zur Ausbildung einer Raumladungszone im Halbleiter. Da die abnehmende Elektronendichte im Halbleiter gleichbedeutend ist mit einem zunehmenden Abstand des Ferminiveaus von der Leitungsbandkante (vgl. Abschn. 1.2.1), ergibt sich aus diesen Überlegungen ebenfalls das dargestellte Bänderdiagramm.

**Schottky-Kontakt bei Anlegen einer Spannung**

Wir wollen nun untersuchen, wie sich der Übergang bei Anlegen einer Spannung verhält. Dazu legen wir eine Spannung $U_{M,HL}$ zwischen das Metall und den Halbleiter, mit dem Halbleiter als Bezugspunkt. Ist diese Spannung positiv, verschiebt sich das Ferminiveau im Metall nach unten (vgl. Abschn. 1.3.4), was zu einer entsprechenden Verbiegung der Bänder führt (Abb. 2.27, links).

Die Potentialbarriere für Elektronen aus dem Halbleiter wird in diesem Fall kleiner und es gelangen deutlich mehr Elektronen in das Metall, was zu einem starken Stromfluss führt. Wird die Spannung weiter erhöht, sinkt die Barriere für die Elektronen aus dem Halbleiter immer mehr ab und der Strom nimmt zu.

Im umgekehrten Fall einer negativen Spannung zwischen dem Metall und dem Halbleiter verschiebt sich das Ferminiveau im Metall nach oben und die Potentialbarriere für Elektronen, die aus dem Halbleiter in das Metall gelangen wollen, erhöht sich (Abb. 2.27, rechts). Es gelangen daher praktisch keine Elektronen mehr von dem Halbleiter in das Metall, so dass kein Strom fließt.

Trägt man das so beschriebene Strom-Spannungsverhalten auf, zeigt der untersuchte Übergang demnach im Wesentlichen ein diodenähnliches Verhalten, wie in Abb. 2.28 dargestellt ist. Dass bei negativer Spannung doch ein – wenn auch sehr kleiner – Strom fließt, liegt daran, dass bei genauerer Betrachtung doch einige wenige Elektronen die Potentialbarriere überwinden können und vom Metall in den Halbleiter gelangen.

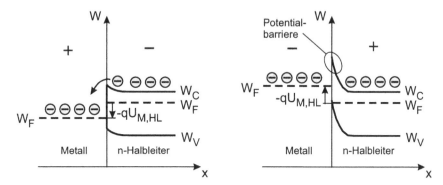

**Abb. 2.27** Bänderdiagramm eines Schottky-Kontakts in Durchlassrichtung (*links*) und in Sperrrichtung (*rechts*). Bei Anlegen einer positiven Spannung an das Metall gegenüber dem Halbleiter wird die Potentialbarriere abgesenkt, so dass Elektronen vom Halbleiter in das Metall gelangen und ein Strom fließt (*links*). Bei Anlegen einer negativen Spannung wird die Potentialbarriere vergrößert, so dass trotz angelegter Spannung praktisch kein Strom fließt (*rechts*)

 S.m.i.L.E: 2.5_Metall-HL-Kontakt 2

Erwähnenswert ist, dass die Spannung, bei welcher der Strom in Durchlassrichtung nennenswerte Werte annimmt, mit etwa $0,4\,V$ kleiner ist als bei einem pn-Übergang, wo der entsprechende Wert bei etwa $0,7\,V$ liegt. Metall-Halbleiter-Übergänge, die eine Diodencharakteristik aufweisen, bezeichnet man auch als Schottky-Diode. Da die Ladungsspeichereffekte bei diesen Bauelementen sehr schwach ausgeprägt sind, haben Schottky-Dioden sehr kurze Schaltzeiten und werden daher unter anderem bei Hochfrequenzanwendungen eingesetzt.

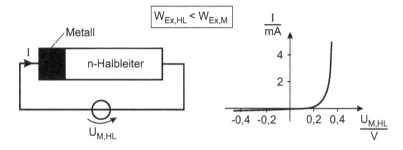

**Abb. 2.28** Schottky-Kontakt bei angelegter Spannung (*links*) und entsprechende Strom-Spannungskennlinie (*rechts*)

**Ohmscher Kontakt**

Wir betrachten nun einen Metall-Halbleiter-Kontakt mit einem n-Halbleiter, bei dem die Austrittsarbeit $W_{Ex,HL}$ größer als die des Metalls $W_{Ex,M}$ ist, was auch als ohmscher Kontakt bezeichnet wird. Um das Bänderdiagramm zu konstruieren, skizzieren wir zunächst wieder die beiden Bänderdiagramme für den Halbleiter und das Metall getrennt (Abb. 2.29, links). Werden nun das Metall und der Halbleiter miteinander in Kontakt gebracht, werden die beiden Bänderdiagramme gegeneinander verschoben, was zu der in Abb. 2.29, rechts, dargestellten Verbiegung der Bänder im Bereich des Übergangs führt. Offensichtlich können für den dargestellten Fall Elektronen nun sehr leicht von einem Gebiet in das andere gelangen, da keine Potentialbarriere zu überwinden ist.

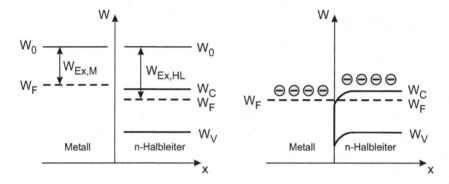

**Abb. 2.29** Bänderdiagramm eines ohmschen Kontakts (Metall-Halbleiter-Übergang mit n-Halbleiter und $W_{Ex,HL} > W_{Ex,M}$) vor (*links*) und nach dem Kontaktieren (*rechts*). Zwischen Metall und Halbleiter ist keine Potentialbarriere

  S.m.i.L.E: 2.5_Metall-HL-Kontakt 1

Auch für diesen Fall lässt sich das Zustandekommen des Bänderdiagramms noch auf andere Weise erklären. Wegen der geringeren Austrittsarbeit des Metalls im Vergleich zu dem Halbleiter gelangen Elektronen vom Metall in den Halbleiter, was dort zu einer Anhäufung (Akkumulation) von Elektronen führt. Die erhöhte Elektronendichte im Bereich des Übergangs ist nun gleichbedeutend mit einem abnehmenden Abstand zwischen dem Ferminiveau und der Leitungsbandkante (vgl. Abschn. 1.2.1), so dass sich das dargestellte Bänderdiagramm ergibt.

**Ohmscher Kontakt bei Anlegen einer Spannung**

Wird nun eine Spannung an den Übergang zwischen Metall und Halbleiter gelegt, so verschieben sich die Bänder wie in Abb. 2.30, links, für eine positive und Abb. 2.30, rechts, für eine negative Spannung $U_{M,HL}$ gezeigt. In beiden Fällen können die Elektronen praktisch ungehindert den Übergang passieren. Der Strom wird daher nur von dem Widerstand der neutralen Bahngebiete bestimmt, so dass der Kontakt ein ohmsches Verhalten zeigt. Die Strom-Spannungskennlinie des Übergangs ist in Abb. 2.31 dargestellt.

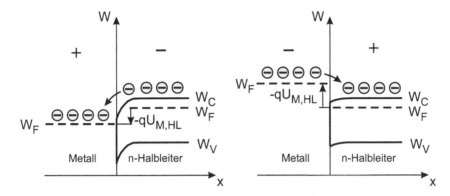

**Abb. 2.30** Bänderdiagramm eines ohmschen Kontakts bei Anlegen einer positiven (*links*) und bei Anlegen einer negativen Spannung (*rechts*) an das Metall gegenüber dem Halbleiter. In beiden Fällen können die Elektronen ungehindert den Übergang passieren

 S.m.i.L.E: 2.5_Metall-HL-Kontakt 2

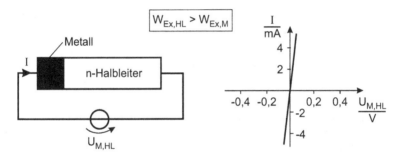

**Abb. 2.31** Ohmscher Kontakt bei angelegter Spannung (*links*) und entsprechende Strom-Spannungskennline (*rechts*)

Zusammenfassend gilt, dass der Übergang zwischen einem n-Halbleiter und einem Metall einen Schottky-Kontakt bildet, wenn die Austrittsarbeit des n-Halbleiters kleiner ist als die des Metalls. Ein ohmscher Kontakt entsteht hingegen, wenn die Austrittsarbeit des n-Halbleiters größer ist als die des Metalls.

Ohmsche Kontakte sind eine notwendige Voraussetzung für die Herstellung von integrierten Schaltungen, da sowohl die Verdrahtung innerhalb der Schaltung als auch die Anschlüsse nach außen aus Metall bestehen und damit an den Verbindungsstellen mit dem Halbleiter jeweils Metall-Halbleiter-Übergänge entstehen. Um unabhängig von den Austrittsarbeiten der verwendeten Materialien, zu gewährleisten, dass der Übergang einen ohmschen Charakter hat, verwendet man an der Kontaktstelle Halbleiter mit sehr hohen Dotierungen (Abb. 2.32). Dadurch wird bei einem Schottky-Kontakt die im Halbleiter entstehende Raumladungszone, ähnlich wie bei dem pn-Übergang, sehr klein, so dass die

Ladungsträger den Übergang durchtunneln können. Der Übergang verhält sich damit praktisch wie ein ohmscher Kontakt.

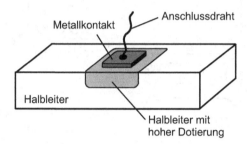

**Abb. 2.32** Durch sehr hohe Dotierungen im Bereich des Kontakts entstehen Metall-Halbleiter-Übergänge mit ohmscher Charakteristik

### 2.5.3  Metall-Halbleiter-Übergang mit p-Halbleiter

Nachdem wir das Verhalten des Metall-Halbleiter-Übergangs am Beispiel des n-Halbleiters untersucht haben, soll im Folgenden kurz auf Übergänge mit p-Halbleiter eingegangen werden. Da hier Löcher die dominierende Ladungsträgerart darstellen, ist es für das Verständnis hilfreich, das Metall in diesem Fall nicht als Elektronenreservoir, das bis zum Ferminiveau mit Elektronen gefüllt ist, zu betrachten, sondern als ein Löcherreservoir, das oberhalb des Ferminiveaus mit Löchern gefüllt ist. Die Eigenschaften des Übergangs werden dann durch das Verhalten der Löcher, die sich entlang der Valenzbandkante bewegen, bestimmt. In Abb. 2.33 sind dazu die Bänderdiagramme für einen Kontakt mit p-Halbleiter für den Fall $W_{Ex,HL} < W_{Ex,M}$ (links) sowie für den Fall $W_{Ex,HL} > W_{Ex,M}$ (rechts) dargestellt. Die oben dargestellten Bilder zeigen die Bänderdiagramme jeweils vor dem Kontaktieren, die unteren Bilder nach dem Kontaktieren im thermodynamischen Gleichgewicht. Man erkennt, dass für den Fall $W_{Ex,HL} < W_{Ex,M}$ (Abb. 2.33, links) praktisch keine Barriere für Löcher in dem Valenzband existiert, während für den Fall $W_{Ex,HL} > W_{Ex,M}$ (Abb. 2.33, rechts) eine Spitze in dem Valenzband auftritt, welche das Übertreten von Löchern aus dem Halbleiter in das Metall und umgekehrt verhindert. Im ersten Fall liegt demnach ein ohmscher Kontakt und im zweiten Fall ein Schottky-Kontakt vor. Das Strom-Spannungsverhalten ergibt sich dabei analog zu den Überlegungen beim n-Halbleiter.

Im Gegensatz zu dem n-Halbleiter gilt beim p-Halbleiter also, dass der Übergang zwischen dem Halbleiter und einem Metall einen Schottky-Kontakt mit Diodencharakteristik bildet, wenn die Austrittsarbeit des p-Halbleiters größer ist als die des Metalls. Ein ohmscher Kontakt mit einer Widerstandskennlinie entsteht hingegen, wenn die Austrittsarbeit des p-Halbleiters kleiner ist als die des Metalls.

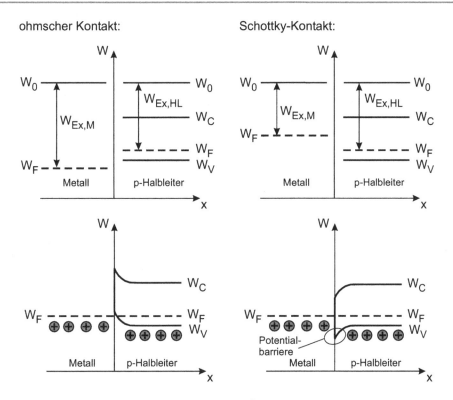

**Abb. 2.33** Bänderdiagramme von Metall-Halbleiter-Übergängen mit p-Halbleiter vor (*oben*) und nach dem Kontaktieren (*unten*). Abhängig von den Austrittsarbeiten entsteht entweder ein ohmscher Kontakt für $W_{Ex,HL} < W_{Ex,M}$ (*links*) oder ein Schottky-Kontakt für $W_{Ex,HL} > W_{Ex,M}$ (*rechts*)

 S.m.i.L.E: 2.5_Metall-HL-Kontakt 2

**Merksatz 2.8**
Metall-Halbleiter-Übergänge zeigen, abhängig von den Materialeigenschaften und dem Typ des Halbleiters, entweder ohmsches oder diodenähnliches Verhalten. Durch sehr starke Dotierung des Halbleiters im Bereich des Übergangs kann erreicht werden, dass der Übergang in jedem Fall ohmschen Charakter hat, was für die Kontaktierung von Bauelementen von großer Bedeutung ist.

## Literatur

1. Hoffmann, K (2003) Systemintegration. Oldenbourg Wissenschaftsverlag, München, Wien
2. Reisch, M (2007) Halbleiter-Bauelemente. Springer, Berlin
3. Sze, SM (1981) Physics of Semiconductor Devices. Wiley, New York

# Bipolartransistor 3

## 3.1 Aufbau und Wirkungsweise des Bipolartransistors

### 3.1.1 npn- und pnp-Transistor

Der Transistor ist ein Bauelement, dessen Widerstand zwischen zwei Elektroden durch Anlegen einer Spannung an eine dritte Steuerelektrode beeinflusst werden kann. Dieser Eigenschaft verdankt der Transistor auch seinen Namen, der sich von dem englischen Ausdruck transfer resistor ableitet. Die Bezeichnung bipolar weist darauf hin, dass für die Funktion des Bauelementes beide Ladungsträgerarten, also Löcher und Elektronen, erforderlich sind.

Der Bipolartransistor besteht aus drei Gebieten, die abwechselnd n- und p-dotiert sind (Abb. 3.1) und mit Emitter (E), Basis (B) und Kollektor (C) bezeichnet werden.

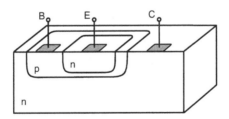

**Abb. 3.1** Querschnitt durch einen Bipolartransistor mit der Dotierfolge npn

Die Steuerelektrode, die Basis, ist dabei zwischen den beiden anderen Elektroden angeordnet. Je nach Dotierfolge der einzelnen Gebiete unterscheidet man npn- und pnp-Transistoren, deren prinzipieller Aufbau anhand der vereinfachten eindimensionalen Darstellungen in Abb. 3.2 gezeigt ist. Die entsprechenden Schaltsymbole sind in Abb. 3.3 dargestellt, wobei der am Emitter befindliche Pfeil die technische Stromrichtung im Normalbetrieb angibt.

© Springer-Verlag GmbH Deutschland, ein Teil von Springer Nature 2019
H. Göbel, *Einführung in die Halbleiter-Schaltungstechnik*,
https://doi.org/10.1007/978-3-662-56563-6_3

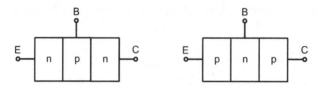

**Abb. 3.2** Vereinfachte eindimensionale Darstellungen des Bipolartransistors. Abhängig von der Reihenfolge der Dotierungen unterscheidet man npn- (*links*) und pnp-Transistoren (*rechts*)

**Abb. 3.3** Schaltsymbol des npn- (*links*) und des pnp-Transistors (*rechts*)

Die an dem Bipolartransistor anliegenden Spannungen werden üblicherweise auf das Emitterpotenzial bezogen und die Stromrichtungen an den drei Elektroden sind so definiert, dass in den Transistor hineinfließende Ströme positiv sind, wie anhand der einfachen Schaltung in Abb. 3.4 gezeigt ist.

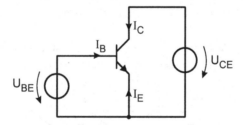

**Abb. 3.4** npn-Transistor mit angelegten Spannungen. Die Richtung der Ströme ist so definiert, dass in den Transistor fließende Ströme positiv sind

### 3.1.2  Funktion des Bipolartransistors

Zunächst sei der Fall betrachtet, dass über dem Basis-Emitter-Übergang eine äußere Spannung von $U_{BE} = 0\,\text{V}$ liegt. In diesem Fall ist der Basis-Emitter-Übergang gesperrt und der in die Basis fließende Strom ist $I_B = 0\,\text{A}$. Wegen der zwischen Kollektor und Emitter anliegenden Spannung $U_{CE} = 5\,\text{V}$ ist auch der Basis-Kollektor-Übergang in Sperrrichtung gepolt. Es kann also kein Strom zwischen Kollektor und Emitter fließen, d. h. $I_C = 0\,\text{A}$ (Abb. 3.5).

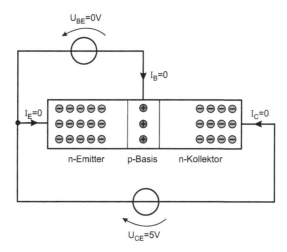

**Abb. 3.5** Ist die von außen angelegte Basis-Emitter-Spannung gleich null, sind beide pn-Übergänge gesperrt und es fließt kein Strom durch den Transistor

Legt man nun eine Spannung von etwa $U_{BE} = 0,7\,\text{V}$ an den Basis-Emitter-Übergang, so wird dieser in Durchlassrichtung geschaltet. Wie bei der Diode diffundieren dadurch Löcher aus dem p-Gebiet (Basis) in das n-Gebiet (Emitter), wo sie rekombinieren. Entsprechend gelangen die aus dem n-dotierten Emitter diffundierten Elektronen in die p-dotierte Basis. Diese ist jedoch so kurz, dass die Elektronen dort nicht rekombinieren, sondern sich durch die Basis hindurchbewegen, bis sie schließlich an den Rand der Basis-Kollektor-Raumladungszone gelangen. Dort ist die Richtung des elektrischen Feldes so, dass die Elektronen weiter in Richtung Kollektor driften. Es fließt demnach ein Elektronenstrom zwischen Kollektor und Emitter, d. h. $I_C > 0\,\text{A}$ (Abb. 3.6).

> **Merksatz 3.1**
> Die über den in Durchlassrichtung gepolten Basis-Emitter-Übergang fließenden Elektronen rekombinieren nicht in der sehr kurzen Basis, sondern gelangen über den Basis-Kollektor-Übergang in den Kollektor, so dass ein Strom durch den Transistor fließt.

Die Berechnung der Ströme durch den Transistor erfolgt auf gleiche Weise wie bei der Diode. Dort hatten wir bereits gesehen, dass bei der Injektion von Ladungsträgern der Minoritätsträgerstrom ein reiner Diffusionsstrom ist, der aus der Steigung der Ladungsträgerverteilung bestimmt werden kann. Der prinzipielle Verlauf der Ladungsträgerverteilung lässt sich für den Bipolartransistor leicht angeben, da der Transistor aus zwei pn-Übergängen besteht, von denen im Normalbetrieb der Basis-Emitter-Übergang in Durchlassrichtung und der Basis-Kollektor-Übergang in Sperrrichtung gepolt ist. Durch die Injektion von Elektronen aus dem Emitter nimmt daher die Elektronendichte am linken Rand der Basis sehr hohe Werte an, während am rechten Rand der Basis die Elektronendichte sehr gering ist, da dort die Elektronen in den Kollektor abgesaugt werden. Da die Basis des Bipolartransistors in der Regel sehr kurz ist, ergibt sich somit die in Abb. 3.7 dargestellte Ladungsträgerverteilung.

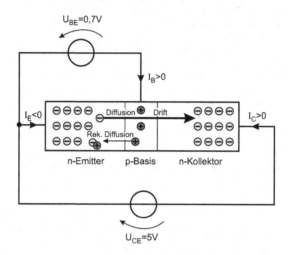

**Abb. 3.6**  Durch Anlegen einer positiven Basis-Emitter-Spannung geht der Basis-Emitter-Übergang in Durchlassrichtung und es fließen Ladungsträger durch den Transistor

 S.m.i.L.E: 3.1_Bipolartransistor

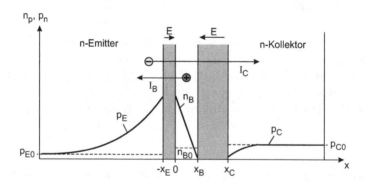

**Abb. 3.7**  Die Minoritätsladungsträgerverteilung an dem Basis-Emitter- bzw. dem Basis-Kollektor-Übergang im Transistor entspricht jeweils der einer in Durchlass- bzw. Sperrrichtung gepolten Diode

 S.m.i.L.E: 3.1_Ladungsträgerverteilung

> **Merksatz 3.2**
> Im Normalbetrieb ist beim Bipolartransistor der Basis-Emitter-Übergang in Durch-
> lassrichtung und der Basis-Kollektor-Übergang in Sperrrichtung gepolt. Dadurch
> ergibt sich eine dreieckförmige Verteilung der Minoritätsträger in der Basis.

## 3.2 Ableitung der Transistorgleichungen

### 3.2.1 Transistor im normalen Verstärkerbetrieb

Im Folgenden wollen wir die Ströme $I_B$, $I_C$ und $I_E$ quantitativ bestimmen. Um die Rechnung zu vereinfachen, werden wir dabei den Beitrag der vom Kollektor in die Basis injizierten Löcher zum Kollektorstrom vernachlässigen, da dieser Anteil wegen der geringen
Steigung der Löcherverteilung an der Stelle $x_C$ gegenüber dem Anteil des Elektronen-
stroms an der Stelle $x_B$ keine Rolle spielt. Ebenso vernachlässigen wir die Rekombination
von Ladungsträgern in der Basis. Dies ist bei sehr kurzen Basisweiten $x_B$ sicher gerechtfertigt und besagt, dass der in die Basis fließende Elektronenstrom an der Stelle $x = 0$
gleich dem aus der Basis fließenden Elektronenstrom an der Stelle $x_B$ ist. Da der Strom
proportional zu der Steigung der Ladungsträgerverteilung ist, ist die Vernachlässigung der
Rekombination demnach gleichbedeutend mit der Näherung der Ladungsträgerverteilung
durch eine Gerade.

**Kollektorstrom**
Unter Vernachlässigung der vom Kollektor in die Basis injizierten Löcher ist der Kollektorstrom allein durch den Elektronenstrom an der Stelle $x_B$ gegeben. Da es sich hierbei
um einen Minoritätsträgerstrom handelt, kann nach (1.80) und (1.81) der Driftanteil vernachlässigt werden und wir können den Kollektorstrom aus der Steigung der Ladungsträgerverteilung $n_B(x)$ in der Basis an der Stelle $x_B$ berechnen,

$$I_C = -AqD_{nB} \left. \frac{dn_B}{dx} \right|_{x=x_B} . \tag{3.1}$$

Zur Bestimmung des Verlaufs von $n_B(x)$ können wir auf das im letzten Kapitel abgeleitete Ergebnis (2.16) zurückgreifen, nach dem die Minoritätsträgerüberschussdichte durch
die von außen an den Übergang angelegte Spannung ausgedrückt werden kann. Übertragen auf den Basis-Emitter-Übergang des Bipolartransistors ergibt sich demnach für die
Elektronenüberschussdichte

$$n_B'(0) = n_{B0} \left[ \exp\left(\frac{q}{kT} U_{BE}\right) - 1 \right] . \tag{3.2}$$

Am rechten Rand der Basis bei $x = x_B$ ist die Elektronendichte dagegen sehr klein, da die Elektronen bei $x_B$ durch das elektrische Feld in den Kollektor abgesaugt werden (vgl. Abb. 3.7). Es gilt damit näherungsweise

$$n'_B (x_B) = 0 \ . \tag{3.3}$$

Für die Ladungsträgerverteilung innerhalb der Basis erhalten wir somit die Geradengleichung

$$n'_B (x) = n'_B(0) \left( 1 - \frac{x}{x_B} \right) \ . \tag{3.4}$$

Unter der Voraussetzung, dass die Basisdotierung ortsunabhängig ist, liefert die Ableitung der Überschussträgerdichte das gleiche Ergebnis wie die Ableitung der Trägerdichte, so dass wir (3.4) in (3.1) einsetzen können. Dies ergibt für den Kollektorstrom $I_C$ schließlich

$$\boxed{I_C = I_S \left[ \exp\left( \frac{q}{kT} U_{\mathrm{BE}} \right) - 1 \right]} \tag{3.5}$$

mit dem Transfersättigungsstrom

$$\boxed{I_S = \frac{A q D_{nB} n_{B0}}{x_B}} \ , \tag{3.6}$$

wobei typische Werte für $I_S$ im Bereich $I_S = 10^{-17}$ A liegen. Wie man aus (3.5) erkennt, steigt der Kollektorstrom exponentiell mit der angelegten Basis-Emitter-Spannung wie in Abb. 3.8 verdeutlicht ist.

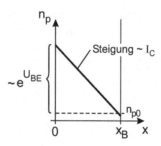

**Abb. 3.8** Wegen der kurzen Basisweite wird der Verlauf der Minoritätsträger in der Basis durch eine Gerade beschrieben. Der Kollektorstrom ist proportional zu der Steigung der Geraden, die exponentiell mit der Basis-Emitter-Spannung ansteigt

**Merksatz 3.3**
Der Kollektorstrom ist proportional der Steigung der Minoritätsladungsträgerverteilung in der Basis und steigt damit exponentiell mit der Basis-Emitter-Spannung.

**Basisstrom**

Der Basisstrom $I_B$ liefert die aus der Basis kommenden Löcher, die in den Emitter diffundieren und dort rekombinieren. Unter Vernachlässigung der Rekombination in der Raumladungszone kann der Basisstrom aus der Ableitung der Löcherverteilung an der Stelle $-x_E$ im Emitter berechnet werden (vgl. Abschn. 2.2.1). Es gilt somit

$$I_B = A q D_{pE} \left. \frac{dp_E}{dx} \right|_{-x_E} . \tag{3.7}$$

Bei ortsunabhängiger Dotierung in der Basis unterscheiden sich die Trägerdichte $p_E$ und die entsprechende Überschussträgerdichte $p'_E$ lediglich um einen konstanten Betrag, so dass wir nach (1.64) bei der Ableitung auch die Überschussträgerdichte einsetzen können, d. h.

$$I_B = A q D_{pE} \left. \frac{dp'_E}{dx} \right|_{-x_E} , \tag{3.8}$$

wobei die Überschusslöcherdichte im Emitter $p'_E(x)$ durch

$$p'_E(x) = \underbrace{p_{E0} \left[ \exp\left( \frac{q}{kT} U_{\mathrm{BE}} \right) - 1 \right]}_{p'_E(-x_E)} \exp\left( \frac{x + x_E}{L_{pE}} \right) \tag{3.9}$$

gegeben ist (vgl. (2.18)). Dabei beschreibt der unterklammerte Term auf der rechten Seite der Gleichung die Ladungsträgerdichte am Rand $-x_E$ der Raumladungszone abhängig von der angelegten Spannung $U_{BE}$ und der Exponentialterm den Verlauf der Trägerdichte abhängig von der Ortskoordinate $x$. Damit erhalten wir schließlich aus (3.8)

$$I_B = \frac{A q D_{pE} p_{E0}}{L_{pE}} \left[ \exp\left( \frac{q}{kT} U_{\mathrm{BE}} \right) - 1 \right] . \tag{3.10}$$

Als Eingangskennlinie des Bipolartransistors ergibt sich damit eine einfache Diodengleichung (Abb. 3.9). Man erkennt, dass der Strom $I_B$ wie bei der Diode ab etwa $U_{\mathrm{BE}} = 0.7\,$V stark ansteigt, so dass die Basis-Emitter-Spannung bei in Durchlassrichtung gepoltem Basis-Emitter-Übergang in guter Näherung mit

$$U_{\mathrm{BE}} \approx 0.7\,\mathrm{V} \tag{3.11}$$

abgeschätzt werden kann.

**Emitterstrom**

Der Emitterstrom $I_E$ kann nun einfach aus der Bedingung berechnet werden, dass die Summe aller in den Transistor fließenden Ströme gleich null sein muss, d. h.

$$I_E = -I_B - I_C . \tag{3.12}$$

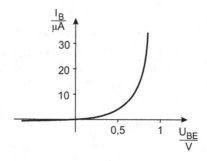

**Abb. 3.9**  Die Eingangskennlinie des Bipolartransistors entspricht der einer Diode

**Stromverstärkung**

Ein wichtiger Parameter zur Charakterisierung des Bipolartransistors ist das Verhältnis von Kollektor- zu Basisstrom, die so genannte statische Stromverstärkung

$$B_N = \frac{I_C}{I_B} \, , \qquad (3.13)$$

wobei der Index $N$ für Normalbetrieb steht. Durch Division von (3.5) und (3.10) erhält man

$$B_N = \frac{D_{nB}\, n_{B0}\, L_{pE}}{D_{pE}\, p_{E0}\, x_B} \qquad (3.14)$$

und nach Ersetzen der Gleichgewichtsdichten durch die Dotierungen mit (1.9) und (1.11)

$$B_N = \frac{D_{nB}}{D_{pE}} \frac{N_{DE}}{N_{AB}} \frac{L_{pE}}{x_B} \, . \qquad (3.15)$$

Durch geeignetes Einstellen der Dotierungen $N_{AB} > N_{AB}$ und durch eine kurze Basisweite (typ. $0{,}2\,\mu\text{m}$) erhält man somit hohe Stromverstärkungen, wobei typische Werte im Bereich von etwa $B_N = 50\ldots200$ liegen.

Für den Basisstrom $I_B$ erhalten wir damit statt (3.10) den vereinfachten Ausdruck

$$I_B = \frac{I_S}{B_N} \left[ \exp\left( \frac{q}{kT} U_{BE} \right) - 1 \right] . \qquad (3.16)$$

**Stromverstärkung des Bipolartransistors mit kurzem Emitter**

Ist die Emitterlänge $w_E$ klein gegenüber der Diffusionslänge $L_{pE}$ der Minoritätsträger im Emitter, ist der Verlauf der Ladungsträger im Emitter nicht durch die Diffusionslänge bestimmt, sondern durch die Länge $w_E$ des Emitters und es gilt

$$B_N = \frac{D_{nB}}{D_{pE}} \frac{N_{DE}}{N_{AB}} \frac{w_E}{x_B} \, . \qquad (3.17)$$

**Merksatz 3.4**
Je kürzer die Basis des Bipolartransistors, um so größer ist die Steigung der Ladungsträgerverteilung in der Basis und damit der Kollektorstrom.

**Beispiel 3.1**
Gegeben sei die Transistorschaltung nach Abb. 3.10, bei der der Kollektorstrom $I_C$ berechnet werden soll. Es sei $B_N = 100$, $I_S = 10^{-16}$ A, $R = 100\,\mathrm{k\Omega}$ und $U_B = 5\,\mathrm{V}$.

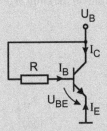

**Abb. 3.10** Schaltungsbeispiel für einen Bipolartransistor

Mit

$$I_C = B_N I_B \tag{3.18}$$

$$= B_N \frac{U_B - U_{\mathrm{BE}}}{R} \tag{3.19}$$

und

$$U_{\mathrm{BE}} = \frac{kT}{q} \ln\left(\frac{I_C}{I_S} + 1\right) \tag{3.20}$$

erhält man die Beziehung

$$I_C = B_N \frac{U_B - \overbrace{\frac{kT}{q} \ln\left(\frac{I_C}{I_S} + 1\right)}^{U_{\mathrm{BE}}}}{R}, \tag{3.21}$$

die jedoch nur numerisch lösbar ist. Für eine überschlägige Berechnung können wir aber im normalen Verstärkerbetrieb die Näherung

$$U_{\mathrm{BE}} \approx 0{,}7\,\mathrm{V} \tag{3.22}$$

verwenden. Damit erhalten wir aus (3.19) für den Kollektorstrom

$$I_C = B_N \frac{5\,\text{V} - 0.7\,\text{V}}{100\,\text{k}\Omega} = 4.3\,\text{mA} \,, \tag{3.23}$$

wobei der durch die Näherung $U_{\text{BE}} \approx 0.7\,\text{V}$ gemachte Fehler für $U_B \gg 0.7\,\text{V}$ vernachlässigbar ist.

**Abhängigkeit der Stromverstärkung vom Arbeitspunkt**

Bei einem realen Transistor zeigt sich – im Gegensatz zu den bisher abgeleiteten Beziehungen – eine Abhängigkeit der Stromverstärkung $B_N$ von dem Kollektorstrom.

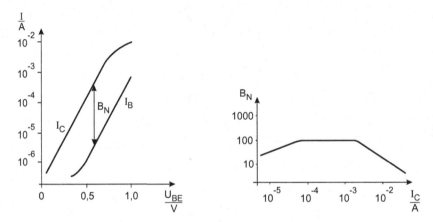

**Abb. 3.11** In der logarithmischen Darstellung erhält man für den Verlauf des Basis- und des Kollektorstroms Geraden, deren Steigungen für sehr kleine und sehr große Basis-Emitter-Spannungen abnehmen (*links*). Damit sinkt auch die Stromverstärkung für sehr kleine und sehr große Kollektorströme (*rechts*)

Die Ursache dafür ist, dass bei kleinen Strömen die Rekombination von Ladungsträgern in der Basis-Emitter-Raumladungszone berücksichtigt werden muss, was zu einer Abweichung von der idealen Kennlinie der Basis-Emitter-Diode führt. Bei sehr großen Strömen tritt zudem starke Injektion am Basis-Emitter- bzw. Basis-Kollektor-Übergang auf, was sich ebenfalls in einer Abweichung von der idealen Kennlinie äußert. Die Verläufe der Ströme sind in Abb. 3.11, links, dargestellt. In der logarithmischen Darstellung entspricht der Abstand der Kennlinien der Stromverstärkung und man erkennt die Abnahme zu sehr kleinen und sehr großen Strömen hin, wie in Abb. 3.11, rechts, gezeigt.

### 3.2.2  Transistor im inversen Verstärkerbetrieb

Im inversen Verstärkerbetrieb ist die Funktion von Emitter und Kollektor vertauscht, d. h. der Basis-Kollektor-Übergang ist in Durchlassrichtung und der Basis-Emitter-Übergang ist in Sperrrichtung gepolt. Für die Ströme erhält man

$$I_E = I_S \left[ \exp\left( \frac{q}{kT} U_{\mathrm{BC}} \right) - 1 \right] \tag{3.24}$$

$$I_B = \frac{I_S}{B_I} \left[ \exp\left( \frac{q}{kT} U_{\mathrm{BC}} \right) - 1 \right] \tag{3.25}$$

mit der Stromverstärkung im Inversbetrieb $B_I$

$$B_I = \frac{I_E}{I_B} = \frac{D_{n_B}}{D_{pC}} \frac{N_{\mathrm{DC}}}{N_{AB}} \frac{L_{pC}}{x_B} \; . \tag{3.26}$$

Die Stromverstärkung im Inversbetrieb liegt dabei typischerweise um eine bis zwei Größenordnungen unter dem Wert der Stromverstärkung im Normalbetrieb.

### 3.2.3  Transistor im Sättigungsbetrieb

Sind beide pn-Übergänge in Durchlasspolung, d.h ist $U_{\mathrm{BE}} > 0\,\mathrm{V}$ und $U_{\mathrm{BC}} > 0\,\mathrm{V}$, ist der Transistor in Sättigung. Es werden dann Minoritätsträger sowohl vom Emitter als auch vom Kollektor in die Basis injiziert (Abb. 3.12).

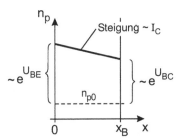

**Abb. 3.12** Im Bereich der Sättigung sind beide pn-Übergänge des Bipolartransistors in Durchlassrichtung gepolt. Dies führt wegen der Injektion von Ladungsträgern von dem Emitter und dem Kollektor in die Basis zu einer Abnahme der Steigung der Minoritätsträgerverteilung und damit zu einer Abnahme des Stroms

Damit verringert sich jedoch die Steigung der Minoritätsträgerdichte $n_B(x)$ und damit auch der Kollektorstrom $I_C$. Aus Abb. 3.12 erkennt man darüber hinaus, dass im Sättigungsbetrieb sehr viele Ladungsträger in der Basis gespeichert sind. Diese so genannte Sättigungsladung liefert keinen Beitrag zum Kollektorstrom, macht sich aber beim Schalten des Transistors negativ bemerkbar, da die Ladung erst vollständig ausgeräumt werden muss, bevor der Transistor vom leitenden in den gesperrten Zustand übergeht (vgl. Abschn. 2.3.2).

Die Kollektor-Emitter-Spannung in Sättigung $U_{\mathrm{CE_{Sat}}}$ ergibt sich aus der Differenz der Spannungen über den beiden in Durchlassrichtung gepolten pn-Übergängen. In vielen praktischen Fällen genügt die einfache Näherung

$$U_{\mathrm{CE_{Sat}}} \approx 0{,}1\,\mathrm{V} \; . \tag{3.27}$$

### 3.2.4  Ausgangskennlinienfeld des Transistors

Trägt man den Kollektorstrom $I_C$ abhängig von der Kollektor-Emitter-Spannung $U_{CE}$ für unterschiedliche Werte des Basisstroms $I_B$ auf, so erhält man schließlich die in Abb. 3.13 gezeigten Kennlinien. Man erkennt, dass im aktiven Vorwärtsbetrieb der Kollektorstrom proportional zu dem Basisstrom und unabhängig von der Kollektor-Emitter-Spannung ist. Für sehr kleine Kollektor-Emitter-Spannungen geht der Transistor jedoch in Sättigung, da beide pn-Übergänge in Durchlassrichtung gepolt sind, was zu einer Abnahme des Kollektorstroms mit kleiner werdender Kollektor-Emitter-Spannung führt. Insbesondere gilt hier auch nicht mehr die Beziehung (3.13), die für den Normalbetrieb abgeleitet wurde.

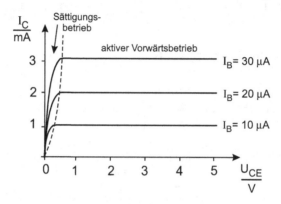

**Abb. 3.13**  Ausgangskennlinienfeld des Bipolartransistors. Im normalen Verstärkerbetrieb verlaufen die Kennlinien horizontal; im Sättigungsbereich nimmt der Strom mit abnehmender Kollektor-Emitter-Spannung stark ab

  S.m.i.L.E: 3.2_BJT-Kennlinienfeld

**Beispiel 3.2**

Gegeben sei die in Abb. 3.14 gezeigte Transistorschaltung mit $U_B = 5\,\text{V}$, $B_N = 100$, $I_B = 0{,}1\,\text{mA}$. Gesucht sind $I_C$ und $U_{CE}$ jeweils für die beiden Fälle $R = 100\,\Omega$ und $R = 1\,\text{k}\Omega$.

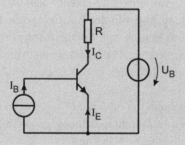

**Abb. 3.14**  Schaltung mit Bipolartransistor

Zunächst betrachten wir die Schaltung für den Fall $R = 100\,\Omega$. Mit

$$I_C = I_B\,B_N = 10\,\text{mA} \tag{3.28}$$

erhalten wir aus der Masche im Ausgangskreis

$$U_{\text{CE}} = 5\,\text{V} - I_C\,R = 5\,\text{V} - 1\,\text{V} = 4\,\text{V}\,. \tag{3.29}$$

Nun sei $R = 1\,\text{k}\Omega$. Die gleiche Rechnung ergibt nun

$$I_C = I_B\,B_N = 10\,\text{mA} \tag{3.30}$$

sowie

$$U_{\text{CE}} = 5\,\text{V} - I_C\,R = 5\,\text{V} - 10\,\text{V} = -5\,\text{V} \tag{3.31}$$

und damit ein offensichtlich falsches Ergebnis. Der Grund dafür ist, dass wegen des größer werdenden Widerstandes $R$ der Spannungsabfall über $R$ steigt und damit die Spannung $U_{\text{CE}}$ immer kleiner wird, bis schließlich der Basis-Kollektor-Übergang in Durchlassrichtung gelangt und somit der Transistor im Sättigungsbereich arbeitet. Hier gilt jedoch der Zusammenhang (3.13) nicht mehr. Um den Kollektorstrom abzuschätzen, können wir annehmen, dass in Sättigung die Spannung $U_{\text{CE}}$ sehr klein ist, d. h.

$$U_{\text{CE}_{\text{Sat}}} \approx 0{,}1\,\text{V}\,. \tag{3.32}$$

Damit wird schließlich

$$I_C \approx \frac{5\,\text{V} - 0{,}1\,\text{V}}{R} = 4{,}9\,\text{mA}\,, \tag{3.33}$$

wobei der durch die Näherung $U_{\text{CE}_{\text{Sat}}} \approx 0{,}1\,\text{V}$ gemachte Fehler für $U_B \gg U_{\text{CE}_{\text{Sat}}}$ vernachlässigbar ist.

**Merksatz 3.5**
Im Sättigungsbetrieb sind beide pn-Übergänge in Durchlassrichtung gepolt. Dadurch ergibt sich in der Basis eine trapezförmige Ladungsträgerverteilung mit einer sehr geringen Steigung, so dass der Kollektorstrom ebenfalls sehr klein wird. Gleichzeitig nimmt jedoch die in der Basis gespeicherte Ladung stark zu.

### 3.2.5　Basisweitenmodulation (Early-Effekt)

Nach den bisher abgeleiteten Beziehungen ist der Kollektorstrom im normalen Verstärkerbetrieb unabhängig von der Kollektor-Emitter-Spannung $U_{CE}$. In der Praxis zeigt sich jedoch ein Anstieg des Stromes mit wachsender Spannung $U_{CE}$, wie in Abb. 3.15 gezeigt ist.

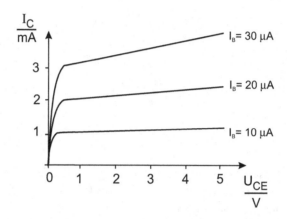

**Abb. 3.15**　Die Basisweitenmodulation führt zu einer Zunahme des Kollektorstromes mit zunehmender Kollektor-Emitter-Spannung

　PSpice: 3.2_BJT-Kennlinie_IB　　PSpice: 3.2_BJT-Kennlinie_UBE

Die Ursache dafür ist, dass eine Änderung der Spannung $U_{BC}$ zu einer Änderung der Weite der Basis-Kollektor-Raumladungszone und damit zu einer Änderung der effektiven Basisweite $x_B$ (Abb. 3.16) führt. Dadurch ändert sich die Steigung der Ladungsträgerverteilung in der Basis und damit auch der Strom $I_C$.

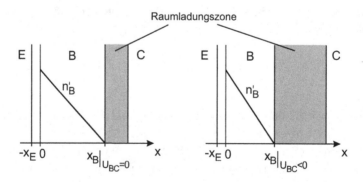

**Abb. 3.16**　Eine Erhöhung der negativen Basis-Kollektor-Spannung führt zu einer Vergrößerung der Basis-Kollektor-Raumladungszone. Dadurch nimmt die Steigung der Minoritätsträgerverteilung in der Basis zu, so dass der Kollektorstrom ansteigt

Um den Effekt zu beschreiben, multiplizieren wir die bereits abgeleitete Stromglei-chung (3.5) mit einem zusätzlichen Term, der die Abhängigkeit des Stromes von der Spannung $U_{BC}$ beschreibt, wobei der Parameter $U_{AN}$ als Early-Spannung bezeichnet wird. Für den Strom $I_C$ erhalten wir somit

$$I_C(U_{BC}) = I_S \left[ \exp\left( \frac{q}{kT} U_{BE} \right) - 1 \right] \left( 1 - \frac{U_{BC}}{U_{AN}} \right) \qquad (3.34)$$

$$= I_C \mid_{U_{BC}=0} \left( 1 - \frac{U_{BC}}{U_{AN}} \right) . \qquad (3.35)$$

Aus der Ableitung dieser Beziehung

$$\frac{dI_C}{dU_{BC}} = -I_C \mid_{U_{BC}=0} \frac{1}{U_{AN}} \qquad (3.36)$$

erkennt man, dass die Verlängerungen der Stromkurve im Normalbetrieb die Spannungs-achse bei dem Wert $-U_{BC} = -U_{AN}$ schneiden und somit die Early-Spannung grafisch aus dem Kennlinienfeld bestimmt werden kann (Abb. 3.17). Typische Werte der Early-Spannung liegen bei etwa $U_{AN} = 50\,\text{V}$.

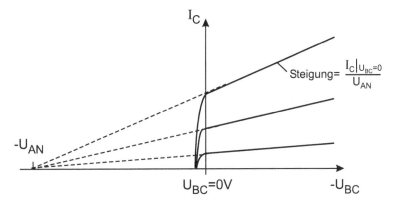

**Abb. 3.17** Die Verlängerungen der Ausgangskennlinien im normalen Verstärkerbetrieb schneiden die Spannungsachse bei der Early-Spannung

**Merksatz 3.6**
Mit zunehmender Sperrspannung über dem Basis-Kollektor-Übergang vergrößert sich die Basis-Kollektor-Raumladungszone und es verringert sich entsprechend die effektive Basisweite. Dadurch erhöht sich die Steigung der Minoritätsladungsträger-verteilung in der Basis und damit auch der Kollektorstrom.

## 3.3  Modellierung des Bipolartransistors

### 3.3.1  Großsignalersatzschaltbild des Bipolartransistors

Die für den normalen Verstärkerbetrieb abgeleiteten Gleichungen lassen sich durch ein einfaches Ersatzschaltbild mit einer gesteuerten Stromquelle im Ausgangskreis und einer Diode im Eingangskreis darstellen (Abb. 3.18).

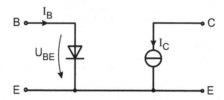

**Abb. 3.18** Großsignalersatzschaltbild des Transistors im normalen Verstärkerbetrieb. Eingangsseitig stellt der Transistor eine Diode dar; ausgangsseitig wird das Verhalten durch eine gesteuerte Stromquelle beschrieben

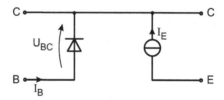

**Abb. 3.19** Großsignalersatzschaltbild des Transistors im Inversbetrieb. Die Funktion von Emitter und Kollektor ist in dieser Betriebsart vertauscht

Entsprechend erhält man für den Inversbetrieb die in Abb. 3.19 gezeigte Schaltung, in der die Funktion von Emitter und Kollektor vertauscht sind.

Da die Ströme im Normalbetrieb nur von $U_{BE}$ und im Inversbetrieb nur von $U_{BC}$ abhängen, lassen sich die beiden Ersatzschaltbilder in dem so genannten Transportmodell zusammenfassen (Abb. 3.20). Dabei gilt unter Vernachlässigung des Early-Effektes für den so genannten Transferstrom

$$I_T = I_S \left[ \exp\left(\frac{q}{kT} U_{BE}\right) - \exp\left(\frac{q}{kT} U_{BC}\right) \right] \tag{3.37}$$

und für die Basisströme

$$I_B = \underbrace{\frac{I_S}{B_N} \left[ \exp\left(\frac{q}{kT} U_{BE}\right) - 1 \right]}_{I_{B1}} + \underbrace{\frac{I_S}{B_I} \left[ \exp\left(\frac{q}{kT} U_{BC}\right) - 1 \right]}_{I_{B2}}. \tag{3.38}$$

Dieses Ersatzschaltbild geht für den Normalbetrieb wieder in die Schaltung nach Abb. 3.18 über, da in diesem Fall wegen $U_{BC} < 0$ V die Basis-Kollektor-Diode sperrt und in (3.37) und (3.38) die entsprechenden Exponentialterme verschwinden.

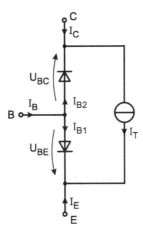

**Abb. 3.20** Durch Zusammenfassen der Ersatzschaltungen für den normalen Verstärkerbetrieb und den Inversbetrieb erhält man das Transportmodell

Um nun auch das dynamische Verhalten des Transistors zu beschreiben, kann die Ersatzschaltung mit den entsprechenden Kapazitäten, welche das Ladungsspeicherverhalten berücksichtigen, erweitert werden. Dies führt auf das in Abb. 3.21, links, dargestellte Ersatzschaltbild, wobei die Kapazitäten $C_{BE}$ und $C_{BC}$ die im Transistor gespeicherte Ladung beschreiben. Diese setzt sich wie bei der Diode jeweils aus Sperrschicht- und Diffusionskapazität zusammen. Es gilt somit

$$\boxed{C_{BE} = C_{d,BE} + C_{j,BE}} \qquad (3.39)$$

und

$$\boxed{C_{BC} = C_{d,BC} + C_{j,BC}} . \qquad (3.40)$$

Für die einzelnen Kapazitäten gilt entsprechend wie bei der Diode

$$C_{d,BE} = \tau_N \frac{q}{kT} I_S \exp\left(\frac{q}{kT} U_{BE}\right) \qquad (3.41)$$

$$C_{d,BC} = \tau_I \frac{q}{kT} I_S \exp\left(\frac{q}{kT} U_{BC}\right) \qquad (3.42)$$

$$C_{j,BE} = C_{j0,BE} \left(1 - \frac{U_{BE}}{\Phi_{i,BE}}\right)^{-M_{BE}} \qquad (3.43)$$

$$C_{j,BC} = C_{j0,BC} \left(1 - \frac{U_{BC}}{\Phi_{i,BC}}\right)^{-M_{BC}} , \qquad (3.44)$$

wobei bei in Durchlassrichtung gepoltem Übergang die Diffusionskapazität und bei in Sperrrichtung gepoltem Übergang die Sperrschichtkapazität dominiert. Dabei sind $M_{BE}$ und $M_{BC}$ die Kapazitätskoeffizienten der pn-Übergänge mit typischen Werten von $M_{BE} = 0{,}25$ bzw. $M_{BC} = 0{,}4$. Die Größen $\Phi_{i,BE}$ und $\Phi_{i,BC}$ sind die Diffusionspotentiale des Basis-Emitter- bzw. des Basis-Kollektor-Übergangs. Mit $\tau_N$ bezeichnet man die Transitzeit des Bipolartransistors im Normalbetrieb, deren typischer Wert bei etwa $\tau_N \approx 30\,\mathrm{ps}$ liegt. Entsprechend ist $\tau_I$ die Transitzeit im Inversbetrieb, mit einem typischen Wert von etwa $\tau_I \approx 250\,\mathrm{ps}$.

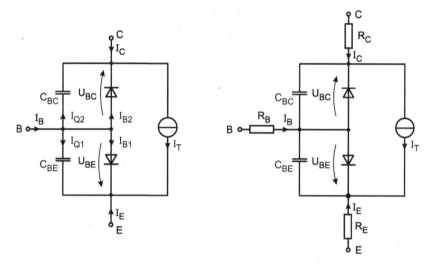

**Abb. 3.21** Transportmodell mit Kapazitäten zur Beschreibung des dynamischen Verhaltens (*links*). Die Bahnwiderstände der neutralen Bahngebiete und die Kontaktwiderstände werden durch Widerstände berücksichtigt (*rechts*)

Um die Spannungsabfälle in den neutralen Bahngebieten und den Kontakten zu berücksichtigen, kann das in Abb. 3.21, links, dargestellte Ersatzschaltbild noch um Serienwiderstände an den einzelnen Anschlüssen ergänzt werden, so dass sich das in Abb. 3.21, rechts, gezeigte Schaltbild ergibt. Typische Werte für die Widerstände liegen bei etwa $R_B = 800\,\Omega$, $R_C = 150\,\Omega$ und $R_E = 2\,\Omega$.

**Berechnung der Transistorladungen $Q_{BE}$ und $Q_{BC}$**
Die auf den Kapazitäten des Bipolartransistors gespeicherten Ladungen erhalten wir durch Integration gemäß (2.52). Für die Ladungen der Sperrschichtkapazitäten $Q_{j,BE}$ und $Q_{j,BC}$ erhalten wir

$$Q_{j,BE} = \frac{C_{j0,BE}\,\Phi_{i,BE}}{1 - M_{BE}} \left[ 1 - \left( 1 - \frac{U_{BE}}{\Phi_{i,BE}} \right)^{1-M_{BE}} \right] \tag{3.45}$$

und

$$Q_{j,\mathrm{BC}} = \frac{C_{j0,\mathrm{BC}}\,\Phi_{i,\mathrm{BC}}}{1 - M_{\mathrm{BC}}} \left[ 1 - \left( 1 - \frac{U_{\mathrm{BC}}}{\Phi_{i,\mathrm{BC}}} \right)^{1-M_{\mathrm{BC}}} \right].$$ (3.46)

Entsprechend gilt für die Diffusionsladungen im Transistor

$$Q_{d,\mathrm{BE}} = I_C \tau_N$$ (3.47)

für den Basis-Emitter-Übergang und

$$Q_{d,\mathrm{BC}} = I_E \tau_I$$ (3.48)

für den Basis-Kollektor-Übergang.

### 3.3.2 Schaltverhalten des Bipolartransistors

Wir wollen nun das Schaltverhalten des Bipolartransistors untersuchen, wobei wir die in Abb. 3.22 gezeigte Schaltung betrachten, bei der der Transistor mit einer Spannungsquelle über einen Widerstand $R_e$ angesteuert wird. Der Transistor befinde sich zunächst im eingeschalteten Zustand und wird dann zur Zeit $t = 0$ durch Anlegen einer negativen Spannung $U_e$ abgeschaltet.

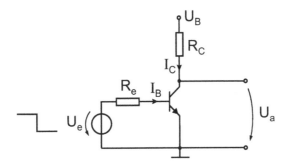

**Abb. 3.22** Schaltung zur Untersuchung des Ausschaltverhaltens des Bipolartransistors

Ähnlich wie bei der Diode muss nun zunächst die in der Basis befindliche Ladung ausgeräumt werden, bevor der Basis-Emitter-Übergang zu der Zeit $t_s$ in Sperrrichtung gelangt. Wird, wie in dem gezeigten Beispiel, der Transistor durch Anlegen einer negativen Spannung an den Basis-Emitter-Übergang abgeschaltet, so erfolgt das Ausräumen durch einen negativen Basisstrom, der durch den Widerstand $R_e$ begrenzt wird und der so lange fließt, bis die überschüssigen Ladungsträger in der Basis verschwunden sind.

Erst dann geht der Kollektorstrom gegen null und die Kollektor-Emitter-Spannung steigt an (Abb. 3.23). Die Abschaltzeit wird also umso kleiner, je größer die negative Spannung am Basis-Emitter-Übergang ist. Erfolgt das Ausschalten des Transistors hingegen durch Abtrennen der Spannungsquelle $U_e$, so ist der Basisstrom null und die Ladungsträger verschwinden ausschließlich durch Rekombination, was den Abschaltvorgang deutlich verlängert.

Die Schaltzeit verlängert sich ebenfalls deutlich, wenn sich der Transistor in Sättigung befindet, da in diesem Fall die in der Basis gespeicherte Ladung sehr groß ist (vgl. Abschn. 3.2.3). Eine Möglichkeit zu verhindern, dass der Transistor im eingeschalteten Zustand in Sättigung gelangt, ist die Verwendung von so genannten Schottky-Transistoren, auf die wir im Folgenden kurz eingehen wollen.

**Merksatz 3.7**
Je stärker der Transistor in Sättigung betrieben wird, umso mehr Ladung ist in der Basis gespeichert und umso länger dauert das Abschalten des Transistors.

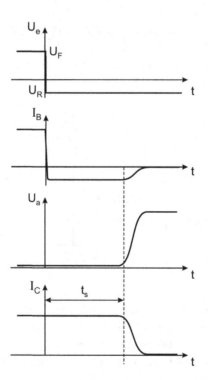

**Abb. 3.23** Verlauf der Spannungen und Ströme während des Abschaltens des Bipolartransistors

  PSpice: 3.3_BJT-Schalt

**Schottky-Transistor**

Um die Ausschaltzeit klein zu halten, muss verhindert werden, dass der Transistor in Sättigung gelangt. Dies kann erreicht werden, indem man parallel zum Basis-Kollektor-Übergang eine Schottky-Diode (Metall-Halbleiter-Diode) schaltet (Abb. 3.24).

**Abb. 3.24** Durch Parallelschaltung einer Schottky-Diode zum Basis-Kollektor-Übergang erhält man einen Schottky-Transistor

Da eine solche Schottky-Diode, im Vergleich zu einer pn-Diode, bereits bei sehr niedrigen Spannungen (etwa 0,4 V) zu leiten beginnt (vgl. Abschn. 2.5), verhindert die Diode, dass der Basis-Kollektor-Übergang in Durchlassrichtung gelangt.

### 3.3.3 Kleinsignalersatzschaltbild des Bipolartransistors

Wie bei der Diode ergibt sich auch beim Bipolartransistor das Kleinsignalersatzschaltbild durch Linearisieren der Großsignalbeschreibung um den Arbeitspunkt herum (Abb. 3.25).

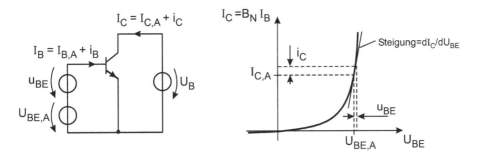

**Abb. 3.25** Schaltung zur Untersuchung des Kleinsignalverhaltens des Transistors (*links*). Bei Ansteuerung des Transistors mit kleinen Signalen um einen festen Arbeitspunkt herum kann die nichtlineare Kennlinie im Arbeitspunkt durch eine Gerade angenähert werden (*rechts*)

Um zum Beispiel die Änderung des Kollektorstromes $I_C$ abhängig von der Änderung der Basis-Emitter-Spannung $U_{BE}$ zu bestimmen, nähert man die nichtlineare Kurve $I_C(U_{BE})$ in dem Arbeitspunkt $(U_{BE,A}, I_{C,A})$ durch eine Gerade mit der Steigung

$$g_m = \left.\frac{dI_C}{dU_{BE}}\right|_{I_{C,A}} = \frac{q}{kT} I_{C,A} . \tag{3.49}$$

Die Änderung $i_C$ des Kollektorstromes im Arbeitpunkt $I_{C,A}$ ist dann durch die lineare Beziehung

$$i_C = g_m u_{BE} \qquad (3.50)$$

gegeben, wenn $u_{BE}$ die Änderung der Basis-Emitter-Spannung um den Arbeitspunkt herum ist. Um nun sämtliche Abhängigkeiten der Ströme $I_C$, $I_B$ von den Spannungen $U_{BE}$, $U_{CE}$ zu erfassen, bilden wir das totale Differential. Mit

$$I_B = I_B\,(U_{BE}, U_{CE}) \qquad (3.51)$$

$$I_C = I_C\,(U_{BE}, U_{CE}) \qquad (3.52)$$

erhalten wir für die Änderungen $i_B$ und $i_C$

$$i_B = \underbrace{\left.\frac{\partial I_B}{\partial U_{BE}}\right|_A}_{g_\pi} u_{BE} + \underbrace{\left.\frac{\partial I_B}{\partial U_{CE}}\right|_A}_{\approx 0} u_{CE} \qquad (3.53)$$

$$i_C = \underbrace{\left.\frac{\partial I_C}{\partial U_{BE}}\right|_A}_{g_m} u_{BE} + \underbrace{\left.\frac{\partial I_C}{\partial U_{CE}}\right|_A}_{g_0} u_{CE}\,. \qquad (3.54)$$

Die Ableitungen stellen dabei die Kleinsignalparameter dar, die wir im Folgenden bestimmen wollen.

**Steilheit**

Für die Abhängigkeit des Kollektorstroms $I_C$ von der Eingangsspannung $U_{BE}$, die so genannte Steilheit, gilt die bereits hergeleitete Beziehung

$$\boxed{g_m = \frac{q}{kT} I_{C,A}}\,. \qquad (3.55)$$

Die Steilheit des Bipolartransistors steigt also mit zunehmendem Kollektorstrom $I_{C,A}$ im Arbeitspunkt.

**Ausgangsleitwert**

Für den Ausgangsleitwert erhalten wir unter Berücksichtigung des Early-Effektes mit (3.35)

$$g_0 = \left.\frac{\partial I_C}{\partial U_{CE}}\right|_A = -\left.\frac{\partial I_C}{\partial U_{BC}}\right|_A = \frac{I_C|_{U_{BC}=0}}{U_{AN}}\,. \qquad (3.56)$$

Um den Ausgangsleitwert in Abhängigkeit des Arbeitspunktes auszudrücken, tragen wir die Ausgangskennlinie auf (Abb. 3.26). Aus der Ähnlichkeit der Dreiecke folgt damit näherungsweise

$$\frac{I_C|_{U_{BC}=0}}{U_{AN}} = \frac{I_{C,A}}{U_{AN} + U_{CE,A}} \qquad (3.57)$$

und damit

$$g_0 = \frac{I_{C,A}}{U_{AN} + U_{CE,A}} = \frac{1}{r_0}, \tag{3.58}$$

wobei statt des Ausgangsleitwertes $g_0$ auch häufig der Ausgangswiderstand $r_0$ verwendet wird.

Der Ausgangsleitwert $g_0$ ist also proportional der Steigung der Ausgangskennlinie im Arbeitspunkt und steigt mit zunehmendem Kollektorstrom $I_{C,A}$ im Arbeitspunkt.

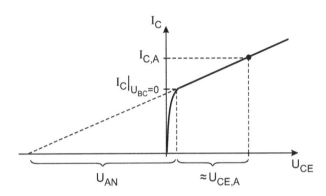

**Abb. 3.26** Bestimmung des Ausgangsleitwertes des Bipolartransistors aus der Ausgangskennlinie

**Kleinsignalstromverstärkung**
Die Kleinsignalstromverstärkung ist definiert als die Änderung des Kollektorstromes bei einer Änderung des Basisstromes

$$\beta_N = \frac{i_C}{i_B}, \tag{3.59}$$

was der Ableitung des Kollektorstromes $I_C$ nach dem Basisstrom $I_B$ entspricht, d. h.

$$\beta_N = \frac{dI_C}{dI_B}. \tag{3.60}$$

Dieser Wert unterscheidet sich im Allgemeinen von der statischen Stromverstärkung $B_N$; für den mittleren Strombereich gilt jedoch in guter Näherung

$$\boxed{\beta_N \approx B_N}. \tag{3.61}$$

**Eingangsleitwert**
Der Eingangsleitwert des Bipolartransistors bestimmt sich aus

$$g_\pi = \left.\frac{\partial I_B}{\partial U_{BE}}\right|_A = \underbrace{\frac{\partial I_B}{\partial I_C}}_{\frac{1}{\beta_N}} \underbrace{\frac{\partial I_C}{\partial U_{BE}}}_{g_m} \tag{3.62}$$

und kann somit aus den bereits abgeleiteten Parametern $g_m$ und $\beta_N$ bestimmt werden, so dass wir schließlich

$$g_\pi = \frac{g_m}{\beta_N} = \frac{I_{C,A}}{\beta_N U_T} = \frac{1}{r_\pi}$$

(3.63)

erhalten, wobei auch hier häufig der Eingangswiderstand $r_\pi$ verwendet wird.

**Rückwärtssteilheit**

Die Rückwärtssteilheit, also die Auswirkung einer Änderung der Kollektor-Emitter-Spannung auf den Strom im Eingangskreis kann als vernachlässigbar angenommen werden, so dass

$$\frac{\partial I_B}{\partial U_{CE}} = 0$$

(3.64)

ist.

**Kleinsignalersatzschaltbild**

Das Kleinsignalverhalten des Bipolartransistors wird damit nach (3.53) und (3.54) durch das folgende lineare Gleichungssystem beschrieben

$$i_B = g_\pi u_{BE}$$

(3.65)

$$i_C = g_m u_{BE} + g_0 u_{CE} \,,$$

(3.66)

welches sich durch das in Abb. 3.27 gezeigte Ersatzschaltbild darstellen lässt.

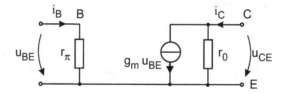

**Abb. 3.27** Das Kleinsignalersatzschaltbild des Bipolartransistors repräsentiert die Beziehungen (3.65) und (3.66)

Für hohe Frequenzen müssen die Kapazitäten mit berücksichtigt werden und man erhält die in Abb. 3.28 gezeigte Hybrid-Kleinsignalersatzschaltung nach Giacoletto.

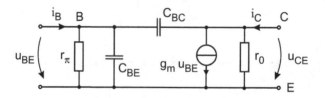

**Abb. 3.28** Kleinsignalersatzschaltbild des Bipolartransistors mit Kapazitäten zur Beschreibung des dynamischen Verhaltens

Im normalen Verstärkerbetrieb ($U_{BE} > 0\,V$ , $U_{BC} < 0\,V$) dominiert bei dem Basis-Kollektor-Übergang die Sperrschichtkapazität und wir erhalten

$$\boxed{C_{BC} = C_{j0,BC}\left(1 - \frac{U_{BC,A}}{\Phi_{i,BC}}\right)^{-M_{BC}}.}$$ (3.67)

Die Kapazität des in Durchlassrichtung gepolten Basis-Emitter-Übergangs kann näherungsweise durch die Diffusionskapazität $C_{d,BE}$ beschrieben werden, so dass wir mit (3.41)

$$C_{BE} = \tau_N \frac{q}{kT} I_S \exp\left(\frac{q}{kT} U_{BE,A}\right)$$ (3.68)

erhalten. Für $U_{BE,A} > 100\,mV$ kann dies durch

$$C_{BE} = \tau_N \frac{q}{kT} I_{C,A}$$ (3.69)

angenähert werden, was mit (3.55) schließlich auf

$$\boxed{C_{BE} = \tau_N g_m}$$ (3.70)

führt.

---

**Merksatz 3.8**
Die Kleinsignalparameter des Bipolartransistors hängen vom Arbeitspunkt des Transistors ab. Insbesondere steigt die Steilheit mit zunehmendem Kollektorstrom im Arbeitspunkt, während der Ausgangswiderstand abnimmt, so dass das Produkt aus Steilheit und Ausgangswiderstand konstant bleibt.

---

### 3.3.4 Frequenzverhalten des Transistors

**Transitfrequenz**
Die Stromverstärkung eines Transistors ist frequenzabhängig. Zur Untersuchung des Frequenzverhaltens betrachten wir die in Abb. 3.29 gezeigte Schaltung. Der Arbeitspunkt der Schaltung wird durch den Strom $I_{B,A}$ und die Gleichspannungsquelle $U_{CE,A}$ eingestellt. Zusätzlich steuern wir den Transistor mit dem Strom $i_B$ um den Arbeitspunkt herum aus.

Da wir uns lediglich für das Kleinsignalverhalten, das heißt die Änderungen der Signale um einen Arbeitspunkt herum, interessieren, ersetzen wir den Transistor durch seine Kleinsignalersatzschaltung und setzen die Gleichstrom- und Gleichspannungsquellen zu null. Damit erhalten wir die in Abb. 3.30 gezeigte Schaltung, die das Kleinsignalverhalten im Arbeitspunkt beschreibt.

Die Analyse der Schaltung führt auf den Ausdruck

$$\frac{i_C}{i_B} = \beta(\omega) \approx \frac{\beta_N}{1 + \frac{\beta_N}{g_m} j\omega \, (C_{BE} + C_{BC})} \, . \tag{3.71}$$

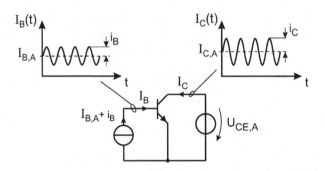

**Abb. 3.29**  Schaltung zur Bestimmung der Transitfrequenz des Bipolartransistors. Neben dem Wechselanteil enthalten die Signale jeweils einen Gleichanteil zur Arbeitspunkteinstellung

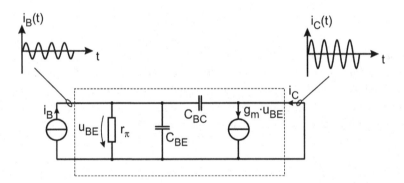

**Abb. 3.30**  Das Kleinsignalersatzschaltbild berücksichtigt lediglich die Wechselanteile der Signale um den Arbeitspunkt herum

Mit der Abkürzung

$$\omega_\beta = \frac{g_m}{\beta_N \, (C_{BE} + C_{BC})} \tag{3.72}$$

wird dies zu

$$\beta(\omega) = \beta_N \frac{1}{1 + j\frac{\omega}{\omega_\beta}} \, . \tag{3.73}$$

Trägt man $\beta(\omega)$ im logarithmischen Maßstab über der Frequenz auf, ergibt sich die in Abb. 3.31 gezeigte Darstellung.

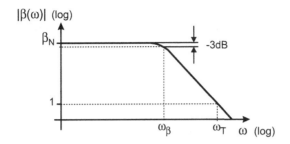

**Abb. 3.31** Verlauf der Stromverstärkung über der Frequenz. Ab der Frequenz $\omega_\beta$ nimmt die Stromverstärkung ab und erreicht bei der Transitfrequenz $\omega_T$ den Wert eins

 PSpice: 3.3_BJT-Transitfreq

Eine wichtige Größe ist die sog. $\beta$-Grenzfrequenz, bei der der Betrag der Stromverstärkung um den Faktor $1/\sqrt{2}$ abnimmt. Für $\omega \ll \omega_\beta$ gilt

$$\beta(\omega) \approx \beta_N \tag{3.74}$$

und für $\omega \gg \omega_\beta$

$$\beta(\omega) \approx \frac{g_m}{j\omega\,(C_{BE} + C_{BC})}\,, \tag{3.75}$$

d. h. oberhalb der Frequenz $\omega_\beta$ sinkt die Stromverstärkung mit $1/\omega$. Ein Maß zur Beurteilung der Hochfrequenz-Eigenschaften eines Transistors ist die Transitfrequenz $\omega_T$, bei der der Betrag $|\beta|$ der Kleinsignalstromverstärkung den Wert eins annimmt, also

$$|\beta(\omega_T)| = 1\,. \tag{3.76}$$

Daraus folgt mit (3.75)

$$1 = \frac{g_m}{\omega_T\,(C_{BE} + C_{BC})} \tag{3.77}$$

und damit

$$\boxed{\omega_T = \frac{g_m}{C_{BE} + C_{BC}}}\,. \tag{3.78}$$

Die parasitären Kapazitäten $C_{BE}$ und $C_{BC}$ führen also zu einer Abnahme der Transitfrequenz des Transistors.

### 3.3.5 Durchbruchverhalten des Bipolartransistors

**Lawinendurchbruch**
Bei hinreichend hoher Spannung $U_{BC}$ tritt in der Basis-Kollektor-Raumladungszone Ladungsträgermultiplikation durch den Lawineneffekt auf (vgl. Abschn. 2.3.4), was zu einem Anstieg des Kollektorstromes $I_C$ führt.

**Thermischer Durchbruch**

Thermischer Durchbruch tritt auf, wenn die zulässige Verlustleistung $P_{max} \approx I_C U_{CE}$ des Transistors überschritten wird. Dies führt zur Zerstörung des Bauelementes.

## 3.4  Bänderdiagrammdarstellung des Bipolartransistors

Auch die Funktion des Bipolartransistors lässt sich sehr anschaulich mit Hilfe des Bänderdiagramms erklären. Dazu konstruieren wir zunächst mit den in Abschn. 2.4.1 aufgestellten Regeln das Bänderdiagramm eines npn-Transistors. Dabei betrachten wir den Fall, dass an dem Kollektor gegenüber dem Emitter eine positive Spannung anliegt, so dass sich das Ferminiveau $W_{F,C}$ im Kollektor entsprechend absenkt. Dies führt schließlich auf die in Abb. 3.32 gezeigte Darstellung. Es ist deutlich zu erkennen, dass der Basis-Emitter-Übergang für die Elektronen im Emitter eine Potenzialbarriere darstellt, die verhindert, dass die Elektronen von dem Emitter durch die Basis in den energetisch niedriger gelegenen Kollektor gelangen können.

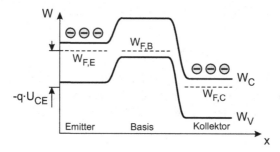

**Abb. 3.32**  Bänderdiagramm des Bipolartransistors bei $U_{BE} = 0$ und $U_{CE} > 0$. Die Potenzialbarriere zwischen Emitter und Basis verhindert, dass sich Ladungsträger von dem Emitter zum Kollektor bewegen können

  S.m.i.L.E: 3.4_Bipolartransistor

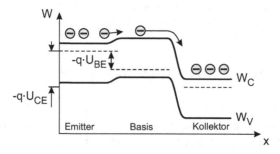

**Abb. 3.33**  Durch Anlegen einer Spannung $U_{BE} > 0$ wird die Potenzialbarriere abgesenkt und die Elektronen aus dem Emitter können über die Basis in den Kollektor gelangen

Legen wir nun jedoch eine positive Spannung an die Basis gegenüber dem Emitter an, so verschiebt sich das Ferminiveau $W_{F,B}$ in der Basis nach unten und die Potenzialbarriere senkt sich ab, so dass Elektronen nun von dem Emitter in den Kollektor gelangen können (Abb. 3.33).

## Literatur

1. Hoffmann, K (2003) Systemintegration. Oldenbourg Wissenschaftsverlag, München, Wien
2. Reisch, M (2007) Halbleiter-Bauelemente. Springer, Berlin
3. Sze, SM (1981) Physics of Semiconductor Devices. Wiley, New York

# Feldeffekttransistor

**4**

## 4.1 Aufbau und Wirkungsweise des Feldeffekttransistors

### 4.1.1 n-Kanal MOS-Feldeffekttransistor

Feldeffekttransistoren findet man wegen der praktisch leistungslosen Ansteuerung und der damit verbundenen geringen Verlustleistung in fast allen modernen integrierten Schaltungen. Feldeffekttransistoren sind so genannte Unipolartransistoren, bei denen im Gegensatz zum Bipolartransistor nur eine Ladungsträgerart für den Ladungstransport erforderlich ist. Die Steuerung des Widerstandes erfolgt bei dem Feldeffekttransistor dadurch, dass ein durch Anlegen einer Spannung an die Steuerelektrode hervorgerufenes elektrisches Feld die Ladungsträgerverteilung in dem Bauelement beeinflusst.

Abhängig davon, ob die Steuerelektrode durch einen pn-Übergang, eine Schottky-Diode oder einen Kondensator realisiert wird, unterscheidet man unter anderem zwischen Junction-FET (JFET), Metal-Semiconductor (MESFET) und Metal-Oxid-Silizium (MOS-FET). In diesem Kapitel werden wir lediglich den MOSFET untersuchen, da es sich bei diesem Typ um den in integrierten Schaltungen am häufigsten verwendeten Transistortyp handelt. Der prinzipielle Aufbau eines solchen MOS-Feldeffekttransistors ist in Abb. 4.1 gezeigt.

Bei dem dargestellten n-Kanal MOSFET ist das Halbleitergrundmaterial, das Substrat bzw. Bulk (B), p-dotiert und die beiden mit Source (S) bzw. Drain (D) bezeichneten Gebiete sind n-dotiert. Das Substrat bildet mit der Oxidschicht und der darüberliegenden Gate-Elektrode (G) die Schichtfolge Metal-Oxid-Silizium (MOS), was dem Bauteil seinen Namen gab. Obwohl bei heutigen Transistoren die Elektrode in der Regel aus leitendem Polysilizium besteht, ist die Abkürzung MOS jedoch erhalten geblieben.

Wir wollen uns nun die Funktion des MOSFET anhand des in Abb. 4.2 gezeigten n-Kanal MOSFET verdeutlichen. Dazu legen wir zunächst Source (S) und Substrat (B) auf das gleiche Potenzial und wählen die Source-Elektrode als Bezugspotenzial. Gleichzeitig

© Springer-Verlag GmbH Deutschland, ein Teil von Springer Nature 2019
H. Göbel, *Einführung in die Halbleiter-Schaltungstechnik*,
https://doi.org/10.1007/978-3-662-56563-6_4

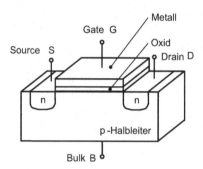

**Abb. 4.1**  Schnittbild eines n-Kanal MOS-Feldeffekttransistors

  S.m.i.L.E: 4.1_NMOS-Prozess

legen wir eine positive Spannung $U_{DS}$ zwischen Source und Drain, so dass die beiden pn-Übergänge in Sperrrichtung gepolt sind.

Zunächst betrachten wir den Fall, dass die Gate-Source-Spannung $U_{GS} = 0\,\text{V}$ beträgt. In diesem Fall kann kein Strom $I_{DS}$ zwischen Drain und Source fließen, da die beiden pn-Übergänge in Sperrrichtung gepolt sind.

Legen wir nun jedoch eine positive Spannung, z. B. $U_{GS} = 5\,\text{V}$, an die Gate-Elektrode, lädt sich die Gate-Elektrode positiv auf und unterhalb der Oxidschicht bildet sich eine entsprechende negative Gegenladung aus Elektronen. Dies ist in Abb. 4.2 gezeigt, wobei aus Gründen der Übersichtlichkeit die positive Ladung auf der Gate-Elektrode nicht dargestellt ist. Die negative Ladung führt dazu, dass sich der p-Halbleiter unterhalb des Oxides wie ein n-dotierter Halbleiter verhält. Man spricht daher auch von Inversion des Halbleiters. Die Inversionsladung aus Elektronen bildet nun an der Grenzschicht zwischen Oxid und Halbleiter einen leitenden Kanal, der die beiden n-dotierten Source- und Draingebiete miteinander verbindet, so dass ein Strom $I_{DS}$ zwischen Drain und Source fließen kann.

Welche der Elektroden Source und welche Drain ist, ist dadurch definiert, dass die den leitenden Kanal bildenden Ladungsträger aus der Source-Elektrode (Quelle) stammen und

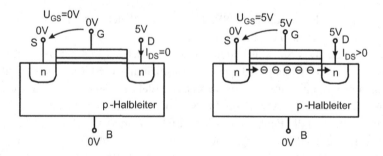

**Abb. 4.2**  Funktion des Feldeffekttransistors. Bei $U_{GS} = 0\,\text{V}$ kann kein Strom zwischen den beiden in Sperrrichtung gepolten pn-Übergängen fließen (*links*). Ist $U_{GS} > 0\,\text{V}$ bildet sich ein leitender Kanal aus Elektronen, der Source und Drain miteinander verbindet

sich dann zur Drain-Elektrode (Abfluss) hin bewegen. Beim n-Kanal MOSFET liegt die Source-Elektrode gegenüber der Drain-Elektrode daher auf dem niedrigeren Potenzial.

Damit der Zustand der Inversion erreicht wird, muss die Elektronendichte in dem Kanal groß genug sein und etwa der Löcherdichte in dem Substrat entsprechen. Dazu muss jedoch eine hinreichend große Gate-Source-Spannung $U_{GS}$ angelegt werden. Diese Spannung, ab der sich der leitende Kanal bildet, bezeichnet man als Einsatzspannung $U_{Th}$. Sie liegt je nach Transistortyp zwischen etwa $-1$ V und $1$ V.

Das Potenzial des Substratanschlusses hatten wir bislang auf das gleiche Potenzial wie die Source-Elektrode gelegt. Im Allgemeinen kann jedoch auch zwischen Source und Substrat eine Spannung gelegt werden. Dabei ist jedoch zu beachten, dass die beiden pn-Übergänge des MOSFET nicht in Durchlassrichtung gelangen dürfen, da sonst ein unerwünschter Substratstrom zwischen der Source- bzw. der Drain-Elektrode und dem Substrat fließt. Man legt den Substratanschluss bei einem n-Kanal MOSFET daher in der Regel entweder auf das Potenzial des Source-Anschlusses oder auf das niedrigste in der Schaltung vorkommende Potenzial.

**Merksatz 4.1**
Durch Anlegen einer hinreichend großen positiven Spannung an die Gate-Elektrode eines n-Kanal MOSFET bildet sich unter dem Gate ein leitender Kanal aus Elektronen, der Source und Drain miteinander verbindet.

## 4.1.2  p-Kanal MOS-Feldeffekttransistor

Der p-Kanal MOSFET ist prinzipiell genauso aufgebaut wie der n-Kanal MOSFET, die Dotierungen sind jedoch umgekehrt, d. h. das Substrat ist bei einem p-Kanal MOSFET n-dotiert und die beiden Source-/Draingebiete sind entsprechend p-dotiert. Entsprechend müssen die Vorzeichen der angelegten Spannungen umgedreht werden.

Der leitende Kanal bildet sich beim p-Kanal MOSFET demzufolge aus Löchern, wenn eine hinreichend negative Spannung $U_{GS}$ an das Gate gegenüber der Source angelegt wird. Bei gleichzeitigem Anlegen einer negativen Spannung $U_{DS}$ bewegen sich die Löcher dann von der Source- zur Drain-Elektrode, so dass ein negativer Strom $I_{DS}$ fließt (Abb. 4.3).

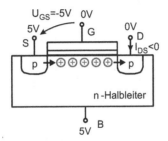

**Abb. 4.3** Bei dem p-Kanal MOSFET bildet sich ein leitender Kanal aus Löchern wenn $U_{GS} < 0$ V

### 4.1.3 Transistortypen und Schaltsymbole

Wir hatten gesehen, dass sich bei einem n-Kanal Transistor ein leitender Kanal bildet, wenn die Spannung $U_{GS}$ größer als die Einsatzspannung $U_{Th}$ ist. Ist bei einem n-Kanal MOSFET $U_{Th} > 0\,V$, nennt man den Transistor selbstsperrend oder auch Anreicherungs- bzw. Enhancement-Transistor. Durch geeignete Dotierung im Kanalbereich kann man n-Kanal Transistoren herstellen, bei denen die Einsatzspannung negativ ist, d. h. bereits bei einer Spannung $U_{GS} < 0\,V$ bildet sich ein leitender Kanal. Solche Transistoren heißen selbstleitend, Verarmungs- oder Depletion-Transistoren. Entsprechendes gilt für p-Kanal Transistoren. Hier ist bei selbstsperrenden Typen $U_{Th} < 0$ und bei selbstleitenden Typen $U_{Th} > 0$. Zur Unterscheidung der verschiedenen Transistortypen verwendet man unterschiedliche Schaltsymbole, die in Abb. 4.4 zusammengestellt sind. Dabei sind für jeden Transistortyp zwei Schaltsymbole angegeben. Das jeweils linke Symbol ist die Darstellung mit Bulk-Anschluss, das rechte Symbol ist eine vereinfachte Darstellung für Transistoren, bei denen der Bulk-Anschluss intern auf das Source-Potential gelegt wurde.

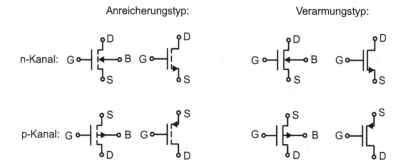

**Abb. 4.4** Schaltsymbole des Feldeffekttransistors. Dargestellt sind jeweils Anreicherungs- und Verarmungstyp eines n- und p-Kanal MOSFET

## 4.2 Ableitung der Transistorgleichungen

### 4.2.1 Stromgleichung

In diesem Abschnitt wollen wir einen Ausdruck für den Strom $I_{DS}$ durch den MOSFET herleiten, wobei wir uns auf den Fall des n-Kanal MOSFET beschränken. Die Beziehungen für den p-Kanal MOSFET ergeben sich dann einfach durch Umkehrung der Vorzeichen.

Der Strom durch den Kanal eines n-Kanal-Transistors bestimmt sich durch die Ladung, die sich pro Zeiteinheit durch den Kanal bewegt, also

$$I_{DS} = -\rho A v_n \, , \tag{4.1}$$

wenn $\rho$ die Ladungsdichte im Kanal, $v_n$ die mittlere Geschwindigkeit der Elektronen und

$$A = wh \qquad (4.2)$$

die Querschnittsfläche des Kanals ist (Abb. 4.5). Die Weite des Kanals bezeichnen wir im Folgenden mit $w$ und die Länge mit $l$.

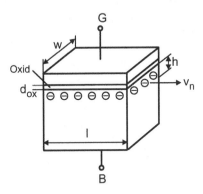

**Abb. 4.5**  MOS-Struktur mit der Definition der wichtigsten geometrischen Größen

Zweckmäßigerweise rechnet man statt mit der Ladungsdichte $\rho$ mit der Flächenladungsdichte $\sigma_n$, die man erhält, wenn man die Ladungsdichte im Kanal mit der Kanaldicke $h$ multipliziert, also

$$\sigma_n = \rho h \ . \qquad (4.3)$$

Mit (4.2) wird dann

$$\rho A = \rho wh \qquad (4.4)$$

$$= \sigma_n w \qquad (4.5)$$

und damit schließlich

$$I_{\mathrm{DS}} = -\sigma_n w v_n \ . \qquad (4.6)$$

Im Folgenden wollen wir nun die Flächenladungsdichte $\sigma_n$ und die Ladungsträgergeschwindigkeit $v_n$ bestimmen.

**Berechnung der Flächenladungsdichte**
Zur Bestimmung der Flächenladungsdichte im Kanal des Feldeffekttransistors gehen wir von der in Abb. 4.6, links, dargestellten Struktur aus, wobei wir zunächst den Fall betrachten, dass die Drain-Elektrode auf dem gleichen Potenzial wie die Source-Elektrode liegt. Durch Anlegen einer Spannung $U_{GS} > U_{Th}$ bildet sich unterhalb des Gateoxids ein leitender Kanal.

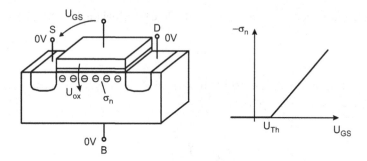

**Abb. 4.6** MOSFET mit angelegter Gate-Source-Spannung bei $U_{DS} = 0\,\text{V}$. Über dem Gateoxid fällt die Spannung $U_{ox}$ ab (*links*). Die Ladung $\sigma_n$ steigt für $U_{GS} > U_{Th}$ linear mit der Gate-Source-Spannung (*rechts*)

Die Kanalladungsdichte lässt sich nun dadurch bestimmen, dass wir die MOS-Struktur, bestehend aus Gate-Elektrode, Oxid und Substrat, als einen Kondensator auffassen, dessen flächenbezogene Kapazität $C'_{ox}$ sich zu

$$C'_{ox} = \varepsilon_{ox}\varepsilon_0 \frac{1}{d_{ox}} \tag{4.7}$$

bestimmt. Dabei ist $\varepsilon_{ox}$ die relative Dielektrizitätszahl des Gateoxids, $\varepsilon_0$ die Dielektrizitätszahl des Vakuums und $d_{ox}$ die Dicke des Oxids. Für den in Abb. 4.6 dargestellten Fall mit $U_{DS} = 0$ ist die über der Oxidkapazität anliegende Spannung $U_{ox}$ gleich der Gate-Source-Spannung, d. h.

$$U_{ox} = U_{GS} . \tag{4.8}$$

Unter Berücksichtigung, dass sich der leitende Kanal unter dem Gate erst dann bildet, wenn die über dem Oxid abfallende Spannung $U_{ox}$ größer als die Einsatzspannung $U_{Th}$ ist, lässt sich die Kanalladung pro Fläche $\sigma_n$ über die Beziehung

$$\sigma_n = -C'_{ox}\left(U_{ox} - U_{Th}\right) \tag{4.9}$$

bestimmen. Mit (4.8) ergibt sich schließlich für die Ladungsdichte im Kanal der Ausdruck

$$\sigma_n = -C'_{ox}\left(U_{GS} - U_{Th}\right) . \tag{4.10}$$

Die Abhängigkeit der Kanalladung von der Gate-Source-Spannung $U_{GS}$ ist in Abb. 4.6, rechts, grafisch dargestellt.

Wir wollen nun die Kanalladung $\sigma_n$ bestimmen, wenn zusätzlich eine Spannung $U_{DS}$ zwischen Source und Drain anliegt, wie in Abb. 4.7 dargestellt. In diesem Fall müssen wir berücksichtigen, dass sich das Potenzial $U_K$ entlang des Kanals ändert und damit auch die Oxidspannung $U_{ox}$. So ist am sourceseitigen Rand $y = 0$ wegen $U_{SB} = 0$ die Spannung

$U_K = 0$ und am drainseitigen Rand $y = l$ ist $U_K = U_{DS}$. Die Spannung $U_{ox}$ über dem Oxid bestimmt sich somit an einer beliebigen Stelle $y$ entlang des Kanals aus

$$U_{ox}(y) = U_{GS} - U_K(y) \, . \tag{4.11}$$

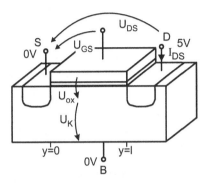

**Abb. 4.7** Bei angelegter Drain-Source-Spannung $U_{DS}$ ist die Spannung $U_{ox}$ über dem Oxid ortsabhängig

Für die ortsabhängige Kanalladung $\sigma_n$ erhalten wir damit

$$\sigma_n(y) = -C'_{ox}(U_{ox} - U_{Th}) \tag{4.12}$$
$$= -C'_{ox}(U_{GS} - U_K(y) - U_{Th}) \, , \tag{4.13}$$

mit den Randbedingungen

$$U_K(0) = 0 \tag{4.14}$$
$$U_K(l) = U_{DS} \, . \tag{4.15}$$

**Berechnung der Ladungsträgergeschwindigkeit**
Zur Berechnung der Geschwindigkeit, mit der sich die Ladungsträger von der Source- zur Drain-Elektrode bewegen, benötigen wir das elektrische Feld in $y$-Richtung. Dieses ist durch die Ableitung der Spannung $U_K$ entlang des Kanals in $y$-Richtung gegeben, so dass wir für die Geschwindigkeit der Ladungsträger die Beziehung

$$v_n(y) = \mu_n \frac{dU_K(y)}{dy} \tag{4.16}$$

erhalten.

**Berechnung des Stromes**

Der Strom $I_{DS}$ bestimmt sich aus (4.6) sowie (4.13) und (4.16) zu

$$I_{DS} = -w\sigma_n(y)v_n(y) \tag{4.17}$$

$$= C'_{ox}w\left[U_{GS} - U_{Th} - U_K(y)\right]\mu_n\frac{dU_K}{dy} . \tag{4.18}$$

Wir integrieren die zuletzt gefundene Beziehung nun entlang des Kanals, wobei die Integration über $y$ von $y = 0$ bis $y = l$ und die Integration über die Spannung entsprechend von $U_K = 0$ bis $U_K = U_{DS}$ ausgeführt werden muss. Damit wird

$$\int_0^l I_{DS}dy = C'_{ox}w\mu_n \int_0^{U_{DS}} [U_{GS} - U_{Th} - U_K(y)]\,dU_K , \tag{4.19}$$

so dass wir für den Strom schließlich die Beziehung

$$I_{DS} = C'_{ox}\mu_n\frac{w}{l}\left[(U_{GS} - U_{Th})\,U_{DS} - \frac{U_{DS}^2}{2}\right] \tag{4.20}$$

erhalten. Zur Vereinfachung der Schreibweise benutzt man häufig die Abkürzungen

$$k_n = C'_{ox}\mu_n \tag{4.21}$$

und

$$\beta_n = C'_{ox}\mu_n\frac{w}{l} = k_n\frac{w}{l} . \tag{4.22}$$

Dabei ist $k_n$ der Verstärkungsfaktor des Prozesses mit typischen Werten im Bereich von $50\,\mu AV^{-2}$ und $\beta_n$ der Verstärkungsfaktor des Transistors, der über das Verhältnis von der Kanalweite $w$ zur Kanallänge $l$ eingestellt werden kann.

## 4.2.2  Ausgangskennlinienfeld

Trägt man $I_{DS}(U_{DS}, U_{GS})$ nach (4.20) auf, so sieht man, dass der Strom zunächst mit $U_{DS}$ ansteigt, einen Maximalwert erreicht und dann wieder abfällt (Abb. 4.8).

Dieser unphysikalische Abfall des Stromes kommt daher, dass die Bestimmung der Ladungsdichte entlang des Kanals gemäß (4.13) durch Multiplikation der Oxidkapazität mit der effektiv über der Kapazität anliegenden Spannung erfolgte. Dabei haben wir jedoch den Einfluss des Feldes in $y$-Richtung auf die Kanalladung vernachlässigt. Dieses

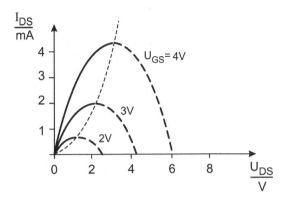

**Abb. 4.8** Die Stromgleichung (4.20) ergibt einen parabelförmigen Verlauf des Stroms

Feld führt aber zu einer ortsabhängigen Geschwindigkeit der Ladungsträger im Kanal und damit auch zu einer sich ändernden Ladungsträgerdichte. Die Ladungsträgergeschwindigkeit $v_n$ nimmt dabei vom sourceseitigen Ende des Kanals zum drainseitigen Ende hin wegen des größer werdenden Feldes in $y$-Richtung beständig zu. Da der Strom $I_{DS}$

$$I_{DS} = -w\sigma_n(y)v_n(y) \tag{4.23}$$

entlang des Kanals jedoch konstant ist, muss $\sigma_n(y)$ entlang des Kanals entsprechend abnehmen. Der Wert der Ladungsträgerdichte $\sigma_n$ am drainseitigen Rand des Kanals ist dabei nach (4.13) und (4.15) gegeben durch

$$\sigma_n(l) = -C'_{ox}\left(U_{GS} - U_{DS} - U_{Th}\right) . \tag{4.24}$$

Für große Spannungen $U_{DS}$ kann demnach die Ladungsträgerdichte am drainseitigen Rand das Kanals theoretisch sogar null werden. Man spricht in diesem Fall auch vom Pinch-Off oder Abschnüren des Kanals. Die abgeleiteten Beziehungen gelten daher nicht mehr für diesen Fall, sondern nur für kleine Spannungen $U_{DS}$. Die Spannung $U_{DS}$, bei der die Kanalabschnürung auftritt, bezeichnet man als Sättigungsspannung $U_{DS,Sat}$. Sie bestimmt sich aus (4.24) mit

$$0 = -C'_{ox}\left(U_{GS} - U_{DS,Sat} - U_{Th}\right) \tag{4.25}$$

zu

$$U_{DS_{sat}} = U_{GS} - U_{Th} . \tag{4.26}$$

Eine weitere Erhöhung der Spannung $U_{DS}$ führt dann zu keiner weiteren Zunahme des Stromes $I_{DS}$, so dass man schließlich das in Abb. 4.9 gezeigte Kennlinienfeld erhält.

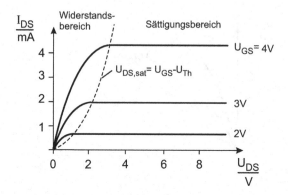

**Abb. 4.9** Ausgangskennlinienfeld des MOSFET. Für $U_{DS} < U_{DS,sat}$ wird der Verlauf durch (4.20) beschrieben. Für $U_{DS} \geq U_{DS,sat}$ bleibt der Strom konstant

  S.m.i.L.E 4.2_FET-Kennlinienfeld

### Stromgleichungen des n-Kanal MOSFET

Zusammenfassend gelten also folgende Beziehungen für den n-Kanal Transistor. Für $U_{GS} > U_{Th}$ und $U_{GS} - U_{Th} > U_{DS}$ gilt

$$I_{DS} = \beta_n \left[ (U_{GS} - U_{Th}) \, U_{DS} - \frac{U_{DS}^2}{2} \right]. \tag{4.27}$$

Diesen Bereich bezeichnet man als Widerstandsbereich oder linearen Bereich, da hier der Strom $I_{DS}$ linear mit der Gate-Spannung $U_{GS}$ ansteigt.

Für $U_{GS} > U_{Th}$ und $U_{GS} - U_{Th} \leq U_{DS}$ gilt

$$I_{DS} = \frac{\beta_n}{2} (U_{GS} - U_{Th})^2. \tag{4.28}$$

Da der Strom in diesem Bereich mit zunehmender Drain-Source-Spannung nicht weiter ansteigt, bezeichnet man diesen Bereich auch als den Sättigungsbereich. Der Strom steigt hier quadratisch mit der Gate-Spannung $U_{GS}$.

### Stromgleichungen des p-Kanal MOSFET

Für den p-Kanal MOSFET ergibt sich entsprechend im Widerstandsbereich, d. h. für $U_{GS} < U_{Th}$ und $U_{GS} - U_{Th} < U_{DS}$ die Beziehung

$$I_{DS} = -\beta_p \left[ (U_{GS} - U_{Th}) \, U_{DS} - \frac{U_{DS}^2}{2} \right]. \tag{4.29}$$

Im Sättigungsbereich, d. h. für $U_{GS} < U_{Th}$ und $U_{GS} - U_{Th} \geq U_{DS}$ gilt die Beziehung

$$\boxed{I_{DS} = -\frac{\beta_p}{2} (U_{GS} - U_{Th})^2} . \qquad (4.30)$$

Zu beachten ist, dass ein n-Kanal MOSFET, bei gleichem $w/l$-Verhältnis, etwa den zwei- bis dreifachen Strom im Vergleich zu einem p-Kanal MOSFET liefert, da der Strom proportional der Ladungsträgerbeweglichkeit ist und die Beweglichkeit der Elektronen etwa um den Faktor zwei bis drei größer ist als die der Löcher.

**Temperaturverhalten des MOSFET**

Wegen der Temperaturabhängigkeit der Beweglichkeit und der Einsatzspannung ist auch der Strom $I_{DS}$ temperaturabhängig. Dabei verringert sich sowohl die Einsatzspannung $U_{Th}$ als auch der Verstärkungsfaktor $\beta_n$ mit zunehmender Temperatur $T$. Ersteres führt dabei zu einer Erhöhung des Stromes $I_{DS}$ und letzteres zu einer Verringerung. Welcher Effekt dominiert, hängt dabei von der angelegten Gate-Spannung $U_{GS}$ ab. Ist diese gering, also in der Größenordnung der Einsatzspannung, ändert sich der Term $U_{GS} - U_{Th}$ in der Stromgleichung relativ stark und der Strom steigt mit zunehmender Temperatur. Bei großen Gate-Spannungen wirkt sich die Änderung der Einsatzspannung auf den Term $U_{GS} - U_{Th}$ jedoch praktisch nicht aus und die Temperaturabhängigkeit der Beweglichkeit bestimmt das Verhalten, d. h. der Strom sinkt mit zunehmender Temperatur. Dies ist insbesondere bei Digitalschaltungen der Fall, da hier die Gate-Elektroden in der Regel mit der Versorgungsspannung angesteuert werden.

## 4.2.3 Übertragungskennlinie

Wir hatten gesehen, dass der Strom $I_{DS}$ im Widerstandsbereich linear mit der Gate-Source-Spannung ansteigt und im Sättigungsbereich quadratisch. Im Sättigungsbereich ergibt sich demnach für $U_{DS} = $ const. die in Abb. 4.10, links, gezeigte Übertragungskennlinie $I_{DS}(U_{GS})$, dargestellt für einen n-Kanal Anreicherungstyp, bei dem $U_{Th} > 0\,$V ist.

Trägt man statt dessen $\sqrt{I_{DS}}$ über der Spannung $U_{GS}$ auf, erhält man nach (4.28) eine Gerade mit der Steigung $\sqrt{\beta_n/2}$, welche die Spannungsachse bei $U_{GS} = U_{Th}$ schneidet, was zur Bestimmung der Einsatzspannung und des Verstärkungsfaktors verwendet werden kann (Abb. 4.10 rechts).

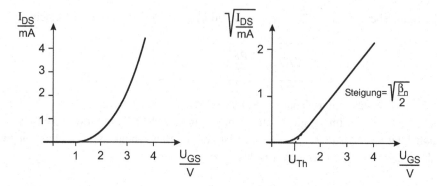

**Abb. 4.10** Übertragungskennlinie des MOSFET in linearer Darstellung (*links*). Trägt man die Wurzel des Stromes auf, ergibt sich eine Gerade, aus der die Einsatzspannung und der Verstärkungsfaktor bestimmt werden kann (*rechts*).

 PSpice: 4.2_Uebertragungskennlinie

## 4.2.4 Kanallängenmodulation

Erhöht man die Spannung $U_{DS}$ über den Wert $U_{DSsat}$ hinaus, tritt der Effekt der Kanalabschnürung (Pinch-off) bereits an einer Stelle $l'$ vor dem Drain-Gebiet auf (Abb. 4.11).

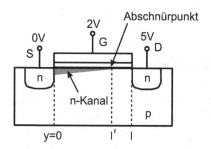

**Abb. 4.11** Für $U_{DS} \geq U_{DS,sat}$ verschiebt sich der Abschnürpunkt zum sourceseitigen Ende des Kanals, was einer Verkürzung der effektiven Kanallänge entspricht

Hierdurch verringert sich die effektive Kanallänge $l$ und der Strom $I_{DS}$ steigt an. Dieser Effekt kann durch einen zusätzlichen Term mit dem Parameter $\lambda$ in der Stromgleichung berücksichtigt werden, der die Spannungsabhängigkeit des Drain-Source-Stroms beschreibt. Im Fall des n-Kanal MOSFET erhalten wir im Widerstandsbereich, d. h. für $U_{GS} - U_{Th} > U_{DS}$

$$I_{DS} = \beta_n \left[ (U_{GS} - U_{Th}) \, U_{DS} - \frac{U_{DS}^2}{2} \right] (1 + \lambda U_{DS}) \qquad (4.31)$$

und im Sättigungsbereich, d. h. für $U_{GS} - U_{Th} \leq U_{DS}$

$$I_{DS} = \frac{\beta_n}{2} (U_{GS} - U_{Th})^2 (1 + \lambda \, U_{DS}) \; . \tag{4.32}$$

Das sich ergebende Kennlinienfeld ist in Abb. 4.12 dargestellt. Man erkennt, dass sich die verlängerten Stromkurven im Sättigungsbereich bei dem Wert $U_{DS} = -1/\lambda$ schneiden. Typische Werte von $\lambda$ liegen bei $\lambda \approx 0,05 \, \text{V}^{-1}$.

> **Merksatz 4.2**
> Durch Erhöhung der Drain-Source-Spannung tritt die Kanalabschnürung bereits vor der Drain-Elektrode auf, was zu einer Verkürzung der effektiven Kanallänge und damit zu einer Erhöhung des Stromes führt.

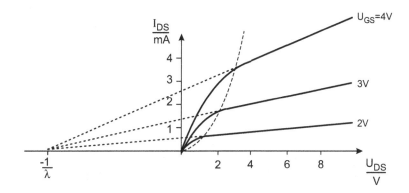

**Abb. 4.12** Die Kanallängenmodulation bewirkt einen Anstieg des Stromes mit zunehmender Drain-Source-Spannung

 4.2_MOS-Kennlinie

## 4.3 Modellierung des MOSFET

### 4.3.1 Großsignalersatzschaltbild des MOSFET

Das statische Verhalten des MOSFET wird durch die oben abgeleiteten Beziehungen (4.28) und (4.27) beschrieben, die sich durch eine spannungsgesteuerte Stromquelle darstellen lassen. Um auch das dynamische Verhalten zu berücksichtigen, müssen zusätzlich die internen Bauteilkapazitäten berücksichtigt werden. Abb. 4.13 zeigt die wichtigsten Kapazitäten des MOSFET.

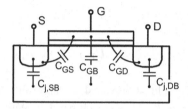

**Abb. 4.13**  Schnittbild des MOSFET mit den wichtigsten Kapazitäten

**Gate-Kapazitäten**

$C_{GB}$, $C_{GS}$ und $C_{GD}$ sind die Kapazitäten der Gate-Elektrode gegenüber Bulk, Source und Drain. Dabei hängt die Wirkung der einzelnen Kapazitäten davon ab, in welchem Arbeitsbereich der Transistor ist. So bewirkt eine Änderung der Gatespannung im Sperrbereich lediglich eine Änderung der Bulk-Ladung. Die Ladung auf der Source- und Drain-Elektrode ändert sich hingegen nicht, da kein leitender Kanal existiert, über den Ladung fließen könnte. Im Sperrbereich wirkt demnach nur die Gate-Bulk-Kapazität (Abb. 4.14, links), die maximal den Wert der Oxidkapazität annehmen kann. Die anderen Gate-Kapazitäten sind entsprechend null, d. h.

$$\boxed{C_{GB} = C_{ox} \quad \text{und} \quad C_{GS} = C_{GD} = 0} \, . \tag{4.33}$$

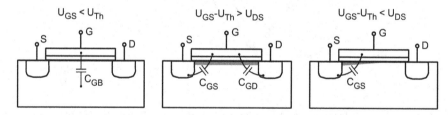

**Abb. 4.14**  Abhängig von dem Betriebsbereich dominieren unterschiedliche Gate-Kapazitäten das Ladungsspeicherverhalten. Dargestellt sind der Sperrbereich (*links*), der Widerstandsbereich (*mitte*) und der Sättigungsbereich (*rechts*)

Im Widerstandsbereich fließt bei Änderung der Gate-Source-Spannung Ladung über die Source- und die Drain-Elektrode in den Kanal. Die Kapazität teilt sich daher zu etwa gleichen Teilen auf die Gate-Source- und die Gate-Drain-Kapazität auf, während die Gate-Bulk-Kapazität in diesem Fall nicht wirksam ist, da sich die Bulk-Ladung nicht mehr ändert (Abb. 4.14, mitte). Es gilt demnach näherungsweise

$$\boxed{C_{GS} = C_{GD} = \frac{1}{2} C_{ox} \quad \text{und} \quad C_{GB} = 0} \, . \tag{4.34}$$

Im Sättigungsbereich dominiert der Ladungsaustausch über die Source-Elektrode (Abb. 4.14, rechts) und man erhält näherungsweise

$$C_{\mathrm{GS}} = \frac{2}{3} C_{\mathrm{ox}} \quad \text{und} \quad C_{\mathrm{GD}} = C_{\mathrm{GB}} = 0 \;. \tag{4.35}$$

**Sperrschichtkapazitäten $C_{j,\mathrm{SB}}$, $C_{j,\mathrm{DB}}$**
Für die Sperrschichtkapazitäten ergibt sich

$$C_{j,\mathrm{SB}} = C_{j0,\mathrm{SB}} \left( 1 + \frac{U_{\mathrm{SB}}}{\varPhi_{i,\mathrm{SB}}} \right)^{-M_{\mathrm{SB}}} \tag{4.36}$$

für den Source-Bulk-Übergang und

$$C_{j,\mathrm{DB}} = C_{j0,\mathrm{DB}} \left( 1 + \frac{U_{\mathrm{DB}}}{\varPhi_{i,\mathrm{DB}}} \right)^{-M_{\mathrm{DB}}} \tag{4.37}$$

für den Drain-Bulk-Übergang, wobei $\varPhi_i$ das Diffusionspotential und $M$ der Kapazitätskoeffizient des entsprechenden Übergangs ist.

Damit ergibt sich schließlich das in Abb. 4.15 gezeigte Großsignalersatzschaltbild.

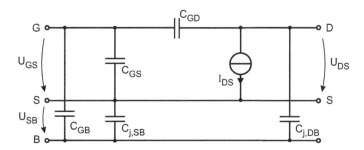

**Abb. 4.15** Großsignalersatzschaltbild des MOSFET mit gesteuerter Stromquelle und den wichtigsten Kapazitäten

## 4.3.2 Schaltverhalten des MOSFET

Da der Aufbau des leitenden Kanals im Feldeffekttransistor nach Anlegen der Gatespannung in sehr kurzer Zeit erfolgt, wird das Schaltverhalten des MOSFET im Wesentlichen durch die zu schaltende Last bestimmt. In vielen Anwendungen, wie z. B. digitalen Schaltungen, sind an die Ausgänge der Transistoren weitere Transistoren angeschlossen, so dass die Last aus den Gatekapazitäten der nachfolgenden Transistoren besteht. Wir wollen daher im Folgenden den Fall untersuchen, in dem ein MOSFET eine kapazitive Last umladen soll, wobei wir den Aufladevorgang und den Entladevorgang getrennt betrachten.

**Entladevorgang**

Zur Untersuchung des Entladevorgangs einer Kapazität betrachten wir die in Abb. 4.16 gezeigte Schaltung mit einem n-Kanal MOSFET. Die Kapazität sei zunächst auf die Versorgungsspannung $U_B$ aufgeladen. Durch Anlegen der Spannung $U_B$ zur Zeit $t = 0$ an das Gate wird dann der Transistor eingeschaltet und die Kapazität entladen. Der sich dabei ergebende zeitliche Verlauf der Spannungen ist in Abb. 4.17 gezeigt.

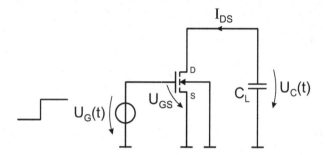

**Abb. 4.16** Schaltung zur Untersuchung des Entladevorgangs

 PSpice: 4.3_MOS-TurnOff

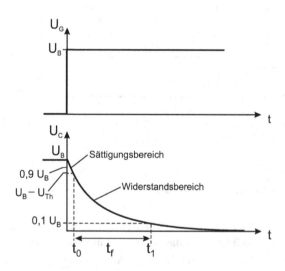

**Abb. 4.17** Zeitverlauf der Spannung $U_G$ sowie der Spannung $U_C$ über der Kapazität während des Entladevorganges

Während des Abschaltvorganges wird der Entladestrom von dem MOSFET geliefert (Abb. 4.16), so dass

$$I_{DS} = -C_L \frac{dU_C}{dt} \qquad (4.38)$$

gilt. Dabei arbeitet der MOSFET zunächst im Sättigungsbereich, da mit $U_{GS} = U_B$ und $U_{DS} = U_C$ die Ungleichung

$$U_{GS} - U_{Th} \leq U_{DS} \qquad (4.39)$$

erfüllt ist. Sobald die Spannung $U_C$ unter $U_B - U_{Th}$ abgefallen ist, arbeitet der MOSFET im Widerstandsbereich.

Üblicherweise definiert man die Abschaltzeit $t_f$ als die Zeit, in der die Spannung von 90 % des Anfangswertes ($t = t_0$) auf 10 % ($t = t_1$) abgefallen ist. Wie jedoch aus Abb. 4.17 zu erkennen ist, liegen die Spannungen $U_B - U_{Th}$ und $0{,}9\,U_B$ sehr dicht zusammen, so dass der Fehler klein ist, wenn wir zur Vereinfachung der Rechnung die Zeit $t_0$ als die Zeit definieren, bei der die Ausgangsspannung $U_B - U_{Th}$ beträgt. In dem Zeitraum $t_0 \leq t \leq t_1$ ist der MOSFET dann wegen $U_{GS} = U_B$ und $U_{DS} = U_C$ im Widerstandsbereich und der Strom ist gemäß (4.27) gegeben durch

$$I_{DS} = \beta_n \left[ (U_B - U_{Th})\, U_C - \frac{U_C^2}{2} \right]. \qquad (4.40)$$

Gleichsetzen dieser Beziehung mit (4.38) und Trennung der Veränderlichen führt auf

$$-\frac{C_L}{\beta_n \left[ (U_B - U_{Th})\, U_C - \frac{U_C^2}{2} \right]} dU_C = dt \qquad (4.41)$$

Nach Ausführen der Integration in den Grenzen $t = t_0$ bis $t = t_1$ und $U_C = U_B - U_{Th}$ bis $U_C = 0{,}1\,U_B$ erhält man schließlich

$$t_f = t_1 - t_0 = \frac{C_L}{\beta_n (U_B - U_{Th})} \ln \left( 19 - 20 \frac{U_{Th}}{U_B} \right). \qquad (4.42)$$

Da in den meisten Fällen eine Formel zur Abschätzung der Schaltzeit ausreichend ist, vereinfachen wir die hergeleitete Gleichung für die Fälle, in denen $U_B \approx 3 \ldots 5\,\mathrm{V}$ und $U_{Th} = 0{,}5 \ldots 1\,\mathrm{V}$ ist. Es ergibt sich dann die einfache Beziehung

$$\boxed{t_f \approx 3 \frac{C_L}{\beta_n U_B}}. \qquad (4.43)$$

Die Schaltzeit steigt also mit der Lastkapazität $C_L$ und nimmt mit steigender Betriebsspannung $U_B$ ab. Letzteres erklärt sich damit, dass zwar die Spannung, auf die die Kapazität aufgeladen werden muss, mit $U_B$ steigt, gleichzeitig aber der Entladestrom wegen der quadratischen Abhängigkeit von $U_{GS}$ zunimmt.

**Aufladevorgang**

Eine Schaltung zur Untersuchung des Aufladevorganges ist in Abb. 4.18 gezeigt. Die zur Zeit $t = 0$ ungeladene Kapazität soll mit einem n-Kanal MOSFET auf die Spannung $U_B$ aufgeladen werden. Dazu schalten wir den MOSFET ein, indem wir zur Zeit $t = 0$ die Spannung $U_B$ an das Gate anlegen.

Der Anstieg der Spannung $U_C$ über dem Kondensator führt jedoch dazu, dass die Gate-Source-Spannung abnimmt. Wird diese dann kleiner als die Einsatzspannung $U_{Th}$ des Transistors, sperrt dieser und der Ladestrom wird gleich null, so dass sich auch die Spannung $U_C$ nicht mehr ändert (Abb. 4.19).

Betrachtet man also den Transistor als Schalter, so ist der n-Kanal MOSFET zwar geeignet, eine Spannung von 0 V auf den Ausgang durchzuschalten, nicht aber die Versorgungsspannung, wie in Abb. 4.20 nochmals dargestellt ist.

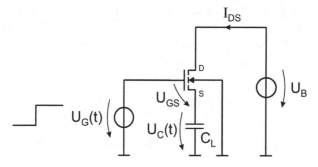

**Abb. 4.18**  Schaltung zur Untersuchung des Aufladevorgangs

 PSpice: 4.3_MOS-TurnOn

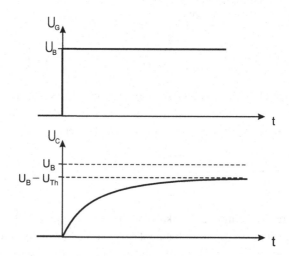

**Abb. 4.19**  Zeitverlauf der Spannung $U_G$ sowie der Spannung $U_C$ über der Kapazität während des Aufladevorganges. Die Spannung $U_C$ erreicht nicht den Wert $U_B$, da der Transistor vorher abschaltet

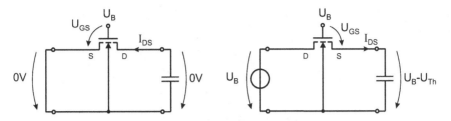

**Abb. 4.20** Der n-Kanal MOSFET als Schalter. Die Spannung am Ausgang erreicht $0\,\text{V}$ (*links*), nicht jedoch den Wert $U_B$ (*rechts*)

Das entsprechende Problem tritt auf, wenn eine Kapazität mit einem p-Kanal MOSFET entladen werden soll. Auch hier schaltet der Transistor bei Erreichen der Einsatzspannung ab, so dass sich der p-Kanal MOSFET nicht dazu eignet, eine Spannung von $0\,\text{V}$ auf den Ausgang durchzuschalten. Auch dies ist nochmals in Abb. 4.21 dargestellt.

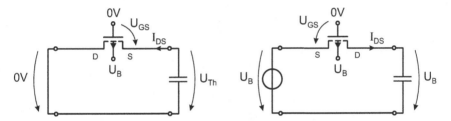

**Abb. 4.21** Der p-Kanal MOSFET als Schalter. Die Spannung am Ausgang kann nicht kleiner werden als $U_{Th}$ (*links*), erreicht aber den Wert $U_B$ (*rechts*)

### 4.3.3 Kleinsignalersatzschaltbild des MOSFET

Das Kleinsignalersatzschaltbild erhält man wie auch beim Bipolartransistor durch Linearisieren der Großsignalbeschreibung (vgl. Abschn. 3.3.3). Dabei gehen wir von der Stromgleichung im Sättigungsbereich des MOSFET (4.32) aus, da nur hier ein Verstärkerbetrieb möglich ist.

**Steilheit**
Die Steilheit gibt die Abhängigkeit des Drain-Source-Stromes von der Gate-Source-Spannung bei konstanter Drain-Source-Spannung an. Dabei hängt die Steilheit, wie auch die anderen Kleinsignalparameter, von dem Arbeitpunkt des Transistors ab, den wir mit dem Index $A$ kennzeichnen. Für die Steilheit ergibt sich damit

$$g_m = \left.\frac{\partial I_{DS}}{\partial U_{GS}}\right|_A \tag{4.44}$$

$$= \beta_n \left(U_{GS,A} - U_{Th}\right)\left(1 + \lambda U_{DS,A}\right) \tag{4.45}$$

Dies lässt sich umschreiben zu

$$g_m = \frac{2 I_{\text{DS},A}}{U_{\text{GS},A} - U_{Th}} \tag{4.46}$$

oder

$$\boxed{g_m = \sqrt{2 I_{\text{DS},A} \beta_n \left(1 + \lambda U_{\text{DS},A}\right)}} \; . \tag{4.47}$$

Die Steilheit steigt also mit der Wurzel des Drain-Source-Stromes im Arbeitspunkt und damit langsamer als bei dem Bipolartransistor.

**Ausgangsleitwert**

Der Ausgangsleitwert ist gleich der Änderung des Stromes am Ausgang bezogen auf die Änderung der Ausgangsspannung. Wir erhalten also

$$g_0 = \left. \frac{\partial I_{\text{DS}}}{\partial U_{\text{DS}}} \right|_A \tag{4.48}$$

$$= \frac{\beta_n}{2} \left(U_{\text{GS},A} - U_{Th}\right)^2 \lambda \tag{4.49}$$

oder

$$\boxed{g_0 = \frac{I_{\text{DS},A}}{U_{\text{DS},A} + 1/\lambda} = \frac{1}{r_0}} \; , \tag{4.50}$$

wobei statt des Leitwertes oft der Ausgangswiderstand $r_0$ verwendet wird. Aus (4.50) erkennt man, dass der Ausgangsleitwert des Feldeffekttransistors linear mit dem Drain-Source-Strom im Arbeitspunkt steigt.

**Eingangsleitwert**

Der Eingangsleitwert ergibt sich aus der Ableitung des Gatestromes nach der Gate-Source-Spannung, also

$$g_\pi = \left. \frac{\partial I_G}{\partial U_{\text{GS}}} \right|_A \; . \tag{4.51}$$

Da der Gatestrom beim MOSFET jedoch null ist, erhalten wir

$$\boxed{g_\pi = \frac{1}{r_\pi} = 0} \; . \tag{4.52}$$

Wir erhalten damit das in Abb. 4.22 gezeigte vollständige Kleinsignalersatzschaltbild des MOSFET.

Für $U_{\text{SB}} = 0$ braucht die Source-Bulk-Kapazität nicht berücksichtigt zu werden. Vernachlässigt man zusätzlich die Drain-Bulk-Kapazität, erhält man das in Abb. 4.23 gezeigte vereinfachte Ersatzschaltbild, welches zur überschlägigen Berechnung des Kleinsignalverhaltens von Verstärkerschaltungen ausreicht. Die Werte der Gate-Source- und der Gate-Drain-Kapazität hängen dabei nach (4.34) und (4.35) von dem Arbeitsbereich ab, in dem der Transistor betrieben wird.

**Merksatz 4.3**

Die Steilheit $g_m$ des MOSFET steigt mit der Wurzel des Drain-Source-Stromes und der Ausgangswiderstand $r_0$ nimmt linear ab, so dass das Produkt $g_m r_0$ ebenfalls abnimmt.

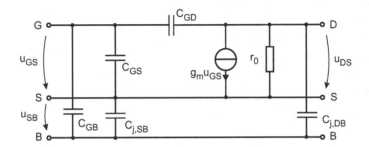

**Abb. 4.22** Kleinsignalersatzschaltung des MOSFET mit den wichtigsten Kapazitäten

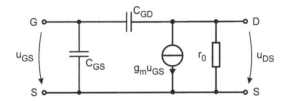

**Abb. 4.23** In vielen Fällen genügt eine vereinfachte Ersatzschaltung, in der lediglich die Gate-Source- und die Gate-Drain-Kapazität berücksichtigt sind

### 4.3.4 Durchbruchverhalten

**Lawinendurchbruch**

Bei hinreichend hohen Spannungen bricht der pn-Übergang zwischen Drain und Substrat aufgrund des Lawineneffekts durch.

**Punchthrough**

Bei kurzen Kanallängen kann sich bei großen Spannungen $U_{DS}$ die Drain-Bulk-Raumladungszone bis zur Source hin ausdehnen, so dass der Transistor zu leiten beginnt, ohne dass eine entsprechende Gate-Spannung angelegt werden muss. Diesen Effekt bezeichnet man als Punchthrough.

**Dielektrischer Durchbruch**

Wird durch das Anlegen einer hohen Gatespannung die Durchbruchfeldstärke des Gate-Dielektrikums ($10^7 \, \mathrm{V\,cm^{-1}}$) überschritten, so kann dieses dauerhaft zerstört werden. MOS-Schaltungen sind daher sehr empfindlich gegenüber elektrostatischen Entladungen.

## 4.4 Bänderdiagrammdarstellung des MOSFET

Die Funktion des Feldeffekttransistors lässt sich anschaulich auch im Bänderdiagramm erklären. Dazu betrachten wir zunächst nur die einfache MOS-Struktur ohne Source- und Drain-Elektrode nach Abb. 4.5 für verschiede Gatespannungen.

### 4.4.1 Bänderdiagramm der MOS-Struktur

Das Bänderdiagramm der einfachen MOS-Struktur erhalten wir, indem wir die Bänderdiagramme von Silizium, dem Isolator und der Metallelektrode aneinanderfügen, wobei die Ferminiveaus der drei Materialien auf einem Niveau liegen, wenn die von außen angelegte Spannung $U_{GB}$ gleich null ist (vgl. Abschn. 2.4.1). Damit ergibt sich zunächst das in Abb. 4.24 gezeigte idealisierte Bänderdiagramm, in dem $W_{F,M}$ das Ferminiveau des Metalls und $W_{F,HL}$ das Ferminiveau des Halbleiters bezeichnet. Durch Ändern der Spannung $U_{GB}$ zwischen Gate und Substrat verschieben sich die entsprechenden Ferminiveaus zueinander und es kommt, wie bei der Diode, zu einer Bandverbiegung in dem Halbleiter. Im Folgenden untersuchen wir die MOS-Struktur für verschiedene Spannungen $U_{GB}$.

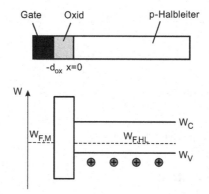

**Abb. 4.24** Bänderdiagramm der MOS-Struktur. Wird von außen keine Spannung angelegt, verlaufen die Bänder horizontal

 S.m.i.L.E 4.4_MOS-Struktur

**Akkumulation**
Bei Anlegen einer Spannung $U_{GB} < 0$ an die MOS-Struktur verschiebt sich das Ferminiveau $W_{F,M}$ nach oben (Abb. 4.25). Aufgrund der dadurch hervorgerufenen Bandverbiegung rückt im Bereich der Grenzschicht zwischen Oxid und Halbleiter die Valenzbandkante $W_V$ näher an das Ferminiveau des Halbleiters. Dies entspricht jedoch einer

Zunahme der Löcherdichte in diesem Bereich. Es sammelt sich also positive Ladung an der Grenzschicht zwischen Oxid und Halbleiter, welche die Gegenladung zu der auf der Gate-Elektrode befindlichen negativen Ladung darstellt.

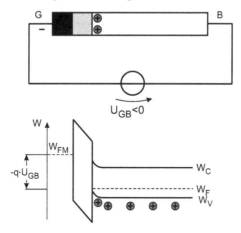

**Abb. 4.25** Durch Anlegen einer negativen Spannung $U_{GB}$ sammeln sich Löcher an dem Gateoxid an. Die MOS-Struktur gelangt in Akkumulation

 S.m.i.L.E 4.4_Bänderdiagramm, MOS-Struktur

**Verarmung**

Wird eine Spannung $U_{GB} > 0$ an die Struktur gelegt, verschiebt sich das Ferminiveau des Metalls $W_{F,M}$ nach unten (Abb. 4.26), so dass sich die Bänder im Halbleiter ebenfalls nach unten verbiegen. Dadurch wandert die Valenzbandkante $W_V$ von dem Ferminiveau des Halbleiters weg, was einer Abnahme der Löcherdichte entspricht. In diesem Bereich ist der Halbleiter somit nicht mehr neutral, sondern es entsteht eine Raumladungszone, die wegen der negativ ionisierten Dotieratome im p-Halbleiter negativ geladen ist. Diese Raumladung stellt die Gegenladung zu der auf der Gate-Elektrode befindlichen positiven Ladung dar.

**Inversion**

Mit zunehmender Gatespannung $U_{GB}$ wird die Bandverbiegung immer stärker, bis schließlich die Leitungsbandkante $W_C$ des Halbleiters im Bereich der Grenzschicht zwischen Oxid und Halbleiter in die Nähe des Ferminiveaus rückt (Abb. 4.27). Damit nimmt die Dichte der Elektronen in diesem Bereich des p-Halbleiters jedoch sehr stark zu, so dass dieser sich praktisch wie ein n-Halbleiter verhält. Man spricht daher auch von Inversion des Halbleiters. Die Elektronen an der Grenzschicht zwischen Oxid und Halbleiter bilden später in unserem MOSFET dann den leitenden Kanal.

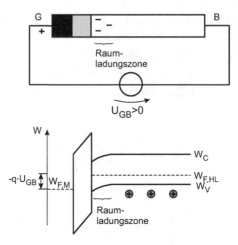

**Abb. 4.26** Durch Anlegen einer positiven Spannung $U_{GB}$ werden die Löcher von der Oxidschicht weggedrängt. Es entsteht eine Raumladungszone und die MOS-Struktur gelangt in den Zustand der Verarmung

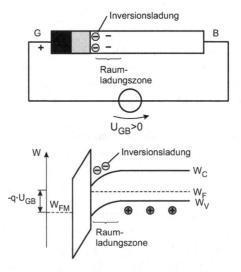

**Abb. 4.27** MOS-Struktur im Zustand der Inversion. Ist die angelegte positive Spannung groß genug, wird die Bandverbiegung so stark, dass sich der Halbleiter in der Nähe des Oxids wie ein n-Halbleiter verhält

**Merksatz 4.4**

Das Anlegen einer Spannung zwischen Gate und Substrat führt zu einer Verbiegung der Bänder im Halbleiter. Ist die Spannung groß genug, kommt es zur Inversion, bei der sich ein leitender Kanal aus Minoritätsträgern an der Grenzschicht zwischen Oxid und Halbleiter bildet. Die Spannung, bei der die Kanalbildung einsetzt, heißt Einsatzspannung.

### 4.4.2   Bänderdiagramm des MOSFET

Wir ergänzen nun die MOS-Struktur durch eine n-dotierte Source- und Drain-Elektrode. Liegt keine Spannung an der Struktur, liegen die Ferminiveaus zunächst in einer Ebene und wir erhalten den in Abb. 4.28 gezeigten Verlauf von Leitungs- und Valenzband über der zweidimensionalen Transistorstruktur.

Legen wir nun eine positive Spannung $U_{DS}$ an die Drain-Elektrode und gleichzeitig eine positive Spannung an das Gate, erhalten wir das in Abb. 4.29 gezeigte Bänderdia-

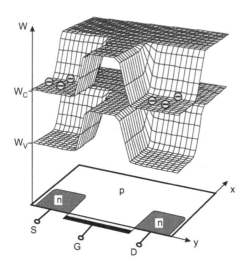

**Abb. 4.28**  Darstellung des zweidimensionalen Bänderdiagramms des MOSFET. Source und Drain sind durch eine Potenzialbarriere voneinander getrennt, die von den Elektronen nicht überwunden werden kann

   S.m.i.L.E 4.4_3D-Bänderdiagramm, FET

gramm. Wir können uns nun die Elektronen als oberhalb des Leitungsbandes in den Potentialtöpfen gefangene Teilchen vorstellen, die sich nach unten bewegen wollen. Wegen der abgesenkten Barriere entlang der Grenzschicht zwischen Oxid und Halbleiter bei $x = 0$ können die Elektronen jetzt von der Source-Elektrode zur Drain-Elektrode gelangen.

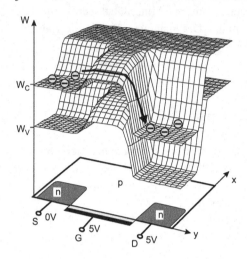

**Abb. 4.29** Durch Anlegen einer positiven Spannung an das Gate kommt es zur Bandverbiegung (vgl. Abb. 4.27). Die Elektronen können nun von der Source zur Drain-Elektrode gelangen

### 4.4.3 Wirkungsweise des Transistors im Bänderdiagramm

Zum Verständnis der Funktion des Transistors genügt es, das eindimensionale Bänderdiagramm in der Ebene direkt unterhalb des Oxids, d. h. entlang $x = 0$, zu betrachten. Für den Fall, dass an dem Transistor eine Spannung $U_{DS} > 0$ anliegt, erhält man dann das in Abb. 4.30, links, dargestellte Diagramm.

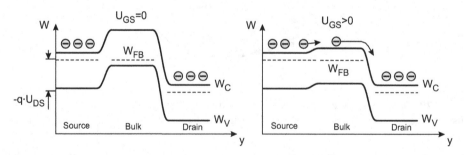

**Abb. 4.30** Vereinfachte eindimensionale Darstellung des Bänderdiagramms des MOSFET mit $U_{GS} = 0$ V (*links*) und mit $U_{GS} > 0$ V (*rechts*)

 S.m.i.L.E 4.4_Bänderdiagramm, FET

Für den Fall $U_{GS} = 0$ ist die Potenzialbarriere so groß, dass die Elektronen aus der Source nicht in die Drain-Elektrode gelangen können. Erst durch das Anlegen einer hinreichend großen Spannung $U_{GS}$ an das Gate verringert sich die Barriere aufgrund der Bandverbiegung und die Elektronen können in die energiemäßig niedriger gelegene Drain-Elektrode gelangen (Abb. 4.30, rechts).

**Merksatz 4.5**
Durch die Bandverbiegung bei Anlegen einer Spannung zwischen Gate und Substrat kommt es zu einer Absenkung der Potenzialbarriere zwischen Source und Drain, so dass sich die Ladungsträger entlang des leitenden Kanals von der Source zur Drainelektrode bewegen können.

### 4.4.4  Substratsteuereffekt

Wird das Bulk-Potenzial gegenüber dem Source-Potenzial abgesenkt, d. h. $U_{SB} > 0\,V$, so erhöht sich das Ferminiveau im Bereich des Bulk relativ zur Source nach oben. Dies führt jedoch zu einer Erhöhung der zu überwindenden Energiebarriere. Es muss also eine größere Gate-Source-Spannung angelegt werden, damit der Transistor leitet, als im Fall $U_{SB} = 0\,V$. Dies ist gleichbedeutend mit einer Erhöhung der Einsatzspannung (Abb. 4.31).

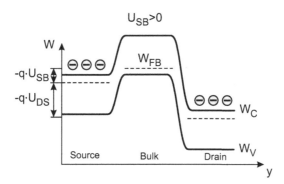

**Abb. 4.31** Durch Anlegen einer Substratvorspannung erhöht sich die Potenzialbarriere zwischen Source und Drain, was einer Vergrößerung der Einsatzspannung entspricht

 S.m.i.L.E 4.4_Substratsteuereffekt

Die Einsatzspannung $U_{Th}$ des MOSFET steigt also mit zunehmender Source-Bulk-Spannung an.

### 4.4.5 Kurzkanaleffekt

Bisher wurden Transistoren mit relativ großer Kanallänge betrachtet. Wird die Kanallänge sehr klein ($l < 1\,\mu$m), ist eine Abnahme der Einsatzspannung zu beobachten, die ebenfalls mit dem Bänderdiagramm erklärt werden kann. Abb. 4.32 zeigt dazu die Bänderdiagramme zweier MOS-Transistoren mit großer Kanallänge ($l_1 > 1\,\mu$m) und kleiner Kanallänge ($l_2 < 1\,\mu$m). Da bei sehr kurzer Kanallänge ($l_2 < 1\,\mu$m) Source- und Drain-Gebiet dicht zusammenliegen, reduziert sich die effektive Barrierenhöhe, die von den Elektronen überwunden werden muss. Dies führt zu einer Abnahme der Einsatzspannung.

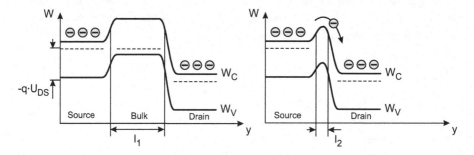

**Abb. 4.32** Bei sehr kurzen Kanallängen kommt es zu einer Verringerung der Barrierenhöhe zwischen Source und Drain, was einer Verkleinerung der Einsatzspannung entspricht

 S.m.i.L.E 4.4_Kurzkanaleffekt

### Literatur

1. Hoffmann, K (2003) Systemintegration. Oldenbourg Wissenschaftsverlag, München, Wien
2. Reisch, M (2007) Halbleiter-Bauelemente. Springer, Berlin
3. Sze, SM (1981) Physics of Semiconductor Devices. Wiley, New York
4. Tsividis, Y (1999) Operation and Modeling of the MOS Transistor. McGraw-Hill, Boston

# Optoelektronische Bauelemente

# 5

Dieses Kapitel behandelt die Wechselwirkung von Halbleitern mit Licht und beschreibt die Funktionsweise wichtiger optoelektronischer Bauelemente. Dabei unterscheidet man zwischen Fotodetektoren, die ein von der Bestrahlungsstärke abhängiges Ausgangssignal liefern und Licht emittierenden Bauelementen, die Licht aussenden, wenn sie von Strom durchflossen werden. Nach einer Einführung in die wichtigsten Begriffe der Optoelektronik werden die Bauelemente Fotowiderstand, Fotodiode und Fototransistor vorgestellt, die als Fotodetektoren eingesetzt werden. Als Beispiel für ein Licht emittierendes Bauelement betrachten wir die Lumineszenzdiode.

## 5.1 Grundlegende Begriffe

### 5.1.1 Kenngrößen optischer Strahlung

Als Licht bezeichnet man die sichtbare elektromagnetische Strahlung. Die Wellenlänge $\lambda$ dieser Strahlung liegt zwischen etwa 380 nm und 780 nm. Zu kürzeren Wellenlängen hin schließt sich die ultraviolette (UV) Strahlung an, zu längeren Wellenlängen hin die infrarote (IR) Strahlung. Der Wellenlängenbereich der sichtbaren Strahlung einschließlich der IR- und UV-Strahlung wird auch als optischer Bereich bezeichnet. In Abb. 5.1 ist der sichtbare Teil des Spektrums über der Wellenlänge $\lambda$ dargestellt. Zusätzlich ist die Photonenenergie $W_{ph}$ angegeben, die sich aus dem Zusammenhang

$$W_{ph} = hf = \frac{hc}{\lambda} \approx 1{,}24 \, \frac{eV}{\lambda \, [\mu m]} \tag{5.1}$$

ergibt. Dabei ist $h$ das Planck'sche Wirkungsquantum und $c$ die Lichtgeschwindigkeit im Vakuum.

© Springer-Verlag GmbH Deutschland, ein Teil von Springer Nature 2019
H. Göbel, *Einführung in die Halbleiter-Schaltungstechnik*,
https://doi.org/10.1007/978-3-662-56563-6_5

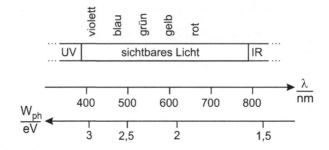

**Abb. 5.1** Der sichtbare Teil des elektromagnetischen Spektrums aufgetragen über der Wellenlänge $\lambda$ bzw. der Photonenenergie $W_{\text{ph}}$

**Radiometrische Größen**

Optische Strahlung wird durch sog. radiometrische Größen charakterisiert. So gibt z. B. die Strahlungsleistung $\Phi_e$ die von einer Quelle ausgesandte Leistung an und die Bestrahlungsstärke $E_e$ die Leistung, die pro Fläche auf eine Oberfläche trifft. Der Index e steht dabei für energetisch.

Bei der Untersuchung der im Halbleiter stattfindenden Vorgänge wird oft mit der sog. Photonenbestrahlungsstärke $E_{\text{ph}}$ gerechnet, welche die Zahl der Photonen angibt, die pro Zeit- und Flächeneinheit auf einen Halbleiter treffen. Bei gegebener Bestrahlungsstärke $E_e$ und der Lichtwellenlänge $\lambda$ bestimmt sich die Photonenbestrahlungsstärke $E_{\text{ph}}$ zu

$$E_{\text{ph}} = \frac{E_e}{hf} = \frac{E_e\lambda}{hc} \ . \tag{5.2}$$

Multipliziert man diese Größe mit der bestrahlten Fläche $A$, ergibt sich der Photonenstrom

$$\Phi_{\text{ph}} = E_{\text{ph}} A \ , \tag{5.3}$$

also die Zahl der pro Zeit insgesamt auftreffenden Photonen.

**Fotometrische Größen**

Da die Empfindlichkeit des menschlichen Auges von der Wellenlänge des Lichts abhängt, ist es oftmals zweckmäßig, statt radiometrischer Größen sog. fotometrische Größen zu verwenden, bei denen die Strahlung mit der Empfindlichkeitskurve $A(\lambda)$ des menschlichen Auges (Abb. 5.2) gewichtet wird.

Eine Übersicht über die wichtigsten Größen, die im Zusammenhang mit optoelektronischen Halbleitern Verwendung finden, ist in Tab. 5.1 angegeben. Die fotometrischen Größen sind mit v für visuell indiziert.

Als Beispiel für den Zusammenhang der unterschiedlichen fotometrischen Größen soll hier eine einfache Kerze betrachtet werden. Diese hat typischerweise eine Lichtstärke, also einen pro Raumwinkel abgegebenen Lichtstrom von $I_v \approx 1\,\text{cd}$. Unter der Annahme,

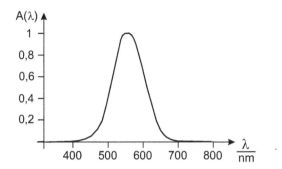

**Abb. 5.2** Die Empfindlichkeitskurve $A(\lambda)$ des menschlichen Auges. Die Empfindlichkeit ist bei Wellenlängen im Bereich von etwa 550 nm am größten. Licht mit Wellenlängen kleiner etwa 380 nm und größer etwa 780 nm werden von dem menschlichen Auge nicht mehr wahrgenommen

dass die Kerze in alle Raumrichtungen gleichmäßig strahlt, ergibt sich der insgesamt abgestrahlte Lichtstrom $\Phi_v$ durch Multiplikation der Lichtstärke mit dem Raumwinkel einer Kugelfläche, also mit $4\pi$, und wir erhalten $\Phi_v \approx 12{,}6\,\mathrm{lm}$.

Bezieht man die Lichtstärke $I_v$ auf die abstrahlende Fläche, ergibt sich die Leuchtdichte $L_v$, die als Helligkeit des Strahlers empfunden wird. Bei der Kerze mit einer effektiven Oberfläche der Flamme von etwa $1{,}5\,\mathrm{cm}^2$ ergibt sich ein Wert von $L_v \approx 6700\,\mathrm{cd\,m}^{-2}$.

Um die Helligkeit einer bestrahlten Oberfläche $A$ zu bestimmen, bezieht man den auf die Oberfläche treffenden Lichtstrom $\Phi_v$ auf die Größe der bestrahlten Fläche $A$. Als Beispiel betrachten wir dazu eine Fläche, welche sich in einem Abstand $r = 1\,\mathrm{m}$ von der Kerze befindet (Abb. 5.3). Bei einer Lichtstärke von 1 cd trifft der in einen Raumwinkel von einem Steradiant[1] (1 sr) abgegebene Lichtstrom von $1\,\mathrm{cd} \times 1\,\mathrm{sr} = 1\,\mathrm{lm}$ auf eine Fläche von $A = 1\,\mathrm{m}^2$. Bezogen auf die bestrahlte Fläche $A$ ergibt sich damit eine Beleuchtungsstärke von $E_v = 1\,\mathrm{lm}/1\,\mathrm{m}^2 = 1\,\mathrm{lx}$. Verdoppelt man die Entfernung der bestrahlten Fläche,

**Tab. 5.1** Übersicht über wichtige radio- und fotometrische Größen

| Radiometrische Größen | | | Fotometrische Größen | | |
|---|---|---|---|---|---|
| Größe | Formelzeichen | Einheit | Größe | Formelzeichen | Einheit |
| Strahlungs-leistung | $\Phi_e$ | W | Lichtstrom | $\Phi_v$ | lm |
| Strahlstärke | $I_e$ | $\mathrm{W\,sr}^{-1}$ | Lichtstärke | $I_v$ | $\mathrm{lm\,sr}^{-1} = \mathrm{cd}$ |
| Strahldichte | $L_e$ | $\mathrm{W\,sr}^{-1}\,\mathrm{m}^{-2}$ | Leuchtdichte ("Helligkeit") | $L_v$ | $\mathrm{cd\,m}^{-2}$ |
| Bestrahlungs-stärke | $E_e$ | $\mathrm{W\,m}^{-2}$ | Beleuchtungs-stärke | $E_v$ | $\mathrm{lm\,m}^{-2} = \mathrm{lx}$ |

---

[1] Ein Steradiant ist definiert als der Raumwinkel, der, ausgehend von dem Mittelpunkt einer Kugel mit einem Radius von 1 m, auf deren Oberfläche eine Fläche von $1\,\mathrm{m}^2$ ausschneidet.

verteilt sich unter sonst gleichen Bedingungen der Lichtstrom von 1 lm auf die vierfache Fläche. In 2 m Abstand beträgt die Beleuchtungsstärke daher nur noch 0,25 lx.

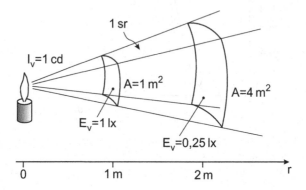

**Abb. 5.3** Zusammenhang wichtiger fotometrischer Größen am Beispiel einer Kerze (Die Zeichnung ist nicht maßstabgerecht)

### 5.1.2 Ladungsträgergeneration und Fotoeffekt

Bei der Einführung des Bänderdiagramms in Kap. 1 hatten wir gesehen, dass zur Generation eines Elektron-Loch Paares mindestens die dem Bandabstand $W_g$ des Halbleitermaterials entsprechende Energie zugeführt werden muss. Trifft nun ein Photon auf einen Halbleiter, so wird ein Elektron-Loch Paar generiert, wenn die Energie $W_{ph} = hf$ des Photons größer ist als der Bandabstand $W_g$ des Halbleiters. Dieser Mechanismus der Ladungsträgergeneration wird als innerer Fotoeffekt bezeichnet.

Für ein gegebenes Halbleitermaterial mit dem Bandabstand $W_g$ gibt es daher eine Grenzwellenlänge

$$\lambda_g = \frac{hc}{W_g} \, , \tag{5.4}$$

oberhalb derer praktisch keine Generation von Ladungsträgern mehr stattfindet.

Wir wollen nun die Zahl der Ladungsträger berechnen, die in einem Halbleiter durch Bestrahlung zusätzlich generiert werden. Dazu betrachten wir den in Abb. 5.4, links, dargestellten Halbleiter.

Dabei sei $A = wl$ die bestrahlte Fläche, und $d$ die Dicke des Halbleiters, wobei wir annehmen wollen, dass $d$ so groß ist, dass die gesamte in den Halbleiter eindringende Strahlung absorbiert wird.

Bei gegebener Bestrahlungsstärke $E_e$ berechnet sich für eine bestimmte Wellenlänge $\lambda$ zunächst die Photonenbestrahlungsstärke $E_{ph}$ nach (5.2). Die Zahl der pro Zeiteinheit auf den Halbleiter treffenden Photonen, der Photonenfluss $\Phi_{ph}$, ergibt sich dann aus dem Produkt der Photonenbestrahlungsstärke $E_{ph}$ und der Oberfläche $A = wl$ des Bauteils.

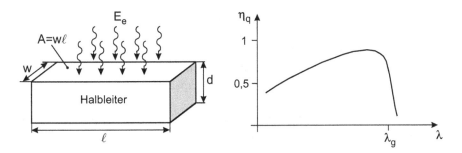

**Abb. 5.4** Mit Licht bestrahlter Halbleiter (*links*) und prinzipieller Verlauf des Quantenwirkungs-grades $\eta_q$ (*rechts*). Für kleine Wellenlängen sinkt $\eta_q$ aufgrund von Absorptionsvorgängen, für Wellenlängen $\lambda > \lambda_g$ geht $\eta_q$ gegen null

**Quantenwirkungsgrad**

Nicht jedes Photon, welches auf die Oberfläche eines Halbleiters trifft, führt zur Genera-tion eines Elektron-Loch Paares. Grund dafür sind Reflexionsvorgänge am und Absorpti-onsvorgänge im Halbleiter sowie die oben erwähnte Grenzwellenlänge $\lambda_g$, oberhalb derer praktisch keine Generation mehr stattfindet. Man definiert daher den sog. Quantenwir-kungsgrad $\eta_q$, der das Verhältnis der Anzahl der generierten Elektron-Loch Paare im Halb-leiter zu der Anzahl der auf den Halbleiter treffenden Photonen angibt. Drücken wir die Zahl der pro Zeit und pro Volumeneinheit durch Photonen generierten Ladungsträgerpaare durch die sog. Photogenerationsrate $G_{ph}$ aus, erhalten wir für den Quantenwirkungsgrad

$$\eta_q = \frac{\text{generierte Ladungsträger}}{\text{eingestrahlte Photonen}} = \frac{G_{ph} V}{\Phi_{ph}} \,, \tag{5.5}$$

wobei $V = wld$ das Bauteilvolumen ist. Der typische Verlauf von $\eta_q$ für ein Halb-leitermaterial mit der Grenzwellenlänge $\lambda_g$ ist in Abb. 5.4, rechts, abhängig von der Wellenlänge aufgetragen.

**Primärer Fotostrom**

Eine zentrale Größe bei der Berechnung optoelektronischer Effekte ist der sog. primäre Fotostrom, den wir hier mit $I_{pp}$ bezeichnen wollen. Dieser ist zwar nicht direkt messbar, ist jedoch eine nützliche Rechengröße, da er ein Maß für die gesamte im Bauteilvolumen $V$ pro Zeiteinheit durch Licht generierte Ladung ist. Wir erhalten $I_{pp}$, wenn wir die Zahl der pro Zeiteinheit generierten Ladungsträgerpaare mit der Elementarladung $q$ multiplizieren, also

$$I_{pp} = q G_{ph} V \,. \tag{5.6}$$

Mit (5.5), (5.3) und (5.2) wird dies schließlich zu

$$\boxed{I_{pp} = \frac{q}{hc} \eta_q A \lambda E_e \,.} \tag{5.7}$$

Bei gegebener Bestrahlungsstärke $E_e$ nimmt daher mit zunehmender Wellenlänge $\lambda$ der primäre Fotostrom $I_{pp}$ zunächst zu. Dies ist verständlich, da die Energie $W_{ph}$ eines Photons gemäß (5.1) mit zunehmender Wellenlänge kleiner wird, wodurch die Zahl der Photonen und damit auch die der generierten Elektron-Loch Paare ansteigt. Oberhalb von $\lambda_g$ fällt dann die Zahl der generierten Ladungsträgerpaare stark ab, da der Quantenwirkungsgrad für $\lambda > \lambda_g$ gegen null geht.

Die Zahl der generierten Ladungsträger und damit auch die elektrisch messbare Ausgangsgröße eines optoelektronischen Bauelementes hängt also nicht nur von der Bestrahlungsstärke $E_e$, sondern auch von der Wellenlänge $\lambda$ der einfallenden Strahlung ab. Dies muss insbesondere dann berücksichtigt werden, wenn mit einem Halbleiter Strahlung unterschiedlicher Wellenlänge gemessen oder fotometrische Größen quantitativ bestimmt werden sollen.

### 5.1.3  Direkte und indirekte Halbleiter

**Energie-Impuls Diagramm**
Wir wollen nun etwas detaillierter untersuchen, was im Halbleiter geschieht, wenn dieser mit Photonen bestrahlt wird. Bei der Diskussion des Bänderdiagramms in Kap. 1 wurde bereits darauf hingewiesen, dass bei der Generation von Ladungsträgern die Energieerhaltung gilt. So wird für den Fall, dass die Photonenenergie größer ist als der Bandabstand, die überschüssige Energie von den generierten Ladungsträgern als zusätzliche kinetische Energie aufgenommen (vgl. Abschn. 1.2.1).

Neben der Energieerhaltung muss aber auch die Impulserhaltung erfüllt sein, d. h. der Gesamtimpuls aller beteiligten Teilchen muss vor und nach dem Generations- bzw. Rekombinationsvorgang der gleiche sein. Dies war bei unseren bisherigen Betrachtungen nicht von Bedeutung, spielt jedoch bei optoelektronischen Materialien eine große Rolle. Dazu betrachten wir das Bänderdiagramm nochmals und berücksichtigen nun zusätzlich den Impuls $i$ der Teilchen. Dieser ist für den Fall eines freien Teilchens mit der kinetischen Energie $W_{kin}$ und der Masse $m$ über die Beziehung

$$W_{kin} = \frac{i^2}{2m} \tag{5.8}$$

verknüpft. Damit ergibt sich ein parabelförmiger Verlauf der Energie über dem Impuls. Berücksichtigen wir noch, dass für Elektronen im Bänderdiagramm die Richtung zunehmender Energie nach oben und für Löcher nach unten weist und dass die Werte geringster Energie jeweils an den Bandkanten liegen, ergibt sich der in Abb. 5.5, rechts, schematisch dargestellte Verlauf $W(i)$. Dabei ist die obere Parabel die Energie-Impuls Kurve[2]

---

[2] Abweichend von der in der Literatur üblichen Darstellung, bei der die Energie abhängig von der Wellenzahl $k$ aufgetragen wird, verwenden wir hier der Einfachheit halber den Impuls $i$.

für Elektronen und die untere Parabel die für Löcher. Die Impulserhaltung bei der Generation bzw. Rekombination eines Elektron-Loch Paares ist erfüllt, wenn die Impulse von Loch und Elektron in dem Diagramm übereinander, d. h. bei dem gleichem Wert von $i$ liegen.

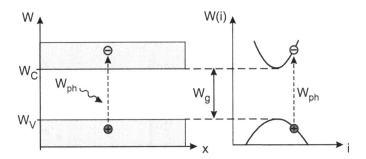

**Abb. 5.5** Bänderdiagramm (*links*) und Energie-Impuls Diagramm (*rechts*) eines Halbleiters. Das Energie-Impuls Diagramm $W(i)$ besagt, dass für ein Teilchen mit einem bestimmten Impuls nur bestimmte Energiewerte zulässig sind

**Direkte Halbleiter**

Man spricht von einem direkten Halbleiter, wenn das Minimum der Energie-Impuls Kurve der Elektronen und das Minimum der Energie-Impuls Kurve der Löcher bei dem gleichen Wert des Impulses $i$ liegen, wie in Abb. 5.5, rechts, dargestellt. Ein Beispiel für einen solchen Halbleiter ist Galliumarsenid (GaAs).

Wird nun in einem solchen direkten Halbleiter ein Elektron-Loch Paar durch ein Photon mit der Energie $W_{ph} > W_g$ generiert, so ergibt sich im Bänderdiagramm die bereits bekannte Darstellung der energetischen Verhältnisse (Abb. 5.5, links) des Generationsvorganges.

Das Energie-Impuls Diagramm (Abb. 5.5, rechts) zeigt darüber hinaus, dass neben der Energiebilanz auch die Impulsbilanz für den dargestellten Generationsvorgang erfüllt ist: Zum einen entspricht der energetische Abstand der Teilchen der Energie $W_{ph}$ des eingestrahlten Photons, zum anderen weisen Elektron und Loch identische Werte der Impulse auf, da die Teilchen im Energie-Impuls Diagramm direkt übereinander liegen.

Nach dem Generationsvorgang können sich die beiden Ladungsträger nun frei im Halbleiter bewegen, wobei sie ihre kinetische Energie durch Stöße an das Kristallgitter abgeben. Dies äußert sich im Bänder- bzw. Energie-Impuls Diagramm dadurch, dass sich Elektron und Loch jeweils in Richtung der Bandkanten, also zu niedrigeren Energiewerten hin bewegen (Abb. 5.6, links). Diesen Prozess, bei dem die Teilchen den Impuls sowie ihre überschüssige Energie an das Kristallgitter abgeben, bezeichnet man als Thermalisierung. Am Ende dieses nur kurz andauernden Prozesses befinden sich die Teilchen dann – energetisch gesehen – dicht an den Bandkanten, wie in Abb. 5.6, links, dargestellt ist. Dabei befinden sich die Teilchen i. A. aber nicht mehr am selben Ort, da sie sich im Halbleiter unabhängig voneinander bewegen können.

Treffen nun ein Elektron und ein Loch an einem Ort aufeinander, so können sie unter Aussendung eines Photons rekombinieren (Abb. 5.6, rechts). Die Energie $W_{em}$ eines unter diesen Bedingungen emittierten Photons entspricht also etwa dem Wert des Bandabstandes $W_g$ des Halbleiters (siehe hierzu Abschn. 5.6). Von Galliumarsenid mit einen Bandabstand von 1,4 eV emittierte Strahlung liegt daher im Infrarotbereich (vgl. Abb. 5.1).

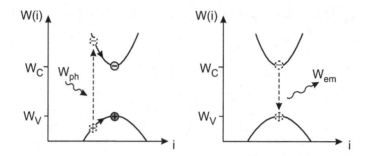

**Abb. 5.6** Direkter Halbleiter: Generation und anschließende Thermalisierung (*links*) sowie Rekombination (*rechts*) dargestellt im Energie-Impuls Diagramm

   S.m.i.L.E: 5.1_Direkter Halbleiter

### Indirekte Halbleiter

Die oben durchgeführten Betrachtungen über den Zusammenhang zwischen Energie und Impuls gelten nicht allgemein, da in einem Halbleiterkristall u. a. quantenmechanische Effekte berücksichtigt werden müssen. Statt der einfachen quadratischen Abhängigkeit erhält man daher, abhängig von dem Halbleitermaterial, in der Regel sehr komplizierte Verläufe, bei denen insbesondere die Minima der beiden Kurven $W(i)$ für Elektronen und Löcher nicht übereinander liegen. Solche Halbleiter, zu denen bspw. Silizium gehört, bezeichnet man als indirekte Halbleiter.

Mit ähnlichen Überlegungen, wie wir sie für den Fall eines direkten Halbleiters angestellt hatten, wollen wir nun das optische Verhalten eines indirekten Halbleiters untersuchen und betrachten dazu das in Abb. 5.7 gezeigte Energie-Impuls Diagramm. Wie auch beim direkten Halbleiter erfolgt unmittelbar nach der Generation von Elektron-Loch Paaren eine Thermalisierung, bei der die Teilchen Energie und Impuls an das Kristallgitter abgeben. Die Energieminima von Elektronen und Löchern liegen jedoch bei indirekten Halbleitern bei unterschiedlichen Impulswerten (Abb. 5.7, links). Eine direkte Rekombination der thermalisierten Ladungsträger ist daher nicht ohne Weiteres möglich, da die Impulserhaltung in diesem Fall nicht erfüllt wäre. Da ein Photon praktisch keinen Impuls aufnehmen kann, bleibt nur die Möglichkeit, die Impulsdifferenz $\Delta i$ an das Kristallgitter abzugeben. Dazu muss jedoch eine sog. Störstelle, z. B. ein Fremdatom, im Gitter vorhanden sein, mit dem die Ladungsträger wechselwirken können. Solche als Rekombinationszentren wirkende Störstellen liegen energetisch etwa in der Mitte zwischen den Bandkanten, so dass sie – im Gegensatz zu Dotieratomen – bei normalen Temperaturen nicht ionisiert sind.

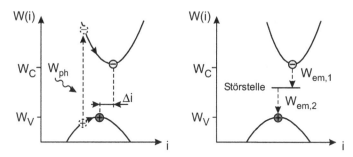

**Abb. 5.7** Indirekter Halbleiter: Generation und anschließende Thermalisierung (*links*) sowie Rekombination (*rechts*) dargestellt im Energie-Impuls Diagramm. Wegen der Impulsdifferenz $\Delta i$ zwischen thermalisierten Löchern und Elektronen muss die Rekombination über eine Störstelle erfolgen, die die Impulsdifferenz $\Delta i$ aufnehmen kann

 S.m.i.L.E: 5.1_Indirekter Halbleiter

Aus dem Gesagten ergeben sich folgende Konsequenzen: Zum einen folgt, dass die Ladungsträgerlebensdauer in indirekten Halbleitern ohne Störstellen wegen der geringen Rekombinationswahrscheinlichkeit sehr hoch ist. Erst durch Defekte oder den Einbau von Fremdatomen in das Halbleitermaterial verringert sich die Lebensdauer.

Zum anderen wird die bei der Rekombination über Störstellen freigesetzte Energie im Allgemeinen nicht als Licht abgestrahlt, da die Energiedifferenzen $W_{em,1}$ bzw. $W_{em,2}$ geringer sind als die bei einer direkten Band-Band Rekombination. Indirekte Halbleitermaterialien wie Silizium eignen sich daher im Allgemeinen nicht für die Herstellung von lichtemittierenden Bauelementen.

## 5.2  Fotowiderstand

Das vom Aufbau her einfachste optoelektronische Bauelement ist der Fotowiderstand. Dabei handelt es sich um einen Halbleiter, dessen elektrischer Widerstand sich durch Bestrahlung mit Licht ändert. Der Aufbau eines solches Bauelementes mit angelegter Spannung $U$ ist in Abb. 5.8 gezeigt.

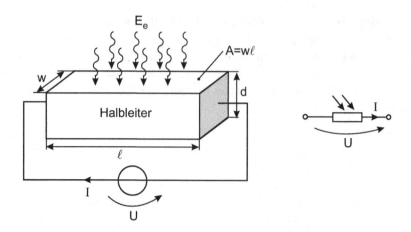

**Abb. 5.8** Aufbau eines Fotowiderstandes mit angelegter Spannung $U$ (*links*) und Schaltsymbol (*rechts*)

### 5.2.1  Aufbau und Funktionsweise

Wir betrachten der Einfachheit halber hier den Fall monochromatischen Lichtes der Wellenlänge $\lambda$ und nehmen an, dass die Dicke $d$ des Halbleitermaterials hinreichend groß ist, so dass die gesamte Strahlung absorbiert wird. In Abschn. 5.1.2 hatten wir bereits gezeigt, dass dann die zusätzliche Generationsrate $G_{\mathrm{ph}}$ durch (5.5) gegeben ist.

Um die sich nun einstellenden Ladungsträgerdichten zu berechnen, verwenden wir den Ansatz für das thermodynamische Gleichgewicht. Ohne Bestrahlung gilt nach Kap. 1

$$G = rnp . \tag{5.9}$$

Dabei ist $r$ der Rekombinationskoeffizient, $G$ die thermische Generationsrate und $n$ bzw. $p$ sind die Gleichgewichtsdichten, wobei wir hier auf den Index 0 zur Kennzeichnung des thermodynamischen Gleichgewichtes verzichten. Unter Berücksichtigung der zusätzlichen Generationsrate $G_{\mathrm{ph}}$ ergibt sich entsprechend

$$G + G_{\mathrm{ph}} = r(n + \Delta n)(p + \Delta p) , \tag{5.10}$$

wobei wegen der paarweisen Generation für die zusätzlichen Ladungsträgerdichten $\Delta n = \Delta p$ gilt. Bei der Lösung muss beachtet werden, dass im Allgemeinen Fall die Dichte $\Delta n$ der zusätzlichen Ladungsträger nicht gegenüber den Gleichgewichtsdichten $n$ und $p$ vernachlässigt werden kann. Da wir hier jedoch nur den grundsätzlichen Rechenweg aufzeigen wollen, betrachten wir den einfachen Fall eines n-dotierten Halbleiters bei schwacher Bestrahlung, d. h. für $\Delta n \ll n$. Wir erhalten dann analog zu der Vorgehensweise in Kap. 1, den Ausdruck

$$G_{\mathrm{ph}} = \frac{\Delta n}{\tau} , \tag{5.11}$$

wobei $\tau$ hier die Ladungsträgerlebensdauer der Elektronen ist.

Die Bestrahlung des Halbleiters mit Licht der Bestrahlungsstärke $E_e$ führt demnach zu einer Erhöhung der Ladungsträgerdichten um $\Delta n$ und damit einer Verringerung des elektrischen Widerstandes.

## 5.2.2 Stromgleichung

Um die generierten Ladungsträger abzutransportieren, muss eine externe Spannung $U$ an den Widerstand gelegt werden. Wir wollen nun den aufgrund der Bestrahlung mit Licht zusätzlich durch das Bauteil fließenden Strom $I_{\mathrm{ph}}$ berechnen. Dazu bestimmen wir zunächst die Änderung $\Delta\sigma$ der Leitfähigkeit, welche durch die zusätzlich generierten Ladungsträger hervorgerufen wird. Nehmen wir vereinfachend an, dass nur eine Ladungsträgerart einen signifikanten Beitrag zum Strom liefert und bezeichnen die entsprechende Beweglichkeit mit $\mu$, ergibt sich mit (1.51) der Ausdruck

$$\Delta\sigma = q\mu\Delta n \ . \tag{5.12}$$

Der durch die Bestrahlung mit Licht zusätzlich fließende Strom $I_{\mathrm{ph}}$ ergibt sich dann zu

$$I_{\mathrm{ph}} = U\Delta\sigma\frac{wd}{l} \ . \tag{5.13}$$

Mit (5.12) (5.11) und (5.5) sowie (5.2) und (5.3) erhalten wir schließlich

$$I_{\mathrm{ph}} = U\frac{q}{hc}\frac{w}{l}\eta_q\mu\tau\lambda E_e \ . \tag{5.14}$$

Da das Bauteil auch ohne Beleuchtung, d. h. bei $E_e = 0$ eine von null verschiedene Leitfähigkeit $\sigma_d$ aufweist, fließt bei angelegter Spannung $U$ zusätzlich ein sog. Dunkelstrom durch das Bauelement. Der gesamte durch das Bauteil fließende Strom $I$ ist damit

$$I = \underbrace{U\sigma_d\frac{wd}{l}}_{\text{Dunkelstrom}} + \underbrace{U\frac{q}{hc}\frac{w}{l}\eta_q\mu\tau\lambda E_e}_{\text{Fotostrom}} \ , \tag{5.15}$$

wobei der erste Term auf der rechten Seite den Dunkelstrom beschreibt, der in der Regel jedoch sehr gering ist und vernachlässigt werden kann. Als Strom-Spannungs Kennlinie ergeben sich demnach Widerstandsgeraden, deren Steigung mit der Bestrahlungsstärke $E_e$ zunimmt (Abb. 5.9, links).

Abhängig von dem verwendeten Material, ergibt sich zwischen Bestrahlungsstärke und Widerstand ein Zusammenhang, der bei realen Bauteilen durch eine Potenzfunktion $R \sim E^{-\gamma}$ beschrieben werden kann (Abb. 5.9, rechts).

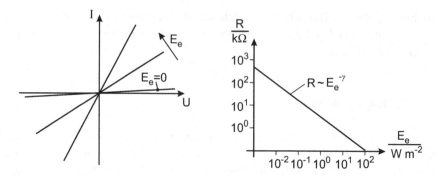

**Abb. 5.9** Kennlinien des Fotowiderstandes bei unterschiedlicher Bestrahlungsstärke $E_e$ (*links*) und typische Abhängigkeit des Widerstandes von der Bestrahlungsstärke $E_e$ (*rechts*)

 S.m.i.L.E: 5.2_Fotowiderstand

### 5.2.3  Kenngrößen

**Gewinn**

Zur Charakterisierung des Fotowiderstandes definiert man den sog. Gewinn. Dieser ist definiert als das Verhältnis des aufgrund der Bestrahlung zusätzlich fließenden Stromes $I_{ph}$ zu der Gesamtzahl der im Halbleiter durch Strahlung generierten Ladung pro Zeit, also dem primären Fotostrom $I_{pp}$.

Für den dimensionslosen Gewinn des Fotowiderstandes ergibt sich dann mit (5.14) und (5.7)

$$\frac{I_{ph}}{I_{pp}} = U\mu\tau\frac{1}{l^2}. \qquad (5.16)$$

Drücken wir in dieser Beziehung die Spannung $U$ durch die elektrische Feldstärke $E = U/l$ aus, berücksichtigen, dass die Ladungsträgergeschwindigkeit $v = \mu E$ und die Laufzeit $t_l$ eines Ladungsträgers durch das Bauteil $t_l = l/v$ ist, erhalten wir für den Gewinn den einfachen Zusammenhang

$$\frac{I_{ph}}{I_{pp}} = \frac{\tau}{t_l}. \qquad (5.17)$$

Der Gewinn steigt also zum einen mit zunehmender Ladungsträgerlebensdauer $\tau$, da dies gemäß (5.11) zu einer höheren Ladungsträgerdichte führt. Zum anderen sinkt der Gewinn mit zunehmendem Elektrodenabstand $l$, bzw. zunehmender Laufzeit $t_l$. Der Grund dafür ist, dass bei großem Elektrodenabstand $l$, d. h. langer Laufzeit $t_l$ die Wahrscheinlichkeit zunimmt, dass ein Ladungsträger auf seinem Weg durch das Bauelement rekombiniert und dann auch keinen Beitrag mehr zum Strom liefert.

Daraus ergibt sich, dass das Bauteil einerseits eine große Oberfläche $wl$ haben sollte, um möglichst viel Strahlung einzufangen, andererseits sollte der Elektrodenabstand $l$

möglichst gering sein, um den Gewinn zu erhöhen. Als Lösung bietet sich eine kammförmige, ineinandergreifende Elektrodenstruktur, eine sog. Interdigitalstruktur an, die beide Bedingungen erfüllt.

**Empfindlichkeit**

Bezieht man den Fotostrom $I_{ph}$ auf die eingestrahlte Leistung, erhält man die Empfindlichkeit $S$ des Fotowiderstandes. Für eine bestimmte Wellenlänge ist diese mit (5.14) gegeben durch

$$S = \frac{I_{ph}}{E_e wl} = U \frac{q}{hc} \frac{\eta_q \mu \tau \lambda}{l^2} .$$ (5.18)

**Ansprechzeit**

Bei dem Fotowiderstand ist zu beachten, dass bei einer Änderung der Bestrahlungsstärke die Zeitdauer, innerhalb derer sich ein neuer Gleichgewichtszustand einstellt, in der Größenordnung der Ladungsträgerlebensdauer liegt. Die Ansprechzeit eines Fotowiderstandes ist daher in der Regel recht groß, vor allem wenn die Lebensdauer $\tau$, um einen hohen Gewinn zu erzielen, groß eingestellt wurde. Fotowiderstände werden daher dort eingesetzt, wo es nicht auf kurze Ansprechzeiten ankommt, wie beispielsweise in Belichtungsmessern.

Zusammenfassend lässt sich sagen, dass die Wirkungsweise des Fotowiderstandes darauf beruht, dass sich durch Strahlung ein neues thermodynamisches Gleichgewicht, mit einer erhöhten Ladungsträgerdichte im Halbleiter einstellt. Die Ladungsträger können dann durch eine externe, an das Bauteil angelegte Spannung $U$ getrennt werden, was zu einem von der Bestrahlungsstärke abhängigen Strom führt.

## 5.3 Fotodiode

### 5.3.1 Aufbau und Funktion

Bei der Fotodiode spielt, wie im Folgenden gezeigt wird, die Generation von Ladungsträgern in der Raumladungszone eine entscheidende Rolle. Fotodioden werden daher in der Regel so aufgebaut, dass die Raumladungszone möglichst lang ist. Dies wird erreicht durch ein niedrig dotiertes oder undotiertes, d. h. intrinsisches Gebiet, welches zwischen dem p- und dem n-Gebiet liegt. Der Aufbau und das Schaltsymbol einer Fotodiode sind in Abb. 5.10 dargestellt.

Da das Licht, um in das intrinsische Gebiet zu gelangen, durch die p-Schicht dringen muss, ist diese sehr dünn ausgeführt. Eine solche Diode wird dann entsprechend der Schichtfolge als pin-Diode bezeichnet, wobei das i für das intrinsische Gebiet steht. Im Gegensatz zu der gewöhnlichen pn-Diode mit einem dreieckförmigen Feldstärkeverlauf innerhalb der Raumladungszone (vgl. Abschn. 2.1.1), ergibt sich bei der pin-Diode ein

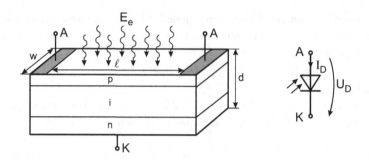

**Abb. 5.10** Aufbau einer Fotodiode (*links*) und Schaltsymbol (*rechts*). Der Anodenkontakt der Fotodiode bedeckt nicht die gesamte Oberfläche, so dass Licht in das Diodeninnere gelangen kann

trapezförmiger Verlauf, da sich in dem i-Gebiet praktisch keine Raumladung befindet und sich daher dort die Feldstärke nicht ändert (Abb. 5.11).

Es sei darauf hingewiesen, dass wir im Kap. 2 davon ausgegangen sind, dass die Raumladungszone einer Diode sehr kurz ist und daher dort praktisch keine Generation stattfindet. Bei der Fotodiode gilt dies nicht mehr. Hier werden Ladungsträgerpaare in der Raumladungszone durch Bestrahlung generiert, was dazu führt, dass die Ladungsträger

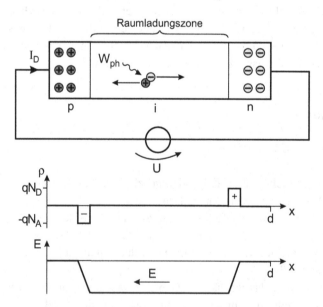

**Abb. 5.11** Schematische Darstellung der Fotodiode mit dem Verlauf der Raumladungsdichte $\rho$ sowie der elektrischen Feldstärke $E$. In der Raumladungszone generierte Ladungsträgerpaare werden durch das elektrische Feld $E$ getrennt und driften in Richtung der Kontakte

durch das Feld in der Raumladungszone getrennt und in die jeweiligen neutralen Gebiete transportiert werden. Dabei werden aufgrund des großen elektrischen Feldes $E$ in der Raumladungszone die Ladungsträger sehr schnell abtransportiert, so dass sie die neutralen Bahngebiete erreichen, bevor sie die Gelegenheit hatten zu rekombinieren. Somit tragen bei der Diode praktisch alle Ladungsträger, die durch Bestrahlung generiert werden, zu dem Fotostrom bei.

Ähnlich wie bei dem Fotowiderstand werden auch in den neutralen Halbleitergebieten Ladungsträger durch Photonen generiert. Bei der pin-Diode dominiert jedoch die Generation in der großen Raumladungszone, so dass wir bei der weiteren Berechnung den Einfluss der neutralen Bahngebiete vernachlässigen.

### 5.3.2 Stromgleichung

Unter der Annahme, dass die Dicke $d$ des Bauelementes hinreichend groß ist, und die bestrahlte Fläche $A = wl$ beträgt, ergibt sich analog zum Fotowiderstand eine zusätzliche Generationsrate $G_{\mathrm{ph}}$ gemäß (5.5) sowie ein primärer Fotostrom $I_{pp}$ nach (5.7). Der entscheidende Unterschied zum Fotowiderstand ist jedoch, dass bei der Diode die generierten Ladungsträger als Fotostrom unmittelbar an den Klemmen zur Verfügung stehen, da alle generierten Ladungsträger durch das elektrische Feld der Raumladungszone abtransportiert werden, ohne dass eine von außen angelegte Spannung nötig ist. Es gilt demnach $I_{\mathrm{ph}} = I_{pp}$, d. h. der bei dem Fotowiderstand definierte Gewinn hat bei der Fotodiode den Wert eins. Wir erhalten daher für den bei Bestrahlung mit Licht der Wellenlänge $\lambda$ und der Bestrahlungsstärke $E_e$ fließenden Fotostrom $I_{\mathrm{ph}}$ die Beziehung

$$\boxed{I_{\mathrm{ph}} = \frac{q}{hc} \eta_q wl\lambda E_e \,,} \tag{5.19}$$

wobei die Richtung des Stromes entgegen der von $I_D$ ist.

Der zu der Bestrahlungsstärke proportionale Fotostrom $I_{\mathrm{ph}}$ addiert sich zu dem durch die extern angelegte Spannung $U$ hervorgerufenen Diodenstrom, so dass wir die Stromgleichung

$$\boxed{I_D = \underbrace{I_S \left[\exp\left(\frac{q}{kT}U_D\right) - 1\right]}_{\text{Dunkelstrom}} - I_{\mathrm{ph}}} \tag{5.20}$$

erhalten. Der erste Term auf der rechten Seite entspricht dabei dem Dunkelstrom. Die sich ergebenden Kennlinien sind in Abb. 5.12 dargestellt. Mit zunehmender Bestrahlungsstärke $E_e$ verschiebt sich die Kennlinie nach unten.

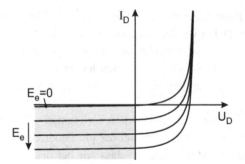

**Abb. 5.12** Kennlinien der Fotodiode bei unterschiedlichen Bestrahlungsstärken $E_e$. Die Fotodiode wird in dem grau schattierten Sperrbereich, d. h. mit $U_D \leq 0$ betrieben. Dort ist der Strom proportional zur Bestrahlungsstärke

 S.m.i.L.E: 5.3_Fotodiode

### 5.3.3 Kenngrößen

**Empfindlichkeit**
Das Verhältnis aus Fotostrom $I_{ph}$ zu eingestrahlter Leistung bezeichnet man als Empfindlichkeit $S$ der Diode. Für eine gegebene Wellenlänge $\lambda$ erhalten wir

$$S = \frac{I_{ph}}{E_e wl} = \frac{q}{hc} \eta_q \lambda \ . \tag{5.21}$$

**Ansprechzeit**
Im Gegensatz zu dem Fotowiderstand muss sich bei der Diode nicht erst ein neuer Gleichgewichtszustand einstellen, bevor sich nach einer Änderung der Bestrahlungsstärke das Ausgangssignal ändert. Für die Ansprechzeit der Fotodiode ist daher nicht die Ladungsträgerlebensdauer $\tau$ maßgebend, sondern die Zeit, welche die generierten Ladungsträger benötigen, um zu den Kontakten zu gelangen. Diese ist wegen der hohen Driftgeschwindigkeit der Ladungsträger durch die Raumladungszone sehr gering und hängt von den Bauteilabmessungen ab. Fotodioden können daher als optische Detektoren für die Signalübertragung eingesetzt werden.

### 5.3.4 Betriebsarten der Fotodiode

**Diodenbetrieb**
Abb. 5.12 zeigt, dass die Kennlinien der Fotodiode mehrere Quadranten im Strom-Spannungs Diagramm abdecken. Für den Fall ($U_D < 0, I_D < 0$), d. h. bei Betrieb im dritten Quadrant, wird von außen eine Sperrspannung angelegt und es fließt – wie oben

beschrieben – praktisch nur der von der Bestrahlungsstärke abhängige Fotostrom, so dass die Diode als Beleuchtungssensor eingesetzt werden kann. Der Vorteil gegenüber dem Fotowiderstand ist, dass die Diode schneller auf Änderungen der Beleuchtungsstärke reagiert, da sich bei der Diode nicht erst ein neues thermodynamisches Gleichgewicht zwischen Generation und Rekombination einstellen muss, weil die Ladungsträger praktisch sofort zu den Kontakten abtransportiert werden.

**Elementbetrieb**
Wird von außen keine Quelle an die Diode angeschlossen, sondern eine Last, z. B. ein ohmscher Widerstand, so führt der bei Bestrahlung fließende Fotostrom, zu einem Spannungsabfall an dem Widerstand. In diesem Fall gibt die Diode Leistung an den Widerstand ab, d. h. Strahlungsleistung wird in elektrische Leistung umgewandelt. Man bezeichnet diese Betriebsart im vierten Quadrant ($U_D > 0$, $I_D < 0$) als Elementbetrieb und Dioden, welche speziell für diese Betriebsart optimiert wurden, als fotovoltaische Zelle oder kurz Solarzelle. Diese Bauelemente, die mittlerweile eine erhebliche wirtschaftliche Bedeutung erlangt haben, werden im nächsten Abschnitt behandelt.

**Betrieb als Lichtemitter**
Bei Betrieb im ersten Quadrant ($U_D > 0$, $I_D > 0$) wird von der externen Quelle Leistung an die Diode abgegeben und dort in Strahlungsleistung umgesetzt. Wir stellen diesen Fall jedoch zunächst zurück und behandeln ihn dann im Abschn. 5.6, wo die Diode nicht als Lichtsensor, sondern als Lichtemitter betrieben wird.

## 5.4  Solarzelle

### 5.4.1  Funktion und Beschaltung

Die Solarzelle ist eine Fotodiode im Elementbetrieb, die Strahlungsleistung in elektrische Leistung umwandelt und diese an eine angeschlossene Last abgibt. Da die Solarzelle nicht als Verbraucher, sondern als Generator arbeitet, ist es zweckmäßig, die Richtung der Strom- und Spannungspfeile entsprechend anzupassen. Man erhält dann die übliche, in Abb. 5.13, rechts, gezeigte Darstellung der Kennlinien, die sich durch Spiegelung an der Spannungsachse ergeben.

Wir wollen nun untersuchen, welche Faktoren die Leistung beeinflussen, die von einer Solarzelle an einen Verbraucher abgegeben werden kann und betrachten dazu eine Solarzelle mit angeschlossener ohmscher Last $R$ (Abb. 5.14, links).

Der Arbeitspunkt der Solarzelle ergibt sich grafisch aus dem Schnittpunkt der Diodenkennlinie für eine gegebene Bestrahlungsstärke $E_e$ und der durch den Wert von $R$ gegebenen Widerstandsgeraden. Die an den Widerstand abgegebene elektrische Leistung ist dann $P = IU$ und entspricht der rechteckigen Fläche unter der Kennlinie (Abb. 5.14, rechts). Um die abgegebene Leistung zu maximieren, muss der Arbeitspunkt durch Änderung

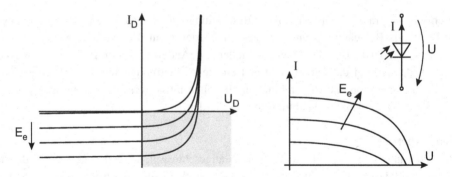

**Abb. 5.13** Wird die Fotodiode im vierten Quadranten betrieben ($U_D > 0$, $I_D < 0$), spricht man vom Elementbetrieb (*links*). Die übliche Darstellung der Kennlinie mit $U > 0$ und $I > 0$ ergibt sich durch Ändern der Richtung des Stromzählpfeiles (*rechts*)

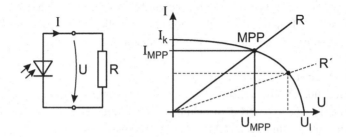

**Abb. 5.14** Solarzelle mit angeschlossener ohmscher Last $R$ (*links*) und Lage des Arbeitspunktes (•) bei unterschiedlichen Lasten $R$ bzw. $R'$ (*rechts*). Die maximale Leistung $P = UI$ an der Last erhält man, wenn der Arbeitspunkt im MPP liegt

des Widerstandes $R$ so gewählt werden, dass die Fläche maximal wird. Der Arbeitspunkt wird in diesem Fall oft als MPP (<u>M</u>aximum <u>P</u>ower <u>P</u>oint) bezeichnet und es gilt dann $P_{\text{max}} = I_{\text{MPP}} U_{\text{MPP}}$.

### 5.4.2  Kenngrößen

**Leerlaufspannung, Kurzschlussstrom und Bandabstand**
Wichtige Kenngrößen einer Solarzelle sind die Leerlaufspannung $U_l$ sowie der Kurzschlussstrom $I_k$, da diese die maximal abgebbare Leistung nach oben hin begrenzen, wie aus Abb. 5.14, rechts, ersichtlich ist. Die erreichbaren Werte von $U_l$ und $I_k$ hängen mit dem Bandabstand $W_g$ des Halbleitermaterials zusammen. So steigt der maximale Kurzschlussstrom mit kleiner werdendem Bandabstand $W_g$, da dann auch Photonen mit geringerer Energie zur Generation von Elektron-Loch Paaren beitragen können und das Sonnenspektrum besser ausgenutzt wird. Andererseits sinkt mit kleiner werdendem Bandabstand $W_g$ die Leerlaufspannung, da da diese nicht größer werden kann als $qW_g$.

**Füllfaktor**

Aus Abb. 5.14, rechts, erkennt man zudem, dass das Produkt $P_{max} = I_{MPP}U_{MPP}$ stets kleiner ist als das Produkt aus $I_k$ und $U_l$. Das Verhältnis dieser beiden Produkte bezeichnet man als den sog. Füllfaktor $FF$. Dieser gibt das Verhältnis der maximal von der Solarzelle abgebbaren Leistung im MPP zu dem Produkt aus Leerlaufspannung $U_l$ und Kurzschlussstrom $I_k$ der Solarzelle an (Abb. 5.15), d. h.

$$FF = \frac{I_{MPP}U_{MPP}}{I_k U_l} . \tag{5.22}$$

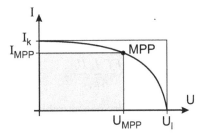

**Abb. 5.15** Der Füllfaktor gibt das Verhältnis der maximalen Fläche $P_{max} = I_{MPP} U_{MPP}$ (*grau schattiert*) unter der Diodenkennlinie zu der Rechteckfläche $I_k U_l$ an

**Wirkungsgrad**

Für die folgenden Betrachtungen ist es hilfreich, das Sonnenspektrum (genauer: den Verlauf der spektralen Strahlungsleistungsdichte, d. h. der pro Fläche eingestrahlten Leistung bezogen auf die Wellenlänge) zu betrachten. Der prinzipielle Verlauf dieser Kurve, wie er sich ohne Einfluss der Atmosphäre (Index *AM0*) ergibt, ist in Abb. 5.16 dargestellt.

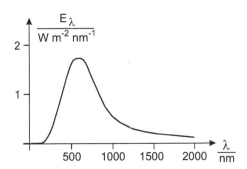

**Abb. 5.16** Verlauf der spektralen Strahlungsleistungsdichte $E_{AM0}$ der Sonne

Man erkennt, dass diese Kurve ein Maximum bei etwa 550 nm hat und dann zu größeren und kleineren Wellenlängen hin abfällt. Integriert man die Funktion $E_\lambda$ über die Wellenlänge $\lambda$, ergibt sich die Bestrahlungsstärke der Sonne mit einem Wert von etwa $E_{AM0} = 1350 \, W \, m^{-2}$. Durch atmosphärische Einflüsse reduziert sich dieser Wert unter realen Bedingungen auf der Erdoberfläche deutlich. Ein Standardwert, der oft für Berechnungen verwendet wird, ist $E_{AM1.5} = 1000\,\mathrm{W\,m^{-2}}$, wobei der Index $AM1.5$ den Einfluss der Atmosphäre angibt. Die pro Quadratmeter auf die Erdoberfläche treffende Sonnenstrahlung hat somit eine Leistung von etwa 1000 W.

Wie effizient eine Solarzelle optische Strahlung in elektrische Leistung umwandelt, wird durch den Wirkungsgrad $\eta$ beschrieben. Bei einer Solarzelle ist dieser definiert als das Verhältnis der maximal abgegebenen elektrischen Leistung $P_{\mathrm{max}} = I_{\mathrm{MPP}}U_{\mathrm{MPP}}$ im MPP zu der eingestrahlten Leistung $\Phi_e$. Ist $E_e$ die Bestrahlungsstärke und $A$ die Fläche der Solarzelle, so gilt demnach

$$\eta = \frac{I_{\mathrm{MPP}}U_{\mathrm{MPP}}}{AE_e} \;. \tag{5.23}$$

Mit dem oben definierten Füllfaktor erhalten wir schließlich für den Wirkungsgrad

$$\eta = \frac{FF\,I_k\,U_l}{AE_e} \;. \tag{5.24}$$

Um nun einen möglichst großen Teil der Sonnenstrahlung für die Energieumwandlung nutzen zu können, sollte der Bandabstand des Halbleitermaterials nach dem oben Gesagten möglichst gering sein, damit die Grenzwellenlänge $\lambda_g$ groß ist und ein möglichst großer Bereich des Sonnenspektrums (vgl. Abb. 5.16) ausgenutzt werden kann. Allerdings sinkt dann – wie oben beschrieben – die Leerlaufspannung und die Energieumwandlung ist weniger effektiv.

Weitere Faktoren, die den Wirkungsgrad der Solarzelle beeinflussen, sind ohmsche Verluste im Halbleitermaterial. Diese reduzieren den Füllfaktor und damit auch den Wirkungsgrad der Solarzelle. Verlustarme Materialien sind jedoch sehr teuer, so dass gerade bei Solarzellen letztlich zwischen den elektrischen Eigenschaften und den Kosten abgewogen werden muss.

## 5.5  Fototransistor

Neben der Fotodiode kann auch der Bipolartransistor als lichtdetektierendes Bauelement eingesetzt werden. Dazu ist der Transistor so aufgebaut, dass – ähnlich wie bei der Fotodiode – Licht in den Bereich der Basis-Kollektor Raumladungszone gelangen kann. Die dort durch den Fotoeffekt generierten Elektronen bzw. Löcher laufen dann gemäß der Richtung des elektrischen Feldes zum Kollektor bzw. zur Basis. Dies ist in Abb. 5.17 schematisch dargestellt.

Wir betrachten hier den Fall, dass der Basisanschluss offen bleibt, d. h. keine Spannungsquelle an die Basis angeschlossen wird und der Kollektor gegenüber dem Emitter positiv gepolt ist. Die durch den Fotoeffekt generierten und zum Kollektor fließenden Elektronen führen dann, wie auch bei der Fotodiode, zu einem Strom

$$I_{\mathrm{ph}} = \frac{q}{hc}\eta_q\,wl\lambda E_e \;. \tag{5.25}$$

Dabei ist $\eta_q$ der Quantenwirkungsgrad, $wl$ die effektive Fläche des Bauteils und $E_e$ die Bestrahlungsstärke.

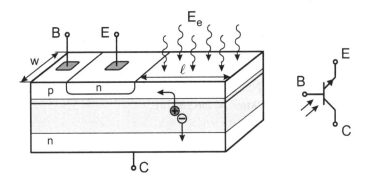

**Abb. 5.17** Aufbau (*links*) und Schaltbild (*rechts*) eines Fototransistors. Durch den Fotoeffekt in der Raumladungszone generierte Elektronen bzw. Löcher driften aufgrund des elektrischen Feldes zum Kollektor bzw. zur Basis. Die Raumladungszone ist in der Abbildung als grau schattierter Bereich dargestellt. Die Ladungsträger, die sich aufgrund des normalen Transistoreffekts durch das Bauteil bewegen, sind der Übersichtlichkeit halber nicht gezeigt (siehe hierzu Kap. 3)

Die in die Basis fließenden Löcher bewirken dort ein Anstieg des Potentials, so dass der Basis-Emitter Übergang in Durchlassrichtung gepolt wird. Die durch den Fotoeffekt generierten Löcher haben damit im Prinzip die gleiche Wirkung wie ein vom Basisanschluss injizierter Löcherstrom. Dieser Basisstrom der Größe $I_{ph}$ wird mit der Stromverstärkung $B_N$ des Transistors verstärkt (vgl. Kap. 3) und führt ebenfalls zu einem Strom durch den Transistor. Beide Anteile zusammen ergeben schließlich den Kollektorstrom

$$I_C = I_{ph}(1 + B_N) \, . \tag{5.26}$$

Der Fototransistor arbeitet also ähnlich wie die Fotodiode, wobei allerdings der Fotostrom durch das Bauteil selbst verstärkt wird. Ein Nachteil gegenüber der Diode ist die relativ geringe obere Grenzfrequenz des Fototransistors aufgrund dessen großer Basis-Kollektor Kapazität.

## 5.6 Lumineszenzdiode

### 5.6.1 Aufbau und Funktionsweise

Die Lumineszenzdiode, auch Leuchtdiode oder kurz LED (engl.: light emitting diode) genannt, ist ein Bauteil, bei dem ein Halbleitermaterial durch elektrischen Strom zum Leuchten angeregt wird. Der schematische Aufbau einer Lumineszenzdiode ist in Abb. 5.18, links, dargestellt. Dieser entspricht im einfachsten Fall der einer gewöhnlichen pn-Diode aus einem direkten Halbleitermaterial wie z. B. GaAs. Durch Anlegen einer externen Spannung $U_D > 0$ in Durchlassrichtung an die Diode wandern Löcher von dem p-Gebiet und Elektronen von dem n-Gebiet in Richtung der Raumladungszone. Dort sowie in den angrenzenden Diffusionszonen rekombinieren die Ladungsträger dann unter Aussendung je eines Photons. Der Bereich der Diode, in dem Photonen emittiert werden, wird auch als der sog. aktive Bereich bezeichnet.

Um zu erreichen, dass ein möglichst großer Anteil der Photonen von der Diode als Licht abgestrahlt wird, ist die obere Halbleiterschicht in der Regel sehr dünn. Zudem wird der rückseitige Kontakt oft reflektierend ausgeführt.

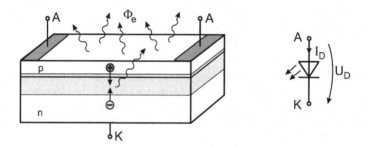

**Abb. 5.18** Prinzipieller Aufbau (*links*) und Schaltbild (*rechts*) einer Lumineszenzdiode. Die Raumladungszone ist grau schattiert dargestellt

## 5.6.2 Kenngrößen

Um die Leistungsfähigkeit einer LED beurteilen zu können, gibt es eine Reihe von Kenngrößen, die im Folgenden kurz beschrieben werden.

**Injektionswirkungsgrad**
Nur die Ladungsträger, die in dem aktiven Bereich rekombinieren, können zur Emission von Photonen beitragen. Das Verhältnis der pro Zeit im aktiven Bereich rekombinierenden Ladungsträger zu der Gesamtzahl der pro Zeit in die Diode fließenden Ladungsträger bezeichnet man als den sog. Injektionswirkungsgrad

$$\eta_{\text{inj}} = \frac{\text{rekombinierende Ladungsträger}}{\text{in die Diode fließende Ladungsträger}} \, . \tag{5.27}$$

**Interner Quantenwirkungsgrad**
Diese auch als Quantenausbeute bezeichnete Größe gibt an, welcher Anteil der insgesamt im aktiven Bereich pro Zeit rekombinierenden Ladungsträger unter Aussendung eines Photons rekombinieren, d. h.

$$\eta_{q,\text{int}} = \frac{\text{erzeugte Photonen}}{\text{rekombinierende Ladungsträger}} \, . \tag{5.28}$$

## Optischer Wirkungsgrad

Der optische Wirkungsgrad berücksichtigt, dass nicht alle in dem aktiven Bereich erzeugten Photonen auch tatsächlich die Diode verlassen und zur Abstrahlung von Licht beitragen. Die Hauptgründe dafür sind, dass die Photonen zum Teil im Inneren des Halbleiters wieder absorbiert werden und dass Photonen, die in einem zu flachen Winkel auf die Grenzschicht von Halbleiter und Außenraum treffen, totalreflektiert werden und somit die Diode nicht verlassen können. Der optische Wirkungsgrad ergibt sich damit als das Verhältnis der Zahl der pro Zeit tatsächlich abgestrahlten Photonen zu der Anzahl der pro Zeit in dem aktiven Bereich erzeugten Photonen, d. h.

$$\eta_{\text{opt}} = \frac{\text{abgestrahlte Photonen}}{\text{erzeugte Photonen}} . \tag{5.29}$$

## Externer Quantenwirkungsgrad

Das Produkt aus den drei oben genannten Größen bezeichnet man als den externen Quantenwirkungsgrad. Dieser ist gegeben durch

$$\eta_{q,\text{ext}} = \eta_{\text{inj}} \, \eta_{q,\text{int}} \, \eta_{\text{opt}} \tag{5.30}$$

oder anders ausgedrückt

$$\eta_{q,\text{ext}} = \frac{\text{abgestrahlte Photonen}}{\text{in die Diode fließende Ladungsträger}} . \tag{5.31}$$

Hat das emittierte Licht die Wellenlänge $\lambda = c/f$, lässt sich dies umschreiben und durch die abgestrahlte Leistung $\Phi_e$ ausdrücken, was auf

$$\eta_{q,\text{ext}} = \frac{\Phi_e/(hf)}{I_D/q} = \frac{q}{hc} \frac{\Phi_e}{I_D} \lambda \tag{5.32}$$

führt.

## Leistungswirkungsgrad

Eine weitere wichtige Größe ist das Verhältnis von abgegebener Strahlungsleistung $\Phi_e$ zu aufgenommener elektrischer Leistung $P = U_D I_D$. Mit (5.32) erhalten wir

$$\eta_P = \frac{\Phi_e}{U_D I_D} = \eta_{q,\text{ext}} \frac{hf}{q U_D} . \tag{5.33}$$

Der Quotient in dem letzten Ausdruck lässt sich dabei interpretieren als das Verhältnis der Energie $W_{\text{ph}} = hf$ eines von der Diode emittierten Photons zu der Energie, die ein in die Diode fließender Ladungsträger mit der Ladung $q$ durch die extern an die Diode gelegte Spannung $U_D$ aufnimmt.

**Spektrum des emittierten Lichtes**

Die Wellenlänge $\lambda$ des emittierten Lichts ist nach (5.1) mit der Photonenenergie $W_{\text{ph}}$ verknüpft. Wie diese mit dem Bandabstand $W_g$ des verwendeten Halbleitermaterials zusammenhängt, wollen wir im Folgenden etwas genauer untersuchen und betrachten dazu Abb. 5.19.

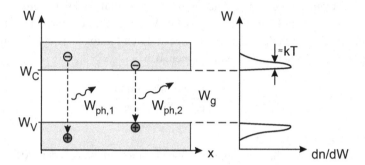

**Abb. 5.19** Bänderdiagramm eines Halbleiters sowie Verteilung der Ladungsträger über der Energie $W$. Die Wellenlänge der emittierten Strahlung hängt von der Energiedifferenz $W_{\text{ph}}$ ab

Diese zeigt das Bänderdiagramm eines Halbleiters sowie die Verteilung der Ladungsträger über der Energie $W$, wie wir sie bereits in Kap. 1 detailliert diskutiert hatten. Man erkennt, dass der größte Teil der Ladungsträger knapp ober- bzw. unterhalb von $W_C$ bzw. $W_V$ liegt und dass die Ladungsträgerdichten mit zunehmendem Abstand von den Bandkanten abnehmen. Die Breite der Kurven ist temperaturabhängig und liegt im Bereich von einigen $kT$. Die Energie $W_{\text{ph}}$ der emittierten Photonen entspricht daher nicht exakt dem Bandabstand $W_g$, sondern weist ebenfalls eine Verteilung auf, wobei der Mittelwert etwas oberhalb von $W_g$ liegt, wie in Abb. 5.20 gezeigt ist.

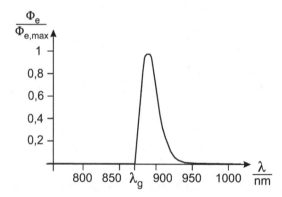

**Abb. 5.20** Spektrum der emittierten Strahlung einer GaAs-Lumineszenzdiode. Da die Ladungsträger im Bänderdiagramm nicht alle direkt an den Bandkanten sitzen, sondern eine Verteilung nach Abb. 5.19 haben, weist auch die von der Diode emittierte Strahlung eine spektrale Verteilung auf

Durch geeignete Wahl der Halbleitermaterialien mit entsprechenden Bandabständen lassen sich also Leuchtdioden herstellen, die Licht bestimmter Farbe emittieren. Zusätzlich kann man in die Diode Schichten mit Fluoreszenzfarbstoffen einbringen. Diese können durch das von dem Halbleiter abgestrahlte Licht angeregt werden und emittieren dann selbst Licht mit einer vom Farbstoff abhängigen Wellenlänge. So lassen sich beispielsweise weiße LED herstellen, indem auf blaue LED eine Schicht mit gelbem Fluoreszenzfarbstoff aufgebracht wird, so dass sich durch Mischung weißes Licht ergibt.

## Leuchtwirkungsgrad

Da bei Lumineszenzdioden oftmals die vom menschlichen Auge wahrgenommene Helligkeit von Interesse ist, gewichtet man das abgestrahlte Spektrum mit der Empfindlichkeitskurve $A(\lambda)$ (Abb. 5.2) und bezieht dies auf die gesamte von dem Bauteil abgestrahlte Leistung. Man erhält so den Leuchtwirkungsgrad des Strahlers, der angibt, wie groß der Anteil des sichtbaren Lichtes an der von der Diode insgesamt emittierten Strahlung ist.

## Literatur

1. Bludau, W (2003) Halbleiter-Optoelektronik. Hanser, München
2. Reisch, M (2007) Halbleiter-Bauelemente. Springer, Berlin
3. Sze, SM (1981) Physics of Semiconductor Devices. Wiley, New York
4. Wagemann, H-G, Schmidt, A (1998) Grundlagen der optoelektronischen Halbleiterbauelemente. Teubner Studienbücher, Stuttgart

# Der Transistor als Verstärker

6

## 6.1 Grundlegende Begriffe und Konzepte

### 6.1.1 Übertragungskennlinie und Verstärkung

Verstärkerschaltungen dienen dazu, Änderungen elektrischer Signale (Ströme bzw. Spannungen) zu verstärken. Eine solche Schaltung, bei der kleine Änderungen der Spannung im Eingangskreis zu großen Änderungen der Spannung im Ausgangskreis führen, ist beispielhaft in Abb. 6.1 dargestellt.

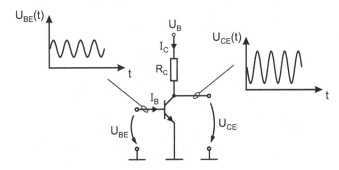

**Abb. 6.1** Einfache Verstärkerschaltung mit Bipolartransistor. Eine kleine Veränderung der Eingangsspannung $U_{BE}$ bewirkt eine große Änderung der Ausgangsspannung $U_{CE}$

 S.m.i.L.E: 6.1_Transistorverstärker

Bei dieser Schaltung stellt sich für jeden Wert der Eingangsspannung $U_{BE}(t)$ ein bestimmter Basisstrom $I_B(t)$ ein, der im Ausgangskreis der Schaltung zu einem entsprechenden Kollektorstrom $I_C(t)$ führt. Die Spannung $U_{CE}(t)$ am Ausgang der Schaltung ist dann durch die Versorgungsspannung $U_B$ abzüglich des Spannungsabfalls an dem

© Springer-Verlag GmbH Deutschland, ein Teil von Springer Nature 2019
H. Göbel, *Einführung in die Halbleiter-Schaltungstechnik*,
https://doi.org/10.1007/978-3-662-56563-6_6

Kollektorwiderstand $R_C$ gegeben. Dabei ist zu beachten, dass bei einer Erhöhung der Eingangsspannung die Ausgangsspannung absinkt, so dass beide Signale um 180° phasenverschoben zueinander sind.

Die Funktion des Verstärkers lässt sich sehr anschaulich grafisch darstellen, wenn man das Ausgangskennlinienfeld des Transistors und die Widerstandskennlinie in ein gemeinsames Diagramm einträgt (Abb. 6.2, links). Zur Konstruktion der Widerstandskennlinie benötigen wir lediglich zwei Punkte, die wir z. B. erhalten, wenn wir den Strom durch den Widerstand $R_C$ für $U_{CE} = 0$ und $U_{CE} = U_B$ bestimmen, was auf $I_C = U_B/R_C$ bzw. $I_C = 0$ führt. Aus dem so gewonnenen Diagramm können nun für jeden Wert der Spannung $U_{BE}$ der sich einstellende Strom $I_C$ und die Spannung $U_{CE}$ am Ausgang aus dem Schnittpunkt der Widerstandskennlinie mit der entsprechenden Ausgangskennlinie des Transistors bestimmt werden.

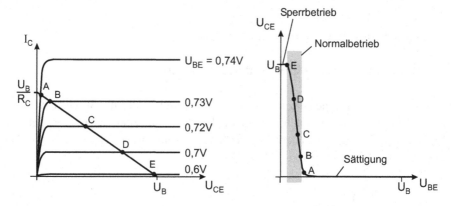

**Abb. 6.2** Aus dem Kennlinienfeld und der Lastgeraden (*links*) kann die Übertragungskennlinie des Verstärkers konstruiert werden (*rechts*)

 S.m.i.L.E: 6.1_Übertragungskennlinie     S.m.i.L.E: 6.1_BJT-Verstärker

Trägt man zu jedem Wert der Eingangsspannung $U_{BE}$ den dazugehörenden Wert der Ausgangsspannung $U_{CE}$ in einem Diagramm auf, erhält man die so genannte Übertragungskennlinie, welche das Ausgangssignal abhängig von dem Eingangssignal darstellt (Abb. 6.2, rechts). Man erkennt, dass die Übertragungskennlinie nur in dem kleinen Bereich der Spannung $U_{BE}$ steil verläuft, in dem der Transistor im Normalbetrieb arbeitet. Außerhalb dieses Bereiches ist die Steigung der Übertragungskennlinie näherungsweise null, da der Transistor in diesem Beispiel für Spannungen kleiner als etwa 0,6 V sperrt und für Spannungen oberhalb von etwa 0,73 V in Sättigung geht. Die Steigung $dU_{CE}/dU_{BE}$ der Übertragungskennlinie entspricht dabei der Verstärkung, mit der eine Spannungsänderung am Eingang verstärkt wird. Die Schaltung arbeitet daher nur für Eingangssignale innerhalb des steilen Kennlinienbereiches als Verstärker.

**Merksatz 6.1**

Durch Auftragen des Ausgangssignals über dem Eingangssignal eines Verstärkers erhält man die Übertragungskennlinie. Die Steigung der Kurve entspricht der Verstärkung. Diese ist nur im Normalbetrieb des Transistors groß; im Sättigungs- und Sperrbereich geht die Verstärkung gegen null.

## 6.1.2 Arbeitspunkt und Betriebsarten

**A-Betrieb**

Soll mit der oben gezeigten Schaltung ein Wechselsignal $u_{BE}$ mit positiver und negativer Halbwelle verstärkt werden, muss diesem ein Gleichanteil überlagert werden, damit das Eingangssignal in dem steilen Bereich der Übertragungskennlinie zu liegen kommt. Der Gleichanteil bewirkt, dass ständig, auch wenn kein Eingangssignal $u_{BE}$ an der Schaltung anliegt, ein Kollektorgleichstrom durch den Transistor fließt sowie eine Gleichspannung am Ausgang des Transistors liegt. Diese Gleichströme und -spannungen legen den Arbeitspunkt des Transistors fest, um den herum die Aussteuerung mit den Wechselsignalen erfolgt. Zur Kennzeichnung dieser Größen verwenden wir den zusätzlichen Index A für Arbeitspunkt, d. h. $U_{CE,A}$, $U_{BE,A}$ und $I_{C,A}$ (Abb. 6.3).

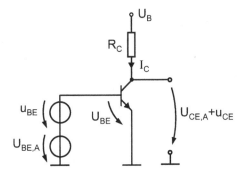

**Abb. 6.3** Schaltung, bei der der Arbeitspunkt durch Überlagerung einer Gleichspannung $U_{BE,A}$ zu der Signalspannung $u_{BE}$ eingestellt wird

 PSpice: 6.1_Verstärker

Liegt der Arbeitspunkt etwa in der Mitte des aussteuerbaren Bereiches, so dass um den Arbeitspunkt herum eine gleichmäßige Aussteuerung mit einem Wechselsignal möglich ist, spricht man vom A-Betrieb. Bei dieser Betriebsart ist die Verstärkung zwar weitgehend verzerrungsfrei, der Transistor setzt jedoch, selbst ohne Ansteuerung mit einem

Wechselsignal am Eingang, wegen des stets fließenden Ruhestromes $I_{C,A}$ eine hohe
Verlustleistung um. Der Wirkungsgrad einer solchen Schaltung ist also recht gering
(Abb. 6.4).

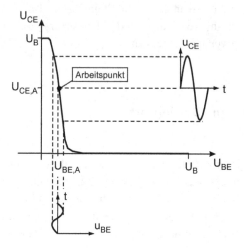

**Abb. 6.4**  Beim A-Betrieb liegt der Arbeitspunkt etwa in der Mitte des aussteuerbaren Bereiches

  S.m.i.L.E: 6.1_Arbeitspunkt

## B-Betrieb

Wird der Transistor ohne Vorspannung betrieben, so dass nur eine Halbwelle des Eingangssignals verstärkt wird, spricht man vom B-Betrieb. Dieser hat den Vorteil, dass der
Ruhestrom $I_{C,A}$ praktisch null·ist und daher kaum Verlustleistung umgesetzt wird. Die
Verzerrungen sind jedoch sehr groß, da die positive Halbwelle des Eingangssignals erst
ab einer Basis-Emitter-Spannung von etwa 0,6 V übertragen wird (Abb. 6.5).

## AB-Betrieb

Einen Kompromiss zwischen Verzerrungsfreiheit und hohem Wirkungsgrad stellt der AB-
Betrieb dar, bei dem der Arbeitspunkt an dem Knick der Übertragungskennlinie bei etwa
$U_{BE} = 0,6$ V liegt. Damit ist gewährleistet, dass die positive Halbwelle des Eingangssignals vollständig übertragen wird. Um das vollständige Eingangssignal zu verstärken,
wird die Schaltung dann oft um eine komplementäre Transistorstufe erweitert, welche die
negative Halbwelle verstärkt (siehe Abschn. 7.4).

> **Merksatz 6.2**
> Zur Verstärkung von Kleinsignalen muss die Aussteuerung um einen Arbeitspunkt
> herum erfolgen, der in dem Bereich der Übertragungskennlinie liegt, in dem diese
> eine große Steigung hat. Je nach Lage des Arbeitspunktes unterscheidet man den
> A-, den B- und den AB-Betrieb.

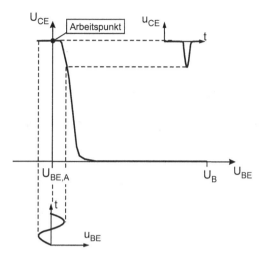

**Abb. 6.5** Beim B-Betrieb wird der Transistor ohne Basis-Emitter-Vorspannung betrieben. Die negative Halbwelle der Eingangsspannung wird in dem gezeigten Beispiel gar nicht und die positive Halbwelle erst ab etwa 0,6 V verstärkt

### 6.1.3 Gleichstromersatzschaltung

Zur Einstellung des Arbeitspunktes einer Schaltung betrachten wir die Schaltung für den Gleichstromfall, d. h. ohne Ansteuerung mit einem Eingangssignal. Die so genannte Gleichstromersatzschaltung, die zur Arbeitspunktanalyse verwendet werden kann, ergibt sich somit durch die folgende Vorgehensweise:

- Die Eingangssignalquelle wird zu null gesetzt, d. h. eine Spannungsquelle am Eingang wird durch einen Kurzschluss und eine Stromquelle durch einen Leerlauf ersetzt,
- in der Schaltung vorkommende Kapazitäten werden durch Leerläufe ersetzt
- in der Schaltung vorkommende Induktivitäten werden durch Kurzschlüsse ersetzt.

Für die Verstärkerschaltung nach Abb. 6.3, bei der wir den Arbeitspunkt des Transistors durch Addition einer Basis-Emitter-Gleichspannung $U_{BE,A}$ zu der Signalspannung $u_{BE}$ eingestellt hatten, erhalten wir damit die in Abb. 6.6 dargestellte Gleichstromersatzschaltung. Der Strom $I_{C,A}$ im Arbeitspunkt, also ohne Signalspannung, ergibt sich aus dem Schnittpunkt der Transistorkennlinie $I_C(U_{BE})$ mit der Geraden $U_{BE,A}$. Man erkennt, dass die Spannung $U_{BE,A}$ sehr genau festgelegt werden muss, um den Strom genau einzustellen. Da jedoch die Transistorparameter, insbesondere die Stromverstärkung, bei gleichem Transistortyp von Exemplar zu Exemplar sehr stark schwanken, ist eine exakte Einstellung des Arbeitspunktes mit dieser Schaltung praktisch nicht möglich. In den beiden nächsten Abschnitten werden wir daher zwei Methoden kennenlernen, die eine stabile Arbeitspunkteinstellung im A-Betrieb ermöglichen. Schaltungen, die im B- bzw. AB-Betrieb arbeiten, werden dann im Abschn. 7.4 vorgestellt.

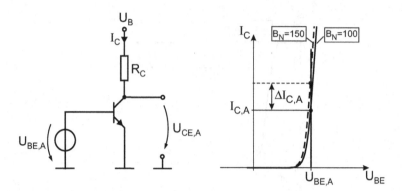

**Abb. 6.6** Wird der Arbeitspunkt durch eine einfache Spannungsquelle eingestellt (*links*), ist der Arbeitspunkt nicht stabil und hängt zudem sehr stark von den Transistorparametern ab (*rechts*)

## 6.2  Arbeitspunkteinstellung mit 4-Widerstandsnetzwerk

### 6.2.1  Arbeitspunkteinstellung beim Bipolartransistor

Um bei diskret aufgebauten Schaltungen den Arbeitspunkt einzustellen, verwendet man oft die Schaltung nach Abb. 6.7 mit einem so genannten 4-Widerstandsnetzwerk. Das Ein- und das Ausgangssignal werden dabei durch Kapazitäten $C_\infty$ ein- bzw. ausgekoppelt, so dass diese Signale keinen Gleichspannungsanteil besitzen.

Zur Untersuchung dieser Schaltung bilden wir zunächst die Gleichstromersatzschaltung durch Ersetzen der Kapazitäten durch Leerläufe (Abb. 6.8, links).

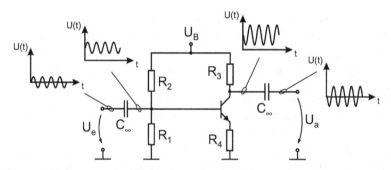

**Abb. 6.7** Arbeitspunkteinstellung mit einen 4-Widerstandsnetzwerk. Die Signalspannungen werden über Kondensatoren ein- bzw. ausgekoppelt

 PSpice: 6.2_4R-BJT

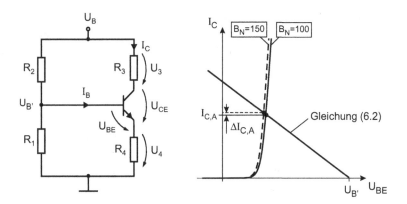

**Abb. 6.8** Gleichstromersatzschaltbild der Schaltung nach Abb. 6.7 (*links*). Der Arbeitspunkt der Schaltung mit 4-Widerstandsnetzwerk ist stabil und hängt kaum von den Transistorparametern ab (*rechts*)

Üblicherweise dimensioniert man diese Schaltung so, dass der Strom durch die Widerstände $R_1$ und $R_2$ groß gegenüber dem Basisstrom $I_B$ ist, so dass der Spannungsteiler, bestehend aus $R_1$ und $R_2$, als unbelastet angenommen werden kann. Dann gilt für das Potential $U_{B'}$ die Beziehung

$$U_{B'} = U_B \frac{R_1}{R_1 + R_2} \ . \tag{6.1}$$

Zur Bestimmung des Kollektorstromes $I_C$ nehmen wir an, dass die Stromverstärkung des Transistors sehr groß ist, was in den meisten Fällen gerechtfertigt ist. Der Kollektorstrom $I_C$ entspricht dann betragsmäßig dem Emitterstrom und wir können $I_C$ aus dem Spannungsabfall über dem Widerstand $R_4$ berechnen, was auf

$$I_C = (U_{B'} - U_{BE})/R_4 \tag{6.2}$$

führt. Trägt man diese Gerade sowie die Transistorkennlinie $I_C(U_{BE})$ in ein Diagramm ein, ergibt der Schnittpunkt beider Kurven den gesuchten Strom $I_{C,A}$ im Arbeitspunkt (Abb. 6.8, rechts). Man sieht, dass sich ändernde Transistorparameter einen nur sehr geringen Einfluss auf den Strom $I_{C,A}$ haben, wenn die Spannung $U_{B'}$ hinreichend groß gewählt wird. Der Emitterwiderstand trägt dabei wesentlich zur Stabilisierung des Arbeitspunktes bei. So führt eine Erhöhung des Stromes $I_{C,A}$ im Arbeitspunkt, z. B. durch Erwärmung des Transistors, zunächst zu einem größeren Spannungsabfall über dem Emitterwiderstand $R_4$. Da jedoch die Spannung $U_{B'}$ konstant ist, sinkt entsprechend die Basis-Emitter-Spannung des Transistors und damit auch der Strom $I_{C,A}$, so dass der Arbeitspunkt letztendlich stabil bleibt.

**Dimensionierung des 4-Widerstandsnetzwerkes**

Damit der Arbeitspunkt der Verstärkerschaltung stabil ist, muss die Spannung $U_{B'}$ und damit auch die Spannung über dem Emitterwiderstand $R_4$ hinreichend groß sein. Sind keine anderen Bedingungen vorgegeben, kann man $U_4$ zu etwa

$$U_4 \approx 1\,\text{V} \tag{6.3}$$

wählen. Mit dem im Arbeitspunkt durch den Transistor fließenden Strom $I_{C,A}$ bzw. $I_{E,A}$ können dann die Widerstandswerte für $R_C$ und $R_E$ bestimmt werden. Für große Stromverstärkungen kann dabei in guter Näherung $I_{E,A} \approx -I_{C,A}$ angenommen werden.

Zur Dimensionierung der Widerstände $R_1$ und $R_2$ bestimmen wir zunächst die Spannung $U_{B'}$ am Basisknoten. Da der Transistor bei einem Verstärker im aktiven Vorwärtsbetrieb arbeitet, gilt nach (3.11) für die Basis-Emitter-Spannung $U_{\text{BE},A} \approx 0{,}7\,\text{V}$, so dass wir für $U_{B'}$ näherungsweise

$$U_{B'} = U_4 + 0{,}7\,\text{V} \tag{6.4}$$

erhalten. Damit diese Spannung möglichst stabil ist und insbesondere nicht von dem Basisstrom abhängt, wählt man den durch die Widerstände $R_1$ und $R_2$ fließenden Strom so, dass er groß gegenüber dem Basisstrom $I_{B,A}$ im Arbeitspunkt ist, d. h.

$$I_1 \approx I_2 \approx 10\,I_{B,A} \,. \tag{6.5}$$

Der Spannungsteiler, bestehend aus $R_1$ und $R_2$, kann dann als unbelastet angenommen und die Widerstandswerte leicht bestimmt werden.

---

**Beispiel 6.1**

Für einen Bipolartransistor mit $B_N = 100$ soll der Arbeitspunkt einer Verstärkerschaltung mit 4-Widerstandsnetzwerk auf die Werte $I_{C,A} = 750\,\mu\text{A}$, $U_{\text{CE},A} = 5\,\text{V}$ eingestellt werden (Abb. 6.9). Die Betriebsspannung sei $U_B = 15\,\text{V}$.

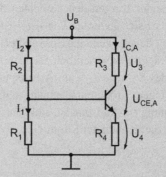

**Abb. 6.9**  Beispielschaltung für ein 4-Widerstandsnetzwerk eines Verstärkers

Um die Schaltung zu dimensionieren, legen wir zunächst die Spannung $U_4$ zu etwa 1 V fest. Damit wird

$$R_4 = \frac{U_4}{-I_{E,A}} \approx \frac{U_4}{I_{C,A}} = 1{,}3\,\text{k}\Omega \,. \tag{6.6}$$

Da in diesem Beispiel die Kollektor-Emitter-Spannung vorgegeben ist, gilt für die Spannung $U_3$

$$U_3 = U_B - U_4 - U_{\text{CE},A} = 15\,\text{V} - 1\,\text{V} - 5\,\text{V} = 9\,\text{V} \tag{6.7}$$

Damit erhalten wir

$$R_3 = \frac{U_3}{I_{C,A}} = 12\,\text{k}\Omega \,. \tag{6.8}$$

Mit $B_N = 100$ wird $I_{B,A} = I_{C,A}/B_N = 7{,}5\,\mu\text{A}$, so dass wir für $I_1$ und $I_2$ wählen

$$I_1 = I_2 \approx 10 I_{B,A} = 75\,\mu\text{A} \,. \tag{6.9}$$

Die Masche im Basis-Emitter-Kreis liefert

$$R_1 = \frac{U_{\text{BE},A} + U_4}{I_1} \,, \tag{6.10}$$

wobei wir für $U_{\text{BE},A} \approx 0{,}7\,\text{V}$ annehmen können. Mit $I_1 \approx I_2 = 75\,\mu\text{A}$ und $U_4 = 1\,\text{V}$ ergibt sich

$$R_1 = 22{,}7\,\text{k}\Omega \tag{6.11}$$

und

$$R_2 = \frac{U_B}{I_2} - R_1 = 177{,}3\,\text{k}\Omega \,. \tag{6.12}$$

Für die erste Dimensionierung der Schaltung genügt eine solche überschlägige Dimensionierung, da die Bauteiltoleranzen in der Regel einen viel größeren Einfluss auf das Ergebnis haben als die getroffenen Näherungen.

## 6.2.2 Arbeitspunkteinstellung beim MOSFET

Bei diskreten Verstärkerschaltungen mit Feldeffekttransistoren kann man ebenfalls ein 4-Widerstandsnetzwerk zur Arbeitspunkteinstellung verwenden. Eine entsprechende Schaltung ist in Abb. 6.10 gezeigt.

Bei der Dimensionierung des 4-Widerstandsnetzwerkes zur Arbeitspunkteinstellung eines Feldeffekttransistors gilt Ähnliches wie bei der Dimensionierung der Schaltung für den Bipolartransistor. Auch hier sollte der Widerstand $R_4$ so gewählt werden, dass eine

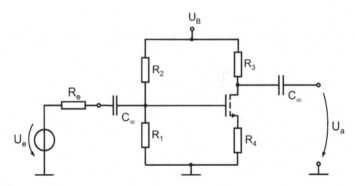

**Abb. 6.10** Verstärkerschaltung mit MOSFET und 4-Widerstandsnetzwerk zur Arbeitspunkteinstellung

   PSpice: 6.2_4R-MOS

hinreichend große Spannung, d. h. $U_4 > 1\,\mathrm{V}$, darüber abfällt, um die Stabilität des Arbeitspunktes zu erhöhen. Die Widerstände $R_1$ und $R_2$ des Spannungsteilers werden dann so eingestellt, dass sich die gewünschte Spannung am Gate-Knoten einstellt. Da der Gatestrom gleich null ist, ist der Spannungsteiler $R_1$ und $R_2$ nicht belastet, so dass hochohmige Widerstände im $\mathrm{M\Omega}$-Bereich verwendet werden können.

**Beispiel 6.2**
Anhand der in Abb. 6.10 dargestellten Verstärkerschaltung mit Feldeffekttransistor soll die Arbeitspunktanalyse, d. h. die Bestimmung von $I_{\mathrm{DS},A}$ und $U_{\mathrm{DS},A}$, gezeigt werden. Dabei gelte für den Transistor $\beta_n = 25\,\mathrm{\mu AV^{-2}}$ und $U_{Th} = 1\,\mathrm{V}$. Die Widerstände haben die Werte $R_1 = 100\,\mathrm{k\Omega}$, $R_2 = 150\,\mathrm{k\Omega}$, $R_3 = 75\,\mathrm{k\Omega}$ und $R_4 = 39\,\mathrm{k\Omega}$ und die Betriebsspannung sei $U_B = 10\,\mathrm{V}$.

Nach dem Nullsetzen der Signalquelle und unter Berücksichtigung, dass die Kondensatoren $C_\infty$ für Gleichsignale hochohmig sind, erhalten wir zunächst die in Abb. 6.11 gezeigte Gleichstromersatzschaltung.

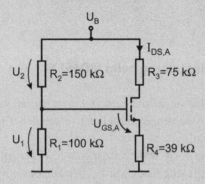

**Abb. 6.11** Gleichstromersatzschaltbild der Verstärkerschaltung nach Abb. 6.10

Aus der Masche im Eingangskreis erhält man

$$U_1 = U_{GS,A} + I_{DS,A} R_4 \,. \tag{6.13}$$

Dabei ist $U_1$ durch den Spannungsteiler, bestehend aus $R_1$ und $R_2$, bestimmt

$$U_1 = U_B \frac{R_1}{R_1 + R_2} = 4\,\text{V} \,. \tag{6.14}$$

Der Zusammenhang zwischen der Spannung im Eingangskreis und dem Strom im Ausgangskreis der Schaltung ist durch die Stromgleichungen für den MOSFET gegeben. Dabei nehmen wir zunächst an, dass der MOSFET in Sättigung arbeitet. Die Annahme der Sättigung ist sinnvoll, da der MOSFET nur im Sättigungsbetrieb als Verstärker arbeitet, die Richtigkeit der Annahme muss jedoch später noch überprüft werden. Mit der Stromgleichung

$$I_{DS,A} = \frac{\beta_n}{2} \left( U_{GS,A} - U_{Th} \right)^2 \tag{6.15}$$

ergibt sich dann aus (6.13)

$$U_1 = U_{GS} + R_4 \frac{\beta_n}{2} \left( U_{GS} - U_{Th} \right)^2 \,. \tag{6.16}$$

Die beiden Lösungen dieser quadratischen Gleichung sind

$$U_{GS,A} = -0{,}02\,\text{V} \pm \sqrt{0{,}0004 + 7{,}16}\,\text{V} \,, \tag{6.17}$$

wobei die negative Gatespannung keine sinnvolle Lösung darstellt, so dass wir für die Gate-Source-Spannung im Arbeitspunkt

$$U_{GS,A} = +2{,}67\,\text{V} \,. \tag{6.18}$$

erhalten. Damit wird der Strom

$$I_{DS,A} = 35\,\mu\text{A} \tag{6.19}$$

und die Drain-Source-Spannung wird

$$U_{DS,A} = U_B - I_{DS,A} \left( R_3 + R_4 \right) \tag{6.20}$$
$$= 6\,\text{V} \,. \tag{6.21}$$

Zum Schluss müssen wir noch die getroffene Annahme überprüfen, nach der der MOSFET in Sättigung ist. Dies erfolgt mit der Ungleichung (4.28)

$$U_{\mathrm{GS}} - U_{Th} \leq U_{\mathrm{DS}} \,. \tag{6.22}$$

Durch Einsetzen erhält man

$$2{,}6\,\mathrm{V} - 1\,\mathrm{V} \leq 6\,\mathrm{V} \,, \tag{6.23}$$

was die Annahme bestätigt.

---

**Merksatz 6.3**
Das 4-Widerstandsnetzwerk ermöglicht eine einfache und stabile Arbeitspunktein-stellung bei diskreten Schaltungen.

---

## 6.3   Arbeitspunkteinstellung mit Stromspiegeln

Bei integrierten Analogschaltungen stellt man den Arbeitspunkt in der Regel nicht durch Widerstandsnetzwerke ein, sondern durch eine Stromquelle. Wir wollen nun die Eigen-schaften einer solchen Verstärkerschaltung mit Stromquelle als Last diskutieren, uns aber zunächst die schaltungstechnische Realisierung einer Stromquelle ansehen. Diese erfolgt in der Regel durch so genannte Stromspiegel.

### 6.3.1   Stromspiegel

**Stromspiegel mit npn-Bipolartransistoren**
Eine Stromquelle zur Arbeitspunkteinstellung kann durch die in Abb. 6.12 gezeigte Schal-tung realisiert werden. Diese Schaltung spiegelt den im Referenzzweig fließenden Strom $I_{\mathrm{ref}}$ auf den anderen Zweig des Stromspiegels, wie im Folgenden gezeigt wird.

Bei der Berechnung nehmen wir der Einfachheit halber an, dass die Stromverstärkung sehr groß ist, so dass die Basisströme der Transistoren gegenüber den Kollektorströmen vernachlässigt werden können. Wegen

$$U_{\mathrm{BC},1} = 0 \tag{6.24}$$

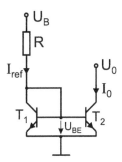

**Abb. 6.12**  Stromspiegelschaltung mit npn-Bipolartransistoren

arbeitet T1 stets im aktiven Betrieb und der Zusammenhang zwischen dem Strom $I_{\text{ref}}$ und der Basis-Emitter-Spannung $U_{\text{BE}}$ ist durch (3.5) gegeben

$$I_{\text{ref}} = I_{S1} \left[ \exp\left( \frac{q}{kT} U_{\text{BE}} \right) - 1 \right] \tag{6.25}$$

mit dem Transfersättigungsstrom $I_{S1}$ von T1. Da aufgrund der Beschaltung die Basis-Emitter-Spannungen der beiden Transistoren gleich sind, gilt für den Strom $I_0$ durch T2 entsprechend

$$I_0 = I_{S2} \left[ \exp\left( \frac{q}{kT} U_{\text{BE}} \right) - 1 \right] \tag{6.26}$$

mit dem Transfersättigungsstrom $I_{S2}$ von T2. Division beider Gleichungen führt auf die Beziehung

$$\boxed{I_0 = I_{\text{ref}} \frac{I_{S2}}{I_{S1}}} \ . \tag{6.27}$$

Das Stromverhältnis zwischen den beiden Zweigen lässt sich also durch das Verhältnis der Transfersättigungsströme beider Transistoren einstellen. Da der Transfersättigungsstrom bei integrierten Schaltungen von der Emitterfläche $A$ des Transistors abhängt (vgl. 3.6), lässt sich das Stromverhältnis damit leicht mit Hilfe des Geometrieverhältnisses der Transistoren einstellen.

Der Referenzstrom $I_{\text{ref}}$ kann ebenfalls einfach berechnet werden. Da T1 im aktiven Betrieb arbeitet, gilt $U_{\text{BE}} \approx 0{,}7\,\text{V}$ und $I_{\text{ref}}$ lässt sich durch

$$I_{\text{ref}} = \frac{U_B - 0{,}7\,\text{V}}{R} \tag{6.28}$$

bestimmen.

Wir wollen nun den Effekt der Basisweitenmodulation (vgl. Abschn. 3.2.5) berücksichtigen. Anstelle von (6.26) gilt dann für $I_0$ die Beziehung (3.35) und wir erhalten

$$I_0 = I_{S2}\left[\exp\left(\frac{q}{kT}U_{BE}\right) - 1\right]\left(1 - \frac{U_{BC,2}}{U_{AN}}\right),\tag{6.29}$$

d. h. $I_0$ wird zusätzlich von der Basis-Kollektor-Spannung von T2 abhängig. Für große Spannungen $U_0$ ist $-U_{BC,2} \approx U_0$ und wir erhalten für das Stromverhältnis

$$\boxed{I_0 = I_{\text{ref}}\frac{I_{S2}}{I_{S1}}\left(1 + \frac{U_0}{U_{AN}}\right).}\tag{6.30}$$

Mit zunehmender Spannung $U_0$ steigt also der Strom aufgrund des Early-Effektes leicht an. Geht die Spannung $U_0$ gegen 0 V, so gelangt T2 in Sättigung und der Strom sinkt, so dass sich schließlich die in Abb. 6.13 gezeigte Kennlinie ergibt.

Der Stromspiegel liefert also über einen großen Spannungsbereich einen annähernd konstanten Strom $I_0$, so dass sich das Großsignalverhalten des Stromspiegels durch eine Stromquelle darstellen lässt (Abb. 6.14, links). Für die Verwendung des Stromspiegels als aktive Last in Verstärkerschaltungen ist zusätzlich der so genannte differenzielle Widerstand $r_0 = dU_0/dI_0$, d. h. die Änderung der Spannung $U_0$ bei einer Änderung des Stromes $I_0$, von Interesse. Dieser ist durch den Kehrwert der Steigung der Kennlinie (Abb. 6.13) und damit dem Ausgangswiderstand des Transistors T2 gegeben. Um das Verhalten des Stromspiegels bei einer kleinen Aussteuerung um einen festen Arbeitspunkt herum zu beschreiben, kann der Stromspiegel durch die einfache Ersatzschaltung nach Abb. 6.14, rechts, ersetzt werden.

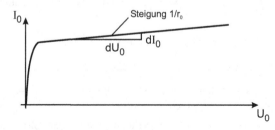

**Abb. 6.13** Ausgangskennlinie des Stromspiegels nach Abb. 6.12

 PSpice: 6.3_npn-Stromspiegel

**Abb. 6.14** Ersatzschaltung des Stromspiegels für den Großsignalfall (*links*) und den Kleinsignalfall (*rechts*)

**Stromspiegel mit pnp-Bipolartransistoren**

Die gleichen Überlegungen gelten für einen Stromspiegel mit pnp-Transistoren. Die Schaltung sowie die dazu gehörende Kennlinie ist in Abb. 6.15 gezeigt.

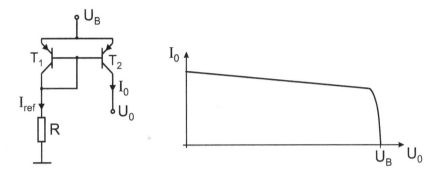

**Abb. 6.15** Stromspiegel mit pnp-Transistoren und dazugehörige Kennlinie

 S.m.i.L.E: 6.3_BJT-Stromspiegel  PSpice: 6.3_pnp-Stromspiegel

**Stromspiegel mit n-Kanal MOSFET**

Auch mit MOSFET lassen sich Stromspiegel realisieren (Abb. 6.16).

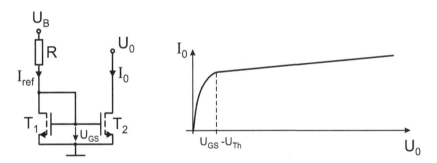

**Abb. 6.16** Stromspiegel mit n-Kanal MOSFET und entsprechende Kennlinie

 PSpice: 6.3_n-MOS-Stromspiegel

Zur Untersuchung der Schaltung nehmen wir an, dass die Einsatzspannungen $U_{Th}$ der beiden Transistoren identisch sind. Ebenso vernachlässigen wir zunächst die Kanallängenmodulation. Wegen $U_{GS1} = U_{DS1}$ ist der Transistor T1 stets in Sättigung, so dass für den Strom $I_{ref}$ durch den Transistor gilt

$$I_{ref} = \frac{\beta_{n1}}{2} (U_{GS} - U_{Th})^2 \; . \tag{6.31}$$

Entsprechend gilt für den Strom $I_0$ durch Transistor T2

$$I_0 = \frac{\beta_{n2}}{2} (U_{GS} - U_{Th})^2 \; , \qquad (6.32)$$

wenn wir voraussetzen, dass der Transistor im Sättigungsbetrieb arbeitet. Division der beiden letzten Gleichungen führt auf

$$\boxed{I_0 = I_{ref} \frac{\beta_{n2}}{\beta_{n1}}} \; , \qquad (6.33)$$

d. h. das Verhältnis der Ströme $I_0$ zu $I_{ref}$ kann über die Verstärkungsfaktoren der Transistoren eingestellt werden. Bei integrierten Schaltungen lässt sich $\beta_n$ einfach über das Verhältnis von $w$ zu $l$ einstellen, was auf die Beziehung

$$I_0 = I_{ref} \frac{w_2 / l_2}{w_1 / l_1} \qquad (6.34)$$

führt.

Wir wollen nun noch den Effekt der Kanallängenmodulation berücksichtigen, d. h. $\lambda > 0$. Dadurch erhalten wir statt (6.32) für den Strom $I_0$ die Beziehung

$$I_0 = \frac{\beta_{n2}}{2} (U_{GS} - U_{Th})^2 (1 + \lambda U_{DS2}) \; . \qquad (6.35)$$

Da $U_{DS2} = U_0$, ergibt sich für das Stromverhältnis $I_0$

$$\boxed{I_0 = I_{ref} \frac{\beta_{n2}}{\beta_{n1}} (1 + \lambda U_0)} \; . \qquad (6.36)$$

Der Strom steigt also mit zunehmender Spannung $U_0$ an. Wir müssen nun noch überprüfen, in welchem Spannungsbereich von $U_0$ die oben getroffene Annahme der Sättigung von T2 erfüllt ist. Dies ist mit $U_{DS2} = U_0$ der Fall für $U_0 \geq U_{GS} - U_{Th}$, so dass wir die in Abb. 6.16 dargestellte Kennlinie des Stromspiegels erhalten. Man sieht, dass die Schaltung über einen großen Spannungsbereich einen annähernd konstanten Strom $I_0$ liefert.

**Stromspiegel mit p-Kanal MOSFET**
Statt mit n-Kanal Transistoren lassen sich Stromspiegel auch mit p-Kanal MOSFET realisieren. Den Aufbau einer solchen Schaltung sowie die sich ergebende Kennlinie zeigt Abb. 6.17.

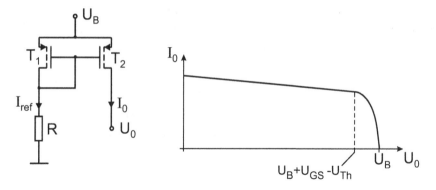

**Abb. 6.17** Schaltung und Kennlinie eines Stromspiegels mit p-Kanal MOSFET

 PSpice: 6.3_p-MOS-Stromspiegel

## 6.3.2 Dimensionierung des Stromspiegels

Wir wollen nun den Stromspiegel zur Einstellung des Arbeitpunktes einer Verstärker-schaltung verwenden. Dazu betrachten wir die in Abb. 6.18 gezeigte Schaltung mit einem Verstärkertransistor T3 und dem Stromspiegel T1, T2.

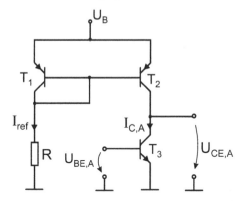

**Abb. 6.18** Verstärkerschaltung mit Stromspiegel zur Arbeitspunkteinstellung

Der gewünschte Strom $I_{CE,A}$ im Arbeitspunkt wird dann, wie oben gezeigt, über das Verhältnis der Transfersättigungsströme der Transistoren T2 und T1 eingestellt, so dass gilt

$$I_{C,A} \approx I_{\text{ref}} \frac{I_{S2}}{I_{S1}} . \tag{6.37}$$

Die gewünschte Ausgangsspannung $U_{\mathrm{CE},A}$ der Schaltung im Arbeitspunkt kann dann für eine gegebene Spannung $U_{\mathrm{BE},A}$ über den Parameter $I_{S3}$ des Verstärkertransistors T3 eingestellt werden. Dies ist in Abb. 6.19 veranschaulicht, in der die Stromkennlinie des Transistors T3 und die des Transistors T2 in einem gemeinsamen Diagramm aufgetragen sind. Der Schnittpunkt der beiden Kurven ergibt dann sowohl den Strom $I_{C,A}$ als auch die Spannung $U_{\mathrm{CE},A}$ im Arbeitspunkt. Wegen des flachen Verlaufes der Kennlinien ist die Einstellung der Ausgangsspannung jedoch sehr empfindlich, da sich bereits bei einer kleinen Änderung des Parameters $I_{S3}$ die Ausgangskennline des Transistors T3 verschiebt und damit auch der Schnittpunkt der beiden Kennlinien.

**Merksatz 6.4**
Stromspiegel liefern über einen großen Bereich der Spannung am Ausgang einen weitgehend konstanten Strom. Der Strom kann dabei über die Größenverhältnisse der beiden Transistoren des Stromspiegels eingestellt werden.

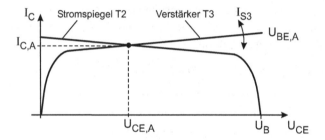

**Abb. 6.19** Der Strom $I_{C,A}$ und die Spannung $U_{\mathrm{CE},A}$ ergeben sich aus dem Schnittpunkt der Kennlinien des Verstärkertransistors T3 und des Transistors T2 des Stromspiegels

  S.m.i.L.E: 6.3_Verstärker mit Stromspiegel

## 6.4  Wechselstromanalyse von Verstärkern

### 6.4.1  Kleinsignalersatzschaltung

Soll eine Schaltung nur bezüglich ihrer Wechselstromeigenschaften, z. B. der Spannungsverstärkung, untersucht werden, kann man die Schaltung für die Analyse deutlich vereinfachen. Wir setzen dabei voraus, dass die betrachteten Frequenzen groß genug sind, um die Koppel- und Bypasskondensatoren $C_\infty$ als Kurzschluss zu betrachten, aber immer noch klein genug, um die parasitären Kapazitäten der Transistoren vernachlässigen zu können.

Die grundsätzliche Vorgehensweise soll anhand der in Abb. 6.20 dargestellten Verstärkerschaltung, bei der dem Eingangswechselsignal $u_{BE}$ eine Basisvorspannung $U_{BE,A}$ zur Arbeitspunkteinstellung überlagert wird, gezeigt werden.

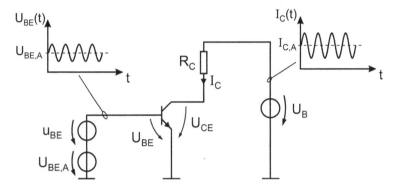

**Abb. 6.20** Prinzipielle Darstellung der Signalverläufe in einer Verstärkerschaltung. Den interessierenden Wechselsignalen ist jeweils ein Gleichanteil überlagert

Da bei der Verstärkerschaltung nur die Wechselsignale von Interesse sind, müssen die Gleichanteile nicht berücksichtigt werden. Wir können die ursprüngliche Schaltung somit vereinfachen, indem wir sämtliche Gleichspannungsquellen zu null setzen, d. h. kurzschließen. Entsprechendes gilt für eventuell vorhandene Gleichstromquellen, die wir durch Leerläufe ersetzen. Nehmen wir zudem an, dass die Signalamplituden der auftretenden Wechselspannungen klein sind, können wir den Transistor durch sein entsprechendes Kleinsignalersatzschaltbild ersetzen, wobei wir hier zur Vereinfachung den Ausgangswiderstand $r_0$ des Transistors vernachlässigen. Damit ergibt sich die in Abb. 6.21 dargestellte vereinfachte Schaltung, in der nur noch die gesuchten Wechselgrößen auftauchen.

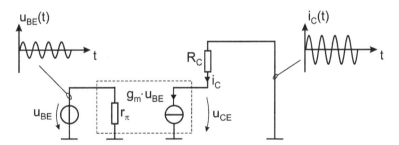

**Abb. 6.21** Um nur die Wechselsignale kleiner Amplitude zu betrachten, werden alle Gleichanteile in der Schaltung aus Abb. 6.20 zu null gesetzt und der Transistor durch eine im Arbeitspunkt linearisierte Ersatzschaltung ersetzt

Diese Schaltung beschreibt das Wechselstromverhalten der ursprünglichen Schaltung im Arbeitspunkt bei Aussteuerung mit kleinen Signalamplituden. Dabei ist zu beachten, dass die Kleinsignalparameter, also z. B. $r_\pi$ und $g_m$, von dem Arbeitspunkt des Transistors abhängen. Vor einer Wechselstromanalyse muss also zunächst der Arbeitspunkt der Schaltung bestimmt werden. Die Vorgehensweise zur Ableitung der Kleinsignalersatzschaltung lässt sich damit wie folgt zusammenfassen:

- In der ursprünglichen Schaltung werden Gleichspannungsquellen durch Kurzschlüsse ersetzt,
- Gleichstromquellen werden durch Leerläufe ersetzt,
- alle Kondensatoren $C_\infty$ in der ursprünglichen Schaltung werden als Kurzschluss betrachtet,
- die Transistoren werden durch Kleinsignalersatzschaltungen im jeweiligen Arbeitspunkt ersetzt, wobei parasitäre Kapazitäten vernachlässigt werden.

Um deutlich zu machen, dass die Schaltung nur für Kleinsignalwechselgrößen gültig ist, verwendet man als Formelzeichen für die Ströme und Spannungen üblicherweise Kleinbuchstaben. Die Analyse der Verstärkerschaltung erfolgt dann auf Basis des so abgeleiteten Wechselstromersatzschaltbildes, wie in den folgenden Abschnitten für mehrere Beispielschaltungen gezeigt wird.

### 6.4.2 Verstärkerschaltungen mit Bipolartransistor

Wir wollen zunächst die grundsätzliche Vorgehensweise bei der Analyse einer Verstärkerschaltung anhand der einfachen Emitterschaltung nach Abb. 6.22 durchführen. Diese

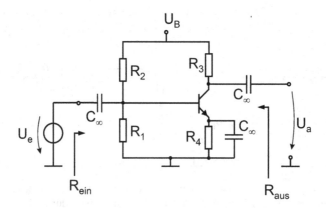

**Abb. 6.22** Verstärkerschaltung mit Bipolartransistor und 4-Widerstandsnetzwerk zur Arbeitspunkteinstellung

 PSpice: 6.4_Verstaerker_BJT

entspricht im Wesentlichen der Schaltung aus Abb. 6.7, wobei hier der Emitterwiderstand $R_4$ durch eine Kapazität für Wechselspannungen kurzgeschlossen ist. Dadurch wird die gegenkoppelnde Wirkung des Widerstandes $R_4$ für Wechselspannungen nicht wirksam und somit verhindert, dass die Spannungsverstärkung absinkt.

**Kleinsignalersatzschaltung des Verstärkers mit Bipolartransistor**
Zunächst bestimmen wir das Wechselstromersatzschaltbild durch Kurzschließen von $U_B$ und $C_\infty$, was auf die Schaltung nach Abb. 6.23 führt.

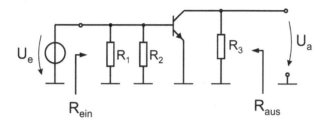

**Abb. 6.23** Wechselstromersatzschaltbild der Verstärkerschaltung nach Abb. 6.22

Nach Ersetzen des Transistors durch dessen Kleinsignalersatzschaltbild für niedrige Frequenzen erhält man schließlich die in Abb. 6.24 dargestellte Schaltung.

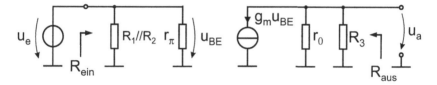

**Abb. 6.24** Kleinsignalersatzschaltbild der Verstärkerschaltung nach Abb. 6.22

Dabei sind wir von der Schreibweise der Formelzeichen für Ströme und Spannungen von Großbuchstaben zu Kleinbuchstaben übergegangen, um deutlich zu machen, dass die Schaltung das Verhalten der ursprünglichen Schaltung jetzt nur für Kleinsignalgrößen beschreibt.

**Spannungsverstärkung des Verstärkers mit Bipolartransistor**
Die Spannungsverstärkung

$$A_u = \frac{u_a}{u_e} \tag{6.38}$$

lässt sich unmittelbar aus der Ersatzschaltung nach Abb. 6.24 bestimmen. Wir erhalten im Ausgangskreis die Beziehung

$$u_a = -g_m u_{\mathrm{BE}}(R_3 // r_0) , \tag{6.39}$$

wobei wir hier, wie auch im Folgenden, das Formelzeichen $//$ zur Kennzeichnung der Parallelschaltung verwenden. Da

$$u_{\mathrm{BE}} = u_e \, , \qquad (6.40)$$

wird

$$\boxed{A_u = -g_m(R_3 // r_0)} \, . \qquad (6.41)$$

Die Spannungsverstärkung bei dieser Schaltung ist also das Produkt aus der Steilheit des Transistors und der Last des Transistors, die sich in diesem Fall aus dem Beschaltungswiderstand $R_3$ und dem Ausgangswiderstand $r_0$ des Transistors selbst zusammensetzt. Das negative Vorzeichen bedeutet, dass sich bei einer Erhöhung der Eingangsspannung die Ausgangsspannung abnimmt; Ein- und Ausgangssignal haben also eine Phasendrehung von 180° zueinander, wie wir bereits am Anfang des Kapitels (vgl. Abschn. 6.1.1) gesehen hatten.

**Abschätzung der Spannungsverstärkung**
Ist der Ausgangswiderstand des Transistors sehr groß, d. h.

$$r_0 \gg R_3 \, , \qquad (6.42)$$

erhält man aus (6.41)

$$A_u \approx -g_m R_3 = -\frac{I_{C,A}}{U_T} R_3 \, . \qquad (6.43)$$

Der Term $I_{C,A} R_3$ entspricht dem Spannungsabfall über $R_3$. Dieser kann offensichtlich nie größer werden als $U_B$. Mit $U_T = 26\,\mathrm{mV}$ erhält man damit für die max. Spannungsverstärkung der gezeigten Emitterschaltung

$$A_{u,\mathrm{Max}} \approx -40\,U_B/\mathrm{V} \, . \qquad (6.44)$$

Eine realistische Abschätzung der Spannungsverstärkung erhält man, wenn man annimmt, dass der Spannungsabfall $I_{C,A} R_3$ über $R_3$ etwa gleich $U_B/4$ ist. Damit wird

$$\boxed{A_u \approx -10\,U_B/\mathrm{V}} \, . \qquad (6.45)$$

**Eingangswiderstand des Verstärkers mit Bipolartransistor**
Ein- und Ausgangswiderstand des Verstärkers lassen sich aus der in Abb. 6.24 gezeigten Ersatzschaltung bestimmen, die man erhält, wenn in der ursprünglichen Schaltung der Transistor durch sein Kleinsignalersatzschaltbild ersetzt wird. Der Eingangswiderstand $R_{\mathrm{ein}}$ lässt sich dann (siehe Abschn. 14.2.1) bestimmen, indem an die Eingangsklemmen eine Spannungsquelle $u_x$ angeschlossen und der in die Schaltung fließende Strom $i_x$ bestimmt wird (Abb. 6.25).

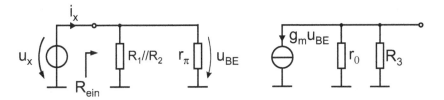

**Abb. 6.25** Schaltung zur Bestimmung des Eingangswiderstandes der Verstärkerschaltung

In dem gezeigten Beispiel ergibt sich unmittelbar

$$\boxed{R_{\text{ein}} = R_1 // R_2 // r_\pi} \, . \tag{6.46}$$

Der Eingangswiderstand dieser Schaltung setzt sich also aus dem Eingangswiderstand $r_\pi$ des Transistors selbst und den Beschaltungswiderständen $R_1$ und $R_2$ zusammen.

**Ausgangswiderstand des Verstärkers mit Bipolartransistor**
Zur Bestimmung des Ausgangswiderstandes $R_{\text{aus}}$ setzen wir zunächst die Signalamplitude der Quelle am Eingang der Schaltung auf null und schließen dann eine Spannungsquelle $u_x$ an die Ausgangsklemmen der Schaltung an (vgl. Abschn. 14.2.2), so dass wir die in Abb. 6.26 gezeigte Schaltung erhalten.

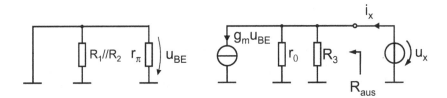

**Abb. 6.26** Schaltung zur Bestimmung des Ausgangswiderstandes der Verstärkerschaltung

Ist $i_x$ der in die Schaltung fließende Strom, gilt

$$R_{\text{aus}} = \frac{u_x}{i_x} \, . \tag{6.47}$$

Aus Abb. 6.26 ergibt sich

$$i_x = \frac{u_x}{r_0} + \frac{u_x}{R_3} + g_m u_{\text{BE}} \, . \tag{6.48}$$

Dabei ist wegen $u_e = 0$ auch $u_{\text{BE}} = 0$ und wir erhalten

$$\boxed{R_{\text{aus}} = r_0 // R_3} \, . \tag{6.49}$$

Der Ausgangswiderstand setzt sich demnach aus dem Ausgangswiderstand $r_0$ des Transistors selbst und dem Beschaltungswiderstand $R_3$ zusammen.

---

**Beispiel 6.3**

Gegeben sei die Emitterschaltung mit 4-Widerstandsnetzwerk nach Abb. 6.22. Es sei $\beta_N = 150$, $U_{AN} = 75\,\mathrm{V}$, $I_{C,A} = 1{,}7\,\mathrm{mA}$ und $U_{\mathrm{CE},A} = 6\,\mathrm{V}$. Für die Widerstandswerte gelte $R_1 = 10\,\mathrm{k\Omega}$, $R_2 = 30\,\mathrm{k\Omega}$, $R_e = 0\,\mathrm{k\Omega}$, $R_3 = 2\,\mathrm{k\Omega}$, $R_4 = 1{,}3\,\mathrm{k\Omega}$ und $R_a = \rightarrow \infty$. Die Betriebsspannung sei $U_B = 12\,\mathrm{V}$. Es sollen die Übertragungseigenschaften der Schaltung bestimmt werden.

Wir berechnen zunächst den Kleinsignalparameter $g_m$ im Arbeitspunkt und erhalten nach (3.55)

$$g_m = \frac{q}{kT} I_{C,A} = 65\,\mathrm{mS}\ . \tag{6.50}$$

Für $r_\pi$ ergibt sich nach (3.63)

$$r_\pi = \frac{\beta_N U_T}{I_{C,A}} = \beta_N / g_m = 2{,}3\,\mathrm{k\Omega} \tag{6.51}$$

und für $r_0$ erhalten wir mit (3.58)

$$r_0 = \frac{U_{AN} + U_{\mathrm{CE},A}}{I_{C,A}} = 47\,\mathrm{k\Omega}\ . \tag{6.52}$$

Damit wird mit (6.41) die Spannungsverstärkung

$$A_u = -124\ , \tag{6.53}$$

wobei das negative Vorzeichen die Phasendrehung von 180° zwischen dem Eingangs- und dem Ausgangssignal zum Ausdruck bringt (vgl. Abschn. 6.1.1). Oft drückt man die Verstärkung in dB (Dezibel) aus, was auf

$$A_u\,[dB] = 20 \log \left| \frac{u_a}{u_e} \right| = 42\,\mathrm{dB} \tag{6.54}$$

führt. Für den Eingangswiderstand ergibt sich mit den gegebenen Zahlenwerten nach (6.46)

$$R_{\mathrm{ein}} = 1{,}76\,\mathrm{k\Omega} \tag{6.55}$$

und für den Ausgangswiderstand gemäß (6.49)

$$R_{\mathrm{aus}} = 47\,\mathrm{k\Omega} // 2\,\mathrm{k\Omega} = 1{,}9\,\mathrm{k\Omega}\ . \tag{6.56}$$

Der Ausgangswiderstand wird also im Wesentlichen von dem Widerstand $R_3$ bestimmt.

> **Merksatz 6.5**
> Die Spannungsverstärkung der Emitterschaltung ist das Produkt aus der Steilheit und der Last des Transistors.

### 6.4.3 Verstärkerschaltungen mit MOSFET

Ersetzt man den Bipolartransistor aus der in Abb. 6.22 gezeigten Schaltung durch einen MOSFET, erhält man eine Sourceschaltung mit Source als gemeinsamen Anschlusspunkt für Ein- und Ausgangskreis (Abb. 6.27).

**Kleinsignalersatzschaltung des Verstärkers mit MOSFET**

Zur Bestimmung der Übertragungseigenschaften der Schaltung bestimmen wir zunächst das Wechselstromersatzschaltbild durch Kurzschließen der Kapazitäten und der Gleichspannungsquelle (Abb. 6.28).

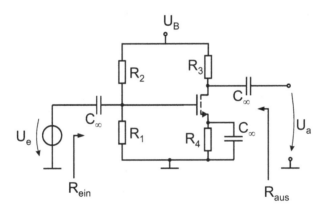

**Abb. 6.27** Verstärkerschaltung mit MOSFET und 4-Widerstandsnetzwerk zur Arbeitspunkteinstellung

 PSpice: 6.4_Verstaerker_MOS

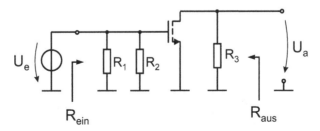

**Abb. 6.28** Wechselstromersatzschaltbild der Verstärkerschaltung nach Abb. 6.27

Die Kleinsignalersatzschaltung ergibt sich dann durch Ersetzen des Transistors durch ein entsprechendes Ersatzschaltbild, was auf die Schaltung in Abb. 6.29 führt.

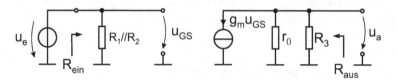

**Abb. 6.29** Kleinsignalersatzschaltbild der Verstärkerschaltung nach Abb. 6.27

Vergleichen wir diese Schaltung mit der Kleinsignalersatzschaltung des Verstärkers mit Bipolartransistor (Abb. 6.24), so erkennen wir, dass sich beide nur durch den Widerstand $r_\pi$ unterscheiden, der bei dem Feldeffekttransistor gegen unendlich geht. Im Folgenden können wir daher die Ergebnisse der Schaltungen mit Bipolartransistoren übernehmen, wenn wir dort $r_\pi \to \infty$ setzen.

**Spannungsverstärkung des Verstärkers mit MOSFET**

Für die Spannungsverstärkung der Sourceschaltung erhalten wir gemäß (6.41)

$$\boxed{A_u = -g_m(R_3//r_0)} \ . \tag{6.57}$$

**Abschätzung der Spannungsverstärkung**

Auch bei der Sourceschaltung wollen wir die Spannungsverstärkung abschätzen und nehmen dazu an, dass der Ausgangswiderstand des Transistors $r_0$ sehr groß gegen $R_3$ ist. Dann wird

$$A_u = -g_m R_3 \ . \tag{6.58}$$

Mit (4.46) wird dies zu

$$A_u = -\frac{2 I_{\mathrm{DS},A} R_3}{U_{\mathrm{GS},A} - U_{Th}} \ . \tag{6.59}$$

Als Abschätzung nehmen nun wir an, dass der Spannungsabfall über $R_3$ etwa

$$I_{\mathrm{DS},A} R_3 \approx U_B/2 \tag{6.60}$$

beträgt und

$$U_{\mathrm{GS},A} - U_{Th} \approx 1\,\mathrm{V} \tag{6.61}$$

ist. Damit ergibt sich

$$\boxed{A_u \approx -U_B/\mathrm{V}} \ . \tag{6.62}$$

Die typische Spannungsverstärkung der Sourceschaltung liegt also deutlich unter der einer vergleichbaren Emitterschaltung, was in erster Linie auf die kleinere Steilheit $g_m$ des MOSFET zurückzuführen ist.

**Eingangswiderstand des Verstärkers mit MOSFET**

Zur Bestimmung von $R_{\text{ein}}$ gehen wir aus von (6.46) und setzen dort $r_\pi \to \infty$. Dies führt auf

$$\boxed{R_{\text{ein}} = R_1//R_2} \ . \tag{6.63}$$

Der Eingangswiderstand der Schaltung hängt also nur von den Beschaltungswiderständen $R_1$ und $R_2$ ab.

**Ausgangswiderstand des Verstärkers mit MOSFET**

Für den Ausgangswiderstand der Sourceschaltung erhalten wir mit (6.49)

$$\boxed{R_{\text{aus}} = r_0//R_3} \ . \tag{6.64}$$

Auch hier wird der Widerstand $R_{\text{aus}}$ der Schaltung für sehr große Ausgangswiderstände $r_0$ durch den Wert des Beschaltungswiderstandes $R_3$ bestimmt.

---

**Beispiel 6.4**

Wir wollen nun die Übertragungseigenschaften der Sourceschaltung nach Abb. 6.27 bestimmen, wobei wir für den MOSFET folgende Parameter annehmen: $\beta_n = 0{,}5\,\text{mAV}^{-2}$, $U_{Th} = 1\,\text{V}$ und $\lambda = 0{,}01\,\text{V}^{-1}$. Weiterhin sei $R_3 = 2\,\text{k}\Omega$ und $R_4 = 1{,}3\,\text{k}\Omega$. Die Widerstände $R_1$ und $R_2$ sind so gewählt, dass sich in etwa der gleiche Arbeitspunkt wie bei der bereits untersuchten Emitterschaltung ergibt, d. h. $U_{\text{DS},A} = 6\,\text{V}$, $I_{\text{DS},A} = 1{,}7\,\text{mA}$. Die dazu nötigen Widerstände sind z. B. $R_1 = 430\,\text{k}\Omega$, $R_2 = 450\,\text{k}\Omega$.

Wir bestimmen zunächst die Steilheit und erhalten mit (4.47)

$$g_m = \sqrt{2I_{\text{DS},A}\beta_n\left(1 + \lambda U_{\text{DS},A}\right)} = 1{,}37\,\text{mS} \ . \tag{6.65}$$

Für den Ausgangswiderstand des MOSFET gilt (4.50)

$$r_0 = \frac{U_{\text{DS},A} + 1/\lambda}{I_{\text{DS},A}} = 62\,\text{k}\Omega \ , \tag{6.66}$$

so dass wir mit (6.57) für die Spannungsverstärkung

$$A_u = -g_m(R_3//r_0) = -2{,}65 \,\hat{=}\, 8{,}5\,\text{dB} \tag{6.67}$$

erhalten. Im Vergleich zu der Emitterschaltung aus Beispiel 6.3 ist dies ein deutlich geringerer Wert.

Für $R_{\text{ein}}$ erhalten wir mit (6.63)

$$R_{\text{ein}} = R_1//R_2 = 219\,\text{k}\Omega \ , \tag{6.68}$$

also ein höheren Wert als bei der Emitterschaltung und der Ausgangswiderstand ist
nach (6.64)

$$R_{\text{aus}} = r_0 // R_3 = 62\,\text{k}\Omega // 2\,\text{k}\Omega \tag{6.69}$$
$$\approx R_3 = 1,93\,\text{k}\Omega\,, \tag{6.70}$$

also wie bei der Emitterschaltung im Wesentlichen durch den Widerstand $R_3$ bestimmt.

**Merksatz 6.6**
Zur Berechnung der Spannungsverstärkung sowie des Ein- und des Ausgangswider-
standes einer Verstärkerschaltung mit MOSFET können die für den Bipolartransis-
tor abgeleiteten Beziehungen verwendet werden, wenn dort $r_\pi \rightarrow \infty$ gesetzt wird.
Im Vergleich zu der Schaltung mit Bipolartransistor hat der Ausgangswiderstand der
Schaltung mit MOSFET etwa den gleichen Wert, der Eingangswiderstand ist typi-
scherweise deutlich höher und die Spannungsverstärkung ist wegen der geringeren
Steilheit kleiner als bei der Schaltung mit Bipolartransistor.

### 6.4.4   Verstärkerschaltungen mit Stromspiegel

Wir wollen nun die Wechselstromanalyse bei einer Verstärkerschaltung mit aktiver Last,
bei der der Arbeitspunkt durch einen Stromspiegel eingestellt wird, durchführen. Dazu
betrachten wir das in Abb. 6.30 gezeigte einfache Beispiel.

**Kleinsignalersatzschaltbild des Verstärkers mit Stromspiegel**
Zur Wechselstromanalyse ersetzen wir zunächst sowohl den aus T3 bestehenden Verstärker als auch den aus T1 und T2 bestehenden Stromspiegel durch entsprechende Ersatzschaltungen. Der Stromspiegel kann dabei durch seinen Wechselstromwiderstand $r_{0,2}$
ersetzt werden (vgl. Abschn. 6.3.1). Damit erhalten wir die in Abb. 6.31 gezeigte Kleinsignalersatzschaltung.

Der Ausgangswiderstand des Transistors T2 wirkt in diesem Fall also als Last für den
Verstärker, wobei $r_{0,2}$ wechselstrommäßig parallel zu $r_{0,3}$ liegt.

**Spannungsverstärkung des Verstärkers mit Stromspiegel**
Die Spannungsverstärkung lässt sich direkt aus der Ersatzschaltung nach Abb. 6.31 bestimmen. Wir erhalten

$$\boxed{A_u = -g_m(r_{0,3} // r_{0,2})}\,. \tag{6.71}$$

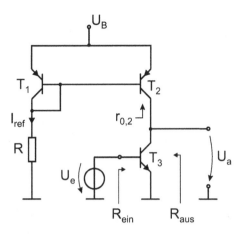

**Abb. 6.30** Verstärkerschaltung mit Bipolartransistor und Stromspiegel zur Arbeitspunkteinstellung

 PSpice: 6.4_Verst_Spiegel  S.m.i.L.E: 6.4_Verstaerker, Stromspiegel

Zur Abschätzung nehmen wir an, dass $r_{0,3} \approx r_{0,2}$. Mit $g_m = I_{C,A}/U_T$ und $r_0 \approx U_{AN}/I_{C,A}$ wird dann

$$A_u \approx -\frac{U_{AN}}{2U_T} \,. \tag{6.72}$$

Die erreichbare Spannungsverstärkung liegt damit also deutlich über der von Schaltungen, bei denen die Arbeitspunkteinstellung mit ohmschen Widerständen erfolgt.

**Eingangswiderstand des Verstärkers mit Stromspiegel**

Der Eingangswiderstand bestimmt sich direkt aus der Ersatzschaltung (Abb. 6.31) zu

$$\boxed{R_{\text{ein}} = r_\pi}\,. \tag{6.73}$$

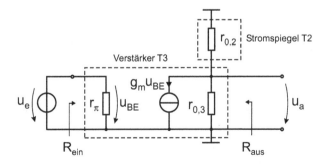

**Abb. 6.31** Kleinsignalersatzschaltbild der Verstärkerschaltung nach Abb. 6.30

**Ausgangswiderstand des Verstärkers mit Stromspiegel**

Für den Ausgangswiderstand erhält man entsprechend aus Abb. 6.31

$$\boxed{R_{\text{aus}} = r_{0,3} \, // \, r_{0,2}} \ . \tag{6.74}$$

---

**Merksatz 6.7**

Durch die Einstellung des Arbeitspunktes mit einem Stromspiegel erreicht man eine sehr hohe Spannungsverstärkung, da der Stromspiegel eine sehr hochohmige Last darstellt.

---

### 6.4.5  Mehrstufige Verstärker

Mit einstufigen Verstärkern lassen sich in der Regel nicht alle vorgegebenen Spezifikationen, z. B. sehr hohe Verstärkung bei niedriger Ausgangsimpedanz, erfüllen. Man verwendet dann oft mehrstufige Verstärker, wie in dem in Abb. 6.32 gezeigten Beispiel.

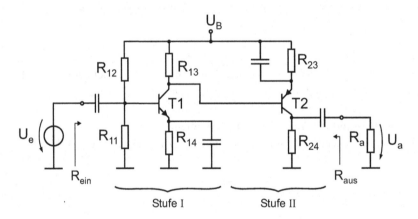

**Abb. 6.32**  Beispielschaltung für einen Verstärker mit mehreren Stufen

 PSpice: 6.4_Verstaerker_2stufig

**Arbeitspunktanalyse von mehrstufigen Verstärkern**

Zur Analyse des Arbeitspunktes einer mehrstufigen Verstärkerschaltung werden wie bei einem einstufigen Verstärker alle Kapazitäten durch Leerläufe und Induktivitäten durch Kurzschlüsse ersetzt. Aus unserer Beispielschaltung gemäß Abb. 6.32 ergibt sich damit das in Abb. 6.33 dargestellte Gleichstromersatzschaltbild.

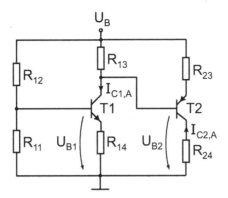

**Abb. 6.33** Gleichstromersatzschaltung des zweistufigen Verstärkers nach Abb. 6.32

Der Arbeitspunkt wird dann durch Anwendung von Maschen- und Knotengleichungen bestimmt. Ist nur eine überschlägige Berechnung des Arbeitspunktes erforderlich, so ist es in unserem Beispiel zweckmäßig, neben den üblichen Näherungen die beiden Basisströme zu vernachlässigen. Damit wird dann das Potential an der Basis von T1

$$U_{B1} = U_B \frac{R_{11}}{R_{11} + R_{12}} \tag{6.75}$$

und der Kollektorstrom von T1 im Arbeitspunkt

$$I_{C1,A} \approx \frac{U_{B1} - 0{,}7\,\text{V}}{R_{14}} . \tag{6.76}$$

Das Potential an der Basis von T2 ergibt sich damit zu

$$U_{B2} = U_B - I_{C1,A} R_{13} \tag{6.77}$$

und der Kollektorstrom von T2 im Arbeitspunkt wird

$$-I_{C2,A} \approx \frac{U_B - U_{B2} - 0{,}7\,\text{V}}{R_{23}} . \tag{6.78}$$

**Kleinsignalanalyse von mehrstufigen Verstärkern**
Zur Bestimmung des Kleinsignalverhaltens wird zunächst das Wechselstromersatzschaltbild mit den bekannten Methoden gezeichnet (Abb. 6.34). Die Spannung am Ausgang der ersten Stufe bzw. am Eingang der zweiten Stufe wurde dabei mit $u_1$ bezeichnet. Für die Spannungsverstärkung $A_u$ der Ersatzschaltung gilt damit

$$A_u = \frac{u_a}{u_e} = \frac{u_1}{u_e} \frac{u_a}{u_1} \tag{6.79}$$

$$= A_{u,I} A_{u,II} , \tag{6.80}$$

d. h. die Gesamtverstärkung ist das Produkt der Verstärkungen der einzelnen Stufen.

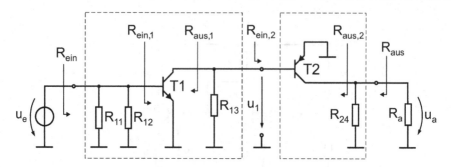

**Abb. 6.34** Wechselstromersatzschaltung des Verstärkers nach Abb. 6.32

Zur Bestimmung der Spannungsverstärkung $A_{u,I}$ der ersten Verstärkerstufe ist die Kenntnis der Last dieser Stufe nötig. Nach Abb. 6.34 setzt sich diese Last aus dem Widerstand $R_{13}$ und dem Eingangswiderstand $R_{ein,2}$ der zweiten Stufe zusammen. Gleichzeitig können wir in Abb. 6.34 für die Berechnung der Spannungsverstärkung die beiden Widerstände $R_{11}$ und $R_{12}$ wegfallen lassen, da diese durch die Spannungsquelle $u_e$ kurzgeschlossen werden. Damit ergibt sich schließlich das in Abb. 6.35 gezeigte Schaltbild.

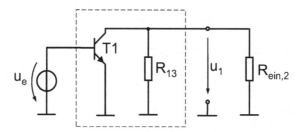

**Abb. 6.35** Wechselstromersatzschaltung der ersten Verstärkerstufe. Die zweite Stufe ist durch die Last $R_{ein,2}$ berücksichtigt

Für diese Schaltung gilt entsprechend dem bereits in Abschn. 6.4.2 abgeleiteten Ergebnis

$$A_{u,I} = \frac{u_1}{u_e} = -g_{m1}(R_{13}//R_{ein,2}//r_{0,1}) \ . \tag{6.81}$$

Dabei ist $g_{m1}$ die Steilheit und $r_{0,1}$ der Ausgangswiderstand des Transistors T1. Der Eingangswiderstand $R_{ein,2}$ der zweiten Transistorstufe ist durch den Eingangswiderstand des Transistors T2 gegeben, d. h.

$$R_{ein,2} = r_{\pi 2} \ . \tag{6.82}$$

Da wir die Spannung $u_1$ am Eingang der zweiten Verstärkerstufe bereits kennen, können wir zur Bestimmung der Spannungsverstärkung $A_{u,II}$ der zweiten Verstärkerstufe die erste Stufe einfach durch eine entsprechende Spannungsquelle ersetzen (Abb. 6.36). Damit erhalten wir für die Spannungsverstärkung

$$A_{u,II} = \frac{u_a}{u_1} = -g_{m2}(R_{24}//R_a//r_{0,2}) \ . \tag{6.83}$$

Hier ist $g_{m2}$ die Steilheit und $r_{0,2}$ der Ausgangswiderstand des Transistors T2. Für die Spannungsverstärkung der gesamten Schaltung nach Abb. 6.34 gilt somit

$$A_u = g_{m1}(R_{13}//R_{\text{ein},2}//r_{0,1})\, g_{m2}(R_{24}//R_a//r_{0,2}) \,. \tag{6.84}$$

Der Eingangswiderstand $R_{\text{ein}}$ der Schaltung bestimmt sich nach Abb. 6.34 aus der Parallelschaltung des Eingangswiderstandes $R_{\text{ein},1}$ der ersten Stufe und den beiden Widerständen $R_{11}$ und $R_{12}$. Mit $R_{\text{ein},1} = r_{\pi 1}$ erhalten wir

$$R_{\text{ein}} = R_{11}//R_{12}//r_{\pi 1} \,. \tag{6.85}$$

Entsprechend bestimmt sich der Ausgangswiderstand $R_{\text{aus}}$ der Schaltung aus der Parallelschaltung des Ausgangswiderstandes $R_{\text{aus},2}$ der zweiten Stufe mit $R_{24}$. Mit

$$R_{\text{aus},2} = r_{0,2} \tag{6.86}$$

wird dann

$$R_{\text{aus}} = r_{0,2}//R_{24} \,. \tag{6.87}$$

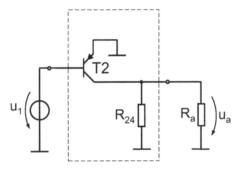

**Abb. 6.36** Wechselstromersatzschaltung der zweiten Verstärkerstufe. Die erste Verstärkerstufe wird durch die Quelle $u_1$ repräsentiert

---

## Literatur

1. Hoffmann, K (2003) Systemintegration. Oldenbourg Wissenschaftsverlag, München, Wien
2. Siegl, J, Zocher, E (2014) Schaltungstechnik – Analog und gemischt analog/digital. Springer, Berlin
3. Wupper, H (1996) Elektronische Schaltungen 1 – Grundlagen, Analyse, Aufbau. Springer, Berlin

# Transistorgrundschaltungen

**7**

Praktisch alle in der analogen Schaltungstechnik verwendeten Verstärkerschaltungen lassen sich auf wenige Grundschaltungen zurückführen. Man unterscheidet die Emitter-, die Kollektor- und die Basisschaltung bei den Schaltungen mit Bipolartransistoren und entsprechend die Source-, Drain- und Gateschaltung bei den Verstärkerschaltungen mit Feldeffekttransistoren. Die Bezeichnung der Schaltung leitet sich dabei von dem Namen der Elektrode ab, welche der gemeinsame Anschlusspunkt von Ein- und Ausgangskreis der Verstärkerschaltung ist.

Im Folgenden werden jeweils die Wechselstromeigenschaften dieser Grundschaltungen untersucht. Dabei ist es ausreichend, die Gleichungen für die Schaltungen mit Bipolartransistoren abzuleiten, da die Ergebnisse unmittelbar auf Schaltungen mit Feldeffekttransistoren übertragbar sind.

## 7.1 Emitterschaltung, Sourceschaltung

Wir wollen zunächst die bereits im letzten Kapitel behandelte Emitterschaltung untersuchen, wobei wir die Schaltung modifizieren, indem wir zu dem am Emitteranschluss angebrachten Widerstand einen weiteren Widerstand $R_k$ in Serie schalten, der jedoch nicht über eine Kapazität für Wechselspannungen kurzgeschlossen ist (Abb. 7.1). Dieser Gegenkopplungswiderstand ist daher nicht nur bei der Einstellung des Arbeitspunktes wirksam (vgl. Abschn. 6.2), sondern auch für Signalspannungen.

### 7.1.1 Wechselstromersatzschaltbild der Emitterschaltung

Zur Untersuchung des Wechselstromverhaltens ermitteln wir zunächst das Wechselstromersatzschaltbild durch Ersetzen der Kondensatoren $C_\infty$ sowie der Versorgungsspannungsquelle $U_B$ durch Kurzschlüsse (vgl. Abschn. 6.4.1). Damit ergibt sich die in Abb. 7.2 gezeigte Schaltung.

© Springer-Verlag GmbH Deutschland, ein Teil von Springer Nature 2019
H. Göbel, *Einführung in die Halbleiter-Schaltungstechnik*,
https://doi.org/10.1007/978-3-662-56563-6_7

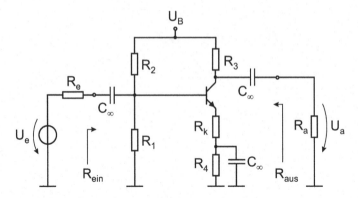

**Abb. 7.1** Beispiel für eine diskret aufgebaute Emitterschaltung mit Gegenkopplungswiderstand $R_k$

PSpice: 7.1_Emitterschaltung        PSpice: 7.1_Sourceschaltung

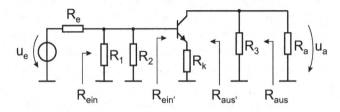

**Abb. 7.2** Wechselstromersatzschaltbild der Emitterschaltung nach Abb. 7.1

Diese Schaltung lässt sich durch Ersetzen der Eingangsspannungsquelle $u_e$ und der Widerstände im Eingangskreis durch eine äquivalente Spannungsquelle $u_{e'}$ mit dem Widerstand $R_{e'}$ vereinfachen (vgl. Abschn. 14.1.1). Entsprechend fassen wir die Widerstände im Ausgangskreis zu $R_{a'}$ zusammen und erhalten mit

$$u_{e'} = \frac{R_1//R_2}{(R_1//R_2) + R_e} u_e \,, \tag{7.1}$$

$$R_{e'} = R_e//R_1//R_2 \tag{7.2}$$

sowie

$$R_{a'} = R_3//R_a \tag{7.3}$$

schließlich die in Abb. 7.3 gezeigte vereinfachte Schaltung. Zur Vereinheitlichung der Bezeichnungen verwenden wir dabei für die Spannung über dem Widerstand $R_{a'}$ ebenfalls eine gestrichene Größe, d. h. wir setzen

$$u_{a'} = u_a \,. \tag{7.4}$$

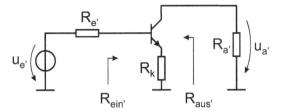

**Abb. 7.3** Vereinfachtes Wechselstromersatzschaltbild der in Abb. 7.1 dargestellten Emitterschaltung

Aus der Spannungsverstärkung dieser vereinfachten Schaltung

$$A_{u'} = u_{a'}/u_{e'} \tag{7.5}$$

ergibt sich dann die Spannungsverstärkung $A_u$ der ursprünglichen Schaltung nach Abb. 7.1 und mit $u_{a'} = u_a$ über die Beziehung

$$A_u = \frac{u_a}{u_e} = \frac{u_{a'}}{u_{e'}} \frac{u_{e'}}{u_e} = A_{u'} \frac{u_{e'}}{u_e} \, . \tag{7.6}$$

Das Verhältnis von $u_{e'}$ zu $u_e$ ist dabei durch (7.1) gegeben. Entsprechend erkennt man aus Abb. 7.2, dass die Ein- und Ausgangswiderstände der ursprünglichen Schaltung und der vereinfachten Schaltung über die Beziehungen

$$R_{\text{ein}} = R_{\text{ein}'}//R_1//R_2 \tag{7.7}$$

sowie

$$R_{\text{aus}} = R_{\text{aus}'}//R_3 \tag{7.8}$$

verknüpft sind.

Im Folgenden bestimmen wir nun die Spannungsverstärkung sowie den Ein- und Ausgangswiderstand der vereinfachten Schaltung. Mit Hilfe der Beziehungen (7.1) bis (7.8) lassen sich dann auf einfache Weise die entsprechenden Größen der ursprünglichen Schaltung berechnen.

### 7.1.2 Spannungsverstärkung der Emitterschaltung

Zur Bestimmung der Spannungsverstärkung

$$A_{u'} = u_{a'}/u_{e'} \tag{7.9}$$

ersetzen wir in der Schaltung aus Abb. 7.3 zunächst den Transistor durch sein Kleinsignalersatzschaltbild. Um die Rechnung möglichst einfach zu halten, vernachlässigen wir dabei den Ausgangswiderstand $r_0$ des Transistors, so dass sich schließlich die in Abb. 7.4 gezeigte Schaltung ergibt.

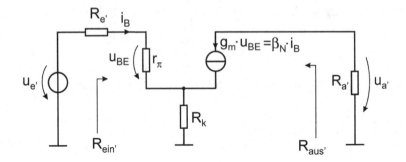

**Abb. 7.4** Kleinsignalersatzschaltbild der Emitterschaltung nach Abb. 7.3

Aus der Masche im Eingangskreis und mit $i_C = g_m u_{BE} = i_B \beta_N$ erhalten wir

$$u_{e'} = i_B (R_{e'} + r_\pi) + i_B (\beta_N + 1) R_k . \tag{7.10}$$

Für die Spannung $u_{a'}$ am Ausgang der Schaltung gilt

$$u_{a'} = -\beta_N i_B R_{a'} , \tag{7.11}$$

so dass wir für die Spannungsverstärkung den Ausdruck

$$A_{u'} = -\frac{\beta_N R_{a'}}{r_\pi + (\beta_N + 1) R_k + R_{e'}} \tag{7.12}$$

erhalten. Für den Fall, dass die Stromverstärkung des Transistors groß ist ($\beta_N \gg 1$), und mit $\beta_N = g_m r_\pi$ vereinfacht sich diese Beziehung zu

$$A_{u'} = -\frac{g_m R_{a'}}{1 + g_m R_k + \frac{R'_e}{r_\pi}} . \tag{7.13}$$

Ist zudem der Quellwiderstand klein gegen den Eingangswiderstand des Transistors ($R_{e'} \ll r_\pi$), erhalten wir

$$\boxed{A_{u'} = -\frac{g_m R_{a'}}{1 + g_m R_k}} . \tag{7.14}$$

Der Widerstand $R_k$ reduziert demnach die Spannungsverstärkung der Verstärkerschaltung.

Um die Spannungsverstärkung für eine entsprechende Schaltung mit Feldeffekttransistor, der Sourceschaltung, zu erhalten, müssen wir nur das Kleinsignalersatzschaltbild des

Bipolartransistors durch das eines Feldeffekttransistors ersetzen. Da sich dieses lediglich durch den gegen unendlich gehenden Eingangswiderstand $r_\pi$ sowie die gegen unendlich gehende Stromverstärkung $\beta_N$ von dem des Bipolartransistors unterscheidet, gilt für die Spannungsverstärkung der Sourceschaltung ebenfalls die Beziehung (7.14).

**Grenzwerte der Spannungsverstärkung**

Wir wollen nun die Spannungsverstärkung der Schaltung für sehr kleine und sehr große Widerstände $R_k$ untersuchen. Für $R_k = 0$ ergibt sich die bereits in Abschn. 6.4.2 untersuchte Emitterschaltung ohne Gegenkopplungswiderstand, so dass wir die Abschätzung

$$A_{u'} \approx -10\, U_B/\mathrm{V} \tag{7.15}$$

erhalten. Entsprechend gilt für die Sourceschaltung für den Fall $R_k = 0$ nach Abschn. 6.4.3 die Abschätzung

$$A_{u'} \approx -U_B/\mathrm{V} \;. \tag{7.16}$$

Für sehr große $R_k$, d. h. $g_m R_k \gg 1$, vereinfacht sich (7.14) zu

$$A_{u'} = -\frac{R_{a'}}{R_k} \;. \tag{7.17}$$

Dies bedeutet, dass bei großem Gegenkopplungswiderstand $R_k$ die Spannungsverstärkung nur noch von der äußeren Beschaltung, aber nicht mehr von den Transistoreigenschaften abhängt. Diese Eigenschaft von rückgekoppelten Schaltungen werden wir im Kap. 10 eingehend untersuchen.

### 7.1.3 Eingangswiderstand der Emitterschaltung

Zur Bestimmung des Eingangswiderstandes der vereinfachten Schaltung trennen wir in der Kleinsignalersatzschaltung nach Abb. 7.4 die Signalquelle $u_{e'}$ und den Widerstand $R_{e'}$ ab und schließen statt dessen eine Testquelle $u_x$ an den Eingang an (Abb. 7.5). Aus der Masche im Eingangskreis folgt

$$u_x = i_x r_\pi + (\beta_N + 1)\, i_x R_k \tag{7.18}$$

und damit für $R_{\mathrm{ein}'}$

$$R_{\mathrm{ein}'} = \frac{u_x}{i_x} = r_\pi + (\beta_N + 1)\, R_k \;. \tag{7.19}$$

Ist $\beta_N \gg 1$, erhält man mit $\beta_N = g_m r_\pi$ die Beziehung

$$\boxed{R_{\mathrm{ein}'} = r_\pi \left(1 + g_m R_k\right)} \;, \tag{7.20}$$

d. h. der Widerstand $R_k$ erhöht den Eingangswiderstand.

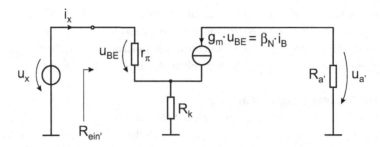

**Abb. 7.5** Schaltung zur Bestimmung des Eingangswiderstandes der Emitterschaltung. Die Signalquelle wird durch eine Testquelle ersetzt

Dieses Ergebnis lässt sich unmittelbar auf die Sourceschaltung übertragen. Hier gilt wegen des unendlich großen Eingangswiderstandes des Feldeffekttransistors $r_\pi \rightarrow \infty$ jedoch

$$\boxed{R_{\mathrm{ein'}} \rightarrow \infty} . \tag{7.21}$$

### 7.1.4 Ausgangswiderstand der Emitterschaltung

Um den Ausgangswiderstand der Schaltung zu berechnen, muss – wie sich später zeigen wird – der Ausgangswiderstand $r_0$ des Transistors berücksichtigt werden. Zur Bestimmung von $R_{\mathrm{aus'}}$ setzen wir die Spannung $u_{e'}$ der Eingangssignalquelle in Abb. 7.4 zu null und schließen eine Testquelle $u_x$ an den Ausgang an (Abb. 7.6).

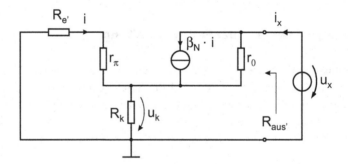

**Abb. 7.6** Schaltung zur Bestimmung des Ausgangswiderstandes der Emitterschaltung. Die Signalquelle am Eingang wird kurzgeschlossen, und am Ausgang der Schaltung wird eine Testquelle angeschlossen

Die Masche im Ausgangskreis liefert dann die Beziehung

$$u_x = (i_x - \beta_N i) \, r_0 + u_k . \tag{7.22}$$

Dabei ist $u_k$ der Spannungsabfall an der Parallelschaltung von $R_{e'} + r_\pi$ und $R_k$. Da durch diese Parallelschaltung insgesamt der Strom $i_x$ fließt, erhalten wir

$$u_k = i_x \frac{(R_{e'} + r_\pi) R_k}{R_{e'} + r_\pi + R_k} \, . \tag{7.23}$$

Weiterhin gilt am Emitterknoten die Stromteilerbeziehung

$$i = -i_x \frac{R_k}{R_{e'} + r_\pi + R_k} \, . \tag{7.24}$$

Durch Einsetzen von (7.23) und (7.24) in (7.22) erhalten wir mit $u_x / i_x = R_{\mathrm{aus}'}$ und $\beta_N = g_m r_\pi$

$$R_{\mathrm{aus}'} = r_0 \left( 1 + \frac{g_m R_k}{1 + \frac{R_{e'} + R_k}{r_\pi}} \right) + (R_{e'} + r_\pi) // R_k \, . \tag{7.25}$$

Ist $r_0 \gg R_k$, kann der zweite Summand in (7.25) gegen den ersten vernachlässigt werden. Ist zudem $r_\pi \gg (R_{e'} + R_k)$ erhalten wir schließlich die Beziehung

$$\boxed{R_{\mathrm{aus}'} = r_0 \left( 1 + g_m R_k \right)} \, , \tag{7.26}$$

d. h. der Widerstand $R_k$ erhöht den Ausgangswiderstand der Schaltung. Diese Beziehung gilt auch für die Sourceschaltung mit $r_\pi \to \infty$. Wir erkennen ebenfalls, dass sich bei Vernachlässigung von $r_0$ das falsche Resultat $R_{\mathrm{aus}'} \to \infty$ ergeben hätte. An dieser Stelle sei angemerkt, dass sich der hohe Ausgangswiderstand der Emitterschaltung nachteilig auswirkt, wenn die Schaltung als Spannungsverstärker eingesetzt wird. Die Ausgangsspannung ist in diesem Fall stark lastabhängig und sinkt insbesondere bei kleinen Lastwiderständen ab. Um dies zu vermeiden, kann eine zweite Verstärkerstufe mit niedrigem Ausgangswiderstand, wie z. B. die Kollektorschaltung (siehe Abschn. 7.2), nachgeschaltet werden.

**Beispiel 7.1**

Für die Schaltung in Abb. 7.1 sollen die Spannungsverstärkung sowie der Ein- und der Ausgangswiderstand bestimmt werden. Es sei $U_B = 12\,\mathrm{V}$, $R_1 = 10\,\mathrm{k\Omega}$, $R_2 = 30\,\mathrm{k\Omega}$, $R_3 = 2\,\mathrm{k\Omega}$, $R_4 = 1{,}3\,\mathrm{k\Omega}$, $R_k = 1\,\mathrm{k\Omega}$, $R_e = 1\,\mathrm{k\Omega}$ und $R_a = 100\,\mathrm{k\Omega}$. Die Stromverstärkung betrage $\beta_N = 150$ und die Early-Spannung sei $U_{AN} = 75\,\mathrm{V}$.

Zur Lösung wollen wir die bereits für die vereinfachte Emitterschaltung abgeleiteten Beziehungen verwenden. Dabei müssen wir lediglich die Größen $u_{e'}$, $R_{e'}$ und $R_{a'}$ dieser Schaltung berechnen. Für den Fall der Emitterschaltung nach Abb. 7.1 hatten wir diese Größen bereits bestimmt, so dass wir mit (7.1), (7.2) und (7.3) die

Zahlenwerte

$$u_{e'} = \frac{R_1//R_2}{(R_1//R_2) + R_e} u_e = 0{,}882\, u_e \,, \qquad (7.27)$$

$$R_{e'} = R_e//R_1//R_2 = 882\,\Omega \qquad (7.28)$$

und

$$R_{a'} = R_3//R_a \approx 2\,\mathrm{k}\Omega \qquad (7.29)$$

erhalten. Für die weitere Rechnung benötigen wir noch die Steilheit $g_m$, die von dem Kollektorstrom $I_{C,A}$ im Arbeitspunkt abhängt. Dieser lässt sich für die Schaltung in Abb. 7.1 sehr leicht abschätzen, wenn wir den Eingangsspannungsteiler, bestehend aus $R_1$ und $R_2$ als unbelastet annehmen. Dann ist das Potenzial am Basisknoten $U_B R_1/(R_1 + R_2) = 3\,\mathrm{V}$ und der Spannungsabfall über den beiden Widerständen $R_k$ und $R_4$ ist wegen $U_{BE} \approx 0{,}7\,\mathrm{V}$ gleich $2{,}3\,\mathrm{V}$, was einem Strom von $I_{C,A} = 1\,\mathrm{mA}$ entspricht. Die Steilheit bestimmt sich damit nach (3.55) zu $g_m = 38{,}4\,\mathrm{mS}$.

Da im vorliegenden Fall $\beta_n \gg 1$ gilt, der Quellwiderstand $R_{e'} = 882\,\Omega$ jedoch nicht gegen den Eingangswiderstand $r_\pi = \beta_n/g_m = 3{,}9\,\mathrm{k}\Omega$ des Transistors zu vernachlässigen ist, verwenden wir für die Berechnung der Spannungsverstärkung die bereits für die vereinfachte Emitterschaltung abgeleitete Beziehung (7.13). Dies führt auf

$$A_{u'} = -\frac{g_m R_{a'}}{1 + g_m R_k + \frac{R_{e'}}{r_\pi}} = -1{,}9 \,. \qquad (7.30)$$

Die Spannungsverstärkung $A_u$ der ursprünglichen Emitterschaltung wird dann mit (7.6) schließlich

$$A_u = \frac{u_a}{u_e} = A_{u'} \frac{u_{e'}}{u_e} = -1{,}9 \times 0{,}882 = -1{,}68 \,. \qquad (7.31)$$

Für den Eingangswiderstand $R_{\mathrm{ein'}}$ der vereinfachten Emitterschaltung aus Abb. 7.3 erhalten wir mit (7.20)

$$R_{\mathrm{ein'}} = r_\pi\,(1 + g_m R_k) = 153\,\mathrm{k}\Omega \,. \qquad (7.32)$$

Der Eingangswiderstand $R_{\mathrm{ein}}$ der ursprünglichen Emitterschaltung ergibt sich schließlich mit (7.7) zu

$$R_{\mathrm{ein}} = R_1//R_2//R_{\mathrm{ein'}} = 7{,}1\,\mathrm{k}\Omega \,. \qquad (7.33)$$

Um den Wert von $R_{\mathrm{aus'}}$ berechnen zu können, muss zunächst der Ausgangswiderstand $r_0$ des Transistors bestimmt werden. Dazu benötigen wir für die Schaltung in Abb. 7.1 die Kollektor-Emitter-Spannung $U_{CE,A}$ des Transistors im Arbeitspunkt, die sich näherungsweise aus $U_B - I_{C,A}(R_3 + R_4 + R_k)$ zu $U_{CE,A} = 7{,}7\,\text{V}$ ergibt. Aus (3.58) erhalten wir dann $r_0 = 82{,}7\,\text{k}\Omega$. Daraus ergibt sich mit (7.26)

$$R_{\text{aus}'} = r_0\,(1 + g_m R_k) = 3{,}2\,\text{M}\Omega \tag{7.34}$$

und schließlich mit (7.8)

$$R_{\text{aus}} = R_{\text{aus}'}//R_3 \approx 2\,\text{k}\Omega \tag{7.35}$$

der Ausgangswiderstand der ursprünglichen Emitterschaltung.

---

**Merksatz 7.1**
Die Emitter- bzw. Sourceschaltung zeichnet sich durch eine hohe Spannungsverstärkung sowie einen hohen Eingangs- und Ausgangswiderstand aus. Ein Gegenkopplungswiderstand am Emitter- bzw. Source-Anschluss verringert die Spannungsverstärkung und erhöht gleichzeitig den Eingangs- und den Ausgangswiderstand.

---

## 7.2   Kollektorschaltung, Drainschaltung

Bei der Kollektor- bzw. Drainschaltung ist der Kollektor- bzw. Drain-Anschluss der gemeinsame Anschlusspunkt von Ein- und Ausgangskreis. Als Beispiel betrachten wir die in Abb. 7.7 gezeigte Kollektorschaltung, die wir zunächst ebenfalls auf eine vereinfachte Grundform zurückführen. Ausgehend von dieser vereinfachten Schaltung werden wir dann die Eigenschaften der Kollektorschaltung untersuchen und die Ergebnisse anschließend auf die Drainschaltung übertragen.

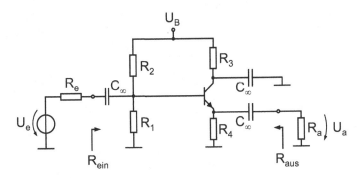

**Abb. 7.7**  Beispiel für eine diskret aufgebaute Kollektorschaltung

  PSpice: 7.2_Kollektorschaltung     PSpice: 7.2_Drainschaltung

### 7.2.1 Wechselstromersatzschaltbild der Kollektorschaltung

Wir bilden zunächst die Wechselstromersatzschaltung der in Abb. 7.7 gezeigten Kollektorschaltung, indem wir die Versorgungsspannungsquelle und die Kondensatoren durch Kurzschlüsse ersetzen (Abb. 7.8).

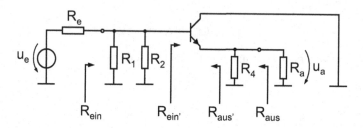

**Abb. 7.8** Wechselstromersatzschaltbild der Kollektorschaltung nach Abb. 7.7

Durch Ersetzen der Eingangssignalquelle und der Widerstände durch eine äquivalente Spannungsquelle (vgl. Abschn. 14.1.1) mit

$$u_{e'} = \frac{R_1//R_2}{(R_1//R_2) + R_e} u_e \tag{7.36}$$

und

$$R_{e'} = R_e//R_1//R_2 \tag{7.37}$$

sowie durch Zusammenfassen der Widerstände am Ausgang

$$R_{a'} = R_4//R_a \tag{7.38}$$

ergibt sich schließlich die vereinfachte Schaltung nach Abb. 7.9, die wir nachfolgend untersuchen. Wie bereits bei der Emitterschaltung bezeichnen wir auch hier zur Vereinheitlichung der Schreibweise die Spannung über dem Widerstand $R_{a'}$ mit $u_{a'}$.

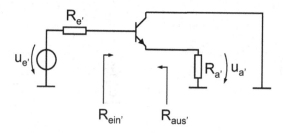

**Abb. 7.9** Vereinfachtes Wechselstromersatzschaltbild der Kollektorschaltung nach Abb. 7.7

Aus der Spannungsverstärkung $A_{u'} = u_{a'}/u_{e'}$ der vereinfachten Schaltung lässt sich dann die Spannungsverstärkung $A_u$ der ursprünglichen Schaltung mittels

$$A_u = \frac{u_a}{u_e} = A_{u'} \frac{u_{e'}}{u_e} \qquad (7.39)$$

bestimmen, wobei das Verhältnis von $u_{e'}$ zu $u_e$ durch (7.36) gegeben ist. Für den Ein- und den Ausgangswiderstand der ursprünglichen Schaltung ergeben sich aus Abb. 7.8 die Beziehungen

$$R_{\mathrm{ein}} = R_{\mathrm{ein'}} // R_1 // R_2 \qquad (7.40)$$

sowie

$$R_{\mathrm{aus}} = R_{\mathrm{aus'}} // R_4 \,. \qquad (7.41)$$

## 7.2.2 Spannungsverstärkung der Kollektorschaltung

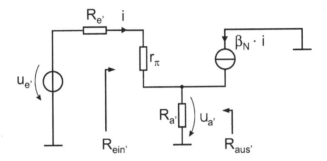

**Abb. 7.10** Kleinsignalersatzschaltbild der Kollektorschaltung nach Abb. 7.9

Zur Berechnung der Spannungsverstärkung der Kollektorschaltung gehen wir von der in Abb. 7.9 dargestellten vereinfachten Schaltung aus. In dieser Schaltung ersetzen wir zunächst den Transistor durch sein Kleinsignalersatzschaltbild, was auf die in Abb. 7.10 gezeigte Kleinsignalersatzschaltung führt. Die Spannung am Ausgang dieser Schaltung ist gegeben durch

$$u_{a'} = (\beta_N + 1)\,i\,R_{a'} \,. \qquad (7.42)$$

Aus der Masche im Eingangskreis erhalten wir

$$u_{e'} = i\,(R_{e'} + r_\pi) + (\beta_N + 1)\,i\,R_{a'} \qquad (7.43)$$

und damit schließlich die Spannungsverstärkung

$$A_{u'} = \frac{u_{a'}}{u_{e'}} = \frac{(\beta_N + 1)\,R_{a'}}{r_\pi + (\beta_N + 1)\,R_{a'} + R_{e'}} \,. \qquad (7.44)$$

Gilt $\beta_N \gg 1$, erhalten wir mit $\beta_N = g_m r_\pi$ den vereinfachten Ausdruck

$$A_{u'} = \frac{g_m R_{a'}}{1 + g_m R_{a'} + \frac{R_e'}{r_\pi}}. \tag{7.45}$$

Für kleine Quellwiderstände $R_{e'} \ll r_\pi$ ergibt sich schließlich

$$\boxed{A_{u'} = \frac{g_m R_{a'}}{1 + g_m R_{a'}}.} \tag{7.46}$$

Diese Beziehung gilt ebenfalls für die Drainschaltung. In der Regel ist $g_m R_{a'} \gg 1$, so dass sowohl die Drain- als auch die Kollektorschaltung eine Spannungsverstärkung von etwa eins haben. Da die Ausgangsspannung der Kollektor- bzw. der Drainschaltung im Wesentlichen der Eingangsspannung folgt, wird die Schaltung auch als ‚Emitterfolger‘ bzw. ‚Sourcefolger‘ bezeichnet.

### 7.2.3 Eingangswiderstand der Kollektorschaltung

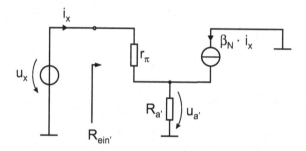

**Abb. 7.11** Schaltung zur Bestimmung des Eingangswiderstandes der Kollektorschaltung. Die Signalquelle wird durch eine Testquelle ersetzt

Zur Bestimmung des Eingangswiderstandes $R_{ein}$ der Kollektorschaltung trennen wir den Widerstand $R_{e'}$ und die Quelle $u_{e'}$ von der vereinfachten Kleinsignalersatzschaltung nach Abb. 7.10 ab und schließen statt dessen eine Testquelle $u_x$ an (Abb. 7.11). Die Masche im Eingangskreis liefert

$$u_x = i_x r_\pi + (\beta_N + 1) i_x R_{a'} \tag{7.47}$$

und wir erhalten für den Eingangswiderstand

$$R_{ein'} = \frac{u_x}{i_x} = r_\pi + (\beta_N + 1) R_{a'}. \tag{7.48}$$

Ist $\beta_N \gg 1$, ergibt sich mit $\beta_N = g_m r_\pi$ die Beziehung

$$\boxed{R_{ein'} = r_\pi (1 + g_m R_{a'}).} \tag{7.49}$$

Für die Drainschaltung gilt wegen $r_\pi \Rightarrow \infty$

$$\boxed{R_{\text{ein}'} \Rightarrow \infty}\ . \tag{7.50}$$

Wegen ihres hohen Eingangswiderstandes lässt sich die Kollektor- bzw. Drainschaltung problemlos an Signalspannungsquellen mit hohem Ausgangswiderstand anschließen. Da die Schaltung gleichzeitig einen sehr niedrigen Ausgangswiderstand aufweist, wie im Folgenden gezeigt wird, transformiert sie demnach den hohen Ausgangswiderstand der Signalquelle in einen sehr niedrigen Ausgangswiderstand.

### 7.2.4   Ausgangswiderstand der Kollektorschaltung

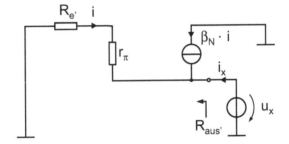

**Abb. 7.12** Schaltung zur Bestimmung des Ausgangswiderstandes der Kollektorschaltung. Die Signalquelle am Eingang wird kurzgeschlossen, und am Ausgang der Schaltung wird eine Testquelle angeschlossen

Zur Bestimmung des Ausgangswiderstandes $R_{\text{aus}'}$ gehen wir von der Kleinsignalersatzschaltung nach Abb. 7.10 aus. Dort setzen wir am Eingang $u_{e'} = 0$ und schließen eine Testquelle an den Ausgang an, was auf die in Abb. 7.12 gezeigte Schaltung führt. Die Masche im Eingangskreis dieser Schaltung liefert

$$i_x = -i(\beta_N + 1) = \frac{u_x}{R_{e'} + r_\pi}(\beta_N + 1) \tag{7.51}$$

und damit den Ausgangswiderstand

$$R_{\text{aus}'} = \frac{u_x}{i_x} = \frac{r_\pi + R_{e'}}{\beta_N + 1}\ . \tag{7.52}$$

Mit $\beta_N = g_m r_\pi$ und für $\beta_N \gg 1$ gilt

$$R_{\text{aus}'} = \frac{1 + \frac{R_{e'}}{r_\pi}}{g_m}\ , \tag{7.53}$$

was sich für kleine Quellwiderstände $R_{e'} \ll r_\pi$ zu

$$R_{\text{aus}'} = \frac{1}{g_m} \qquad (7.54)$$

vereinfacht. Der Ausgangswiderstand ist bei der Kollektorschaltung also umgekehrt proportional zur Steilheit $g_m$, d. h. sehr niederohmig. Dieses Ergebnis gilt insbesondere auch für die Drainschaltung.

Der sehr geringe Ausgangswiderstand erlaubt es, die Schaltung auch mit niederohmigen Lasten zu betreiben, ohne dass die Ausgangsspannung absinkt, so dass die Schaltung als Ausgangsstufe von mehrstufigen Verstärkern geeignet ist.

> **Merksatz 7.2**
> Die Kollektor- bzw. Drainschaltung hat eine Spannungsverstärkung von etwa 1. Der Eingangswiderstand ist hoch und der Ausgangswiderstand niedrig, so dass dieser Verstärker oft als Impedanzwandler eingesetzt wird.

## 7.3  Basisschaltung, Gateschaltung

Bei der Basis- bzw. Gateschaltung ist die Basis- bzw. das Gate der gemeinsame Anschlusspunkt von Ein- und Ausgangskreis. Ein Schaltungsbeispiel für eine Basisschaltung ist in Abb. 7.13 gezeigt. Wir werden diese Schaltung zunächst wieder auf eine vereinfachte Form bringen und dann von dieser Schaltung ausgehend die Eigenschaften der Basis- und der Gateschaltung bestimmen.

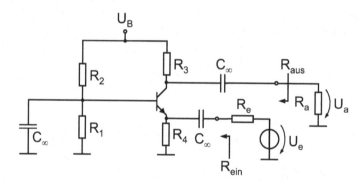

**Abb. 7.13**  Beispiel für eine diskret aufgebaute Basisschaltung

 PSpice: 7.3_Basisschaltung     PSpice: 7.3_Gateschaltung

**Wechselstromersatzschaltbild der Basisschaltung**

Wir zeichnen zunächst das Wechselstromersatzschaltbild der Schaltung nach Abb. 7.13 und erhalten durch Kurzschließen der Versorgungsspannungsquelle und der Kapazitäten die in Abb. 7.14 gezeigte Schaltung.

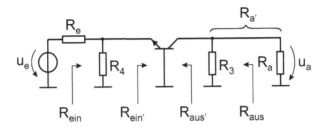

**Abb. 7.14** Wechselstromersatzschaltbild der Basisschaltung nach Abb. 7.13

Diese Schaltung lässt sich vereinfachen, indem die Signalquelle mit den Widerständen $R_e$ und $R_4$ in eine äquivalente Quelle (vgl. Abschn. 14.1.1) umgewandelt wird. Dabei gilt

$$u_{e'} = \frac{R_4}{R_4 + R_e} u_e \tag{7.55}$$

und

$$R_{e'} = R_e // R_4 \; . \tag{7.56}$$

Weiterhin fassen wir die Widerstände am Ausgang der Schaltung zusammen, d. h.

$$R_{a'} = R_3 // R_a \tag{7.57}$$

und erhalten so schließlich die in Abb. 7.15 dargestellte vereinfachte Schaltung, die wir im Folgenden untersuchen werden. Zur Vereinheitlichung der Schreibweise bezeichnen wir auch hier die Spannung über dem Widerstand $R_{a'}$ mit $u_{a'}$. Aus der Spannungsverstärkung $A_{u'} = u_{a'}/u_{e'}$ dieser vereinfachten Schaltung können wir dann mittels

$$A_u = \frac{u_a}{u_e} = A_{u'} \frac{u_{e'}}{u_e} \tag{7.58}$$

die Spannungsverstärkung $A_u$ der ursprünglichen Schaltung bestimmen. Das Verhältnis von $u_{e'}$ zu $u_e$ ist dabei durch (7.55) gegeben. Entsprechend gilt nach Abb. 7.14 für den Eingangswiderstand $R_{\text{ein}}$ der ursprünglichen Schaltung

$$R_{\text{ein}} = R_{\text{ein}'} // R_4 \tag{7.59}$$

und für den Ausgangswiderstand

$$R_{\text{aus}} = R_{\text{aus}'} // R_3 \; . \tag{7.60}$$

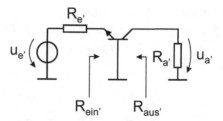

**Abb. 7.15** Vereinfachtes Wechselstromersatzschaltbild der in Abb. 7.14 dargestellten Basisschaltung

### 7.3.1 Spannungsverstärkung der Basisschaltung

Auch bei der Basisschaltung gehen wir bei der Berechnung der Spannungsverstärkung von der vereinfachten Schaltung aus, wie sie in Abb. 7.15 dargestellt ist. Dort ersetzen wir zunächst den Transistor durch dessen Kleinsignalersatzschaltbild, was auf die in Abb. 7.16 dargestellte Schaltung führt.

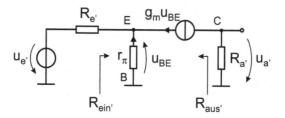

**Abb. 7.16** Kleinsignalersatzschaltbild der Basisschaltung nach Abb. 7.15

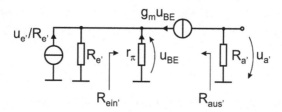

**Abb. 7.17** Kleinsignalersatzschaltbild der Basisschaltung nach Umwandlung der Eingangsspannungsquelle in eine äquivalente Stromquelle

Für die weitere Berechnung erweist es sich als zweckmäßig, die Spannungsquelle $u_{e'}$ durch eine äquivalente Stromquelle zu ersetzen (vgl. Abschn. 14.1.2), wie in Abb. 7.17

dargestellt ist. Im Ausgangskreis dieser Schaltung gilt dann die Beziehung

$$u_{a'} = -g_m u_{\text{BE}} R_{a'} \tag{7.61}$$

und im Eingangskreis führt die Knotengleichung auf

$$\frac{u_{e'}}{R_{e'}} + \frac{u_{\text{BE}}}{R_{e'}} + \frac{u_{\text{BE}}}{r_\pi} + g_m u_{\text{BE}} = 0 \ . \tag{7.62}$$

Elimination von $u_{\text{BE}}$ liefert die Spannungsverstärkung

$$A_{u'} = \frac{u_{a'}}{u_{e'}} = \frac{g_m R_{a'}}{1 + \frac{\beta_N + 1}{\beta_N} R_{e'} g_m} \ . \tag{7.63}$$

Für $\beta_N \gg 1$ kann dies angenähert werden durch

$$\boxed{A_{u'} = \frac{g_m R_{a'}}{1 + g_m R_{e'}}} \ , \tag{7.64}$$

wobei diese Beziehung auch für die Gateschaltung gültig ist.

**Abschätzung der Spannungsverstärkung**
Eine grobe Abschätzung für $A_u$ erhält man, wenn der Widerstand der Signalquelle $R_{e'}$ vernachlässigt wird. Dann vereinfacht sich (7.64) zu

$$A_{u'} = g_m R_{a'} \ . \tag{7.65}$$

Dieser Ausdruck kann, wie in Abschn. 7.1.2 für die Emitterschaltung gezeigt, abgeschätzt werden zu

$$A_{u'} \approx 10 \, U_B / \text{V} \ , \tag{7.66}$$

wobei sich hier ein positives Vorzeichen ergibt, da Eingangs- und Ausgangsspannung phasengleich sind. Entsprechend ergibt sich für die Gateschaltung die Abschätzung

$$A_{u'} \approx U_B / \text{V} \ . \tag{7.67}$$

Die Spannungsverstärkung der Basis- bzw. der Gateschaltung ist damit relativ hoch und liegt etwa im Bereich der Werte von Emitter- bzw. Sourceschaltung.

### 7.3.2 Eingangswiderstand der Basisschaltung

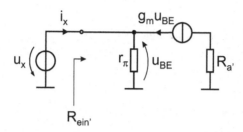

**Abb. 7.18** Schaltung zur Bestimmung des Eingangswiderstandes der Basisschaltung, bei der die Signalquelle durch eine Testquelle $u_x$ ersetzt wurde

Zur Bestimmung von $R_{ein'}$ trennen wir den Widerstand $R_{e'}$ und die Quelle $u_{e'}$ von der vereinfachten Kleinsignalersatzschaltung nach Abb. 7.16 ab und schließen statt dessen eine Testquelle $u_x$ an (Abb. 7.18). Im Eingangskreis gilt dann für die Spannung

$$u_{BE} = -u_x \, , \tag{7.68}$$

und die Knotengleichung für den Strom liefert

$$i_x + \frac{u_{BE}}{r_\pi} + g_m u_{BE} = 0 \, . \tag{7.69}$$

Damit wird der Eingangswiderstand

$$R_{ein'} = \frac{u_x}{i_x} = \frac{1}{g_m + \frac{1}{r_\pi}} \, , \tag{7.70}$$

was sich umformen lässt in

$$R_{ein'} = \frac{r_\pi}{\beta_N + 1} = \frac{\beta_N}{\beta_N + 1} \frac{r_\pi}{\beta_N} \tag{7.71}$$

$$= \frac{\beta_N}{\beta_N + 1} \frac{1}{g_m} \, . \tag{7.72}$$

Für $\beta_N \gg 1$ wird daraus

$$\boxed{R_{ein'} = \frac{1}{g_m}} \, , \tag{7.73}$$

was einem niedrigen Wert entspricht. Dieses Ergebnis gilt ebenso für die Gateschaltung mit $r_\pi \to \infty$.

### 7.3.3  Ausgangswiderstand der Basisschaltung

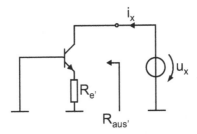

**Abb. 7.19** Schaltung zur Bestimmung des Ausgangswiderstandes der Basisschaltung. Die Signalquelle am Eingang wird kurzgeschlossen, und am Ausgang der Schaltung wird eine Testquelle
angeschlossen

Aus der Wechselstromersatzschaltung nach Abb. 7.15 ergibt sich durch Nullsetzen der
Eingangsspannung, d. h. für $u_{e'} = 0$, sowie das Anschließen einer Testquelle $u_x$ an den
Ausgang die in Abb. 7.19 gezeigte Schaltung. Nach Ersetzen des Transistors durch dessen
Kleinsignalersatzschaltbild erhalten wir die Schaltung in Abb. 7.20, wobei wir auch hier
wieder den Ausgangswiderstand $r_0$ des Transistors berücksichtigen müssen. Diese Schaltung ist identisch mit der Emitterschaltung in Abb. 7.6, wenn wir dort zunächst $R_{e'} = 0$
setzen und anschließend $R_k$ durch $R_{e'}$ ersetzen. Für den Ausgangswiderstand erhalten wir
somit nach (7.25)

$$R_{\text{aus}'} = r_0 \left( 1 + \frac{g_m R_{e'}}{1 + \frac{R_{e'}}{r_\pi}} \right) + r_\pi // R_{e'} \, . \tag{7.74}$$

Für $R_{e'} \ll r_\pi$ und $R_{e'} \ll r_0$ vereinfacht sich dies zu

$$\boxed{R_{\text{aus}'} = r_0 \left( 1 + g_m R_{e'} \right)} \, . \tag{7.75}$$

Der Ausgangswiderstand der Basisschaltung ist demnach relativ groß. Dieses Ergebnis
gilt ebenso für die Gateschaltung mit $r_\pi \to \infty$.

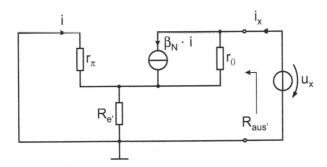

**Abb. 7.20** Kleinsignalersatzschaltbild der Schaltung nach Abb. 7.19

**Merksatz 7.3**

Die Basis- bzw. Gateschaltung hat eine hohe Spannungsverstärkung sowie einen niedrigen Eingangs- und einen hohen Ausgangswiderstand.

## 7.4 Push-Pull Ausgangsstufe

Als Ausgangsstufe für größere Leistungen eignet sich die im B-Betrieb arbeitende Push-Pull Ausgangsstufe mit zwei komplementären Transistoren, die jeweils als Emitterfolger bzw. Sourcefolger geschaltet sind. Jeder der Transistoren überträgt dabei eine Halbwelle des Eingangssignals $U_e(t)$. Ein Beispiel für eine einfache Push-Pull Stufe mit Bipolartransistoren ist in Abb. 7.21 gezeigt.

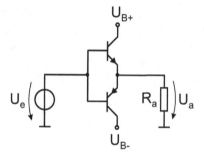

**Abb. 7.21** Push-Pull Stufe mit Bipolartransistoren

PSpice: 7.4_Push-Pull

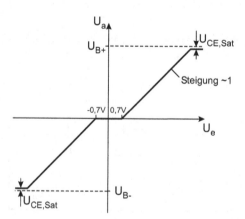

**Abb. 7.22** Übertragungskennlinie der Push-Pull Stufe. In dem Eingangsspannungsbereich, in dem beide Transistoren sperren, hat die Übertragungskennlinie ein Plateau

Da die Spannungsverstärkung bei etwa $A_u = 1$ liegt, ergibt sich die in Abb. 7.22 gezeigte Übertragungskennlinie.

Für betragsmäßig sehr große Eingangsspannungen geht jeweils einer der beiden Transistoren in Sättigung, so dass die maximale Ausgangsspannung der Schaltung auf $U_{B+} - U_{CE.Sat}$ bzw. $U_{B-} + U_{CE.Sat}$ beschränkt ist. Da die Schaltung im B-Betrieb arbeitet, d. h. die Transistoren ohne Vorspannung betrieben werden, sperren für kleine Eingangsspannungen beide Transistoren. Spannungen, die betragsmäßig kleiner sind als etwa 0,7 V werden also nicht übertragen, was zu Übernahmeverzerrungen führt, wie in Abb. 7.23 verdeutlicht ist.

Um diese Übernahmeverzerrungen zu vermeiden, kann folgende Schaltung verwendet werden, bei der die beiden Basis-Emitter-Übergänge mit Hilfe zweier in Durchlassrichtung betriebener Dioden vorgespannt werden. Die Schaltung arbeitet dann im AB-Betrieb und die Spannung $U_{bias}$ beträgt etwa 1,4 V (Abb. 7.24).

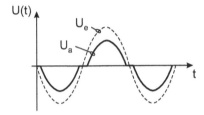

**Abb. 7.23** Signalverlauf von Ein- und Ausgangsspannung der Push-Pull Stufe. Eingangsspannungen im Bereich, in dem beide Transistoren sperren, werden nicht übertragen

Damit ergibt sich die in Abb. 7.25 gezeigte Übertragungskennlinie. Diese Betriebsart wird auch als AB-Betrieb bezeichnet (vgl. Abschn. 6.1.2).

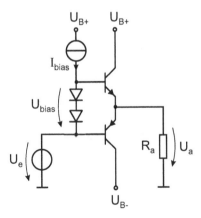

**Abb. 7.24** Prinzipschaltbild einer Push-Pull Stufe im AB-Betrieb. Der Strom $I_{bias}$ wird so gewählt, dass die beiden Transistoren gerade eingeschaltet sind

  PSpice: 7.4_Push-Pull_AB

**Merksatz 7.4**

Die Push-Pull Stufe ist die Zusammenschaltung zweier Kollektor- bzw. Drainschaltungen. Die Schaltung arbeitet im B- oder AB-Betrieb  und wird wegen ihres geringen Ausgangswiderstandes als Ausgangsstufe eingesetzt.

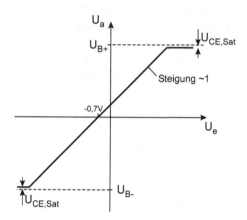

**Abb. 7.25** Übertragungskennlinie der Push-Pull Stufe im AB-Betrieb. Die Kennlinie verläuft über den gesamten Spannungsbereich linear

## Literatur

1. Hoffmann, K (2003) Systemintegration. Oldenbourg Wissenschaftsverlag, München, Wien
2. Jaeger, RC, Blalock, TN (2016) Microelectronic Circuit Design. McGraw Hill, New York
3. Siegl, J, Zocher, E (2014) Schaltungstechnik – Analog und gemischt analog/digital. Springer, Berlin
4. Tietze, U, Schenk, Ch, Gamm, E (1996) Halbleiter-Schaltungstechnik. Springer, Berlin, Heidelberg
5. Wupper, H (1996) Elektronische Schaltungen 1 – Grundlagen, Analyse, Aufbau. Springer, Berlin

# Operationsverstärker

8

## 8.1 Der einstufige Differenzverstärker

### 8.1.1 Funktion des Differenzverstärkers

Ein Differenzverstärker liefert eine Ausgangsspannung, die von der Differenz der Spannungen an den beiden Eingängen abhängt. Eine Realisierung eines solchen Verstärkers ist in Abb. 8.1 gezeigt. Dabei betrachten wir einen Verstärker, der mit Bipolartransistoren aufgebaut ist; eine Schaltung mit Feldeffekttransistoren untersuchen wir im Abschn. 8.2.

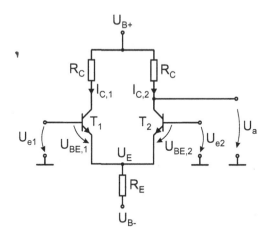

**Abb. 8.1** Differenzverstärker mit Bipolartransistoren

 PSpice: 8.1_Diff-Amp_diff  PSpice: 8.1_Diff-Amp_gleich

Die Schaltung hat sowohl eine positive als auch eine negative Betriebsspannung, so dass durch geeignete Dimensionierung der Schaltung die Eingangsspannungen $U_{e1}$ und

© Springer-Verlag GmbH Deutschland, ein Teil von Springer Nature 2019
H. Göbel, *Einführung in die Halbleiter-Schaltungstechnik*,
https://doi.org/10.1007/978-3-662-56563-6_8

$U_{e2}$ im Arbeitspunkt zu null gewählt werden können. Dadurch sind keine Koppelkondensatoren nötig, so dass die Schaltung auch Gleichspannungen verstärkt.

## 8.1.2   Gleichstromanalyse des Differenzverstärkers

Für die Gleichstromanalyse legen wir beide Eingangssignalquellen auf $U_{e1} = U_{e2} = 0\,\mathrm{V}$, so dass

$$U_{\mathrm{BE},1} = U_{\mathrm{BE},2} = U_{\mathrm{BE},A} \qquad (8.1)$$

ist. Aufgrund der Symmetrie der Schaltung gilt dann

$$I_{C,1} = I_{C,2} = I_{C,A} \ . \qquad (8.2)$$

Für eine überschlägige Berechnung können wir von einer sehr großen Stromverstärkung der beiden Transistoren ausgehen. Damit ist $I_C = -I_E$ und die Masche im Eingangskreis wird

$$U_{\mathrm{BE},A} + 2I_{C,A}R_E + U_{B-} = 0 \ . \qquad (8.3)$$

Für den Kollektorstrom ergibt sich damit die Beziehung

$$I_{C,A} = -\frac{U_{\mathrm{BE},A} + U_{B-}}{2R_E} \ . \qquad (8.4)$$

Bei gegebener negativer Versorgungsspannung $U_{B-}$ wird $R_E$ so gewählt, dass sich $I_C$ auf den gewünschten Wert einstellt. Für $U_{\mathrm{BE},A}$ kann dabei ein Wert von $0{,}7\,\mathrm{V}$ angenommen werden. Für die Ausgangsspannung $U_{a,A}$ im Arbeitspunkt gilt

$$U_{a,A} = U_{B+} - I_{C,A}R_C \ , \qquad (8.5)$$

so dass dieser Wert über den Widerstand $R_C$ eingestellt werden kann. Für die Kollektor-Emitter-Spannungen im Arbeitspunkt ergibt sich dann

$$U_{\mathrm{CE},A} = (U_{B+} - U_{B-}) - I_{C,A}R_C - 2I_{C,A}R_E \ . \qquad (8.6)$$

## 8.1.3   Kleinsignalanalyse des Differenzverstärkers

Für die Kleinsignalanalyse betrachten wir die Schaltung der Einfachheit halber zunächst für den Fall der Ansteuerung mit einem Differenzsignal, für das $u_{e,1} = -u_{e,2}$ gilt, und dann für den Fall der Ansteuerung mit einem Gleichtaktsignal, bei dem beide Eingänge mit dem gleichen Signal angesteuert werden, d. h. $u_{e,1} = u_{e,2}$. Der allgemeine Fall der Ansteuerung mit beliebigen Eingangssignalen lässt sich dann aus diesen beiden Spezialfällen berechnen, da sich beliebige Eingangssignale stets in einen Differenzanteil $u_{e,d}$

und einen Gleichtaktanteil $u_{e,g}$ zerlegen lassen, wie in Abb. 8.2 für ein einfaches Beispiel gezeigt ist.

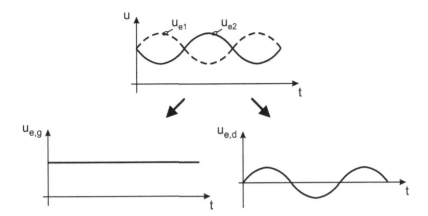

**Abb. 8.2** Beliebige Eingangssignale lassen sich in ein Differenz- und ein Gleichtaktsignal zerlegen

Die Zerlegung erfolgt dabei gemäß

$$u_{e,d} = \frac{u_{e1} - u_{e2}}{2} \tag{8.7}$$

und

$$u_{e,g} = \frac{u_{e1} + u_{e2}}{2} \; . \tag{8.8}$$

**Verstärkung von Differenzsignalen**

Zur Bestimmung der Spannungsverstärkung der Schaltung nach Abb. 8.1 leiten wir zunächst aus der ursprünglichen Schaltung die entsprechende Kleinsignalersatzschaltung her. Diese ergibt sich durch Kurzschließen der Versorgungsspannungsquellen sowie dem Ersetzen der Transistoren durch die entsprechenden Ersatzschaltungen (Abb. 8.3). Zur Vereinfachung der nachfolgenden Berechnungen ist dabei angenommen, dass der Ausgangswiderstand $r_0$ der Transistoren vernachlässigt werden kann.

Am Emitterknoten erhalten wir dann zunächst die Knotengleichung

$$\frac{u_{BE,1}}{r_\pi} + g_m u_{BE,1} + g_m u_{BE,2} + \frac{u_{BE,2}}{r_\pi} = \frac{u_E}{R_E} \; , \tag{8.9}$$

was sich umformen lässt zu

$$\left( g_m + \frac{1}{r_\pi} \right) (u_{BE,1} + u_{BE,2}) = \frac{u_E}{R_E} \; . \tag{8.10}$$

Für $u_{BE,1}$ und $u_{BE,2}$ gilt

$$u_{BE,1} = -u_e - u_E \tag{8.11}$$

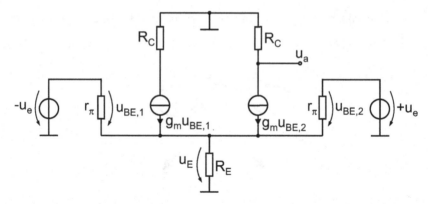

**Abb. 8.3** Kleinsignalersatzschaltbild des Differenzverstärkers nach Abb. 8.1 bei Ansteuerung mit Differenzsignalen

und

$$u_{\mathrm{BE},2} = +u_e - u_E \, , \tag{8.12}$$

also

$$u_{\mathrm{BE},1} + u_{\mathrm{BE},2} = -2u_E. \tag{8.13}$$

Damit wird (8.10)

$$u_E \left( \frac{1}{R_E} + \frac{2}{r_\pi} + 2g_m \right) = 0 \, . \tag{8.14}$$

Diese Beziehung ist nur dann erfüllt, wenn $u_E = 0$ ist. Dies bedeutet, dass sich das Potenzial am Emitterknoten nicht ändert, sondern auf dem Wert $U_E$ (siehe Abb. 8.1) bleibt. Anschaulich lässt sich dies damit erklären, dass der durch Erhöhung der Eingangsspannung um $u_e$ hervorgerufene Zunahme des Stroms in dem einen Zweig der Schaltung eine gleich große Abnahme des Stroms in dem anderen Zweig gegenübersteht, da dort die Eingangsspannung um $u_e$ vermindert wird. Der Strom durch den Widerstand $R_E$ ändert sich bei Ansteuerung mit Differenzsignalen insgesamt also nicht, was bedeutet, dass sich auch das Emitterpotenzial nicht ändert, d. h. $u_E = 0$, wie in Abb. 8.4 dargestellt ist. Damit wird die Ausgangsspannung

$$u_a = -g_m u_{\mathrm{BE},2} R_C \tag{8.15}$$

$$= -g_m u_e R_C \tag{8.16}$$

und wir erhalten schließlich für die Verstärkung von Differenzsignalen

$$\boxed{A_{u,d} = -g_m R_C} \, . \tag{8.17}$$

Die Verstärkung steigt also mit zunehmendem Kollektorwiderstand. Das Ergebnis lässt sich auch anschaulich aus Abb. 8.4 herleiten. Da bei Ansteuerung mit Differenzsignalen

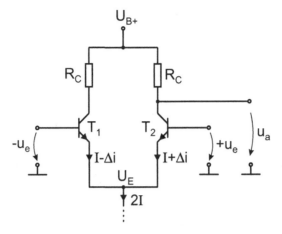

**Abb. 8.4**  Bei Ansteuerung mit Differenzsignalen bleibt das Potenzial $U_E$ des gemeinsamen Emitterknotens auf einem konstanten Wert

der Emitterknoten auf einem konstanten Potenzial $U_E$ liegt und wir beide Schaltungsteile getrennt betrachten können, erhalten wir schließlich die in Abb. 8.5 gezeigte Ersatzschaltung für Differenzsignale.

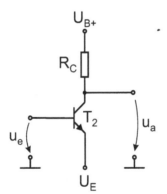

**Abb. 8.5**  Die vereinfachte Ersatzschaltung des Differenzverstärkers für die Ansteuerung mit Differenzsignalen entspricht einer Emitterschaltung

Die Berechnung der Spannungsverstärkung dieser Schaltung führt dann ebenfalls auf das bereits oben abgeleitete Ergebnis (8.17).

---

**Merksatz 8.1**

Die Verstärkung des Differenzverstärkers bei Ansteuerung mit Differenzsignalen steigt mit zunehmendem Kollektorwiderstand.

## Verstärkung von Gleichtaktsignalen

Zur Berechnung der Gleichtaktverstärkung bestimmen wir zunächst wieder das entsprechende Kleinsignalersatzschaltbild, was auf die in Abb. 8.6 gezeigte Schaltung führt.

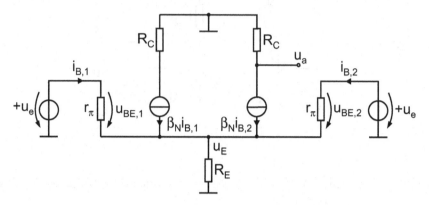

**Abb. 8.6** Kleinsignalersatzschaltbild des Differenzverstärkers nach Abb. 8.1 bei Ansteuerung mit Gleichtaktsignalen

Da beide Eingänge mit dem gleichen Signal angesteuert werden, ist

$$i_{B,1} = i_{B,2} = i_B \tag{8.18}$$

und wir erhalten am Emitterknoten die Beziehung

$$u_e = i_B r_\pi + u_E \tag{8.19}$$
$$= i_B \left[ r_\pi + 2 \left( \beta_N + 1 \right) R_E \right] \tag{8.20}$$

und damit

$$i_B = \frac{u_e}{r_\pi + 2 \left( \beta_N + 1 \right) R_E} \, . \tag{8.21}$$

Die Ausgangsspannung an dem Kollektor ist

$$u_a = -\beta_N i_B R_C \tag{8.22}$$
$$= -\frac{\beta_N R_C}{r_\pi + 2 \left( \beta_N + 1 \right) R_E} u_e \, . \tag{8.23}$$

In der Regel ist $\beta_N \gg 1$ und $\beta_N R_E \gg r_\pi$, so dass sich diese Beziehung vereinfacht zu

$$u_a = -\frac{R_C}{2 R_E} u_e \, . \tag{8.24}$$

Für die Gleichtaktverstärkung ergibt sich damit

$$\boxed{A_{u,g} = -\frac{R_C}{2 R_E}} \, . \tag{8.25}$$

Dieses Ergebnis lässt sich ebenfalls anschaulich herleiten. Dazu zeichnen wir zunächst die ursprüngliche Schaltung um, indem wir den Emitterwiderstand durch die Parallelschaltung zweier Widerstände ersetzen (Abb. 8.7).

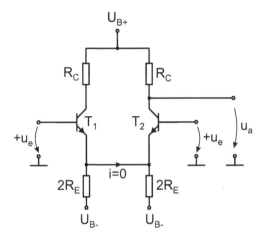

**Abb. 8.7** Modifizierte Schaltung des Differenzverstärkers. Bei der Ansteuerung dieser Schaltung mit Gleichtaktsignalen erkennt man, dass über die Verbindung zwischen den beiden Hälften des Differenzverstärkers kein Strom fließt und diese somit aufgetrennt werden kann

Da der linke und der rechte Teil der Schaltung symmetrisch zueinander sind und mit dem gleichen Eingangssignal angesteuert werden, ist der Strom zwischen den beiden Zweigen offensichtlich null, so dass die Verbindung aufgetrennt und jeder Schaltungsteil für sich betrachtet werden kann, was auf die in Abb. 8.8 gezeigte Schaltung führt. Aus dieser Schaltung erkennen wir, dass sich der Differenzverstärker bei Ansteuerung mit Gleichtaktsignalen wie eine Emitterschaltung mit Gegenkopplungswiderstand (Abschn. 7.1) verhält, deren Spannungsverstärkung dem bereits abgeleiteten Ergebnis (8.25) entspricht.

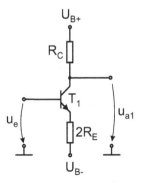

**Abb. 8.8** Die vereinfachte Ersatzschaltung des Differenzverstärkers für die Ansteuerung mit Gleichtaktsignalen entspricht einer gegengekoppelten Emitterschaltung

**Gleichtaktunterdrückung**

Die Gleichtaktunterdrückung $G$ gibt an, wie stark ein Gleichtaktsignal im Vergleich zu einem Differenzsignal am Ausgang der Schaltung unterdrückt wird. Aus den Verstärkungen für Gleichtaktsignale und für Gegentaktsignale erhält man

$$G = \frac{A_{u,d}}{A_{u,g}} = \frac{g_m R_C}{\frac{R_C}{2R_E}} \tag{8.26}$$

und damit

$$\boxed{G = 2g_m R_E} . \tag{8.27}$$

> **Merksatz 8.2**
> Die Gleichtaktunterdrückung des Differenzverstärkers nimmt mit wachsendem Emitterwiderstand zu.

## 8.2 Mehrstufige Differenzverstärker

### 8.2.1 CMOS Differenzeingangsstufe

Der einfache Differenzverstärker soll im Folgenden zu einem Verstärker mit hoher Verstärkung und hoher Gleichtaktunterdrückung erweitert werden. Als Beispiel soll in diesem Abschnitt ein Verstärker in CMOS-Technik entworfen werden (Abb. 8.9).

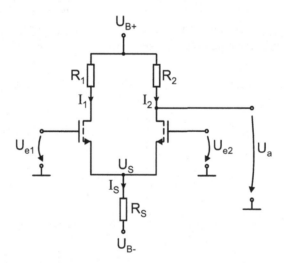

**Abb. 8.9** Differenzverstärker mit MOS-Transistoren

Da für eine hohe Verstärkung bei gleichzeitig hoher Gleichtaktunterdrückung die Widerstände $R_1$, $R_2$ und $R_S$ möglichst groß sein sollen, ersetzen wir diese durch Stromspiegel (vgl. Abschn. 6.3.1), die so dimensioniert werden, dass im Arbeitspunkt, d. h. für $U_{e1} = U_{e2} = 0V$ gilt

$$I_1 = I_2 = I_S/2 \, . \tag{8.28}$$

Die entsprechende Schaltung ist in Abb. 8.10 gezeigt.

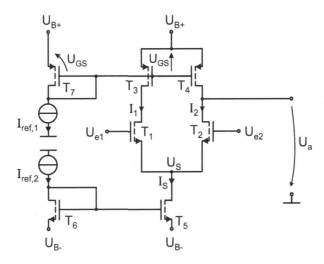

**Abb. 8.10** Differenzverstärker aus Abb. 8.9 nach Ersetzen der ohmschen Widerstände durch Stromspiegel

 PSpice: 8.2_CMOS_OP1_diff  PSpice: 8.2_CMOS_OP1_gleich

**Verstärkung von Differenzsignalen**

Wir betrachten die Schaltung zunächst für den Fall der Ansteuerung mit Differenzsignalen, d. h. $-U_{e1} = U_{e2} = U_e$. Dabei hatten wir bereits im letzten Abschnitt gesehen, dass sich das Potenzial des gemeinsamen Sourceknotens von T1 und T2 für Differenzsignale nicht ändert. Der Sourceknoten liegt daher auf dem festen Potenzial $U_S$, wie in Abb. 8.11 gezeigt.

Der Lasttransistor T4 wird hingegen mit konstanter Gate-Source-Spannung $U_{GS}$ betrieben, die durch den Stromspiegel festgelegt ist. Die Funktion der Schaltung lässt sich nun grafisch veranschaulichen, indem die Kennlinien der beiden Transistoren T2 und T4 in ein gemeinsames Diagramm eingetragen werden (Abb. 8.12). Der Schnittpunkt der beiden Kurven ergibt dann die Spannung $U_a$ sowie den Strom $I_2$ durch die Transistoren.

Erhöht man nun die Spannungsdifferenz $U_e$ zwischen den Eingängen, indem $U_{e1}$ um $\Delta U_e$ verringert und $U_{e2}$ um den gleichen Betrag erhöht wird, so verschiebt sich die Ausgangskennlinie von T2 nach oben. Die Kennlinie von T4 ändert sich hingegen nicht, da

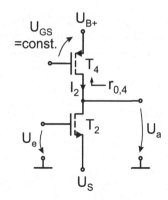

**Abb. 8.11** Vereinfachte Ersatzschaltung des Differenzverstärkers nach Abb. 8.10 bei Ansteuerung mit Differenzsignalen

die Gate-Source-Spannung $U_{GS}$ von T4 konstant ist. Die dadurch bedingte Verschiebung des Schnittpunktes der beiden Kennlinien führt zu einer Änderung der Ausgangsspannung $\Delta U_a$. Diese ist bei gegebener Änderung der Eingangsspannung um so größer, je flacher die Kennlinien verlaufen, also je größer der Ausgangswiderstand $r_0$ der Transistoren ist. Die Verstärkung der Schaltung nimmt also mit zunehmendem Ausgangswiderstand $r_0$ der Transistoren zu.

Um die Verstärkung quantitativ zu berechnen, bestimmen wir zunächst das Kleinsignalersatzschaltbild der Schaltung für Differenzsignale. Dazu ersetzen wir in der Schaltung nach Abb. 8.11 den Verstärkertransistor T2 ebenso wie den Transistor T4 des Stromspiegels durch die entsprechenden Kleinsignalersatzschaltbilder. Die Ersatzschaltung des

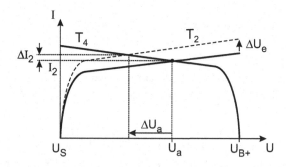

**Abb. 8.12** Kennlinien der beiden Transistoren aus Abb. 8.11 bei Ansteuerung mit Differenzsignalen. Bereits eine kleine Änderung der Eingangsspannung bewirkt eine große Ausgangsspannungsänderung

 S.m.i.L.E: 8.2_MOS-Verstaerker mit Stromspiegel

Transistors T4 des Stromspiegels ist dabei durch dessen Ausgangswiderstand $r_{0,4}$ gegeben (vgl. Abschn. 6.3.1), so dass wir schließlich die Schaltung nach Abb. 8.13 erhalten.

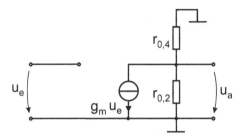

**Abb. 8.13** Kleinsignalersatzschaltung der Schaltung nach Abb. 8.11

Für die Spannungsverstärkung $A_{u,d}$ für Differenzsignale ergibt sich damit

$$A_{u,d} = -g_m \left( r_{0,4} // r_{0,2} \right) , \tag{8.29}$$

was wegen der Größe der Ausgangswiderstände ein deutlich höherer Wert ist als bei der Schaltung mit diskreten Widerständen.

**Verstärkung für Gleichtaktsignale**
Wir wollen nun die Gleichtaktverstärkung der Schaltung nach Abb. 8.10 untersuchen und erhöhen dazu beide Eingangsspannungen $U_{e1}$ und $U_{e2}$ jeweils um $\Delta U_e$. Dies führt zu einem Anstieg der Ströme $I_1$ und $I_2$ durch die beiden Lasttransistoren T3 und T4 um $\Delta I_1$ bzw. $\Delta I_1$. Da deren Gate-Source-Spannung $U_{GS}$ jedoch konstant ist, müssen sich die Drain-Source-Spannungen ändern, um die entsprechende Stromänderung hervorzurufen. Dies ist für den Transistor T4 in Abb. 8.14 grafisch dargestellt.

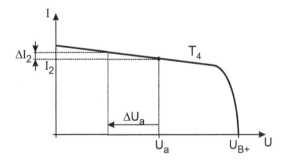

**Abb. 8.14** Bei der Ansteuerung des Differenzverstärkers nach Abb. 8.10 mit einem Gleichtaktsignal führt eine kleine Erhöhung des Stromes bereits zu einer großen Änderung der Ausgangsspannung

Man erkennt, dass wegen des flachen Verlaufs der Kennlinien im Sättigungsbereich bereits kleine Stromänderungen $\Delta I$ zu einer großen Spannungsänderung $\Delta U_a$ am Ausgang führen. Dies entspricht einer großen Verstärkung von Gleichtaktsignalen, was jedoch unerwünscht ist. Wir wollen daher die Schaltung im nächsten Abschnitt so modifizieren, dass sich die Gleichtaktunterdrückung verbessert.

## 8.2.2  Verbesserte Differenzeingangsstufe

Eine deutliche Verbesserung der Verstärkereigenschaften erreicht man durch die in Abb. 8.15 gezeigte Schaltung, deren Verstärkung für Gleichtakt- und Gegentaktsignale im Folgenden untersucht wird.

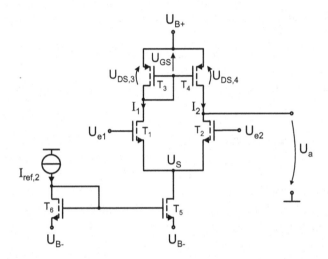

**Abb. 8.15** Differenzverstärker mit modifiziertem Stromspiegel

  PSpice: 8.2_CMOS_OP2_diff     PSpice: 8.2_CMOS_OP2_gleich

**Verstärkung für Gleichtaktsignale**
Bei dieser Schaltung sind wiederum die Gate-Source-Spannungen $U_{GS}$ der beiden Lasttransistoren T3 und T4 identisch. Da nun jedoch T3 und T4 als Stromspiegel verschaltet sind, sind auch die Ströme in den beiden Zweigen der Schaltung gleich, d. h. es gilt

$$I_1 = I_2 . \tag{8.30}$$

Weiterhin ist wegen der Verschaltung von T3 dessen Drain-Source-Spannung $U_{DS,3}$ gleich der Gate-Source-Spannung $U_{GS}$. Steuern wir nun die Schaltung mit einem Gleichtaktsignal an, d. h. erhöhen wir sowohl $U_{e1}$ als auch $U_{e2}$ um jeweils $\Delta U$, erhöhen sich somit auch $I_1$ und $I_2$ jeweils um den gleichen Betrag $\Delta I$. Da aber sowohl die Ströme durch T3 und T4 als auch die anliegenden Gate-Source-Spannungen gleich sind, müssen folglich auch die Drain-Source-Spannungen der beiden Transistoren gleich sein, d. h. es gilt

$$U_{DS,4} = U_{DS,3} = U_{GS} .\tag{8.31}$$

Erhöhen sich also die Ströme durch die Lasttransistoren um $\Delta I$, ändern sich zwar $U_{DS,4}$, $U_{DS,3}$ und $U_{GS}$, aber nur sehr wenig, da bereits eine kleine Erhöhung der Gate-Source-Spannung $U_{GS}$ genügt, um die Änderung des Stromes hervorzurufen. Die Spannung $U_a$ am Ausgang ändert sich somit kaum (Abb. 8.16), so dass Gleichtaktsignale praktisch nicht verstärkt werden.

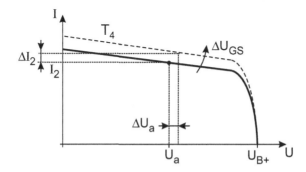

**Abb. 8.16** Die Ansteuerung mit Gleichtaktsignalen führt bei der Schaltung nach Abb. 8.15 nur zu einer geringen Änderung der Ausgangsspannung

**Verstärkung für Differenzsignale**

Zur Untersuchung der Differenzverstärkung der in Abb. 8.15 gezeigten Schaltung erhöhen wir die Spannung $U_{e2}$ und verringern gleichzeitig die Spannung $U_{e1}$ jeweils um $\Delta U$. Dabei führt die Erhöhung von $U_{e2}$ zu einer Zunahme des Stroms $I_2$ und die Verringerung von $U_{e1}$ zu einer Abnahme von $I_1$. Letzteres führt zu einer Verringerung der Gate-Source-Spannung $U_{GS}$, so dass sich der Strom $I_2$ verringert, was dem anfänglichen Anstieg von $I_2$ entgegenwirkt. Der Strom $I_2$ bleibt damit praktisch konstant. Auch dieses Verhalten lässt sich grafisch veranschaulichen, indem wir die beiden Kennlinien der Transistoren T2 und T4 in einem gemeinsamen Diagramm auftragen, wie in Abb. 8.17 gezeigt ist.

Durch die Erhöhung der Eingangsspannung $U_e$ an T2 verschiebt sich die Kennlinie von T2 nach oben. Gleichzeitig verschiebt sich die Kennlinie von T4 wegen der Abnahme von $U_{GS}$ nach unten. Der Schnittpunkt beider Kurven wandert dadurch um einen Betrag $\Delta U_a$ nach links, bei annähernd konstantem Strom $I_2$. Im Vergleich zu der Schaltung nach Abb. 8.10 erkennt man außerdem, dass sich die Ausgangsspannung $U_a$ etwa um den Faktor zwei stärker ändert (vgl. Abb. 8.12), so dass man für die Verstärkung von Differenzsignalen näherungsweise die Beziehung

$$A_{u,d} = -2g_m \left( r_{0,4} // r_{0,2} \right)\tag{8.32}$$

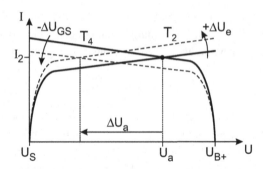

**Abb. 8.17** Die Ansteuerung der Schaltung nach Abb. 8.15 mit Differenzsignalen führt zu einer sehr großen Änderung der Ausgangsspannung

erhält. Der modifizierte Differenzverstärker nach Abb. 8.15 hat also nicht nur eine bessere Gleichtaktunterdrückung als die Schaltung nach Abb. 8.10, sondern auch eine etwa um den Faktor zwei höhere Verstärkung für Differenzsignale.

### 8.2.3  Mehrstufiger Differenzverstärker

Zur weiteren Erhöhung der Verstärkung kann eine Verstärkerstufe nachgeschaltet werden, die gleichspannungsmäßig an den Differenzverstärker gekoppelt wird (Abb. 8.18).

Der Transistor T8 stellt dabei eine Sourceschaltung mit T9 als Lastelement dar. Der Strom $I_{Q,A}$ im Arbeitspunkt wird über den Stromspiegel T6 und T9 eingestellt. Die Ausgangsspannung $U_a$ bei $U_{e1} = U_{e2} = 0V$ wird dann durch das $w/l$-Verhältnis von T8 eingestellt. Dies muss sehr sorgfältig geschehen, da bereits kleine Änderungen des $w/l$-Verhältnisses zu großen Spannungsänderungen am Ausgang führen. Dies ist in Abb. 8.19 dargestellt.

Man wählt $w/l$ zweckmäßigerweise so, dass die Spannung am Ausgang $U_a$ bei auf 0 V liegenden Eingängen des Differenzverstärkers ebenfalls auf 0 V liegt. Die so dimensionierte Schaltung hat bereits eine sehr hohe Gegentaktverstärkung bei gleichzeitig sehr guter Gleichtaktunterdrückung. Nachteilig ist lediglich der hohe Ausgangswiderstand der Sourceschaltung (vgl. Abschn. 7.1.4), der sich beim Treiben niederohmiger Lasten nachteilig auswirkt. Dies lässt sich durch einen nachgeschalteten Sourcefolger verbessern, wobei hier eine Push-Pull-Stufe mit den zwei Transistoren T10 und T11 zum Einsatz kommt (Abb. 8.20).

Ist das Eingangssignal des Sourcefolgers größer als die Einsatzspannung des n-Kanal-Transistors, beginnt dieser zu leiten und die Spannung $U_a$ am Ausgang folgt dem Eingangssignal $U_{a2}$. Bei Eingangsspannungen kleiner als die (negative) Einsatzspannung des p-MOS Transistors beginnt dieser zu leiten. Für Spannungen $U_{Th,p} < U_{a2} < U_{Th,n}$

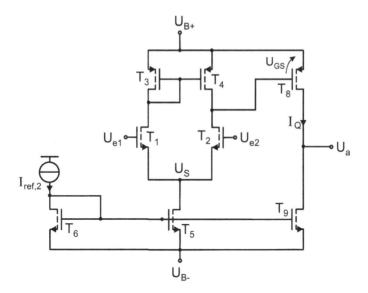

**Abb. 8.18** Die Spannungsverstärkung des Differenzverstärkers lässt sich durch eine nachgeschaltete Sourceschaltung nochmals deutlich erhöhen

PSpice: 8.2_CMOS_OP3_1          PSpice: 8.2_CMOS_OP3_2

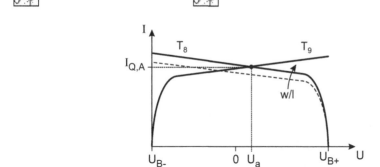

**Abb. 8.19** Die Einstellung der Ausgangsspannung $U_a$ im Arbeitspunkt erfolgt durch Änderung des $w/l$-Verhältnisses des Transistors T8

sperren beide Transistoren, so dass das Eingangssignal in diesem Bereich nicht verstärkt wird. Bei Ansteuerung mit einem sinusförmigen Signal ergibt sich daher der in Abb. 8.21 gezeigte Verlauf von $U_a$ mit starken Verzerrungen im Bereich des Übergangs zwischen der positiven und der negativen Halbwelle des Signals, den so genannten Übernahmeverzerrungen.

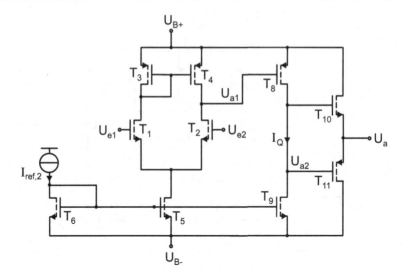

**Abb. 8.20** Durch die Push-Pull Ausgangsstufe (T10 und T11) kann der Ausgangswiderstand der Schaltung deutlich verringert werden

  PSpice: 8.2_CMOS_OP4

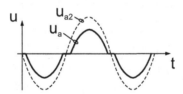

**Abb. 8.21** Da die Push-Pull Stufe aus Abb. 8.20 im B-Betrieb arbeitet, wird ein Teil des Eingangssignals nicht verstärkt, so dass es zu Übernahmeverzerrungen kommt

Diese Übernahmeverzerrungen lassen sich vermindern, in dem man dafür sorgt, dass zwischen den Gateanschlüssen eine Spannungsdifferenz von

$$U_{\mathrm{Bias}} = U_{Th,n} + |U_{Th,p}| \tag{8.33}$$

auftritt, so dass beide Transistoren stets leiten. Dies kann durch einen Widerstand oder aber durch einen Feldeffekttransistor erreicht werden, der so dimensioniert wird, dass bei dem Strom $I_{Q,A}$ im Arbeitspunkt die gewünschte Spannung $U_{\mathrm{Bias}}$ abfällt, so dass die beiden Transistoren jeweils im AB-Betrieb (vgl. Abschn. 6.1.2) arbeiten. Durch diese Maßnahme werden die Übernahmeverzerrungen stark reduziert. Wegen des niedrigen Ausgangswiderstandes des Sourcefolgers ist die so entstandene Schaltung (Abb. 8.22) dann in der Lage, auch niederohmige Lasten zu treiben.

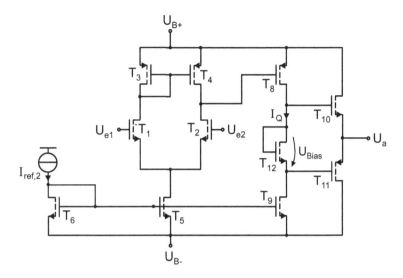

**Abb. 8.22** Differenzverstärker mit verbesserter Ausgangsstufe im AB-Betrieb

 PSpice: 8.2_CMOS_OP5_1  PSpice: 8.2_CMOS_OP5_2

### 8.2.4 Vom Differenzverstärker zum Operationsverstärker

**Der ideale Differenzverstärker**

Hängt die Ausgangsspannung des Differenzverstärkers nur von der Spannungsdifferenz an den Eingängen ab und ist die Gleichtaktunterdrückung unendlich hoch, so bezeichnet man den Verstärker auch als idealen Differenzverstärker. Das Schaltsymbol eines Differenzverstärkers ist in Abb. 8.23 gezeigt. Die Eingänge bezeichnet man üblicherweise als den invertierenden (-) und den nicht invertierenden (+) Eingang. Der Wert $A_u$ gibt die Verstärkung für Differenzsignale an.

**Abb. 8.23** Schaltsymbol des idealen Differenzverstärkers mit der Differenzverstärkung $A_u$

**Der Operationsverstärker**

Hat ein Differenzverstärker eine sehr hohe Verstärkung, bezeichnet man diesen auch als Operationsverstärker. Mit einer solchen Schaltung lassen sich folgende typische

Kenngrößen erreichen:

$$R_{\text{ein}} \approx 10^7 \ldots 10^{12}\,\Omega\ ,$$

$$A_{u,d} \approx 100\,\text{dB}\ ,$$

$$G \approx 100\,\text{dB}\ ,$$

$$R_{\text{aus}} \approx 10\,\Omega\ .$$

Für Differenzsignale lässt sich damit das in Abb. 8.24 gezeigte Ersatzschaltbild angeben.

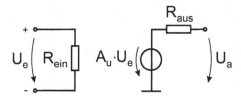

**Abb. 8.24** Ersatzschaltbild eines Differenzverstärkers mit der Differenzverstärkung $A_u$, dem Eingangswiderstand $R_{\text{ein}}$ und dem Ausgangswiderstand $R_{\text{aus}}$

**Eigenschaften des idealen Operationsverstärkers**
Hat der ideale Differenzverstärker eine unendliche Spannungsverstärkung, so bezeichnet man diesen auch als idealen Operationsverstärker. Das Schaltsymbol des idealen Operationsverstärkers ist in Abb. 8.25 gezeigt. Der Masseanschluss des Operationsverstärkers (vgl. Abb. 8.24) wird dabei üblicherweise nicht eingezeichnet.

**Abb. 8.25** Schaltsymbol des idealen Operationsverstärkers

Für den idealen Operationsverstärker gelten damit die folgenden Eigenschaften:

- $A_{u,d} \Rightarrow \infty$, d. h. in Schaltungen, bei denen das Ausgangssignal begrenzt ist, ist die Spannungsdifferenz zwischen den Eingangsklemmen stets null,
- $R_{\text{ein}} \Rightarrow \infty$, d. h. es fließt kein Strom in die Eingangsklemmen,
- $R_{\text{aus}} \Rightarrow 0$,
- $G \Rightarrow \infty$.

Die ersten beiden Eigenschaften sind dabei zur vereinfachten Berechnung von Schaltungen mit idealen Operationsverstärkern von Bedeutung, wie wir nachfolgend anhand mehrerer Beispiele zeigen wollen.

## 8.3 Schaltungen mit idealen Operationsverstärkern

Der Operationsverstärker wird praktisch immer in rückgekoppelten Schaltungen eingesetzt. Dabei ist darauf zu achten, dass das Ausgangssignal auf den invertierenden Eingang des Verstärkers zurückgeführt wird, da nur so gewährleistet ist, dass ein größer werdendes Ausgangssignal einem Anstieg des Eingangssignals entgegenwirkt und damit das Ausgangssignal nicht unbegrenzt ansteigen kann.

### 8.3.1 Invertierender Verstärker

Die Verschaltung eines Operationsverstärkers als invertierender Verstärker ist in Abb. 8.26 gezeigt.

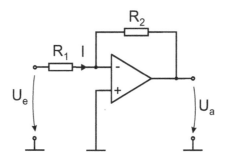

**Abb. 8.26** Schaltbild eines invertierenden Verstärkers mit idealem Operationsverstärker

 PSpice: 8.3_OP_Inv  PSpice: 8.3_OP_Inv2

**Spannungsverstärkung des invertierenden Verstärkers**
Die Spannungsverstärkung bestimmt sich aus

$$U_e = I R_1 \tag{8.34}$$

und

$$U_a = -I R_2 \tag{8.35}$$

zu

$$A_u = \frac{U_a}{U_e} = -\frac{R_2}{R_1} . \tag{8.36}$$

Dabei fällt auf, dass das Ergebnis nur von der äußeren Beschaltung, nicht aber von den Eigenschaften des Operationsverstärkers abhängt. Dies ist eine Eigenschaft rückgekoppelter Schaltungen, auf die wir im Kap. 10 noch näher eingehen werden. Eine Konsequenz aus dieser Eigenschaft ist, dass bei einem linearen Rückkopplungsnetzwerk auch die Übertragungskennlinie einen linearen Verlauf aufweist (Abb. 8.27), so dass die Spannungsverstärkung unabhängig vom Arbeitspunkt der Schaltung ist. Insbesondere ist die Kleinsignalspannungsverstärkung gleich der Großsignalspannungsverstärkung.

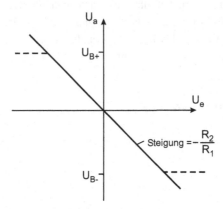

**Abb. 8.27** Übertragungskennlinie des Verstärkers nach Abb. 8.26 mit idealem Operationsverstärker (*durchgezogene Kurve*). Bei einem realen Operationsverstärker wird die maximale Aussteuerung durch die Betriebsspannungen begrenzt (*gestrichelte Kurve*)

**Eingangswiderstand des invertierenden Verstärkers**

Der Eingangswiderstand ergibt sich direkt aus der Masche im Eingangskreis der Schaltung in Abb. 8.26. Wir erhalten unter Berücksichtigung, dass der Spannungsabfall zwischen den Eingängen gleich null ist, die Beziehung

$$R_{ein} = \frac{U_e}{I} = R_1 \; . \tag{8.37}$$

**Ausgangswiderstand des invertierenden Verstärkers**

Zur Berechnung des Ausgangswiderstandes schalten wir eine Testquelle $U_x$ an den Ausgang der Schaltung und bestimmen bei kurzgeschlossenem Eingang, d. h. $U_e = 0$, den in die Schaltung hineinfließenden Strom $i_x$ (Abb. 8.28).

Damit erhalten wir ausgangsseitig die Beziehung

$$U_x = -I \, (R_1 + R_2) \tag{8.38}$$

und im Eingangskreis

$$I R_1 = 0 \; . \tag{8.39}$$

Gleichung (8.39) ist für beliebige Werte von $R_1$ nur erfüllt, wenn $I = 0$. Dies bedeutet, dass die Ausgangsspannung $U_x = 0$ unabhängig vom Strom $I_x$ ist, so dass

$$R_{aus} = 0 \; . \tag{8.40}$$

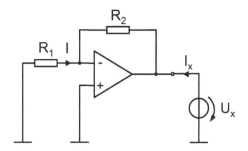

**Abb. 8.28** Schaltung zur Bestimmung des Ausgangswiderstandes des invertierenden Verstärkers nach Abb. 8.26

### 8.3.2   Nichtinvertierender Verstärker

Abb. 8.29 zeigt einen nichtinvertierenden Verstärker.

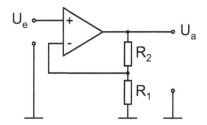

**Abb. 8.29** Schaltbild eines nichtinvertierenden Verstärkers mit idealem Operationsverstärker

   PSpice: 8.3_OP_nInv

**Spannungsverstärkung des nichtinvertierenden Verstärkers**
Die Spannungsverstärkung lässt sich unmittelbar mit Hilfe der Spannungsteilerbeziehung angeben. Wir erhalten

$$U_e = U_a \frac{R_1}{R_1 + R_2} \tag{8.41}$$

und damit

$$A_u = \frac{U_a}{U_e} = 1 + \frac{R_2}{R_1} \; . \tag{8.42}$$

**Eingangswiderstand des nichtinvertierenden Verstärkers**
Für den Eingangswiderstand gilt

$$R_{ein} \Rightarrow \infty \; . \tag{8.43}$$

**Ausgangswiderstand des nichtinvertierenden Verstärkers**

Zur Bestimmung von $R_{\text{aus}}$ erhält man mit $U_e = 0$ dieselbe Schaltung wie bei dem invertierenden Verstärker (Abb. 8.28). Damit ist

$$R_{\text{aus}} = 0 \ . \tag{8.44}$$

Ein Sonderfall ist der so genannte Spannungsfolger (Abb. 8.30) mit

$$R_1 \Rightarrow \infty \tag{8.45}$$

und

$$R_2 = 0 \ . \tag{8.46}$$

Für den Spannungsfolger gilt damit $A_u = 1$.

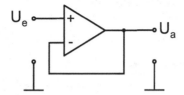

**Abb. 8.30**  Ein Sonderfall des nichtinvertierenden Verstärkers ist der Spannungsfolger

### 8.3.3  Addierer

Eine einfache Rechenschaltung ist der Addierer (Abb. 8.31), für den wir hier lediglich die Spannungsverstärkung bestimmen wollen.

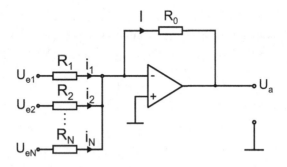

**Abb. 8.31**  Schaltbild eines Addierers

 PSpice: 8.3_OP_Addierer

Im Ausgangskreis gilt

$$U_a = -I R_0 \ . \tag{8.47}$$

Im Eingangskreis gilt für die Stöme

$$I = \sum_{\nu=1}^{N} I_\nu \, , \tag{8.48}$$

wobei

$$I_\nu = \frac{U_{e\nu}}{R_\nu} \, . \tag{8.49}$$

Gilt $R_1 = R_2 = \ldots = R_N = R$, so ist

$$U_a = -\frac{R_0}{R} \sum_\nu U_{e\nu} \, . \tag{8.50}$$

### 8.3.4 Subtrahierer

Abb. 8.32 zeigt einen Subtrahierer, der am Ausgang eine der Differenz der Eingangsspannungen proportionale Spannung liefert.

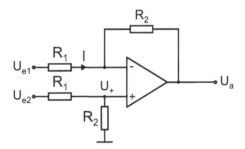

**Abb. 8.32** Schaltbild eines Subtrahierers

 PSpice: 8.3_OP_Subtr

Im Ausgangskreis gilt

$$U_a = -I R_2 + U_+ \, . \tag{8.51}$$

Eingangsseitig erhalten wir die Beziehung

$$U_+ = U_{e2} \frac{R_2}{R_1 + R_2} \tag{8.52}$$

sowie

$$I = \frac{U_{e1} - U_+}{R_1} \, . \tag{8.53}$$

Einsetzen führt schließlich auf

$$U_a = -\frac{R_2}{R_1}(U_{e1} - U_{e2}) \ . \tag{8.54}$$

### 8.3.5  Filterschaltungen

Ein letztes Beispiel zeigt eine Schaltung mit frequenzabhängigen Bauelementen (Abb. 8.33).

Die Übertragungsfunktion ist in diesem Fall frequenzabhängig und man erhält

$$A_u(\omega) = -\frac{R_2 / / \frac{1}{j\omega C}}{R_1} \tag{8.55}$$

$$A_u(\omega) = -\frac{R_2}{R_1}\frac{1}{1 + j\omega R_2 C} \ . \tag{8.56}$$

Mit der Abkürzung

$$\omega_0 = \frac{1}{R_2 C} \tag{8.57}$$

wird dies zu

$$A_u(\omega) = -\frac{R_2}{R_1}\frac{1}{1 + j\frac{\omega}{\omega_0}} \ . \tag{8.58}$$

Die Eigenschaften von frequenzabhängigen Übertragungsfunktionen und deren Auswirkungen auf das Verhalten der Schaltungen werden im nächsten Kapitel ausführlich diskutiert.

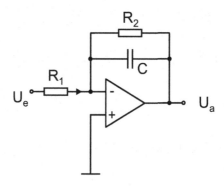

**Abb. 8.33**  Schaltbild einer einfachen Filterschaltung mit idealem Operationsverstärker

  PSpice: 8.3_OP_Filter

# Literatur

1. Hoffmann, K (2003) Systemintegration. Oldenbourg Wissenschaftsverlag, München, Wien
2. Jaeger, RC, Blalock, TN (2016) Microelectronic Circuit Design. McGraw Hill, New York
3. Siegl, J, Zocher, E (2014) Schaltungstechnik – Analog und gemischt analog/digital. Springer, Berlin
4. Tietze, U, Schenk, Ch, Gamm, E (1996) Halbleiter-Schaltungstechnik. Springer, Berlin, Heidelberg
5. Wupper, H (1996) Elektronische Schaltungen 2 – Operationsverstärker, Digitalschaltungen, Verbindungsleitungen. Springer, Berlin

# Frequenzverhalten analoger Schaltungen 9

## 9.1 Grundlegende Begriffe

### 9.1.1 Amplituden- und Phasengang

Wir hatten im letzten Kapitel gesehen, dass die Übertragungsfunktion einer Schaltung im Allgemeinen eine komplexwertige Funktion ist, die von der Frequenzvariablen $j\omega$ abhängt. Dies gilt beispielsweise dann, wenn in der Schaltung Bauelemente wie Kondensatoren oder Induktivitäten vorkommen. Allgemein lässt sich die Übertragungsfunktion dann sowohl getrennt nach Realteil und Imaginärteil in der Form

$$A = \text{Re}\{A\} + j\,\text{Im}\{A\} \tag{9.1}$$

als auch getrennt nach Betrag und Phase in der Form

$$A = |A|\exp(j\varphi) \tag{9.2}$$

darstellen. Der Betrag der Übertragungsfunktion ergibt sich dann aus

$$|A| = \sqrt{(\text{Re}\{A\})^2 + (\text{Im}\{A\})^2} \tag{9.3}$$

und für die Phase gilt

$$\varphi(A) = \arctan\left(\frac{\text{Im}\{A\}}{\text{Re}\{A\}}\right), \tag{9.4}$$

wobei zu berücksichtigen ist, dass die Arcustangens-Funktion nicht eindeutig ist.

Den Betrag $|A|$ der Übertragungsfunktion bezeichnet man auch kurz als Amplitudengang und die Phase $\varphi$ als Phasengang. Die grafische Darstellung erfolgt üblicherweise in dem so genannten Bode-Diagramm, in dem Amplituden- und Phasengang gemeinsam über der Frequenz aufgetragen sind.

© Springer-Verlag GmbH Deutschland, ein Teil von Springer Nature 2019
H. Göbel, *Einführung in die Halbleiter-Schaltungstechnik*,
https://doi.org/10.1007/978-3-662-56563-6_9

Für den Amplitudengang benutzt man dabei eine logarithmische Skalierung, wobei zur Umrechnung die Beziehung

$$A\,[\mathrm{dB}] = 20\log|A| \tag{9.5}$$

verwendet wird, die das Ergebnis in der Einheit dB (Dezibel) liefert.

Wir werden später sehen, dass sich Übertragungsfunktionen von Schaltungen oft aus dem Produkt mehrerer Teilfunktionen zusammensetzen, so dass gilt

$$A = A_1 A_2\,. \tag{9.6}$$

Aus der Darstellung nach Betrag und Phase

$$|A|\exp(j\varphi) = |A_1|\exp(j\varphi_1)|A_2|\exp(j\varphi_2) \tag{9.7}$$

$$= |A_1||A_2|\exp j(\varphi_1 + \varphi_2) \tag{9.8}$$

folgt unmittelbar, dass sich der Phasengang $\varphi$ der Übertragungsfunktion $A$ durch die Addition der Phasengänge der Teilfunktionen $A_1$ und $A_2$ ermitteln lässt, also

$$\varphi = \varphi_1 + \varphi_2\,. \tag{9.9}$$

Für den Betrag der Übertragungsfunktion $A$ gilt

$$|A| = |A_1||A_2|\,, \tag{9.10}$$

was durch Logarithmieren beider Seiten der Gleichung schließlich auf die Beziehung

$$\log|A| = \log|A_1| + \log|A_2| \tag{9.11}$$

führt. Dies bedeutet, dass sich bei logarithmischer Darstellung der Betrag der Übertragungsfunktion $A$ durch Addition der Amplitudengänge der Teilfunktionen $A_1$ und $A_2$ ermitteln lässt.

Im Folgenden wollen wir nun einige wichtige Übertragungsfunktionen untersuchen, darunter das Beispiel der einfachen Filterschaltung aus dem letzten Kapitel.

**Bode-Diagramm des Tiefpasses**

Die Übertragungsfunktion der Filterschaltung aus Kap. 8 lautete

$$A\,(j\omega) = A_0\frac{1}{1 + j\frac{\omega}{\omega_0}}\,. \tag{9.12}$$

Zur Bestimmung des Betrags der Übertragungsfunktion erweitern wir die Funktion $A(j\omega)$ zunächst mit dem konjugiert Komplexen des Nenners und erhalten so die Funktion getrennt nach Real- und Imaginärteil

$$A(j\omega) = A_0 \frac{1 - j\frac{\omega}{\omega_0}}{1 + \left(\frac{\omega}{\omega_0}\right)^2} . \tag{9.13}$$

Mit (9.3) ergibt sich schließlich für den Betrag der Ausdruck

$$|A(j\omega)| = A_0 \frac{1}{1 + \left(\frac{\omega}{\omega_0}\right)^2} \sqrt{1 + \left(\frac{\omega}{\omega_0}\right)^2} \tag{9.14}$$

$$= A_0 \frac{1}{\sqrt{1 + \left(\frac{\omega}{\omega_0}\right)^2}} . \tag{9.15}$$

Für niedrige Frequenzen, d. h. $\omega \ll \omega_0$, kann der zweite Term im Nenner der Funktion vernachlässigt werden und wir erhalten

$$|A(j\omega)|_{\omega \ll \omega_0} = A_0 . \tag{9.16}$$

Bei der Frequenz $\omega = \omega_0$ ist

$$|A(j\omega)|_{\omega = \omega_0} = A_0/\sqrt{2} , \tag{9.17}$$

d. h. der Amplitudengang fällt gegenüber dem Wert $A_0$ bei niedrigen Frequenzen um den Faktor $1/\sqrt{2}$ ab, was in logarithmischer Darstellung nach (9.5) einem Abfall von $20 \log |1/\sqrt{2}| = -3\,\mathrm{dB}$ entspricht. Für hohe Frequenzen, also $\omega \gg \omega_0$, kann die Eins im Nenner gegenüber dem zweiten Term vernachlässigt werden und man erhält

$$|A(j\omega)|_{\omega \gg \omega_0} = A_0 \omega_0 \frac{1}{\omega} . \tag{9.18}$$

Dies bedeutet, dass bei einer Erhöhung der Frequenz um den Faktor zehn der Amplitudengang entsprechend um den Faktor zehn kleiner wird. In logarithmischer Darstellung entspricht dies einem Abfall von $20 \log |1/10| = -20\,\mathrm{dB}$ pro Dekade.

Die Berechnung der Phase der Übertragungsfunktion erfolgt durch Einsetzen des Real- und Imaginärteils aus (9.13) in (9.4), was auf

$$\varphi(\omega) = \arctan \left(-\frac{\omega}{\omega_0}\right) \tag{9.19}$$

führt. Die Phase geht für niedrige Frequenzen, d. h. $\omega \ll \omega_0$, gegen

$$\varphi|_{\omega \ll \omega_0} = 0 \tag{9.20}$$

und für hohe Frequenzen, d. h. $\omega \gg \omega_0$, wird

$$\varphi|_{\omega \gg \omega_0} = -90° \,. \tag{9.21}$$

Bei der Frequenz $\omega = \omega_0$ ist $\varphi = -45°$. Damit ergibt sich schließlich der in Abb. 9.1 gezeigte Verlauf des Amplituden- und Phasengangs. Die Übertragungsfunktion beschreibt also einen Tiefpass mit der Grenzfrequenz $\omega_0$, bei der der Amplitudengang um 3 dB gegenüber dem Wert bei niedrigen Frequenzen abgefallen ist und zu höheren Frequenzen mit 20 dB pro Dekade abfällt. Der Verlauf von Amplituden- und Phasengang lässt sich in guter Näherung mit Geradenstücken annähern, was ebenfalls in Abb. 9.1 dargestellt ist.

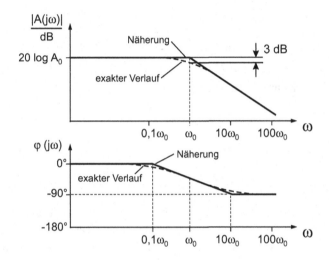

**Abb. 9.1** Bode-Diagramm eines Tiefpasses mit der Grenzfrequenz $\omega_0$

**Bode-Diagramm des Hochpasses**

Eine weitere wichtige Übertragungsfunktion ist

$$A\,(j\omega) = A_0 \frac{j\omega}{\omega_0 + j\omega} \,. \tag{9.22}$$

Wir bestimmen zunächst den Betrag der Übertragungsfunktion und erhalten

$$|A\,(j\omega)| = A_0 \frac{\omega}{\sqrt{\omega_0^2 + \omega^2}} \,. \tag{9.23}$$

Für niedrige Frequenzen, d. h. $\omega \ll \omega_0$, vereinfacht sich (9.23) zu

$$|A\,(j\omega)| = A_0 \frac{\omega}{\omega_0} \,. \tag{9.24}$$

Der Betrag ist also zunächst null und steigt dann mit zunehmender Frequenz um 20 dB pro Dekade an. Bei $\omega = \omega_0$ erhält man aus (9.23)

$$|A(j\omega)| = A_0 \frac{1}{\sqrt{2}} \qquad (9.25)$$

und für hohe Frequenzen $\omega \gg \omega_0$ wird

$$|A(j\omega)| = A_0 . \qquad (9.26)$$

Zur Bestimmung des Phasengangs erweitern wir (9.22) mit dem konjugiert Komplexen des Nenners und erhalten

$$A(j\omega) = A_0 \frac{j\omega(\omega_0 - j\omega)}{\omega_0^2 + \omega^2} \qquad (9.27)$$

$$= A_0 \frac{\omega^2 + j\omega_0\omega}{\omega_0^2 + \omega^2} . \qquad (9.28)$$

Mit (9.4) ergibt sich damit für die Phase

$$\varphi = \arctan\left(\frac{\omega_0}{\omega}\right) . \qquad (9.29)$$

Für niedrige Frequenzen beträgt die Phase also 90°, hat bei $\omega = \omega_0$ den Wert 45° und geht für hohe Frequenzen gegen 0°, so dass sich schließlich der in Abb. 9.2 gezeigte Amplituden- und Phasengang ergibt.

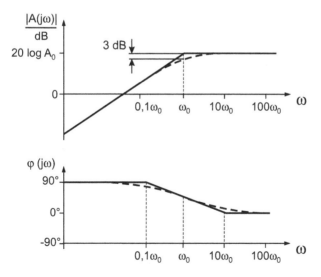

**Abb. 9.2** Bode-Diagramm eines Hochpasses mit der Grenzfrequenz $\omega_0$

Die Übertragungsfunktion beschreibt also einen Hochpass mit der Grenzfrequenz $\omega_0$, bei der der Amplitudengang um 3 dB gegenüber dem Wert bei hohen Frequenzen abgefallen ist und zu niedrigeren Frequenzen mit 20 dB pro Dekade abfällt.

**Bode-Diagramm des Bandpasses**

Als letztes Beispiel betrachten wir eine Übertragungsfunktion, die sich aus dem Produkt der bereits bekannten Übertragungsfunktionen eines Tiefpasses und eines Hochpasses zusammensetzt,

$$A\left(j\omega\right) = \underbrace{\frac{A_0}{1 + j\frac{\omega}{\omega_2}}}_{A_1} \underbrace{\frac{j\omega}{\omega_1 + j\omega}}_{A_2} \ . \tag{9.30}$$

Der Amplituden- und Phasengang lässt sich daher nach (9.9) und (9.11) aus der Addition der bereits ermittelten Amplituden- und Phasengänge des Tiefpasses und des Hochpasses ermitteln, wie in Abb. 9.3 dargestellt.

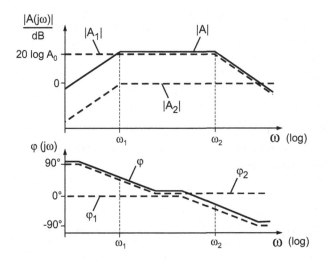

**Abb. 9.3** Bode-Diagramm eines Bandpasses mit der unteren Grenzfrequenz $\omega_1$ und der oberen Grenzfrequenz $\omega_2$

Die Übertragungsfunktion beschreibt demnach einen Bandpass, der Signale unterhalb der unteren Grenzfrequenz $\omega_1$ und oberhalb der oberen Grenzfrequenz $\omega_2$ unterdrückt.

**Merksatz 9.1**

Ist die Übertragungsfunktion das Produkt aus mehreren Teilfunktionen, ergeben sich Amplituden- und Phasengang der Funktion aus der Addition der Amplituden- und Phasengänge der Teilfunktionen im Bode-Diagramm.

## 9.1.2 Die komplexe Übertragungsfunktion

Statt der direkten Analyse der Übertragungsfunktion $A(j\omega)$ wollen wir nun einen etwas allgemeineren Ansatz verwenden, bei dem die Frequenzvariable $j\omega$ formal durch die so genannte komplexe Frequenz

$$s = \sigma + j\omega \tag{9.31}$$

ersetzt wird. Dies entspricht einer Fortsetzung der Funktion $A(j\omega)$ von der imaginären Achse in die komplexe Ebene hinein. Es wird sich dann zeigen, dass aus der Lage der Null- und Polstellen der Funktion $A(s)$ in der komplexen Ebene neben dem Amplitudengang $|A(j\omega)|$ noch weitere wichtige Eigenschaften der Übertragungsfunktion abgeleitet werden können. Dies soll im Folgenden anhand mehrerer einfacher Beispiele gezeigt werden.

**Komplexe Übertragungsfunktion des Tiefpasses**
Wir wollen zunächst die schon bekannte Übertragungsfunktion des Tiefpasses

$$A\left(j\omega\right) = A_0 \frac{1}{1 + j\frac{\omega}{\omega_0}} \tag{9.32}$$

untersuchen. Dazu ersetzen wir die Variable $j\omega$ durch $s = \sigma + j\omega$, was auf die komplexe Übertragungsfunktion

$$A\left(s\right) = A_0 \frac{1}{1 + \frac{s}{\omega_0}} \tag{9.33}$$

führt. Diese hat eine Polstelle auf der reellen Achse in der komplexen Ebene bei

$$s = -\omega_0 , \tag{9.34}$$

wie in Abb. 9.4 dargestellt ist.

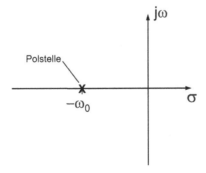

**Abb. 9.4** Lage der Polstelle eines Tiefpasses in der komplexen $s$-Ebene

Vergleichen wir dies mit dem Ergebnis aus Abschn. 9.1.1, so stellen wir fest, dass der Betrag der Polstelle der komplexen Übertragungsfunktion genau der Grenzfrequenz des Tiefpasses entspricht. Dieses wichtige Ergebnis wollen wir uns veranschaulichen und tragen dazu den Betrag von $A(s)$ über der komplexen Ebene auf (Abb. 9.5), wobei wir lineare Achsenskalierungen gewählt haben. Der Betrag der Übertragungsfunktion geht bei der Polstelle gegen unendlich und fällt mit zunehmender Entfernung von der Polstelle immer weiter ab.

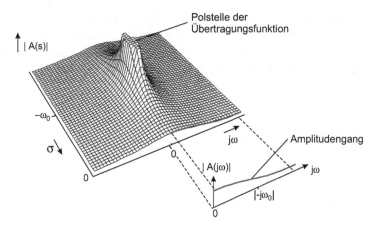

**Abb. 9.5** Betrag der Übertragungsfunktion eines Tiefpasses mit einem Pol bei $s = -\omega_0$ in der komplexen $s$-Ebene

 S.m.i.L.E: 9.1_Komplexe Übertragungsfunktion

Der uns interessierende Amplitudengang $|A(j\omega)|$ entspricht nun dem Betrag der komplexen Übertragungsfunktion entlang der $j\omega$-Achse, da die uns interessierende Frequenzvariable $j\omega$ ist. Zur Verdeutlichung ist dieser Bereich in Abb. 9.5 nochmals hervorgehoben, wobei wir uns auf den Bereich positiver Frequenzen beschränkt haben. Man erkennt deutlich den Abfall des Amplitudenganges für Frequenzen im Bereich oberhalb $\omega = \omega_0$. Der Pol auf der *reellen* Achse an der Stelle $s = -\omega_0$ führt also dazu, dass der Betrag der Übertragungsfunktion entlang der *imaginären* Achse für Frequenzen größer $|-\omega_0|$ abnimmt. Bei logarithmischer Darstellung des Amplitudenganges ergibt sich damit der bereits in Abb. 9.1 dargestellte Verlauf.

**Komplexe Übertragungsfunktion des Hochpasses**

Als weiteres Beispiel betrachten wir die Übertragungsfunktion eines Hochpasses

$$A(j\omega) = A_0 \frac{j\omega}{\omega_0 + j\omega} . \tag{9.35}$$

Ersetzen der Variable $j\omega$ durch $s = \sigma + j\omega$ führt auf die komplexe Übertragungsfunktion

$$A(s) = A_0 \frac{s}{\omega_0 + s} \ . \tag{9.36}$$

mit einer Polstelle auf der reellen Achse bei $s = -\omega_0$ und einer Nullstelle bei $s = 0$ (Abb. 9.6).

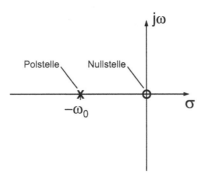

**Abb. 9.6** Lage der Polstelle und der Nullstelle eines Hochpasses in der komplexen $s$-Ebene

In der komplexen Frequenzebene erhält man den in Abb. 9.7 gezeigten Verlauf des Betrags der Übertragungsfunktion, der bei der Nullstelle $s = 0$ den Wert null annimmt und bei der Polstelle $s = -\omega_0$ gegen unendlich geht.

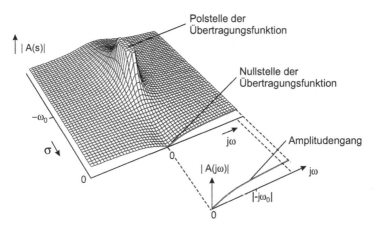

**Abb. 9.7** Betrag der Übertragungsfunktion eines Hochpasses mit einem Pol bei $s = -\omega_0$ und einer Nullstelle bei $s = 0$ in der komplexen $s$-Ebene

Betrachten wir nun den Amplitudengang, d. h. den Betrag der Übertragungsfunktion entlang der imaginären Frequenzachse, so erkennen wir, dass die Nullstelle bei $\omega = 0$

in Verbindung mit der Polstelle bei $\omega = -\omega_0$ dazu führt, dass der Amplitudengang für Frequenzen $\omega > 0$ zunächst ansteigt und dann für Frequenzen oberhalb $\omega_0$ konstant verläuft, was in logarithmischer Darstellung dem bereits in Abb. 9.2 dargestellten Ergebnis entspricht.

**Übertragungsfunktion mit komplexen Polstellen**

In einem letzten Beispiel soll der Fall komplexer Polstellen untersucht werden. Die betrachtete Übertragungsfunktion habe eine reelle und zwei konjugiert komplexe Polstellen, wie in Abb. 9.8 dargestellt.

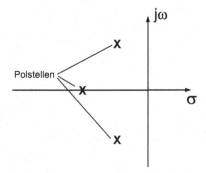

**Abb. 9.8**  Lage der Polstellen einer Übertragungsfunktion mit komplexen Polstellen

In der komplexen Frequenzebene ergibt sich damit der in Abb. 9.9 dargestellte Verlauf des Betrags der Übertragungsfunktion.

Man erkennt, dass eine Überhöhung in dem Amplitudengang auftritt, wenn die Pole in die Nähe der imaginären Achse gelangen. Für den Fall, dass die Pole direkt auf der imaginären Achse liegen, hat der Amplitudengang offensichtlich eine Singularität an dieser Stelle. Wir werden im nächsten Kapitel sehen, dass in diesem Fall die Schaltung nicht stabil ist, sondern schwingt.

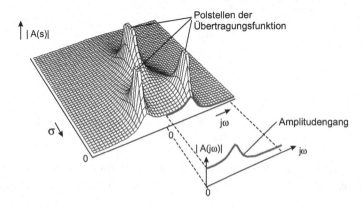

**Abb. 9.9**  Betrag der Übertragungsfunktion mit komplexen Polstellen in der $s$-Ebene

**Merksatz 9.2**
Die Lage der Null- und Polstellen der Übertragungsfunktion $A(s)$ einer Schaltung in der komplexen $s$-Ebene bestimmt den Amplitudengang der Schaltung.

### 9.1.3 Verhalten im Zeitbereich

Aus der Lage der Null- und Polstellen einer Übertragungsfunktion $A(s)$ lassen sich ebenso Aussagen über das Verhalten der Schaltung im Zeitbereich treffen. Der Zusammenhang ist dabei über die Laplace-Transformation gegeben. So ist die Impulsantwort $u_\delta(t)$ einer Schaltung im Zeitbereich gegeben durch

$$u_\delta(t) = \mathcal{L}^{-1}\left\{A(s)\right\} , \tag{9.37}$$

wobei $\mathcal{L}^{-1}$ die inverse Laplace-Transformation von dem Frequenzbereich in den Zeitbereich ist. Wir betrachten an dieser Stelle nur zwei Spezialfälle, nämlich den Fall einer einfachen reellen Polstelle und den Fall einer konjugiert komplexen Polstelle.

**Übertragungsfunktion mit reeller Polstelle**
Im ersten Fall hat die Übertragungsfunktion die Form

$$A(s) = \frac{a}{1 + \frac{s}{\omega_0}} , \tag{9.38}$$

was im Zeitbereich die Impulsantwort

$$u_\delta(t) = a\omega_0 \exp\left(-\omega_0 t\right) , \tag{9.39}$$

liefert, also eine exponentiell ab- oder anklingende Kurve, abhängig davon ob die Polstelle in der linken oder der rechten Halbebene der komplexen Frequenzebene liegt.

**Übertragungsfunktion mit konjugiert komplexem Polstellenpaar**
Bei konjugiert komplexen Polstellen, d. h. bei einer Übertragungsfunktion der Form

$$A(s) = \frac{a}{(s + \omega_0 + j\alpha)(s + \omega_0 - j\alpha)} \tag{9.40}$$

erhält man als Impulsantwort

$$u_\delta(t) = \frac{a}{\alpha}e^{-\omega_0 t}\sin\left(\alpha t\right) . \tag{9.41}$$

Liegt die Polstelle dabei in der linken Halbebene, handelt es sich um eine abklingende Sinusschwingung, liegt die Polstelle in der rechten Halbebene, ergibt sich eine anklingende Sinusschwingung.

Abhängig von der Lage der Polstellen ergeben sich damit unterschiedliche Impulsantworten, wie in Abb. 9.10 für drei Fälle dargestellt ist. Insbesondere erkennt man, dass sich eine anklingende Schwingung einstellt, wenn die Pole in der rechten Halbebene liegen. Bei allen technischen Schaltungen kann also keine Polstelle in der rechten Halbebene liegen, da sich keine Schwingung einstellen kann, deren Amplitude ständig ansteigt. Ein wichtiger Spezialfall liegt vor, wenn die Polstellen auf der imaginären Achse liegen. In diesem Fall handelt es sich um einen Oszillator, der eine Sinusschwingung mit konstanter Amplitude liefert. Diese Schaltungen werden im nächsten Kapitel gesondert behandelt.

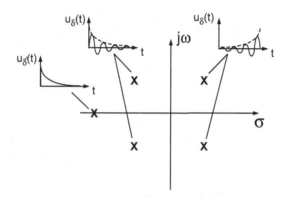

**Abb. 9.10** Beiträge der einzelnen Pole einer Übertragungsfunktion zu der Impulsantwort. Nur wenn die Pole in der linken Halbebene liegen, ist die Impulsantwort begrenzt

   S.m.i.L.E: 9.1_Pol-Nullstellen

---

**Merksatz 9.3**
Nur wenn sämtliche Polstellen einer Übertragungsfunktion $A(s)$ in der linken Halbebene der $s$-Ebene liegen, ist die entsprechende Schaltung stabil. Ein beliebiges Eingangssignal führt dann stets zu einem begrenzten Ausgangssignal.

---

## 9.2 Übertragungsfunktionen von Verstärkerschaltungen

### 9.2.1 Komplexe Übertragungsfunktion und Grenzfrequenz

Im letzten Abschnitt haben wir den Zusammenhang zwischen der Lage der Null- und Polstellen einer komplexen Übertragungsfunktion und dem Amplitudengang untersucht. Dabei haben wir insbesondere festgestellt, dass eine Nullstelle zu einem Ansteigen und eine Polstelle zu einem Absinken des Amplitudenganges um jeweils 20 dB pro Dekade führt. Liegt also eine Übertragungsfunktion vor, deren Null- und Polstellen bekannt sind, so lässt sich der Amplitudengang sehr einfach skizzieren. Als Beispiel betrachten wir die Übertragungsfunktion eines Verstärkers der Form

$$A(s) = \frac{a\,s(s - n_1)}{(s - p_1)(s - p_2)(s - p_3)} \tag{9.42}$$

mit

$$|p_1| < |p_2| < |n_1| < |p_3| \,. \tag{9.43}$$

Die Übertragungsfunktion hat zunächst eine Nullstelle bei $s = 0$. Danach folgen zwei Polstellen bei $p_1$ und $p_2$. Bei $n_1$ folgt eine weitere Nullstelle und schließlich bei $p_3$ eine Polstelle, so dass sich der in Abb. 9.11 gezeigte Amplitudengang ergibt.

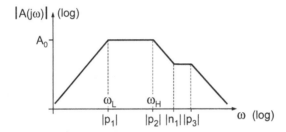

**Abb. 9.11** Näherungsweise Darstellung des Betrages der Übertragungsfunktion nach (9.42)

 PSpice: 9.2_Uebertragungsfunktion

Bei Verstärkern wird in der Regel nur der Bereich konstanter Verstärkung genutzt; in obigem Beispiel also der Bereich zwischen den Frequenzen $|p_1|$ und $|p_2|$, die als untere Grenzfrequenz $\omega_L$ bzw. obere Grenzfrequenz $\omega_H$ bezeichnet werden. Wir wollen nun mehrere Methoden kennenlernen, um die Grenzfrequenzen von Verstärkerschaltungen zu ermitteln, wobei wir zunächst die Grenzfrequenzen direkt aus der Übertragungsfunktion bestimmen wollen.

**Übertragungsfunktionen für hohe und für niedrige Frequenzen**

Aus Abb. 9.11 wird ersichtlich, dass es zur Bestimmung der Grenzfrequenzen nicht nötig ist, die gesamte Übertragungsfunktion zu kennen, sondern lediglich den die jeweilige Grenzfrequenz bestimmenden Anteil. So ist z. B. zur Bestimmung von $\omega_H$ der Verlauf des Amplitudenganges für niedrige Frequenzen unerheblich. Wir wollen dies anhand der Übertragungsfunktion (9.42) zeigen und zerlegen dazu die Funktion in drei Teilfunktionen

$$A(s) = A_0 A_L(s) A_H(s) \,. \tag{9.44}$$

Der Ausdruck $A_0$ ist dabei der Wert der Verstärkung für mittlere Frequenzen, d. h. für $\omega_L < \omega < \omega_H$. $A_L(s)$ beschreibt die Frequenzabhängigkeit der Verstärkung bis zur unteren Grenzfrequenz und geht für hohe Frequenzen gegen den Wert eins; $A_H(s)$ ist für niedrige Frequenzen gleich eins und beschreibt die Frequenzabhängigkeit der Verstärkung ab der oberen Grenzfrequenz. Führt man die Zerlegung für das genannte Beispiel durch, erhält man

$$A(s) = \underbrace{\frac{a\,n_1}{p_2 p_3}}_{A_0}\,\underbrace{\frac{s}{s - p_1}}_{A_L(s)}\,\underbrace{\frac{\left(\frac{s}{n_1} - 1\right)}{\left(\frac{s}{p_2} - 1\right)\left(\frac{s}{p_3} - 1\right)}}_{A_H(s)} \ . \tag{9.45}$$

Zur Bestimmung der oberen Grenzfrequenz können wir dann den Term $A_L(s)$ in (9.45), der für hohe Frequenzen gegen den Wert eins geht, vernachlässigen und es genügt die Betrachtung der Übertragungsfunktion für hohe Frequenzen

$$A_0 A_H(s) = \frac{a\,n_1}{p_2 p_3}\,\frac{\left(\frac{s}{n_1} - 1\right)}{\left(\frac{s}{p_2} - 1\right)\left(\frac{s}{p_3} - 1\right)} \ , \tag{9.46}$$

wie in Abb. 9.12 dargestellt ist. Die obere Grenzfrequenz wird dann durch den niedrigsten Pol der Übertragungsfunktion für hohe Frequenzen bestimmt, d. h. in unserem Fall $p_2$, da die restlichen Pole und Nullstellen, also $n_1$ und $p_3$, bei deutlich höheren Frequenzen liegen und den Verlauf des Amplitudenganges bei $p_2$ nicht beeinflussen.

Entsprechendes gilt für die untere Grenzfrequenz, die sich aus dem höchsten Pol der Übertragungsfunktion für niedrige Frequenzen $A_0 A_L(s)$ ergibt.

**Dominierende Pole**

Wird, wie in obigem Beispiel, die Grenzfrequenz lediglich durch einen einzigen Pol bestimmt, so bezeichnet man diesen auch als dominierenden Pol. Die Grenzfrequenz entspricht dann dem Betrag des Pols, wie wir in Abschn. 9.1.2 am Beispiel des Tief- bzw. Hochpasses gezeigt haben. Wir werden später Verfahren kennenlernen, mit denen sich die dominierenden Pole von Schaltungen sehr einfach bestimmen lassen, ohne die Übertragungsfunktion zu kennen. Zunächst wollen wir jedoch die Grenzfrequenzen direkt aus der Übertragungsfunktion bestimmen.

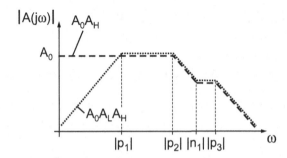

**Abb. 9.12** Zur Bestimmung der oberen Grenzfrequenz genügt es, die Übertragungsfunktion für hohe Frequenzen, $A_0 A_H(s)$, zu untersuchen

### 9.2.2 Berechnung der Grenzfrequenzen

Wir wollen nun die Grenzfrequenzen aus der Übertragungsfunktion einer Schaltung bestimmen und betrachten dazu die in Abb. 9.13 gezeigte Sourceschaltung. Dabei nehmen wir folgende Werte für die Bauteilparameter an: $R_1 = 2\,\text{M}\Omega$, $R_2 = 5{,}6\,\text{M}\Omega$, $R_3 = 4{,}3\,\text{k}\Omega$, $R_e = 1\,\text{k}\Omega$, $R_a = 100\,\text{k}\Omega$, $g_m = 1{,}2\,\text{mS}$, $C_e = 0{,}1\,\mu\text{F}$, $C_a = 0{,}1\,\mu\text{F}$, $C_{GS} = 10\,\text{pF}$, $C_{GD} = 1\,\text{pF}$, $r_0 \gg R_3$.

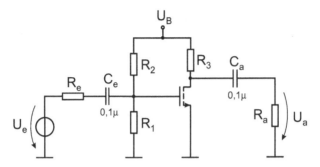

**Abb. 9.13** Schaltungsbeispiel zur Bestimmung der unteren und oberen Grenzfrequenz

 PSpice: 9.2_Grenzfrequenz

Zur Untersuchung der Frequenzabhängigkeit der Schaltung muss berücksichtigt werden, dass auch der Transistor selbst frequenzabhängige Übertragungseigenschaften aufweist, was sich in dem entsprechenden Kleinsignalersatzschaltbild des Transistors für hohe Frequenzen zeigt (vgl. Abb. 4.23). Damit erhält man für das frequenzabhängige Kleinsignalersatzschaltbild der in Abb. 9.13 dargestellten Verstärkerschaltung die Schaltung nach Abb. 9.14.

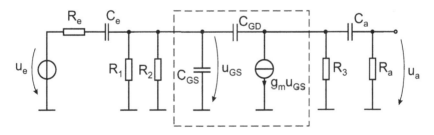

**Abb. 9.14** Kleinsignalersatzschaltbild der Schaltung nach Abb. 9.13 unter Berücksichtigung aller Kapazitäten

Wir wollen zunächst die Wirkung der einzelnen Kapazitäten untersuchen und dann in den folgenden Abschnitten die obere und die untere Grenzfrequenz der Schaltung bestimmen. Die Kapazitäten $C_e$ und $C_a$ dienen zum Ein- bzw. Auskoppeln der Signale.

Für hohe Frequenzen haben diese Kapazitäten eine sehr niedrige Impedanz und stellen praktisch einen Kurzschluss dar, für niedrige Frequenzen verringern sie jedoch die Verstärkung, da die Kapazitäten mit abnehmender Frequenz immer hochohmiger werden. Beide Kapazitäten wirken sich daher auf die untere Grenzfrequenz der Verstärkerschaltung aus. Die beiden parasitären Kapazitäten des Transistors verringern die Verstärkung des Transitors bei hohen Frequenzen und bestimmen damit die obere Grenzfrequenz der Schaltung.

Die untere Grenzfrequenz einer Verstärkerschaltung wird also in der Regel durch die Koppelkondensatoren bestimmt und die obere Grenzfrequenz durch die parasitären Kapazitäten des Transistors.

Zur Berechnung der Grenzfrequenzen müssen wir nun zunächst die Übertragungsfunktion der Kleinsignalersatzschaltung mit Hilfe von Maschen- und Knotengleichungen aufstellen. Dies ist jedoch sehr aufwändig, so dass wir die Schaltung zur Bestimmung der oberen und unteren Grenzfrequenz jeweils vereinfachen und nur die entsprechende Übertragungsfunktion für niedrige bzw. hohe Frequenzen aufstellen.

**Bestimmung der unteren Grenzfrequenz $\omega_L$**

Wir hatten im letzten Abschnitt gesehen, dass die parasitären Kapazitäten des Transistors nur die obere Grenzfrequenz der Verstärkerschaltung beeinflussen, jedoch keine Auswirkung auf die untere Grenzfrequenz $\omega_L$ haben. Wir können daher bei der Bestimmung der unteren Grenzfrequenz die parasitären Kapazitäten vernachlässigen. Dadurch vereinfacht sich die Schaltung und ebenso die Übertragungsfunktion deutlich. Wir erhalten somit das in Abb. 9.15 gezeigte Kleinsignalersatzschaltbild für niedrige Frequenzen.

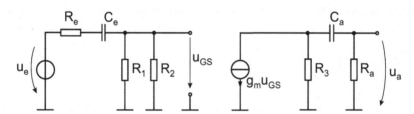

**Abb. 9.15** Kleinsignalersatzschaltbild der Schaltung nach Abb. 9.13 zur Bestimmung der unteren Grenzfrequenz

Die Übertragungsfunktion $A(s) = u_a/u_e$ für niedrige Frequenzen bestimmt sich dann aus

$$u_a = -g_m u_{\mathrm{GS}} R_a \frac{R_3}{R_3 + R_a + \frac{1}{sC_a}} \tag{9.47}$$

sowie

$$u_{\mathrm{GS}} = u_e \frac{R_1//R_2}{(R_1//R_2) + R_e + \frac{1}{sC_e}} \tag{9.48}$$

zu

$$A(s) = \frac{-g_m\,(R_a//R_3)\,(R_1//R_2)}{R_e + (R_1//R_2)} \cdot \frac{s^2}{\left(s + \frac{1}{C_e(R_e+(R_1//R_2))}\right)\left(s + \frac{1}{C_a(R_3+R_a)}\right)} \,. \tag{9.49}$$

Diese Funktion hat offensichtlich zwei Polstellen und zwei Nullstellen, so dass sie sich in der Form

$$A(s) = A_0 \frac{(s - n_1)\,(s - n_2)}{(s - p_1)\,(s - p_2)} \tag{9.50}$$

darstellen lässt. Die beiden Nullstellen liegen dann bei

$$n_1 = 0 \tag{9.51}$$

und

$$n_2 = 0 \tag{9.52}$$

und die Polstellen bei

$$p_1 = \frac{-1}{C_e\,(R_e + R_1//R_2)} = -6{,}78\,\text{rad s}^{-1} \tag{9.53}$$

und

$$p_2 = \frac{-1}{C_a\,(R_3 + R_a)} = -95{,}8\,\text{rad s}^{-1}\,, \tag{9.54}$$

wobei wir rad s$^{-1}$ als Einheit für die Kreisfrequenz $\omega = 2\pi f$ verwenden.

Wir erkennen, dass in dem Beispiel die untere Grenzfrequenz im Wesentlichen durch den Pol bei $p_2$ bestimmt wird, da der andere Pol bei $p_1$ betragsmäßig bei wesentlich kleineren Werten liegt als der Pol bei $p_2$. Der Pol bei $p_2$ ist damit ein dominierender Pol und wir erhalten für die untere Grenzfrequenz der Schaltung

$$\omega_L = |p_2| = \frac{1}{C_a\,(R_3 + R_a)} = 95{,}8\,\text{rad s}^{-1}\,. \tag{9.55}$$

**Merksatz 9.4**
Die untere Grenzfrequenz einer Schaltung kann aus den Null- und Polstellen der Übertragungsfunktion der Schaltung für niedrige Frequenzen bestimmt werden.

**Bestimmung der oberen Grenzfrequenz $\omega_H$**
Für hohe Frequenzen können die Koppelkapazitäten als Kurzschluss betrachtet werden. Das Frequenzverhalten wird hier allein durch die parasitären Bauteilkapazitäten bestimmt. Für das Beispiel der Sourceschaltung nach Abb. 9.13 erhalten wir damit das in Abb. 9.16 gezeigte Kleinsignalersatzschaltbild für hohe Frequenzen.

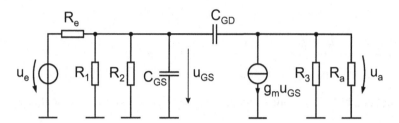

**Abb. 9.16** Kleinsignalersatzschaltbild der Schaltung nach Abb. 9.13 zur Bestimmung der oberen Grenzfrequenz

Zur Bestimmung der Übertragungsfunktion $A(s)$ dieser Ersatzschaltung zeichnen wir zur Vereinfachung die Schaltung um, indem wir die Spannungsquelle am Eingang in eine äquivalente Stromquelle umformen (Abb. 9.17).

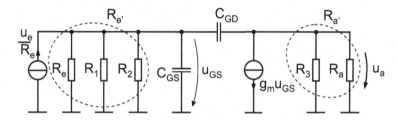

**Abb. 9.17** Kleinsignalersatzschaltbild für hohe Frequenzen nach Ersetzen der Eingangsspannungsquelle durch eine äquivalente Stromquelle

Weiterhin setzen wir zur Vereinfachung der Schreibweise

$$R_{e'} = R_e // R_1 // R_2 \approx 1\,\mathrm{k\Omega} \tag{9.56}$$

sowie

$$R_{a'} = R_3 // R_a = 4{,}1\,\mathrm{k\Omega}\ . \tag{9.57}$$

Damit ergibt sich schließlich die Schaltung nach Abb. 9.18.

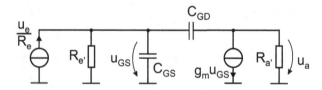

**Abb. 9.18** Vereinfachte Darstellung der Schaltung nach Abb. 9.17 durch Zusammenfassen der Widerstände am Ein- und Ausgang der Schaltung

Im Eingangskreis gilt die Beziehung

$$\frac{u_e}{R_e} = \frac{u_{GS}}{R_{e'}} + sC_{GS}\,u_{GS} + sC_{GD}(u_{GS} - u_a) \tag{9.58}$$

und im Ausgangskreis ergibt sich

$$s\,C_{GD}(u_{GS} - u_a) = g_m u_{GS} + \frac{u_a}{R_{a'}}\,. \tag{9.59}$$

Die Übertragungsfunktion für hohe Frequenzen wird damit durch Elimination von $u_{GS}$

$$A(s) = \frac{u_a}{u_e} = -\frac{g_m R_{a'} R_{e'}}{R_e} \frac{Z(s)}{N(s)} \tag{9.60}$$

mit dem Zähler

$$Z(s) = 1 - s\frac{C_{GD}}{g_m} \tag{9.61}$$

und dem Nennerpolynom

$$N(s) = 1 + sR_{e'}\left[C_{GS} + C_{GD}\left(1 + \frac{R_{a'}}{R_{e'}} + g_m R_{a'}\right)\right] + s^2 C_{GS} C_{GD} R_{a'} R_{e'}\,. \tag{9.62}$$

Die Übertragungsfunktion $A(s)$ hat offensichtlich eine Nullstelle und zwei Polstellen, so dass wir sie in der Form

$$A(s) = A_0 \frac{\left(1 - \frac{s}{n_1}\right)}{\left(1 - \frac{s}{p_1}\right)\left(1 - \frac{s}{p_2}\right)} \tag{9.63}$$

darstellen können. Die Nullstelle liegt dann bei

$$n_1 = \frac{g_m}{C_{GD}} = 1{,}2 \times 10^9\,\mathrm{rad\,s^{-1}}\,, \tag{9.64}$$

also einer sehr hohen Frequenz.

Die beiden Polstellen von $A(s)$ bestimmen sich durch Nullsetzen des Nennerpolynoms $N(s)$, wobei wir die quadratische Gleichung lösen wollen, ohne die Lösungsformel zu benutzen. Dazu betrachten wir das Nennerpolynom $N(s)$ in der Darstellung nach (9.63)

$$N(s) = \left(1 - \frac{s}{p_1}\right)\left(1 - \frac{s}{p_2}\right) \tag{9.65}$$

$$= 1 - s\left(\frac{1}{p_1} + \frac{1}{p_2}\right) + s^2\frac{1}{p_1 p_2} \tag{9.66}$$

und setzen voraus, dass die Polstellen weit auseinanderliegen, also $|p_1| \ll |p_2|$ gilt. Dann wird

$$N(s) \approx 1 - s\frac{1}{p_1} + s^2\frac{1}{p_1 p_2}\,. \tag{9.67}$$

Durch Vergleich der Koeffizienten mit (9.62) erhält man damit als Lösung

$$p_1 = \frac{-1}{R_{e'}\left[C_{GS} + C_{GD}\left(1 + \frac{R_{a'}}{R_{e'}} + g_m R_{a'}\right)\right]} = -50 \times 10^6 \,\text{rad}\,\text{s}^{-1} \qquad (9.68)$$

und

$$p_2 = -\frac{1}{R_{a'} C_{GD}} - \frac{1}{C_{GS} R_{a'}} - \frac{1}{C_{GS} R_{e'}} - \frac{g_m}{C_{GS}} = -488 \times 10^6 \,\text{rad}\,\text{s}^{-1} \,. \qquad (9.69)$$

Der Pol bei $p_1$ ist somit der dominierende Pol, der die obere Grenzfrequenz bestimmt, so dass gilt

$$\omega_H = |p_1| = \frac{1}{R_{e'}\left[C_{GS} + C_{GD}\left(1 + \frac{R_{a'}}{R_{e'}} + g_m R_{a'}\right)\right]} = 50 \times 10^6 \,\text{rad}\,\text{s}^{-1} \,. \qquad (9.70)$$

**Merksatz 9.5**
Die obere Grenzfrequenz einer Schaltung kann aus den Null- und Polstellen der Übertragungsfunktion der Schaltung für hohe Frequenzen bestimmt werden.

## 9.3 Grenzfrequenz von Verstärkergrundschaltungen

Nachdem wir im letzten Abschnitt mathematische Verfahren zur Bestimmung der Grenzfrequenzen aus der Übertragungsfunktion kennengelernt haben, wollen wir nun die wichtigsten Verstärkergrundschaltungen betrachten. Dabei werden wir uns mehr dem schaltungstechnischen Aspekt zuwenden und den Einfluss der Schaltungsparameter der vereinfachten Ersatzschaltbilder auf die obere Grenzfrequenz untersuchen.

### 9.3.1 Emitterschaltung

Aus dem allgemeinen Wechselstromersatzschaltbild der Emitterschaltung ohne Gegenkopplungswiderstand (Abb. 9.19) ergibt sich nach Ersetzen des Bipolartransistors durch dessen Kleinsignalersatzschaltbild für hohe Frequenzen das in Abb. 9.20 gezeigte Ersatzschaltbild.

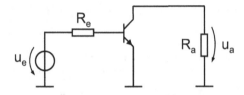

**Abb. 9.19** Allgemeine Darstellung des Wechselstromersatzschaltbildes der Emitterschaltung

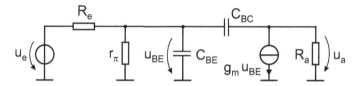

**Abb. 9.20** Kleinsignalersatzschaltbild der Emitterschaltung nach Abb. 9.19

Durch Umformen der Spannungsquelle in eine äquivalente Stromquelle erhält man die in Abb. 9.21 gezeigte Schaltung.

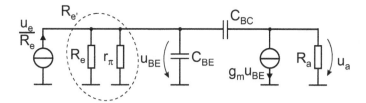

**Abb. 9.21** Kleinsignalersatzschaltbild nach Ersetzen der Eingangsspannungsquelle durch eine äquivalente Stromquelle

Durch Zusammenfassen der beiden Widerstände im Eingangskreis zu

$$R_{e'} = r_\pi // R_e \tag{9.71}$$

erhalten wir die Schaltung nach Abb. 9.22. Der Vergleich mit Abb. 9.18 zeigt, dass beide Schaltungen bis auf die Bezeichnungen der parasitären Kapazitäten identisch sind. Wir können also die im letzten Abschnitt hergeleiteten Beziehungen übernehmen und erhalten

$$n_1 = \frac{g_m}{C_{\mathrm{BC}}} \tag{9.72}$$

für die Nullstelle und

$$p_1 = \frac{-1}{R_{e'} \left[ C_{\mathrm{BE}} + C_{\mathrm{BC}} \left( 1 + \frac{R_a}{R_{e'}} + g_m R_a \right) \right]} \tag{9.73}$$

sowie

$$p_2 = -\frac{1}{R_a C_{\mathrm{BC}}} - \frac{1}{R_a C_{\mathrm{BE}}} - \frac{1}{R_{e'} C_{\mathrm{BE}}} - \frac{g_m}{C_{\mathrm{BE}}} \tag{9.74}$$

für die beiden Polstellen der Emitterschaltung.

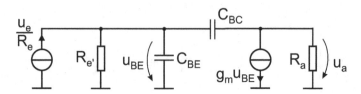

**Abb. 9.22**  Vereinfachte Darstellung der Schaltung nach Abb. 9.21 durch Zusammenfassen der Widerstände am Eingang der Schaltung

**Beispiel 9.1**
Mit $C_{BC} = 5\,\text{pF}$, $C_{BE} = 50\,\text{pF}$, $R'_e = 1\,\text{k}\Omega$, $R_a = 3,7\,\text{k}\Omega$ und $g_m = 0,066\,\text{S}$ ergibt sich für den ersten Pol

$$p_1 = -772 \times 10^3 \,\text{rad s}^{-1}\,. \tag{9.75}$$

Der zweite Pol liegt bei etwa

$$p_2 = -1{,}4 \times 10^9 \,\text{rad s}^{-1} \tag{9.76}$$

und damit bei betragsmäßig deutlich höheren Frequenzen als der erste Pol, der damit dominiert. Die Grenzfrequenz der Schaltung wird damit im Wesentlichen durch die Kapazität $C_{BC}$, multipliziert mit der Spannungsverstärkung $g_m R_a$, bestimmt.
Die Nullstelle von $A(s)$ liegt bei

$$n_1 = 13{,}2 \times 10^9 \,\text{rad s}^{-1}\,, \tag{9.77}$$

also bei sehr hohen Frequenzen. Damit ergibt sich für das Beispiel die in Abb. 9.23 gezeigte Pol- Nullstellenverteilung und der dazugehörige Amplitudengang nach Abb. 9.24.

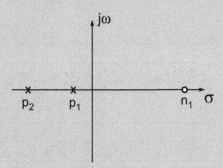

**Abb. 9.23**  Lage der Null- und Polstellen der Emitterschaltung in der komplexen $s$-Ebene

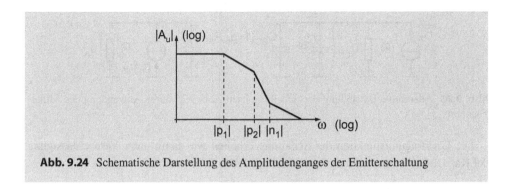

**Abb. 9.24** Schematische Darstellung des Amplitudenganges der Emitterschaltung

## 9.3.2 Miller-Effekt

Aus dem Ausdruck für den dominierenden Pol $p_1$ der Emitterschaltung sieht man, dass die Kapazität $C_{BC}$ etwa um den Faktor der Spannungsverstärkung $g_m R_a$ vergrößert in die Rechnung eingeht und damit in vielen praktischen Fällen die Grenzfrequenz bestimmt. Dies lässt sich mit Hilfe des so genannten Miller-Theorems erklären. Dieses besagt, dass sich die zwischen Eingangs- und Ausgangskreis befindliche Kapazität $C_{BC}$ durch je eine äquivalente Kapazität im Ein- und Ausgangskreis ersetzen lässt. Dazu betrachten wir zunächst die Ersatzschaltung nach Abb. 9.25, in der die Spannung $u_a$ im Ausgangskreis betragsmäßig um den Faktor $g_m R_a$ größer ist als die Spannung $u_{BE}$ im Eingangskreis.

Eine Spannungsänderung am Eingangsknoten bewirkt demnach, unter Beachtung der Vorzeichen, einen um den Faktor $(1 + g_m R_a)$ größeren Spannungsabfall über der Kapazität $C_{BC}$. Von der Eingangsseite der Schaltung aus betrachtet verhält sich die Kapazität $C_{BC}$ daher so, als sei eine um den Faktor $(1 + g_m R_a)$ größere Kapazität in den Eingangskreis geschaltet. Bezogen auf die Spannungsänderung im Ausgangskreis ist der Spannungsabfall über der Kapazität jedoch nur um den Faktor $(g_m R_a + 1)/(g_m R_a) \approx 1$ vergrößert. Von der Ausgangsseite der Schaltung aus betrachtet verhält sich $C_{BC}$ also wie eine Kapazität der gleichen Größe, die in den Ausgangskreis geschaltet ist. Damit lässt sich die Ersatzschaltung nach Abb. 9.26 angeben.

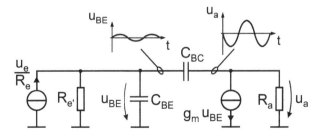

**Abb. 9.25** Der Spannungshub an der Basis-Kollektor-Kapazität $C_{BC}$, und damit die Wirkung der Kapazität, vergrößert sich durch die Verstärkereigenschaft der Schaltung deutlich

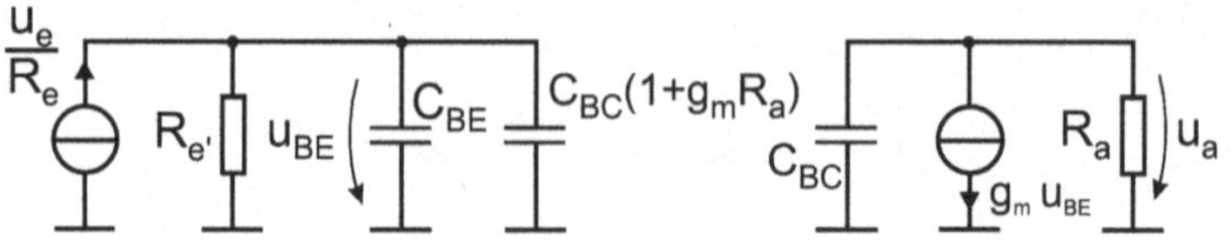

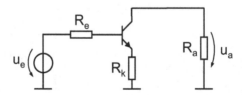

**Abb. 9.26**  Alternative Darstellung der Schaltung nach Abb. 9.25 durch Anwendung des Miller-Theorems

Die Übertragungsfunktion der Schaltung erhalten wir damit unter Vernachlässigung der Kapazität $C_{BC}$ im Ausgangskreis direkt aus Abb. 9.26, was auf

$$A = -\frac{g_m R_a R_{e'}}{R_e} \frac{1}{1 + s R_{e'} \left[ C_{BE} + C_{BC} \left( 1 + g_m R_a \right) \right]} \tag{9.78}$$

führt. Diese Funktion hat nur eine Polstelle bei

$$p_1 = -\frac{1}{R_{e'} \left[ C_{BE} + C_{BC} \left( 1 + g_m R_a \right) \right]} , \tag{9.79}$$

was bis auf den fehlenden Term $R_a / R_{e'}$ mit der Lösung (9.73) aus dem letzten Abschnitt übereinstimmt.

---

**Merksatz 9.6**

Die obere Grenzfrequenz der Emitterschaltung wird im Wesentlichen durch zwei Pole bestimmt, die durch die parasitären Kapazitäten des Transistors hervorgerufen werden. Dabei wird das Verhalten durch die Basis-Kollektor-Kapazität dominiert, da deren Wirkung durch den Miller-Effekt vergrößert wird.

---

### 9.3.3  Emitterschaltung mit Gegenkopplungswiderstand

Aus dem Wechselstromersatzschaltbild der Emitterschaltung mit $R_k$ nach Abb. 9.27 erhält man durch Ersetzen des Transistors durch dessen Kleinsignalersatzschaltbild die in Abb. 9.28 dargestellte Schaltung.

**Abb. 9.27**  Allgemeine Darstellung des Wechselstromersatzschaltbildes der Emitterschaltung mit Gegenkopplungswiderstand

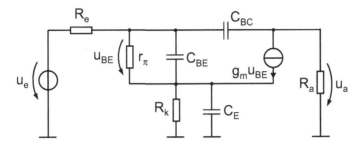

**Abb. 9.28** Kleinsignalersatzschaltbild der Emitterschaltung mit Gegenkopplungswiderstand nach Abb. 9.27

Dabei berücksichtigt $C_E$ die parasitäre Kapazität am Emitterknoten. Im Folgenden soll der Fall großer Werte von $R_k$, d. h. $g_m R_k \gg 1$, untersucht werden. Es gilt dann für die Übertragungsfunktion

$$A = -\frac{R_a}{R_k // \frac{1}{sC_E}} \tag{9.80}$$

$$= -\frac{R_a}{R_k} (1 + sC_E R_k) \ . \tag{9.81}$$

Die Übertragungsfunktion hat also eine Nullstelle bei

$$\boxed{n_1 = \frac{-1}{R_k C_E}} \ , \tag{9.82}$$

was zu einem Anstieg der Verstärkung ab der Frequenz

$$\omega = |n_1| = \frac{1}{R_k C_E} \tag{9.83}$$

führt. Es ergibt sich damit der in Abb. 9.29 gezeigte Amplitudengang, wobei bei höheren Frequenzen die Verstärkung aufgrund der hier nicht berücksichtigten Pole, die durch die Kapazitäten $C_{BC}$ und $C_{BE}$ verursacht werden, wieder absinkt.

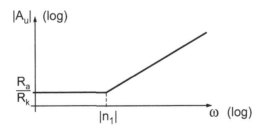

**Abb. 9.29** Amplitudengang der Emitterschaltung mit Gegenkopplungswiderstand

### 9.3.4 Kollektorschaltung

Aus dem Wechselstromersatzschaltbild der Kollektorschaltung (Abb. 9.30) erhält man durch Ersetzen des Bipolartransistors durch dessen Kleinsignalersatzschaltbild die Schaltung nach Abb. 9.31.

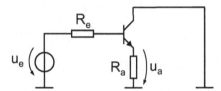

**Abb. 9.30**  Allgemeine Darstellung des Wechselstromersatzschaltbildes der Kollektorschaltung

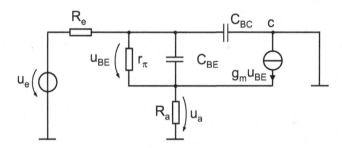

**Abb. 9.31**  Kleinsignalersatzschaltbild der Kollektorschaltung nach Abb. 9.30

Da der Kollektorknoten $c$ wechselstrommäßig auf Masse liegt und sich das Potenzial an dem Knoten daher nicht ändert, tritt der Miller-Effekt nicht auf und $C_{BC}$ wirkt sich deutlich geringer aus als bei der Emitterschaltung. Durch Umzeichnen erkennt man, dass $C_{BC}$ parallel zu der Signalquelle liegt (Abb. 9.32).

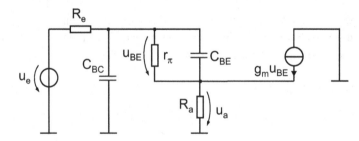

**Abb. 9.32**  Kleinsignalersatzschaltbild der Kollektorschaltung (Abb. 9.31) nach Verschieben der Basis-Kollektor-Kapazität $C_{BC}$

**Verhalten der Kollektorschaltung für große Quellimpedanzen**

Für große Quellimpedanzen bilden $R_e$ und $C_{BC}$ einen Tiefpass bei niedrigen Frequenzen, so dass man einen Pol bei

$$p_1 = \frac{-1}{R_e C_{BC}}$$
(9.84)

erhält.

**Verhalten der Kollektorschaltung für kleine Quellimpedanzen**

Ist die Quellimpedanz $R_e$ klein, ist $C_{BC}$ durch die Signalquelle praktisch kurzgeschlossen und somit nicht mehr wirksam. Ausgehend von der dann entstehenden Schaltung (Abb. 9.33) erhält man

$$u_e = u_{BE} + u_a$$
(9.85)

sowie

$$\frac{u_{BE}}{Z_\pi} + g_m u_{BE} = \frac{u_a}{R_a}$$
(9.86)

mit der Abkürzung

$$Z_\pi = r_\pi // \frac{1}{C_{BE}} \,.$$
(9.87)

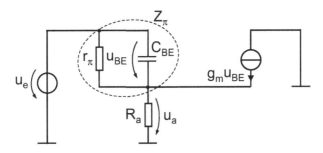

**Abb. 9.33** Kleinsignalersatzschaltbild der Kollektorschaltung für kleine Quellimpedanzen. Durch die niederohmige Spannungsquelle $u_e$ wird die Basis-Kollektor-Kapazität $C_{BC}$ (vgl. Abb. 9.32) praktisch kurzgeschlossen

Elimination von $u_{BE}$ liefert

$$\frac{u_a}{u_e} = \frac{R_a (1 + g_m Z_\pi)}{Z_\pi + R_a (1 + g_m Z_\pi)} \,.$$
(9.88)

Rücksubstitution von $Z_\pi$ führt auf die Übertragungsfunktion

$$A = \frac{u_a}{u_e} = \frac{(1 + g_m r_\pi) + s C_{BE} r_\pi}{\left( \frac{r_\pi}{R_a} + 1 + g_m r_\pi \right) + s C_{BE} r_\pi} \,.$$
(9.89)

Die Übertragungsfunktion hat eine Nullstelle bei

$$n_1 = -\frac{1 + g_m r_\pi}{C_{BE} r_\pi},$$ (9.90)

was sich für $\beta_N = r_\pi g_m \gg 1$ vereinfacht zu

$$\boxed{n_1 = -\frac{g_m}{C_{BE}}}.$$ (9.91)

Die Polstelle liegt bei

$$p_1 = -\frac{\frac{r_\pi}{R_a} + 1 + g_m r_\pi}{C_{BE} r_\pi}.$$ (9.92)

Für $\beta_N = g_m r_\pi \gg 1$ wird dies zu

$$\boxed{p_1 = -\frac{1 + g_m R_a}{C_{BE} R_a}}.$$ (9.93)

Ist $g_m R_a \gg 1$, wird

$$p_1 = -\frac{g_m}{C_{BE}}.$$ (9.94)

Null- und Polstelle der Kollektorschaltung liegen also bei kleinen Quellimpedanzen dicht zusammen und bei hohen Frequenzen, wie im Pol- Nullstellendiagramm (Abb. 9.34) und dem dazugehörigen Amplitudengang (Abb. 9.35) zu sehen ist.

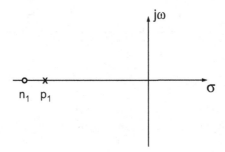

**Abb. 9.34** Lage der Null- und Polstellen der Kollektorschaltung in der komplexen $s$-Ebene

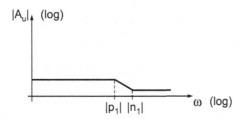

**Abb. 9.35** Amplitudengang der Kollektorschaltung

**Beispiel 9.2**

Für eine Kollektorschaltung, die mit kleiner Quellimpedanz betrieben wird, soll die Lage der Null- und der Polstelle bestimmt werden. Es sei $g_m = 66\,\mathrm{mS}$, $C_{BE} = 5\,\mathrm{pF}$. Die Null- und die Polstelle liegen nach (9.91) und (9.94) bei

$$p_1 \approx n_1 \approx -\frac{g_m}{C_{BE}} = -13{,}2 \times 10^9\,\mathrm{rad\,s^{-1}}\,, \tag{9.95}$$

also bei hohen Frequenzen.

**Merksatz 9.7**

Das Verhalten der Kollektorschaltung wird durch eine Null- und eine Polstelle bestimmt, die bei kleinen Quellimpedanzen bei sehr hohen Frequenzen liegen.

### 9.3.5 Basisschaltung

Zur Untersuchung der Basisschaltung gehen wir von der allgemeinen Darstellung nach Abb. 9.36 aus.

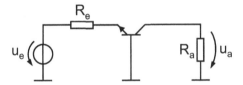

**Abb. 9.36** Allgemeine Darstellung des Wechselstromersatzschaltbildes der Basisschaltung

Wandelt man die Signalspannungsquelle in eine äquivalente Stromquelle um und ersetzt den Bipolartransistor durch dessen Kleinsignalersatzschaltbild, erhält man die in Abb. 9.37 gezeigte Schaltung. Dabei fällt im Vergleich zu der Emitterschaltung auf, dass

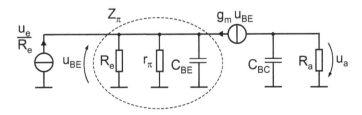

**Abb. 9.37** Kleinsignalersatzschaltbild der Basisschaltung nach Abb. 9.36

die Kapazität $C_{BC}$ nicht zwischen Ein- und Ausgangskreis liegt, so dass der Miller-Effekt nicht auftritt und die Basisschaltung daher eine sehr hohe Grenzfrequenz besitzt, die wir im Folgenden für verschiedene Fälle abschätzen wollen.

**Verhalten der Basisschaltung für große Lastwiderstände**

Für große Lastwiderstände bildet $R_a$ mit der Kapazität $C_{BC}$ im Ausgangskreis einen Pol bei der Frequenz

$$\boxed{p_1 = -\frac{1}{R_a C_{BC}}} \; . \tag{9.96}$$

Da die Kapazität $C_{BC}$ jedoch in der Regel sehr klein ist, liegt die Grenzfrequenz der Basisschaltung bei sehr hohen Werten.

**Verhalten der Basisschaltung für kleine Lastwiderstände**

Ist die Last $R_a$ niederohmig, kann der Einfluss von $C_{BC}$ vernachlässigt werden und der Pol im Eingangskreis dominiert. In diesem Fall gilt

$$u_a = -g_m u_{BE} R_a \; . \tag{9.97}$$

Weiterhin ist

$$\frac{u_e}{R_e} + g_m u_{BE} + \frac{u_{BE}}{Z_\pi} = 0 \tag{9.98}$$

mit der Abkürzung

$$\frac{1}{Z_\pi} = \frac{1}{R_e} + \frac{1}{r_\pi} + s C_{BE} \; . \tag{9.99}$$

Einsetzen von (9.97) in (9.98) führt auf

$$A = \frac{u_a}{u_e} = \frac{g_m R_a}{R_e} \frac{1}{g_m + \frac{1}{Z_\pi}} \; . \tag{9.100}$$

Durch Rücksubstitution von $Z_\pi$ erhält man

$$A = \frac{R_a}{R_e} \frac{1}{1 + \frac{1}{g_m R_e} + \frac{1}{g_m r_\pi} + \frac{s C_{BE}}{g_m}} \; . \tag{9.101}$$

Der dritte Term im Nenner ist wegen $g_m r_\pi = \beta_N \gg 1$ vernachlässigbar. Für hochohmige Quellen ist zudem $g_m R_e \gg 1$ und man erhält schließlich die Übertragungsfunktion

$$A = \frac{u_a}{u_e} = \frac{R_a}{R_e} \frac{1}{1 + \frac{s C_{BE}}{g_m}} \tag{9.102}$$

mit der Polstelle

$$\boxed{p_1 = -\frac{g_m}{C_{BE}}} \; , \tag{9.103}$$

die bei hohen Frequenzen liegt.

> **Merksatz 9.8**
> Die Basisschaltung hat eine sehr hohe obere Grenzfrequenz, da im Gegensatz zu der
> Emitterschaltung der Miller-Effekt nicht auftritt.

## 9.4 Methoden zur Abschätzung der Grenzfrequenzen

### 9.4.1 Kurzschluss-Zeitkonstanten-Methode

Die Kurzschluss-Zeitkonstanten-Methode erlaubt eine einfache Abschätzung der unteren
Grenzfrequenz $\omega_L$, ohne die Übertragungsfunktion bzw. die Lage der Pol- und Nullstellen
zu kennen. Die Methode liefert eine Abschätzung für den Pol mit der höchsten Grenzfrequenz für eine gegebene Schaltung. Zur Bestimmung der unteren Grenzfrequenz muss
daher von der Ersatzschaltung für niedrige Frequenzen ausgegangen werden, da die Methode sonst ein falsches Ergebnis liefert. Als Näherung für den Pol mit der höchsten
Frequenz gilt (ohne Herleitung)

$$\boxed{\omega_L \approx \sum_{i=1}^{n} \frac{1}{R_{i,k} C_i}} \ . \tag{9.104}$$

Dabei ist $R_{i,k}$ der Eingangswiderstand an den Klemmen der Kapazität $C_i$, wenn alle anderen Kapazitäten kurzgeschlossen werden.

Wir wollen diese Methode nun auf unser Beispiel der Sourceschaltung (Abb. 9.13) aus
Abschn. 9.2.2 anwenden. Dazu gehen wir von der in Abb. 9.38 gezeigten Ersatzschaltung
für niedrige Frequenzen aus und wenden (9.104) an, indem wir die Kapazitäten nacheinander aus der Schaltung entfernen und den jeweiligen Widerstand an den offenen Klemmen
messen, wenn gleichzeitig die anderen Kapazitäten durch Kurzschlüsse ersetzt werden.

Zur Bestimmung von $R_{e,k}$ entfernen wir $C_e$ und schließen $C_a$ kurz, wodurch sich die
in Abb. 9.39 gezeigte Schaltung ergibt. Für $R_{e,k}$ erhalten wir direkt aus der Schaltung

$$R_{e,k} = R_e + (R_1 // R_2) = 1{,}47\,\text{M}\Omega \ . \tag{9.105}$$

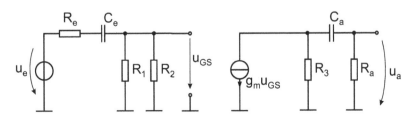

**Abb. 9.38** Kleinsignalersatzschaltung der Sourceschaltung für niedrige Frequenzen

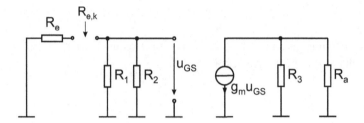

**Abb. 9.39** Schaltung zur Bestimmung des Widerstandes $R_{e,k}$ an den Klemmen der Kapazität $C_e$

Zur Bestimmung von $R_{a,k}$ entfernen wir $C_a$ und schließen $C_e$ kurz, was auf die in Abb. 9.40 dargestellte Schaltung führt. Wegen $u_{GS} = 0$ ist

$$R_{a,k} = R_a + R_3 = 104{,}3\,\text{k}\Omega\,. \tag{9.106}$$

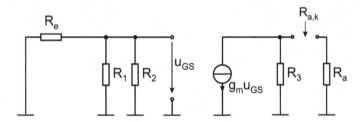

**Abb. 9.40** Schaltung zur Bestimmung des Widerstandes $R_{a,k}$ an den Klemmen der Kapazität $C_a$

Für $\omega_L$ erhalten wir damit die Abschätzung

$$\omega_L = \frac{1}{R_{e,k}C_e} + \frac{1}{R_{a,k}C_a} \tag{9.107}$$

$$= \frac{1}{C_e(R_e + R_1//R_2)} + \frac{1}{C_a(R_a + R_3)} \tag{9.108}$$

$$= \frac{1}{1{,}47\,\text{M}\Omega \times 0{,}1\,\mu\text{F}} + \frac{1}{104\,\text{k}\Omega \times 0{,}1\,\mu\text{F}}\,. \tag{9.109}$$

Nach Einsetzen der Zahlenwerte erkennt man, dass in unserem Beispiel der erste Summand vernachlässigbar ist, so dass näherungsweise gilt

$$\omega_L = \frac{1}{R_{a,k}C_a} = \frac{1}{C_a(R_a + R_3)}\,, \tag{9.110}$$

was genau dem Ergebnis (9.55) entspricht, welches wir bereits durch Auswertung der Übertragungsfunktion erhalten haben.

### 9.4.2 Leerlauf-Zeitkonstanten-Methode

Eine einfache Methode zur Abschätzung der oberen Grenzfrequenz $\omega_H$ ist die Leerlauf-Zeitkonstanten-Methode. Diese liefert eine Abschätzung für den Pol mit der niedrigsten Grenzfrequenz einer Schaltung. Zur Bestimmung der oberen Grenzfrequenz geht man daher von der Ersatzschaltung für hohe Frequenzen aus. Dann gilt (ohne Herleitung):

$$\omega_H \approx \frac{1}{\sum\limits_{i=1}^{n} R_{i,l} C_i} \,, \tag{9.111}$$

wobei $R_{i,l}$ der Widerstand an den Klemmen der Kapazität $C_i$ ist, wenn alle anderen Kapazitäten durch Leerläufe ersetzt werden.

Auch diese Methode wollen wir nun auf unser Beispiel der Sourceschaltung (Abb. 9.13) aus Abschn. 9.2.2 anwenden, wobei wir nun von dem Wechselstromersatzschaltbild für hohe Frequenzen nach Abb. 9.41 ausgehen.

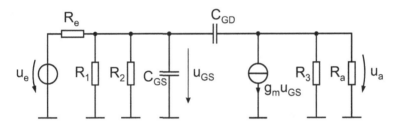

**Abb. 9.41** Kleinsignalersatzschaltung der Sourceschaltung für hohe Frequenzen

Die Bestimmung von $R_{GS,l}$ erfolgt durch Entfernen von $C_{GS}$ und Ersetzen von $C_{GD}$ durch einen Leerlauf, wodurch sich die in Abb. 9.42 dargestellte Schaltung ergibt.

Damit erhält man

$$R_{GS,l} = R_e // R_1 // R_2 \approx 1\,\text{k}\Omega \,. \tag{9.112}$$

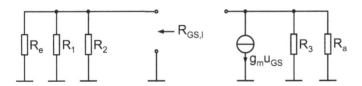

**Abb. 9.42** Schaltung zur Bestimmung des Widerstandes $R_{GS,l}$ an den Klemmen der Kapazität $C_{GS}$

Zur Bestimmung von $R_{GD,l}$ entfernen wir $C_{GD}$ und ersetzen $C_{GS}$ durch einen Leerlauf. Dies ergibt die in Abb. 9.43 gezeigte Schaltung. Dort setzen wir zur Vereinfachung der

Schreibweise

$$R_{e'} = R_e // R_1 // R_2 \approx 1\,\text{k}\Omega \tag{9.113}$$

sowie

$$R_{a'} = R_3 // R_a = 4{,}1\,\text{k}\Omega \ . \tag{9.114}$$

Durch den Einbau einer ,Testquelle' $u_x$ wird

$$u_x = i_x R_{e'} + (i_x + g_m u_{GS})\, R_{a'} \ . \tag{9.115}$$

Mit $u_{GS} = i_x R_{e'}$ wird schließlich

$$R_{GD,l} = \frac{u_x}{i_x} = R_{e'} + R_{a'}(1 + g_m R_{e'}) = 10\,\text{k}\Omega \ . \tag{9.116}$$

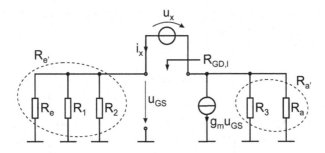

**Abb. 9.43** Schaltung zur Bestimmung des Widerstandes $R_{GD,l}$ an den Klemmen der Kapazität $C_{GD}$

Für $\omega_H$ ergibt sich damit die Näherung

$$\omega_H = \frac{1}{C_{GS} R_{GS,l} + C_{GD} R_{GD,l}} \tag{9.117}$$

$$\omega_H = \frac{1}{C_{GS}(R_e // R_1 // R_2) + C_{GD}\,[R_{e'} + R_{a'}(1 + g_m R_{e'})]} \ , \tag{9.118}$$

was wiederum der Lösung (9.70) entspricht, die wir durch Auswertung der Übertragungs-funktion erhalten haben.

---

**Merksatz 9.9**

Die Kurzschluss-Zeitkonstanten-Methode und die Leerlauf-Zeitkonstanten-Methode liefern eine Näherung für den Pol mit der höchsten bzw. der niedrigsten Frequenz einer Schaltung und damit eine Abschätzung für die untere bzw. die obere Grenzfrequenz der Schaltung.

# Literatur

1. Hoffmann, K (2003) Systemintegration. Oldenbourg Wissenschaftsverlag, München, Wien
2. Siegl, J, Zocher, E (2014) Schaltungstechnik – Analog und gemischt analog/digital. Springer, Berlin
3. Tietze, U, Schenk, Ch, Gamm, E (1996) Halbleiter-Schaltungstechnik. Springer, Berlin, Heidelberg
4. Wupper, H (1996) Elektronische Schaltungen 1 – Grundlagen, Analyse, Aufbau. Springer, Berlin
5. Wupper, H (1996) Elektronische Schaltungen 2 – Operationsverstärker, Digitalschaltungen, Verbindungsleitungen. Springer, Berlin

## 10.1 Grundlegende Begriffe

### 10.1.1 Prinzip der Gegenkopplung

Das Prinzip der Gegenkopplung besteht darin, einen Teil des Ausgangssignals eines Verstärkers mittels eines Rückkopplungsnetzwerkes auf den Eingang der Schaltung zurückzuführen, so dass das am Eingang des Verstärkers anliegende Signal verringert wird. Eine solche Anordnung mit dem Eingangssignal $x_e$, dem Ausgangssignal $x_a$, dem Rückkopplungssignal $x_k$ und dem am Verstärkereingang anliegenden Signal $x_i$ ist in Abb. 10.1 dargestellt.

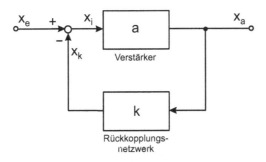

**Abb. 10.1** Blockschaltbild eines Verstärkers mit Rückkopplung

Wir wollen nun die Übertragungsfunktion der rückgekoppelten Anordnung bestimmen, wenn $a$ die Übertragungsfunktion des Verstärkers und $k$ die Übertragungsfunktion des Rückkopplungsnetzwerkes ist. Dabei beschränken wir uns im Folgenden zunächst auf rein ohmsche Rückkopplungsnetzwerke, so dass die Verstärkung $k$ des Rückkopplungsnetzwerkes, der so genannte Rückkopplungsfaktor, im Bereich $0 \leq k \leq 1$ liegt. Aus

© Springer-Verlag GmbH Deutschland, ein Teil von Springer Nature 2019
H. Göbel, *Einführung in die Halbleiter-Schaltungstechnik*,
https://doi.org/10.1007/978-3-662-56563-6_10

Abb. 10.1 folgt

$$x_i = x_e - x_k \tag{10.1}$$

$$x_a = a x_i \tag{10.2}$$

$$x_k = k x_a . \tag{10.3}$$

Für die Übertragungsfunktion $A$ des rückgekoppelten Systems erhalten wir damit

$$\boxed{\frac{x_a}{x_e} = A = \frac{a}{1 + ak}} . \tag{10.4}$$

Durch die Rückkopplung wird also die Gesamtverstärkung reduziert. Das Produkt der Verstärkung $a$ des nicht rückgekoppelten Verstärkers und des Rückkopplungsfaktors $k$ bezeichnet man als die Schleifenverstärkung. Für große Werte der Schleifenverstärkung $ak$ gilt

$$A\big|_{ak \to \infty} = \frac{a}{1 + ak}\bigg|_{ak \to \infty} \approx \frac{1}{k} , \tag{10.5}$$

so dass die Gesamtübertragungsfunktion $A$ weitgehend unabhängig von den Eigenschaften des Verstärkers wird und nur noch von den Eigenschaften des Rückkopplungsnetzwerkes abhängt. Damit lassen sich Nichtlinearitäten, d. h. Verzerrungen, eines Verstärkers reduzieren, wie im folgenden Abschnitt gezeigt wird.

## 10.1.2   Rückkopplung und Verzerrungen

Ein nicht rückgekoppelter Spannungsverstärker habe folgende nichtlineare Übertragungskennlinie mit zwei Bereichen jeweils unterschiedlicher Verstärkung $a_1$ und $a_2$ (Abb. 10.2)

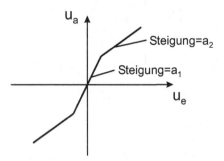

**Abb. 10.2**  Beispiel für die nichtlineare Übertragungskennlinie eines Verstärkers

Wird der Verstärker rückgekoppelt, so ergeben sich für große Werte von $a_1$ und $a_2$ die Gesamtverstärkungen für die einzelnen Bereiche zu

$$A_1 = \frac{a_1}{1 + a_1 k} \approx \frac{1}{k} \tag{10.6}$$

und

$$A_2 = \frac{a_2}{1 + a_2 k} \approx \frac{1}{k}\,, \tag{10.7}$$

die jetzt nur noch von den Eigenschaften des Rückkopplungsnetzwerkes abhängen (Abb. 10.3).

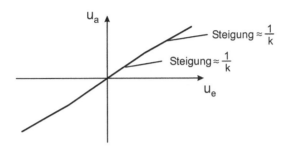

**Abb. 10.3** Durch die Gegenkopplung verbessert sich die Linearität des Verstärkers deutlich

 S.m.i.L.E: 10.1_Gegenkopplung

Die Nichtlinearitäten der Kennlinie und damit die Verzerrungen des Verstärkers werden also durch die Rückkopplung deutlich reduziert.

### 10.1.3 Rückkopplung und Frequenzgang

Die Rückkopplung wirkt sich ebenso auf den Frequenzgang von Verstärkerschaltungen aus. Dazu betrachten wir einen nicht rückgekoppelten Verstärker mit der Übertragungsfunktion

$$a\,(s) = a_0 \frac{s}{(s - p_L^a)} \frac{1}{(1 - s/p_H^a)} \tag{10.8}$$

mit den beiden Polstellen $p_L^a$ und $p_H^a$ (Abb. 10.4).

Wird der Verstärker rückgekoppelt, ergibt sich nach (10.4) für die Übertragungsfunktion der rückgekoppelten Schaltung

$$A\,(s) = \frac{a\,(s)}{1 + a\,(s)\,k} \tag{10.9}$$

$$= \frac{a_0\,p_H^a\,s}{s^2 - \left[p_L^a + p_H^a\,(1 + a_0 k)\right]s + p_L^a\,p_H^a}\,. \tag{10.10}$$

Da die Polstellen von $A(s)$ in der Regel weit genug auseinander liegen, gilt $|p_H^a|(1 + a_0 k) \gg |p_L^a|$ und wir können den Ausdruck $p_L^a$ in dem linearen Term in Nenner vernachlässigen. Stellen wir nun das Nennerpolynom von $A(s)$ in der Form

$$N(s) = \left(s - p_L^A\right)\left(s - p_H^A\right) \tag{10.11}$$

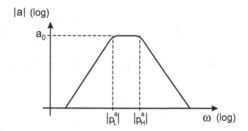

**Abb. 10.4** Beispiel für den Betrag des Frequenzganges eines Verstärkers

dar, so erhalten wir nach Ausmultiplikation und mit $p_L^A \ll p_H^A$ durch Koeffizientenvergleich mit (10.10) näherungsweise

$$p_L^A = \frac{p_L^a}{1 + a_0 k} \tag{10.12}$$

$$p_H^A = p_H^a \left(1 + a_0 k\right) \tag{10.13}$$

für die beiden Polstellen. Die untere Grenzfrequenz der Schaltung verschiebt sich also durch die Rückkopplung zu niedrigeren Werten hin, während sich die obere Grenzfrequenz der Schaltung zu höheren Werten hin verschiebt. Gleichzeitig verringert sich die Verstärkung (Abb. 10.5). Da sich die meisten Verstärkerschaltungen durch eine Übertragungsfunktion der Form (10.8) beschreiben lassen, bei der die obere Grenzfrequenz durch einen dominierenden Pol bestimmt wird (vgl. Abschn. 9.2.1), folgt aus (10.9) und (10.13), dass das Produkt aus oberer Grenzfrequenz und Rückkopplung näherungsweise konstant ist. Dieses so genannte Verstärkungs-Bandbreite-Produkt ist daher ein Maß zur Beurteilung der Hochfrequenzeigenschaften einer Verstärkerschaltung.

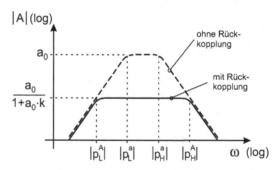

**Abb. 10.5** Durch die Gegenkopplung verringert sich die Verstärkung bei gleichzeitiger Erhöhung der Bandbreite des Verstärkers

**Merksatz 10.1**
Durch die Rückkopplung einer Verstärkerschaltung verringert sich deren Verstärkung. Gleichzeitig erhöhen sich die Linearität und die Bandbreite der Schaltung.

### 10.1.4 Rückkopplungsarten

In der Schaltungstechnik unterscheidet man vier Arten der Rückkopplung, die Serien-Parallel-Rückkopplung (Abb. 10.6), die Parallel-Parallel-Rückkopplung (Abb. 10.7), die Parallel-Serien-Rückkopplung (Abb. 10.8) und die Serien-Serien-Rückkopplung (Abb. 10.9).

Im Folgenden werden die einzelnen Rückkopplungsarten auf ihre elektrischen Eigenschaften hin untersucht. Dabei kann in praktisch allen Fällen davon ausgegangen werden, dass das Verstärkernetzwerk rückwirkungsfrei ist, d. h. eine Verstärkung nur in Richtung von Quelle zur Last erfolgt, aber nicht umgekehrt. Weiterhin setzen wir bei den

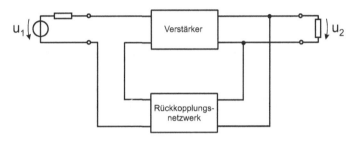

**Abb. 10.6** Serien-Parallel-Rückkopplung

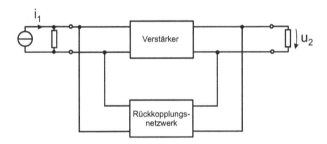

**Abb. 10.7** Parallel-Parallel-Rückkopplung

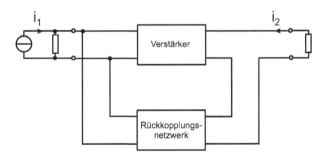

**Abb. 10.8** Parallel-Serien-Rückkopplung

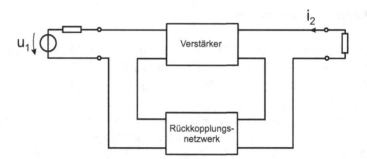

**Abb. 10.9**  Serien-Serien-Rückkopplung

Berechnungen voraus, dass die Verstärkung des Verstärkernetzwerkes von der Quelle in Richtung Last wesentlich größer ist als die des Rückkopplungsnetzwerkes. Dies ist bei einem ohmschen Rückkopplungsnetzwerk mit $k \leq 1$ in den meisten Fällen gerechtfertigt.

## 10.2  Serien-Parallel-Rückkopplung (Spannungsverstärker)

### 10.2.1  Spannungsverstärker mit idealer Rückkopplung

Bei der Serien-Parallel-Rückkopplung wird ein Teil $ku_2$ der Ausgangsspannung des Verstärkers über ein Rückkopplungsnetzwerk auf den Eingang der Schaltung zurückgeführt (Abb. 10.10). Wir betrachten zunächst den Fall eines idealen Rückkopplungsnetzwerkes. Dieses zeichnet sich dadurch aus, dass es weder den Eingang noch den Ausgang des Verstärkers belastet und die Signalübertragung des Rückkopplungsnetzwerkes ausschließlich von dem Ausgang des Verstärkers auf den Eingang zurück erfolgt. Weiterhin sei die Signalquelle ideal und am Ausgang der Schaltung keine Last angeschlossen, so dass wir von einer idealen Rückkopplung sprechen.

> **Merksatz 10.2**
> Die ideale Rückkopplung zeichnet sich dadurch aus, dass das Verstärkernetzwerk nicht belastet ist und das Rückkopplungsnetzwerk nur von dem Verstärkerausgang in Richtung des Verstärkereingangs überträgt.

**Übertragungsfunktion des Spannungsverstärkers**
Das Verhältnis von Ein- und Ausgangsspannung des nicht rückgekoppelten Verstärkers ist nach Abb. 10.10 wegen $i_2 = 0$ gegeben durch

$$u_2 = au_1^a \, . \tag{10.14}$$

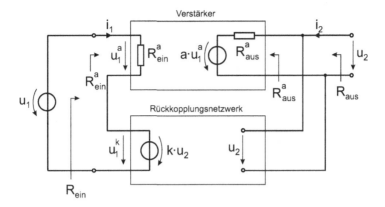

**Abb. 10.10** Aufbau eines Verstärkers mit idealer Serien-Parallel-Rückkopplung

Für das Rückkopplungsnetzwerk gilt

$$u_1^k = ku_2 \, . \tag{10.15}$$

Die Maschengleichung im Eingangskreis der gesamten Schaltung liefert

$$u_1 = u_1^a + u_1^k \, . \tag{10.16}$$

Einsetzen von (10.15) und (10.16) in (10.14) und anschließendes Umformen führt auf die Übertragungsfunktion $A$ des rückgekoppelten Systems. Diese ergibt sich zu

$$\boxed{A = \frac{u_2}{u_1} = \frac{a}{1 + ak}} \, . \tag{10.17}$$

Die Serien-Parallel-Rückkopplung reduziert also die Spannungsverstärkung des Verstärkers.

An dieser Stelle sei darauf hingewiesen, dass die Rückkopplung nur dann wirksam ist, wenn die Schaltung eingangsseitig mit einer Spannungsquelle betrieben wird. Wird die Schaltung hingegen mit einer Stromquelle betrieben, ist die Rückkopplung nicht wirksam, da das Rückkopplungsnetzwerk keinen Einfluss auf den in den Verstärker fließenden Strom $i_1$ hat.

Entsprechend wirkt die Rückkopplung nur auf die Spannung $u_2$ am Ausgang, nicht aber auf den Strom $i_2$, da das Rückkopplungssignal $ku_2$ nur von $u_2$, nicht aber von $i_2$ abhängt. Die Serien-Parallel-Rückkopplung wirkt daher stabilisierend auf die Ausgangsspannung eines Verstärkers, wenn dieser mit einer Spannungsquelle betrieben wird und eignet sich daher besonders zum Aufbau von Spannungsverstärkern.

**Eingangsimpedanz des Spannungsverstärkers**

Da bei der idealen Rückkopplung der Ausgang der Schaltung unbelastet ist, ist $i_2 = 0$, so dass über dem Widerstand $R_{aus}^a$ keine Spannung abfällt. Damit ist die Spannung $u_2$ am

Eingang des Rückkopplungsnetzwerkes gleich der Spannung des Verstärkernetzwerkes $au_1^a$ und wir erhalten mit (10.16) und (10.15)

$$u_1 = u_1^a + aku_1^a \tag{10.18}$$

$$= u_1^a (1 + ak) \ . \tag{10.19}$$

Der Zusammenhang zwischen Strom und Spannung am Eingang des Verstärkernetzwerkes ist gegeben durch

$$i_1 = \frac{u_1^a}{R_{\text{ein}}^a} \ , \tag{10.20}$$

wobei $R_{\text{ein}}^a$ die Eingangsimpedanz des nicht rückgekoppelten Verstärkers ist. Division der beiden letzten Gleichungen führt auf den Eingangswiderstand der gesamten Schaltung

$$\boxed{R_{\text{ein}} = \frac{u_1}{i_1} = R_{\text{ein}}^a (1 + ak)} \ . \tag{10.21}$$

Das serielle Einkoppeln des Rückkopplungssignals erhöht also die Eingangsimpedanz der Schaltung.

**Ausgangsimpedanz des Spannungsverstärkers**

Zur Bestimmung des Ausgangswiderstandes $R_{\text{aus}}$ der rückgekoppelten Schaltung setzen wir die Signalspannung $u_1$ auf null und erhalten im Eingangskreis die Beziehung

$$u_1^a + ku_2 = 0 \ . \tag{10.22}$$

Der Strom $i_2$ im Ausgangskreis wird durch den Spannungsabfall über dem Widerstand $R_{\text{aus}}^a$ berechnet. Dies führt auf

$$i_2 = \frac{u_2 - au_1^a}{R_{\text{aus}}^a} \ , \tag{10.23}$$

wobei $R_{\text{aus}}^a$ die Ausgangsimpedanz des Verstärkernetzwerkes ist. Elimination von $u_1^a$ durch Einsetzen von (10.22) in (10.23) liefert

$$\boxed{R_{\text{aus}} = \frac{u_2}{i_2} = \frac{R_{\text{aus}}^a}{1 + ak}} \ . \tag{10.24}$$

Die Parallelauskopplung des Rückkopplungssignals verringert also die Ausgangsimpedanz der Gesamtschaltung, was nicht unmittelbar einsichtig ist, da ausgangsseitig zu dem Widerstand $R_{\text{aus}}^a$ ja lediglich das offene Klemmenpaar des Rückkopplungsnetzwerkes parallelgeschaltet ist. Das Ergebnis wird jedoch verständlich, wenn man bedenkt, dass eine Änderung der Spannung $u_2$ über das Rückkopplungsnetzwerk auf den Verstärker zurückwirkt und damit wiederum das Signal am Ausgang der Schaltung beeinflusst.

**Merksatz 10.3**
Durch die Serien-Parallel-Rückkopplung verringert sich die Verstärkung einer Schaltung. Gleichzeitig erhöht sich der Eingangswiderstand und der Ausgangswiderstand verringert sich. Die Schaltung eignet sich daher als Spannungsverstärker.

## 10.2.2 Spannungsverstärker mit realer Rückkopplung

Abb. 10.11 zeigt das Beispiel eines Spannungsverstärkers mit realer Rückkopplung, wobei die Verstärkerschaltung über ein ohmsches Netzwerk rückgekoppelt ist. Bei dieser Schaltung gelten die oben getroffenen Annahmen der idealen Rückkopplung nicht mehr, da das Verstärkernetzwerk durch die Ein- und Ausgangsimpedanz des Rückkopplungsnetzwerkes sowie durch den Widerstand $R_2$ am Ausgang der Schaltung belastet ist. Zusätzlich führt der Quellwiderstand $R_1$ dazu, dass sich die Signalspannung $u_1$ von der effektiv am Eingang der rückgekoppelten Anordnung liegenden Spannung $u_1'$ unterscheidet.

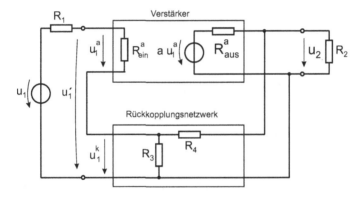

**Abb. 10.11** Beispiel für einen Verstärker mit realer Serien-Parallel-Rückkopplung

 PSpice: 10.2_Spannungsverstaerker

Darüber hinaus überträgt das Rückkopplungsnetzwerk der Schaltung nach Abb. 10.11 Signale sowohl von der Last in Richtung Quelle als auch in umgekehrter Richtung. Wir können daher bei dieser Schaltung die für den Fall der idealen Rückkopplung abgeleiteten Gleichungen zunächst nicht verwenden. Die Schaltung lässt sich jedoch sehr einfach auf eine Schaltung mit idealem Rückkopplungsnetzwerk zurückführen, wie im Folgenden gezeigt werden soll. Dazu stellen wir das Rückkopplungsnetzwerk zunächst in der Form mit $h$-Parametern (vgl. Abschn. 14.3.2) dar, was auf die Schaltung nach Abb. 10.12 führt. Die Wahl der Darstellung mit $h$-Parametern wird sich dabei im weiteren Verlauf der Rechnung als zweckmäßig erweisen. Der Ein- und Ausgangswiderstand der Schaltung ist mit $R_{\text{ein}}$ bzw. $R_{\text{aus}}$ bezeichnet; $R_{\text{ein}'}$ bzw. $R_{\text{aus}'}$ sind die entsprechenden Widerstände unter Einbeziehung des Quell- und des Lastwiderstandes $R_1$ bzw. $R_2$. Demnach gilt der Zusammenhang

$$\boxed{R_{\text{ein}'} = R_1 + R_{\text{ein}}} \tag{10.25}$$

sowie

$$\boxed{R_{\text{aus}'} = R_2 // R_{\text{aus}}} \; . \tag{10.26}$$

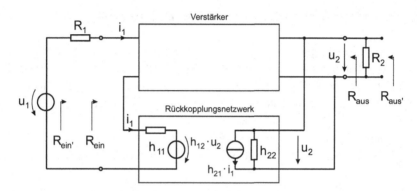

**Abb. 10.12** Allgemeine Darstellung eines Verstärkers mit realer Serien-Parallel-Rückkopplung nach Umwandlung des Rückkopplungsnetzwerkes in die Darstellung mit $h$-Parametern

Wir können diese Schaltung nun vereinfachen, indem wir die Verstärkung des Rückkopplungsnetzwerkes in Richtung von der Quelle zur Last gegenüber der entsprechenden Verstärkung des Verstärkernetzwerkes vernachlässigen, d. h.

$$h_{21,\text{Rückkopplungsnetzwerk}} \ll h_{21,\text{Verstärker}} \; . \tag{10.27}$$

Dies ist in praktisch allen Fällen gerechtfertigt und führt auf die in Abb. 10.13 dargestellte vereinfachte Schaltung.

Aufgrund der Darstellung des Rückkopplungsnetzwerkes mit $h$-Parametern können wir diese Schaltung umzeichnen, indem wir den Quell- und den Lastwiderstand $R_1$ und $R_2$ sowie die Netzwerkelemente $h_{11}$ und $h_{22}$ entlang der Leitungen verschieben und mit dem Verstärkernetzwerk zu einer erweiterten Schaltung zusammenfassen (Abb. 10.14).

Bei der so entstandenen Schaltung handelt es sich nun wieder um eine Schaltung mit idealer Rückkopplung, wenn wir statt des Verstärkernetzwerkes die erweiterte Schaltung betrachten. Wir können daher die in Abschn. 10.2.1 abgeleiteten Gleichungen anwenden, wenn wir anstelle der dort verwendeten Größen $a$, $R_{\text{ein}}$ und $R_{\text{aus}}$ des Verstärkernetzwerkes die entsprechenden Größen der erweiterten Schaltung verwenden, die wir mit $a^*$, $R_{\text{ein}}^*$ und $R_{\text{aus}}^*$ bezeichnen. Dabei ist

$$\boxed{a^* = \frac{u_2}{u_1^*}} \tag{10.28}$$

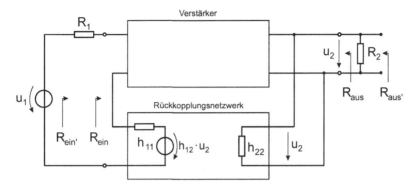

**Abb. 10.13** Schaltung nach Abb. 10.12 unter Vernachlässigung der Vorwärtsverstärkung des Rückkopplungsnetzwerkes

die Übertragungsfunktion der erweiterten Schaltung und $R_{ein}^*$ und $R_{aus}^*$ sind der Eingangs-bzw. Ausgangswiderstand der erweiterten Schaltung. Diese Größen lassen sich in der Regel sehr einfach durch direkte Analyse der erweiterten Schaltung bestimmen.

Der Rückkopplungsfaktor $k$ der Schaltung mit idealer Rückkopplung entspricht dem Parameter $h_{12}$, d. h.

$$\boxed{k = h_{12}}\,,\tag{10.29}$$

wie der Vergleich von Abb. 10.10 mit Abb. 10.14 zeigt. Damit gilt also für die Übertragungsfunktion $A$ der Schaltung mit realer Rückkopplung

$$\boxed{A = \frac{u_2}{u_1} = \frac{a^*}{1 + a^*k}}\,.\tag{10.30}$$

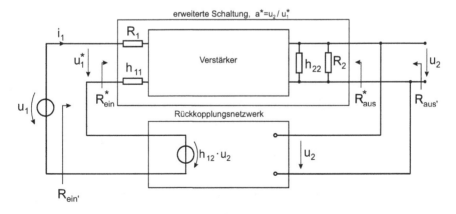

**Abb. 10.14** Nach Verschieben der Netzwerkelemente $R_1$, $R_2$, $h_{11}$ und $h_{22}$ erhält man aus der Schaltung nach Abb. 10.13 eine Schaltung mit idealer Rückkopplung

Für die Widerstände $R_{ein'}$ und $R_{aus'}$ erhalten wir entsprechend

$$\boxed{R_{ein'} = R_{ein}^* \, (1 + a^*k)} \qquad (10.31)$$

bzw.

$$\boxed{R_{aus'} = R_{aus}^* / \, (1 + a^*k)} \, . \qquad (10.32)$$

Der Eingangs- und Ausgangswiderstand $R_{ein}$ und $R_{aus}$ der ursprünglichen Schaltung lässt sich schließlich aus (10.25) bzw. (10.26) bestimmen.

Die Vorgehensweise bei der Analyse einer rückgekoppelten Schaltung lässt sich also wie folgt zusammenfassen:

- Darstellung der rückgekoppelten Schaltung getrennt nach Verstärker und Rückkopplungsnetzwerk,
- Bestimmung der Netzwerkparameter des Rückkopplungsnetzwerkes,
- Ermitteln der erweiterten Schaltung durch Verschieben der Netzwerkparameter des Rückkopplungsnetzwerkes sowie des Quell- und Lastwiderstandes,
- Bestimmung der Übertragungseigenschaften $a^*$, $R_{ein}^*$ und $R_{aus}^*$ der erweiterten Schaltung,
- Berechnung der Übertragungseigenschaften $A$, $R_{ein}$ und $R_{aus}$ der rückgekoppelten Schaltung mit Hilfe der idealen Rückkopplungsgleichungen.

**Merksatz 10.4**
Eine Schaltung mit realem Rückkopplungsnetzwerk lässt sich nach Umwandlung des Rückkopplungsnetzwerkes in eine geeignete Parameterdarstellung in eine Schaltung mit idealem Rückkopplungsnetzwerk überführen, so dass zur Analyse die idealen Rückkopplungsgleichungen verwendet werden können.

**Beispiel 10.1**
Wir wollen nun in einem ausführlichen Beispiel die Schaltung nach Abb. 10.11 untersuchen, wobei angenommen werden soll, dass der Verstärker eine Spannungsverstärkung von $a = 10^4$, einen Eingangswiderstand $R_{ein}^a = 25\,\text{k}\Omega$ und einen Ausgangswiderstand $R_{aus}^a = 1\,\text{k}\Omega$ hat. Für die übrigen Netzwerkelemente gelte $R_1 = 1\,\text{k}\Omega$, $R_2 = 2\,\text{k}\Omega$, $R_3 = 10\,\text{k}\Omega$ und $R_4 = 100\,\text{k}\Omega$.

**Bestimmung der Netzwerkelemente des Rückkopplungsnetzwerkes**
Zur Analyse der Schaltung werden zunächst die $h$-Parameter des Rückkopplungsnetzwerkes bestimmt. Dabei ergibt sich der Eingangswiderstand $h_{11}$ nach

Abb. 10.15, links, zu

$$h_{11} = \left.\frac{u_1}{i_1}\right|_{u_2=0} \qquad (10.33)$$

$$= R_3//R_4 = 9{,}1\,\text{k}\Omega\,. \qquad (10.34)$$

Für den Ausgangsleitwert $h_{22}$ erhalten wir mit Abb. 10.15, mitte

$$h_{22} = \left.\frac{i_2}{u_2}\right|_{i_1=0} \qquad (10.35)$$

$$= \frac{1}{R_3 + R_4} = 1/110\,\text{k}\Omega\,. \qquad (10.36)$$

Der letzte benötigte Parameter ist der Rückkopplungsfaktor $h_{12}$. Dieser bestimmt sich nach Abb. 10.15, rechts, zu

$$h_{12} = \left.\frac{u_1}{u_2}\right|_{i_1=0} \qquad (10.37)$$

$$= \frac{R_3}{R_3 + R_4} = 0{,}09\,. \qquad (10.38)$$

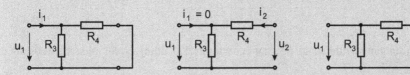

**Abb. 10.15** Schaltungen zur Bestimmung der $h$-Parameter $h_{11}$ (*links*), $h_{22}$ (*mitte*) und $h_{12}$ (*rechts*)

Damit können wir das Rückkopplungsnetzwerk durch die entsprechende Schaltung mit $h$-Parametern darstellen, wie in Abb. 10.16 gezeigt ist.

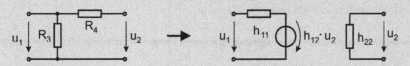

**Abb. 10.16** Ursprüngliches Rückkopplungsnetzwerk und die entsprechende Schaltung in der Darstellung mit $h$-Parametern

### Bestimmung der Übertragungseigenschaften der erweiterten Schaltung

Wir können nun die erweiterte Schaltung bestimmen, indem wir die Widerstände $R_1$ und $R_2$ sowie die berechneten Netzwerkelemente $h_{11}$ und $h_{22}$ gemäß Abb. 10.14

zu der ursprünglichen Verstärkerschaltung hinzufügen, so dass sich die erweiterte Schaltung nach Abb. 10.17 ergibt.

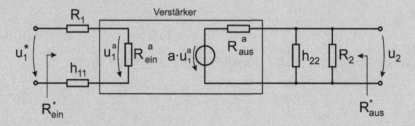

**Abb. 10.17** Erweiterte Schaltung, bestehend aus der Verstärkerschaltung und den verschobenen Netzwerkelementen nach Abb. 10.14

Aus dieser Schaltung kann nun die Übertragungsfunktion $a^*$ ohne größere Rechnung bestimmt werden, was auf

$$a^* = \frac{u_2}{u_1^*} = a \, \frac{R_{\text{ein}}^a}{R_1 + h_{11} + R_{\text{ein}}^a} \, \frac{\frac{1}{h_{22}} // R_2}{\left( \frac{1}{h_{22}} // R_2 \right) + R_{\text{aus}}^a} \tag{10.39}$$

führt. Nach Einsetzen der Zahlenwerte ergibt sich für die Spannungsverstärkung

$$a^* = 4721 \; . \tag{10.40}$$

Den Eingangswiderstand $R_{\text{ein}}^*$ der erweiterten Schaltung erhält man ebenfalls direkt aus Abb. 10.17.

$$R_{\text{ein}}^* = R_1 + R_{\text{ein}}^a + h_{11} \tag{10.41}$$

$$= 35{,}1\,\text{k}\Omega \; . \tag{10.42}$$

Zur Bestimmung des Ausgangswiderstandes $R_{\text{aus}}^*$ müssen wir zunächst die Signalquelle kurzschließen und erhalten dann

$$R_{\text{aus}}^* = R_{\text{aus}}^a // \frac{1}{h_{22}} // R_2 \tag{10.43}$$

$$= 662\,\Omega \; . \tag{10.44}$$

**Bestimmung der Übertragungseigenschaften der rückgekoppelten Schaltung**
Nachdem die Übertragungseigenschaften der erweiterten Schaltung bestimmt wurden, können nun die Eigenschaften der rückgekoppelten Schaltung durch Anwendung der Beziehungen (10.30), (10.31) und (10.32) berechnet werden. Damit

erhalten wir für die Übertragungsfunktion

$$A = \frac{a^*}{1 + a^* k} \tag{10.45}$$

$$= \frac{4721}{429} = 10{,}9 \tag{10.46}$$

$$\approx \frac{1}{k} \,. \tag{10.47}$$

Für $R_{\mathrm{ein}'}$ ergibt sich

$$R_{\mathrm{ein}'} = R_{\mathrm{ein}}^*(1 + a^* k) \tag{10.48}$$

$$= 429 \times 35{,}1 \,\mathrm{k\Omega} \tag{10.49}$$

$$= 15{,}05 \,\mathrm{M\Omega} \tag{10.50}$$

und $R_{\mathrm{aus}'}$ bestimmt sich zu

$$R_{\mathrm{aus}'} = \frac{R_{\mathrm{aus}}^*}{1 + a^* k} \tag{10.51}$$

$$= \frac{662 \,\Omega}{429} = 1{,}5 \,\Omega \,. \tag{10.52}$$

Für den Eingangswiderstand $R_{\mathrm{ein}}$ der Schaltung erhalten wir schließlich mit (10.25)

$$R_{\mathrm{ein}} = R_{\mathrm{ein}'} - R_1 = 15 \,\mathrm{M\Omega} \,. \tag{10.53}$$

Der Ausgangswiderstand $R_{\mathrm{aus}}$ der Schaltung wird entsprechend mit (10.26)

$$\frac{1}{R_{\mathrm{aus}}} = \frac{1}{R_{\mathrm{aus}'}} - \frac{1}{R_2} = \frac{1}{1{,}5 \,\Omega} \,. \tag{10.54}$$

Die Serien-Parallel-Rückkopplung führt also zu einer reduzierten Spannungsverstärkung bei Erhöhung des Eingangs- und Verringerung des Ausgangswiderstandes.

## 10.3  Parallel-Parallel-Rückkopplung (Transimpedanzverstärker)

### 10.3.1  Transimpedanzverstärker mit idealer Rückkopplung

Bei der Parallel-Parallel-Rückkopplung wird ein der Ausgangsspannung proportionaler Strom auf den Eingang der Schaltung zurückgeführt. Bei idealem Rückkopplungsnetzwerk ergibt sich die in Abb. 10.18 dargestellte Schaltung.

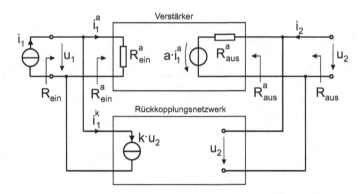

**Abb. 10.18** Aufbau eines Verstärkers mit idealer Parallel-Parallel-Rückkopplung

**Übertragungsfunktion des Transimpedanzverstärkers**

Im Ausgangskreis der Schaltung erhalten wir mit $i_2 = 0$

$$u_2 = a i_1^a \, . \tag{10.55}$$

Für das Rückkopplungsnetzwerk gilt

$$i_1^k = k u_2 \tag{10.56}$$

und im Eingangskreis erhalten wir die Beziehung

$$i_1 = i_1^a + i_1^k \, . \tag{10.57}$$

Mit (10.55) und (10.56) wird dies zu

$$i_1 = \frac{u_2}{a} + k u_2 \tag{10.58}$$

und damit

$$\boxed{A = \frac{u_2}{i_1} = \frac{a}{1 + ak}} \, . \tag{10.59}$$

**Eingangsimpedanz des Transimpedanzverstärkers**

Die Eingangsimpedanz des Transimpedanzverstärkers wird mit (10.55) und (10.57) zu

$$\boxed{R_{\text{ein}} = \frac{u_1}{i_1} = \frac{R_{\text{ein}}^a}{1 + ak}} \, , \tag{10.60}$$

d. h. die Eingangsimpedanz der Schaltung verringert sich durch die Paralleleinkopplung.

**Ausgangswiderstand des Transimpedanzverstärkers**

Zur Bestimmung des Ausgangswiderstandes $R_{\text{aus}}$ der Gesamtschaltung nach Abb. 10.18 berechnen wir zunächst den Strom $i_2$ im Ausgangskreis, der durch den Spannungsabfall über dem Widerstand $R_{\text{aus}}^a$ gegeben ist. Dies führt auf

$$i_2 = \frac{u_2 - ai_1^a}{R_{\text{aus}}^a} \, , \tag{10.61}$$

wobei $R_{\text{aus}}^a$ die Ausgangsimpedanz des Verstärkernetzwerkes ist. Setzen wir die Signalquelle $i_1$ im Eingangskreis auf null, gilt

$$i_1^a = -ku_2 \, . \tag{10.62}$$

Einsetzen dieser Beziehung in (10.61) führt auf

$$\boxed{R_{\text{aus}} = \frac{u_2}{i_2} = \frac{R_{\text{aus}}^a}{1 + ak}} \, , \tag{10.63}$$

d. h. die Ausgangsimpedanz der Schaltung verringert sich durch die Parallelauskopplung.

**Merksatz 10.5**
Durch die Parallel-Parallel-Rückkopplung verringert sich die Verstärkung einer Schaltung. Gleichzeitig verringern sich der Eingangswiderstand und der Ausgangswiderstand.

## 10.3.2 Transimpedanzverstärker mit realer Rückkopplung

Um den Ein- und Ausgangswiderstand des Rückkopplungsnetzwerkes sowie den Quell- und Lastwiderstand zu berücksichtigen, gehen wir von der Darstellung des Rückkopplungsnetzwerks mit $y$-Parametern aus. Dabei nehmen wir wieder an, dass die Vorwärtsverstärkung des Rückkopplungsnetzwerkes vernachlässigbar gegenüber der Vorwärtsverstärkung des Verstärkers ist, d. h.

$$y_{21,\text{Rückkopplungsnetzwerk}} \ll y_{21,\text{Verstärker}} \, , \tag{10.64}$$

so dass wir die vereinfachte Darstellung nach Abb. 10.19 erhalten. Dabei sind $R_{\text{ein}}$ bzw. $R_{\text{aus}}$ der Ein- und Ausgangswiderstand der Schaltung und $R_{\text{ein}'}$ bzw. $R_{\text{aus}'}$ die entsprechenden Größen unter Einbeziehung des Quell- und des Lastwiderstandes $R_1$ bzw. $R_2$. Es gilt demnach

$$\boxed{R_{\text{ein}'} = R_1 // R_{\text{ein}}} \tag{10.65}$$

sowie

$$\boxed{R_{\text{aus}'} = R_2 // R_{\text{aus}}} \, . \tag{10.66}$$

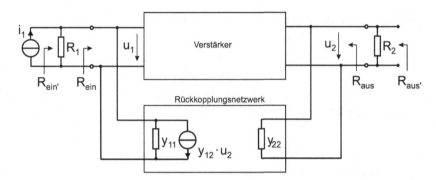

**Abb. 10.19** Allgemeine Darstellung eines Verstärkers mit realer Parallel-Parallel-Rückkopplung nach Umwandlung des Rückkopplungsnetzwerkes in die Darstellung mit $y$-Parametern

Die Analyse der Schaltung erfolgt entsprechend der Vorgehensweise bei dem Spannungsverstärker im vorangegangenen Abschnitt. Wir verschieben also zunächst die Netzwerkelemente des Rückkopplungsnetzwerks sowie den Quell- und den Lastwiderstand und fassen diese mit dem Verstärkernetzwerk zu einer erweiterten Schaltung zusammen. (Abb. 10.20). Die erweiterte Schaltung hat die Übertragungsfunktion

$$a^* = \frac{u_2}{i_1^*}$$  (10.67)

sowie den Ein- und Ausgangswiderstand $R_{ein}^*$ bzw. $R_{aus}^*$. Der Parameter $y_{12}$ entspricht dabei dem Rückkopplungsfaktor $k$ der Schaltung mit idealer Rückkopplung, wie aus dem Vergleich der Abb. 10.18 und 10.20 zu entnehmen ist, d. h.

$$k = y_{12}$$ .  (10.68)

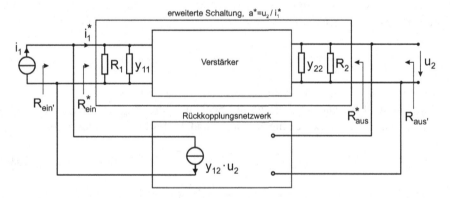

**Abb. 10.20** Nach Verschieben der Netzwerkelemente $R_1$, $R_2$, $y_{11}$ und $y_{22}$ erhält man aus der Schaltung nach Abb. 10.19 eine Schaltung mit idealer Rückkopplung

Damit können wir wieder die idealen Rückkopplungsgleichungen (10.59), (10.60) und (10.63) verwenden und erhalten schließlich für die Übertragungsfunktion

$$A = \frac{u_2}{i_1} = \frac{a^*}{1 + a^*k} \ . \tag{10.69}$$

Der Widerstand $R_{\text{ein}'}$ ergibt sich zu

$$R_{\text{ein}'} = \frac{R_{\text{ein}}^*}{1 + a^*k} \tag{10.70}$$

und $R_{\text{aus}'}$ wird

$$R_{\text{aus}'} = \frac{R_{\text{aus}}^*}{1 + a^*k} \ . \tag{10.71}$$

Der Eingangs- und Ausgangswiderstand $R_{\text{ein}}$ und $R_{\text{aus}}$ der ursprünglichen Schaltung nach Abb. 10.19 bestimmt sich aus (10.65) bzw. (10.66).

---

**Beispiel 10.2**

Wir wollen nun als Beispiel für einen Transimpedanzverstärker mit realer Rückkopplung die in Abb. 10.21 gezeigte Schaltung betrachten und deren Übertragungsfunktion $u_2/i_1$ bestimmen. Dabei gelte $U_B = 5\,\text{V}$, $R_1 = 5\,\text{k}\Omega$, $R_c = 2\,\text{k}\Omega$, $R_k = 100\,\text{k}\Omega$, $R_2 = 5\,\text{k}\Omega$, $g_m = 63\,\text{mS}$, $r_\pi = 2{,}7\,\text{k}\Omega$.

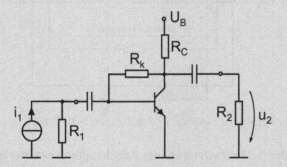

**Abb. 10.21** Beispiel für eine Schaltung mit realer Parallel-Parallel-Rückkopplung

 PSpice: 10.3_Transimpedanzverstaerker

---

Dazu bilden wir zunächst das Wechselstromersatzschaltbild, welches sich durch Kurzschließen der Gleichspannungsquelle und der Kondensatoren ergibt und zeichnen dann die Schaltung um, so dass sich die nach Verstärker- und Rückkopplungsnetzwerk getrennte Darstellung in Abb. 10.22 ergibt.

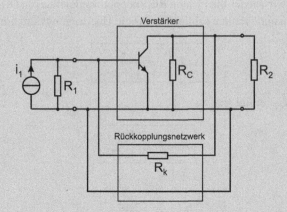

**Abb. 10.22** Durch Umzeichnen des Wechselstromersatzschaltbildes der Schaltung nach Abb. 10.21 erhält man eine Darstellung getrennt nach Verstärker- und Rückkopplungsnetzwerk

Ersetzen wir nun noch den Transistor durch sein Kleinsignalersatzschaltbild, erhalten wir schließlich die Schaltung nach Abb. 10.23.

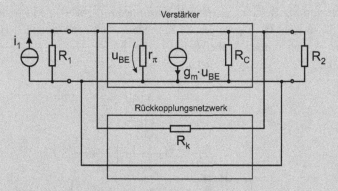

**Abb. 10.23** Kleinsignalersatzschaltbild der Schaltung nach Abb. 10.21

**Bestimmung der Netzwerkelemente des Rückkopplungsnetzwerkes**

Wir bestimmen zunächst die $y$-Parameter des Rückkopplungsnetzwerkes und erhalten mit Abb. 10.24, links, für den Eingangsleitwert $y_{11}$

$$y_{11} = \left.\frac{i_1}{u_1}\right|_{u_2=0} = \frac{1}{R_k} = \frac{1}{100\,\text{k}\Omega}\,. \tag{10.72}$$

Der Ausgangsleitwert $y_{22}$ wird mit Abb. 10.24, mitte

$$y_{22} = \left.\frac{i_2}{u_2}\right|_{u_1=0} = \frac{1}{R_k} = \frac{1}{100\,\text{k}\Omega} \tag{10.73}$$

und der Rückkopplungsfaktor $k$ wird nach Abb. 10.24, rechts

$$y_{12} = \left.\frac{i_1}{u_2}\right|_{u_1=0} = -\frac{1}{R_k} = -\frac{1}{100\,\text{k}\Omega} \,. \tag{10.74}$$

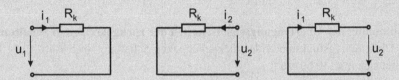

**Abb. 10.24** Schaltungen zur Bestimmung der $y$-Parameter $y_{11}$ (*links*), $y_{22}$ (*mitte*) und $y_{12}$ (*rechts*)

Damit lässt sich nun das ursprüngliche Rückkopplungsnetzwerk durch seine $y$-Parameterdarstellung ersetzen, wie in Abb. 10.25 gezeigt ist.

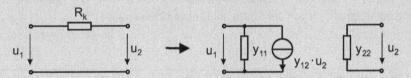

**Abb. 10.25** Ursprüngliches Rückkopplungsnetzwerk und die entsprechende Schaltung in der Darstellung mit $y$-Parametern

**Bestimmung der Übertragungseigenschaften der erweiterten Schaltung**
Zur Bestimmung der erweiterten Schaltung verschieben wir die Netzwerkelemente $y_{11}$ und $y_{22}$ des Rückkopplungsnetzwerkes sowie den Quell- und Lastwiderstand $R_1$ und $R_2$ und erhalten damit gemäß Abb. 10.20 die Schaltung nach Abb. 10.26.

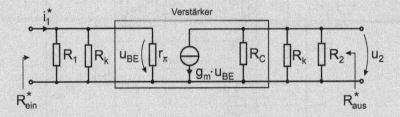

**Abb. 10.26** Erweiterte Schaltung, bestehend aus der Verstärkerschaltung und den verschobenen Netzwerkelementen nach Abb. 10.20

Die Übertragungsfunktion $a^*$ lässt sich direkt aus der erweiterten Schaltung nach Abb. 10.26 bestimmen. Wir erhalten

$$a^* = \frac{u_2}{i_1^*} = -\left(R_c//R_k//R_2\right) g_m \left(R_1//R_k//r_\pi\right) \tag{10.75}$$

$$a^* = -153 \, \frac{\text{V}}{\text{mA}} \, . \tag{10.76}$$

**Bestimmung der Übertragungseigenschaften der rückgekoppelten Schaltung**
Die Übertragungsfunktion $A$ der rückgekoppelten Schaltung nach Abb. 10.21 bestimmt sich mit (10.69) zu

$$A = \frac{a^*}{1 + a^*k} \tag{10.77}$$

$$= -60{,}5 \, \frac{\text{V}}{\text{mA}} \, . \tag{10.78}$$

Dabei bedeutet das negative Vorzeichen, dass das Eingangssignal $i_1$ und das Ausgangssignal $u_2$ um 180° zueinander phasenverschoben sind. Die Spannung am Ausgang steigt also, wenn der Strom am Eingang kleiner wird.

## 10.4  Parallel-Serien-Rückkopplung (Stromverstärker)

### 10.4.1  Stromverstärker mit idealer Rückkopplung

Bei der Parallel-Serien-Rückkopplung wird ein Teil des Ausgangsstromes auf den Eingang der Schaltung zurückgeführt (Abb. 10.27).

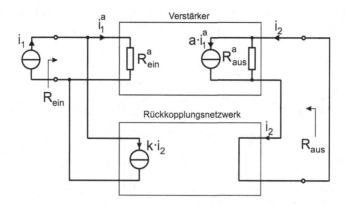

**Abb. 10.27**  Aufbau eines Verstärkers mit idealer Parallel-Serien-Rückkopplung

**Übertragungsfunktion des Stromverstärkers**

Die Übertragungsfunktion des Stromverstärkers berechnet sich zu

$$\boxed{A = \frac{i_2}{i_1} = \frac{a}{1+ak}}\,. \tag{10.79}$$

**Eingangsimpedanz des Stromverstärkers**

Für die Eingangsimpedanz erhält man den Ausdruck

$$\boxed{R_{\text{ein}} = \frac{R_{\text{ein}}^a}{1+ak}}\,. \tag{10.80}$$

**Ausgangsimpedanz des Stromverstärkers**

Für die Ausgangsimpedanz ergibt sich

$$\boxed{R_{\text{aus}} = R_{\text{aus}}^a\,(1+ak)}\,. \tag{10.81}$$

**Merksatz 10.6**
Durch die Parallel-Serien-Rückkopplung verringert sich die Verstärkung einer Schaltung. Gleichzeitig verringert sich der Eingangswiderstand und der Ausgangswiderstand erhöht sich. Die Schaltung eignet sich daher als Stromverstärker.

## 10.4.2  Stromverstärker mit realer Rückkopplung

Für den Fall eines Rückkopplungsnetzwerkes, welches den Verstärker belastet, erhält man die in Abb. 10.28 dargestellte Schaltung, wobei hier die $g$-Parameterdarstellung des Rückkopplungsnetzwerkes verwendet wird. Dabei haben wir angenommen, dass die Verstärkung des Rückkopplungsnetzwerkes in Richtung von der Quelle zur Last gegenüber der entsprechenden Verstärkung des Verstärkernetzwerkes vernachlässigbar ist, d. h.

$$g_{21,\text{Rückkopplungsnetzwerk}} \ll g_{21,\text{Verstärker}}\,. \tag{10.82}$$

Den Ein- bzw. den Ausgangswiderstand der Schaltung bezeichnen wir mit $R_{\text{ein}}$ bzw. $R_{\text{aus}}$; $R_{\text{ein}'}$ bzw. $R_{\text{aus}'}$ sind die entsprechenden Größen unter Einbeziehung der Widerstände $R_1$ und $R_2$. Aus Abb. 10.28 erhalten wir demnach

$$\boxed{R_{\text{ein}'} = R_1 // R_{\text{ein}}} \tag{10.83}$$

sowie

$$\boxed{R_{\text{aus}'} = R_2 + R_{\text{aus}}}\,. \tag{10.84}$$

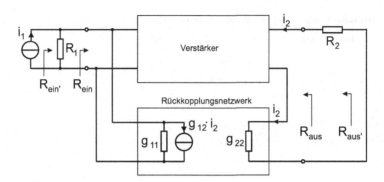

**Abb. 10.28** Verstärker mit realer Parallel-Serien-Rückkopplung nach Umwandlung des Rückkopplungsnetzwerkes in die Darstellung mit $g$-Parametern

Durch Verschieben der Netzwerkelemente $R_1$, $R_2$, $g_{11}$ und $g_{22}$ erhalten wir die in Abb. 10.29 gezeigte Schaltung mit idealem Rückkopplungsnetzwerk. Es können also wieder die abgeleiteten idealen Rückkopplungsgleichungen verwendet werden, wenn statt der Übertragungsfunktion $a$ des Verstärkernetzwerkes die Übertragungsfunktion $a^*$ der erweiterten Schaltung

$$a^* = \frac{i_2}{i_1^*} \tag{10.85}$$

verwendet wird. Für den Rückkopplungsfaktor $k$ folgt aus den Abb. 10.27 und 10.29

$$k = g_{12} \ . \tag{10.86}$$

Damit wird die Übertragungsfunktion der rückgekoppelten Anordnung

$$A = \frac{i_2}{i_1} = \frac{a^*}{1 + a^* k} \ . \tag{10.87}$$

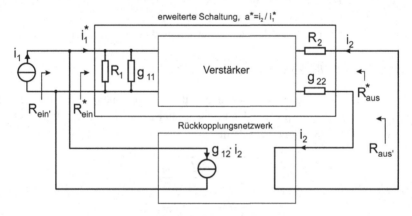

**Abb. 10.29** Nach Verschieben der Netzwerkelemente $R_1$, $R_2$, $g_{11}$ und $g_{22}$ erhält man aus der Schaltung nach Abb. 10.28 eine Schaltung mit idealer Rückkopplung

Der Widerstand $R_{\text{ein}'}$ wird

$$R_{\text{ein}'} = \frac{R_{\text{ein}}^*}{1 + a^* k} \tag{10.88}$$

und für $R_{\text{aus}'}$ ergibt sich

$$R_{\text{aus}'} = R_{\text{aus}}^* (1 + a^* k) \tag{10.89}$$

Der Eingangs- und Ausgangswiderstand $R_{\text{ein}}$ und $R_{\text{aus}}$ der ursprünglichen Schaltung nach Abb. 10.28 bestimmt sich aus (10.83) bzw. (10.84).

## 10.5 Serien-Serien-Rückkopplung (Transadmittanzverstärker)

### 10.5.1 Transadmittanzverstärker mit idealer Rückkopplung

Bei der Serien-Serien-Rückkopplung wird eine dem Ausgangsstrom proportionale Spannung auf den Eingang der Schaltung zurückgeführt. Bei idealer Rückkopplung erhalten wir die in Abb. 10.30 gezeigte Darstellung.

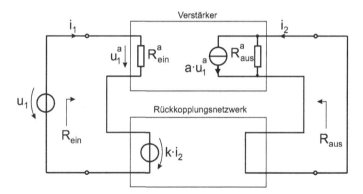

**Abb. 10.30** Aufbau eines Verstärkers mit idealer Serien-Serien-Rückkopplung

**Übertragungsfunktion des Transadmittanzverstärkers**
Die Übertragungsfunktion dieser Schaltung ergibt sich zu

$$A = \frac{i_2}{u_1} = \frac{a}{1 + ak} \tag{10.90}$$

**Eingangsimpedanz des Transadmittanzverstärkers**
Der Wert der Eingangsimpedanz ist durch

$$R_{\text{ein}} = R_{\text{ein}}^a (1 + ak) \tag{10.91}$$

gegeben.

**Ausgangsimpedanz des Transadmittanzverstärkers**

Für die Ausgangsimpedanz erhalten wir

$$\boxed{R_{\text{aus}} = R_{\text{aus}}^{a}\,(1 + ak)}\,. \tag{10.92}$$

> **Merksatz 10.7**
> Durch die Serien-Serien-Rückkopplung verringert sich die Verstärkung einer Schaltung. Gleichzeitig erhöhen sich der Eingangswiderstand und der Ausgangswiderstand.

### 10.5.2  Transadmittanzverstärker mit realer Rückkopplung

Bei nicht idealem Rückkopplungsnetzwerk und bei Berücksichtigung des Quell- und des Lastwiderstandes erhalten wir die in Abb. 10.31 gezeigte Schaltung. Dabei haben wir die Darstellung des Rückkopplungsnetzwerkes mit $z$-Parametern gewählt und vorausgesetzt, dass die Verstärkung des Rückkopplungsnetzwerkes in Richtung von der Quelle zur Last gegenüber der entsprechenden Verstärkung des Verstärkernetzwerkes vernachlässigbar ist, d. h.

$$z_{21,\text{Rückkopplungsnetzwerk}} \ll z_{21,\text{Verstärker}}\,. \tag{10.93}$$

Wir können diese Schaltung nun durch Verschieben der Netzwerkelemente so umzeichnen, dass sich eine Schaltung mit idealem Rückkopplungsnetzwerk ergibt, wie in Abb. 10.32 gezeigt ist. Dabei sind $R_{\text{ein}}$ bzw. $R_{\text{aus}}$ der Ein- und Ausgangswiderstand der Schaltung und $R_{\text{ein}'}$ bzw. $R_{\text{aus}'}$ die entsprechenden Größen unter Einbeziehung von $R_1$ bzw. $R_2$. Aus Abb. 10.31 folgt damit

$$\boxed{R_{\text{ein}'} = R_1 + R_{\text{ein}}} \tag{10.94}$$

sowie

$$\boxed{R_{\text{aus}'} = R_2 + R_{\text{aus}}}\,. \tag{10.95}$$

Der Vergleich der Schaltungen nach Abb. 10.32 und Abb. 10.30 zeigt, dass auch hier wieder die idealen Rückkopplungsgleichungen verwendet werden können, wenn statt $a$ die Übertragungsfunktion $a^*$ der erweiterten Schaltung

$$\boxed{a^* = \frac{i_2}{u_1^*}} \tag{10.96}$$

verwendet und der Rückkopplungsfaktor $k$ durch den Parameter

$$\boxed{k = z_{12}} \tag{10.97}$$

ersetzt wird.

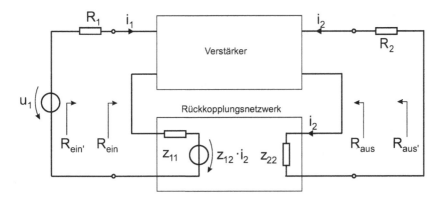

**Abb. 10.31** Allgemeine Darstellung eines Verstärkers mit realer Serien-Serien-Rückkopplung nach Umwandlung des Rückkopplungsnetzwerkes in die Darstellung mit $z$-Parametern

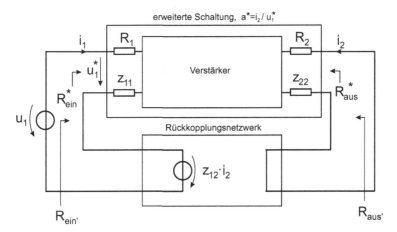

**Abb. 10.32** Nach Verschieben der Netzwerkelemente $R_1$, $R_2$, $z_{11}$ und $z_{22}$ erhält man aus der Schaltung nach Abb. 10.31 eine Schaltung mit idealer Rückkopplung

## Übertragungsfunktion

Damit erhalten wir die Übertragungsfunktion

$$A = \frac{i_2}{u_1} = \frac{a^*}{1 + a^* k}.$$
(10.98)

## Eingangsimpedanz

Der Widerstand $R_{\text{ein}'}$ wird

$$R_{\text{ein}'} = R_{\text{ein}}^* (1 + a^* k).$$
(10.99)

**Ausgangsimpedanz**

Für $R_{aus'}$ erhalten wir den Ausdruck

$$\boxed{R_{aus'} = R_{aus}^* \, (1 + a^* k)} \; . \tag{10.100}$$

Der Eingangs- und Ausgangswiderstand $R_{ein}$ und $R_{aus}$ der ursprünglichen Schaltung nach Abb. 10.31 bestimmt sich aus (10.94) bzw. (10.95).

## 10.6  Rückkopplung und Oszillatoren

Eine spezielle Form rückgekoppelter Schaltungen sind Oszillatoren, die auch ohne Eingangssignal eine Schwingung am Ausgang liefern. Ein Beispiel für einen solchen Oszillator ist in Abb. 10.33 gezeigt. Die Schaltung besteht aus einem Differenzverstärker mit der Verstärkung $v$ und einem frequenzabhängigen Rückkopplungsnetzwerk.

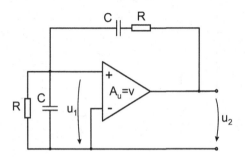

**Abb. 10.33**  Beispiel für eine Oszillatorschaltung

  PSpice: 10.6_Oszillator1

## 10.6.1  Übertragungsfunktion der rückgekoppelten Anordnung

Da der Oszillator keine Eingangsklemmen besitzt, wir aber zunächst die uns vertrauten Analysemethoden auf die Schaltung anwenden wollen, modifizieren wir diese, indem wir die Schaltung mit einer Stromquelle anregen, wie in Abb. 10.34 gezeigt ist. Wir können dann die Übertragungsfunktion

$$A = \frac{u_2}{i_1} \tag{10.101}$$

der Schaltung bestimmen und daraus das Frequenzverhalten der Schaltung ermitteln. Später werden wir dann Methoden kennenlernen, mit denen wir Oszillatoren auch ohne Kenntnis der Übertragungsfunktion untersuchen können.

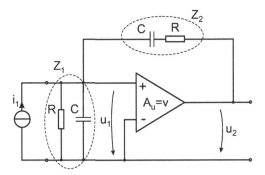

**Abb. 10.34**  Schaltung nach Abb. 10.33 nach Anschließen einer Signalquelle

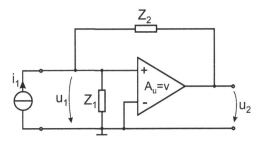

**Abb. 10.35**  Vereinfachte Darstellung der Schaltung nach Abb. 10.34

Um die Schreibweise zu vereinfachen, bezeichnen wir die Serien- und Parallelschaltung von $R$ und $C$ mit $Z_1$ bzw. $Z_2$, d. h.

$$Z_1(s) = \frac{R}{1 + RsC} \tag{10.102}$$

$$Z_2(s) = R + \frac{1}{sC}, \tag{10.103}$$

so dass wir schließlich das in Abb. 10.35 gezeigte, vereinfachte Schaltbild erhalten.

Durch Umzeichnen erkennt man, dass es sich bei der Schaltung um eine Anordnung mit Parallel-Parallel-Rückkopplung handelt, die sich in einen Verstärker und ein Rückkopplungsnetzwerk zerlegen lässt (Abb. 10.36).

Die Übertragungsfunktion

$$A(s) = \frac{u_2}{i_1} \tag{10.104}$$

der rückgekoppelten Anordnung kann entweder direkt aus dem Schaltbild oder aber durch Anwendung der Rückkopplungsgleichungen aus Abschn. 10.3 bestimmt werden. Wir erhalten

$$A(s) = \frac{a(s)}{1 + a(s)k(s)} \ . \tag{10.105}$$

Dabei ist

$$a = v\,[Z_1(s)//Z_2(s)] \tag{10.106}$$

die Übertragungsfunktion der erweiterten Schaltung und

$$k = -\frac{1}{Z_2(s)} \tag{10.107}$$

der Rückkopplungsfaktor $y_{12}$ des Rückkopplungsnetzwerkes.

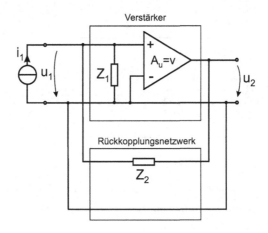

**Abb. 10.36**  Schaltung nach Abb. 10.35 in der Darstellung getrennt nach Verstärker- und Rückkopplungsnetzwerk

**Lage der Polstellen in der komplexen Ebene**

Um das Verhalten der Schaltung im Frequenzbereich zu untersuchen, bestimmen wir zunächst die Lage der Polstellen der Übertragungsfunktion in der komplexen Frequenzebene. Die Polstellen ergeben sich durch Nullsetzen des Nenners von (10.105), d. h.

$$1 + a(s)k(s) = 0 \ . \tag{10.108}$$

In unserem Beispiel erhalten wir mit (10.106) und (10.107)

$$1 - \frac{Z_1(s)}{Z_1(s) + Z_2(s)}v = 0 \ , \tag{10.109}$$

bzw. nach Rücksubstitution von $Z_1$ und $Z_2$

$$\left(1 + s^2 R^2 C^2\right) + sRC\,(3 - v) = 0 \ . \tag{10.110}$$

Wir wollen nun die Lage der Polstellen der Übertragungsfunktion $A(s)$ in der komplexen Ebene, abhängig von dem Schaltungsparameter $v$, untersuchen. Dazu schreiben wir zur Vereinfachung

$$\eta = sRC \tag{10.111}$$

und erhalten so für das Nennerpolynom

$$\eta^2 + \eta \,(3 - v) + 1 \,. \tag{10.112}$$

Die Polstellen lassen sich nun abhängig von dem Schaltungsparameter $v$ angeben. Wir erhalten nach Anwendung der Lösungsformel für quadratische Gleichungen

$$s_{1,2} = \frac{\eta_{1,2}}{RC} = \frac{1}{RC} \left[ \frac{v-3}{2} \pm \sqrt{\left(\frac{v-3}{2}\right)^2 - 1} \right] \,. \tag{10.113}$$

Für sich ändernde Werte von $v$ erhalten wir demnach den in Abb. 10.37 gezeigten Verlauf der Polstellen der Übertragungsfunktion in der komplexen $s$-Ebene.

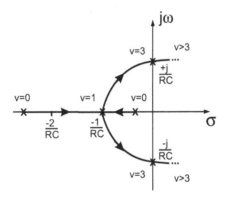

**Abb. 10.37** Lage der Polstellen der Schaltung nach Abb. 10.35 in der komplexen $s$-Ebene für verschiedene Werte der Verstärkung $v$ des Differenzverstärkers

 S.m.i.L.E: 10.6_Übertragungsfunktion eines Verstärkers

Man erkennt, dass für $v = 0$ zwei Polstellen auf der reellen Achse liegen, die mit größer werdendem $v$ auf den Punkt -1 zuwandern. Für $1 < v < 3$ werden die Polstellen konjugiert komplex und als Impulsantwort ergibt sich eine gedämpfte Schwingung. Für $v = 3$ liegen die Pole direkt auf der imaginären Achse bei $j\omega = \pm j/(RC)$, d.h. die Schaltung schwingt mit konstanter Amplitude bei der Frequenz $\omega = 1/(RC)$. Wird $v > 3$, wandern die Pole in die rechte Halbebene und es ergibt sich eine Schwingung mit zunehmender Amplitude. Dieser Fall ist jedoch nicht von praktischer Bedeutung, da sich keine Schaltung aufbauen lässt, deren Ausgangssignal unbegrenzt ansteigt.

**Amplitudengang**

Wir wollen nun den Amplitudengang, d. h. den Betrag der Übertragungsfunktion $A(s)$ für $s = j\omega$ untersuchen. Dabei ergeben sich die in Abb. 10.38 für unterschiedliche Werte von $v$ dargestellten Kurven (vgl. Abschn. 9.1.2). Man erkennt deutlich, dass sich eine Überhöhung im Amplitudengang ergibt, die um so größer ist, je dichter das konjugiert komplexe Polpaar an der imaginären Achse liegt.

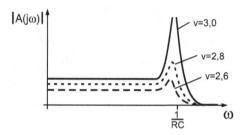

**Abb. 10.38** Amplitudengang der Schaltung nach Abb. 10.35 für verschiedene Werte der Verstärkung $v$ des Differenzverstärkers

 PSpice: 10.6_Oszillator2     PSpice: 10.6_Oszillator3

Liegt das Polpaar direkt auf der $j\omega$-Achse, so geht der Betrag der Übertragungsfunktion an dieser Stelle gegen unendlich. Die Schaltung liefert in diesem Fall ein Ausgangssignal, ohne dass ein Signal am Eingang anliegen muss. Für $v = 3$ kann demnach auf die Signalquelle $i_1$ verzichtet werden; die Schaltung wird aus dem Rauschen heraus anschwingen und eine sinusförmige Schwingung am Ausgang liefern[1].

## 10.6.2  Schwingbedingung

Wir wollen nun eine andere Methode kennenlernen, die es auf einfache Weise ermöglicht, Schaltungen auf ihr Schwingungsverhalten zu untersuchen, auch wenn die Übertragungsfunktion nicht bekannt ist. Dazu betrachten wir noch einmal die allgemeine Gleichung (10.4) für die Übertragungsfunktion einer rückgekoppelten Schaltung

$$A(s) = \frac{a(s)}{1 + a(s)k(s)} \ . \tag{10.114}$$

---

[1] Bei der Simulation des Oszillators mit einem Schaltungssimulator muss das Anschwingen der Schaltung dadurch erzwungen werden, dass z. B. die Spannung über einem der Kondensatoren auf einen Anfangswert ungleich 0 V gesetzt wird.

Dabei ist hier der allgemeine Fall betrachtet, dass sowohl $a(s)$ als auch $k(s)$ frequenzabhängig sind. Die Polstellen dieser Übertragungsfunktion werden bestimmt durch

$$1 + a(s)k(s) = 0 \,, \tag{10.115}$$

wobei wir bereits gesehen hatten, dass die Schaltung schwingt, wenn die Pole direkt auf der imaginären Achse der $s$-Ebene liegen. In diesem Fall erhalten wir aus (10.115) mit $s = j\omega$ die so genannte Schwingbedingung

$$\boxed{a(j\omega)k(j\omega) = -1} \,. \tag{10.116}$$

Nimmt also die Schleifenverstärkung $ak$ für eine bestimmte Frequenz $\omega$ den Wert $-1$ an, so schwingt die Schaltung bei dieser Frequenz mit konstanter Amplitude.

**Merksatz 10.8**
Die Schwingbedingung ist ein hinreichendes Kriterium, um festzustellen ob und bei welcher Frequenz eine Schaltung schwingt. Die Schaltung schwingt, wenn die Schleifenverstärkung den Wert $-1$ annimmt.

### 10.6.3 Schleifenverstärkung der rückgekoppelten Anordnung

Um die Schleifenverstärkung einer beliebigen rückgekoppelten Schaltung zu bestimmen, gehen wir von der in Abb. 10.39 gezeigten allgemeinen Darstellung aus. Die Schleifenverstärkung $ak$ erhalten wir, wenn wir die Rückkopplungsschleife an einer Stelle auftrennen, an dem einen Ende A ein Signal $x_A$ einspeisen und das Signal $x_B$ an dem anderen Ende B messen. Es gilt dann unter Beachtung des Minuszeichens an dem Summationspunkt

$$-ak = \frac{x_B}{x_A} \,. \tag{10.117}$$

Dabei ist zu beachten, dass sich durch das Auftrennen der Schleife die Lastverhältnisse an der Trennstelle nicht ändern dürfen. Wir müssen daher das offene Ende B mit der gleichen Last $R_{\text{ein}}$ abschließen, die es auch bei geschlossener Rückkopplungsschleife sieht.

Wir wollen nun diese Vorgehensweise auf unser Beispiel anwenden und die Schleifenverstärkung für den Oszillator nach Abb. 10.33 bestimmen. Dazu trennen wir die Rückkopplungsschleife zunächst an einer beliebigen Stelle auf (Abb. 10.40, links).

Die Einspeisung erfolgt an dem Punkt A, das Ausgangssignal wird an dem Punkt B gemessen, der mit $R_{\text{ein}} = Z_1$ abgeschlossen ist, da der Knoten B bei geschlossener Rückkopplungsschleife die Impedanz $Z_1$ sieht (Abb. 10.40, rechts).

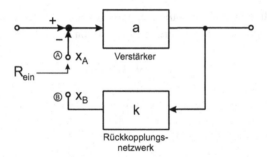

**Abb. 10.39** Rückgekoppelte Anordnung nach Auftrennen der Rückkopplungsschleife

Speisen wir nun an dem Punkt A z. B. einen Strom $i_1$ in die Schaltung ein, erhalten wir für die dimensionslose Schleifenverstärkung $ak$

$$ak = \frac{-i_1'}{i_1} = -v\frac{Z_1}{Z_1 + Z_2} \,. \tag{10.118}$$

Die Schwingbedingung lautet damit für unser Beispiel nach Rücksubstitution von $Z_1$ und $Z_2$ gemäß (10.102) und (10.103)

$$\left(1 - \omega^2 R^2 C^2\right) + j\omega RC \left(3 - v\right) = 0 \,. \tag{10.119}$$

Diese Bedingung ist genau dann erfüllt, wenn sowohl Real- als auch Imaginärteil verschwinden, d. h. für

$$\omega = \frac{1}{RC} \tag{10.120}$$

und

$$v = 3 \,, \tag{10.121}$$

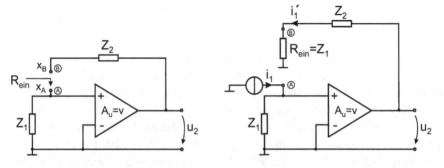

**Abb. 10.40** Schaltung zur Bestimmung der Schleifenverstärkung des Oszillators aus Abb. 10.35 nach Auftrennen der Rückkopplungsschleife (*links*) und dem Anschluss einer Signalquelle sowie dem Abschluss des offenen Endes der Rückkopplungsschleife mit dem Widerstand $R_{\mathrm{ein}}$ (*rechts*)

was dem bereits im letzten Abschnitt abgeleiteten Ergebnis entspricht.

Die Erfüllung der Schwingbedingung bedeutet also anschaulich, dass das aus der Rückkopplungsschleife kommende Signal $i_1'$ nach Betrag und Phase gleich dem in die Schleife eingespeisten Signal $i_1$ ist, wie in Abb. 10.41 dargestellt ist. Man erkennt, dass in unserem Beispiel für Werte $v < 3$ die Amplitude des aus der Schaltung fließenden Stromes kleiner als die Amplitude des eingespeisten Stromes $i_1$ ist. Für $v > 3$ ist die Amplitude des aus der Schaltung fließenden Stromes größer als die des hineinfließenden Stromes. Für $v = 3$ sind die Amplituden exakt gleich und die Schwingbedingung ist erfüllt. Dies bedeutet insbesondere, dass wir die Schleife schließen und die Quelle $i_1$ entfernen können, da sich die Schwingung in diesem Fall von selbst aufrecht erhält.

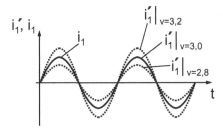

**Abb. 10.41** Zeitlicher Verlauf von Ein- und Ausgangssignal der Schaltung nach Abb. 10.40, rechts, für verschiedene Werte der Verstärkung $v$ des Differenzverstärkers

 PSpice: 10.6_Oszillator4

**Merksatz 10.9**
Die Schleifenverstärkung ist die Verstärkung bei aufgetrennter Rückkopplungsschleife. Ist die Schleifenverstärkung $-1$, so entspricht das aus der Schaltung fließende Signal nach Betrag und Phase dem in die Schaltung hineinfließenden Signal, so dass die Schaltung schwingt.

## 10.7   Stabilität und Kompensation von Verstärkerschaltungen

Bei Verstärkerschaltungen wird die Rückkopplung in der Regel dazu verwendet, um die Verstärkereigenschaften zu optimieren, also z. B. die Verzerrungen zu minimieren oder die Bandbreite des Verstärkers zu erhöhen. Das Schwingen von solchen Verstärkerschaltungen ist dabei unerwünscht und muss ggf. durch schaltungstechnische Maßnahmen verhindert werden. Wir wollen nun Verstärkerschaltungen auf ihre Schwingneigung hin untersuchen, wobei wir als Beispiel die in Abb. 10.42 gezeigte rückgekoppelte Verstärkerschaltung betrachten.

Im Gegensatz zu dem oben behandelten Oszillator, bei dem das Rückkopplungsnetzwerk frequenzabhängig war, handelt es sich bei dieser Schaltung um eine rein ohmsche Rückkopplung mit einem frequenzunabhängigen Rückkopplungsfaktor. Dass die Schaltung trotzdem schwingen kann, liegt daran, dass die Verstärkung des Operationsverstärkers im Allgemeinen frequenzabhängig ist, wodurch die Schleifenverstärkung, wie im Folgenden gezeigt wird, den Wert $a(j\omega)k = -1$ annehmen kann. Zunächst wollen wir jedoch das Frequenzverhalten eines Operationsverstärkers, wie wir ihn bereits in Kap. 8 kennengelernt hatten, untersuchen.

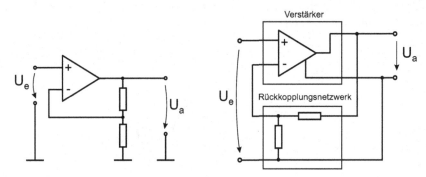

**Abb. 10.42**  Verstärkerschaltung mit Operationsverstärker und ohmschem Rückkopplungsnetzwerk

### 10.7.1  Bode-Diagramm des Operationsverstärkers

Das Frequenzverhalten eines mehrstufigen Operationsverstärkers (vgl. Abschn. 8.2) lässt sich näherungsweise mit Hilfe der in Abb. 10.43 dargestellten Schaltung beschreiben, in der die parasitären Kapazitäten in den beiden Kondensatoren $C_1$ und $C_2$ am Eingang bzw. Ausgang der zweiten Verstärkerstufe zusammengefasst sind. Für die folgenden Betrachtungen nehmen wir außerdem an, dass die Verstärkung der Differenzeingangsstufe und der Ausgangsstufe frequenzunabhängig sind und ersetzen diese durch Blöcke mit der Verstärkung $g_{m1}$ bzw. 1. Wir erhalten dann die in Abb. 10.44 gezeigte, vereinfachte Ersatzschaltung, wobei in den Widerständen $R_1$ und $R_2$ die ohmschen Lasten am Eingang bzw. Ausgang der zweiten Stufe zusammengefasst sind.

Man erkennt, dass diese vereinfachte Ersatzschaltung zwei Pole bei den Frequenzen

$$p_1 = -\frac{1}{R_1 C_1} \tag{10.122}$$

und

$$p_2 = -\frac{1}{R_2 C_2} \tag{10.123}$$

hat, wobei der erste Pol in der Regel bei deutlich niedrigeren Frequenzen liegt als der zweite. Damit ergibt sich ein Amplituden- und Phasengang, wie er in Abb. 10.45 dargestellt ist.

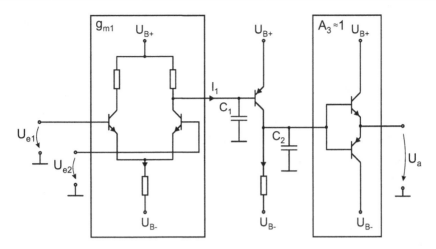

**Abb. 10.43** Vereinfachtes Schaltbild eines Operationsverstärkers zur Bestimmung des Frequenzverhaltens. Die Bauteilkapazitäten sind in den beiden Kapazitäten $C_1$ und $C_2$ zusammengefasst

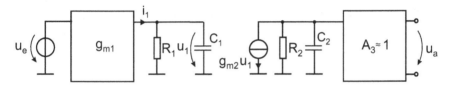

**Abb. 10.44** Kleinsignalersatzschaltung des Operationsverstärkers nach Abb. 10.43

 PSpice: 10.7_OP

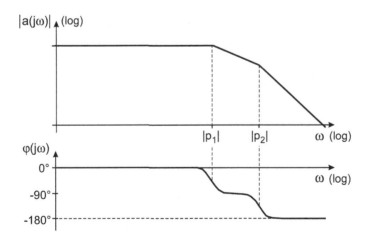

**Abb. 10.45** Bode-Diagramm des Operationsverstärkers nach Abb. 10.43. Die beiden Pole führen zu einer Phasendrehung um 180°

Da jeder Pol die Phase zu hohen Frequenzen hin um jeweils 90° dreht, geht die Phasendrehung bei hohen Frequenzen demnach gegen 180°. Bei einem realen Operationsverstärker mit mehreren Polen kann sich die Phase sogar um mehr als 180° drehen. Dies hat zur Folge, dass bei hohen Frequenzen aus der Gegenkopplung eines Verstärkers eine Mitkopplung werden kann.

**Merksatz 10.10**
Bei einem mehrstufigen Operationsverstärker kann sich die Phase von Aus- zu Eingangssignal mit zunehmender Frequenz um mehr als 180° drehen.

### 10.7.2 Stabilitätskriterium

Wir wollen nun mit Hilfe des Bode-Diagramms nach Abb. 10.45 die Stabilität eines Operationsverstärkers für den Fall untersuchen, dass dieser mit einem ohmschen Netzwerk rückgekoppelt wird. Dies bedeutet, dass der Rückkopplungsfaktor $k$ frequenzunabhängig ist und zwischen null und eins liegt. Die Verstärkung $A$ der rückgekoppelten Anordnung, ist dann durch

$$A(j\omega) = \frac{a(j\omega)}{1 + a(j\omega)k} \tag{10.124}$$

gegeben. Für große Schleifenverstärkungen, d. h. $a(j\omega)k \gg 1$, erhalten wir die Näherung

$$A(j\omega) = \frac{1}{k} . \tag{10.125}$$

Tragen wir also die Kurve $1/k$ in das Bode-Diagramm ein, dann entspricht der Abstand zwischen der Kurve $1/k$ und der 0 dB-Linie der Verstärkung der rückgekoppelten Schaltung. Da $k$ zwischen 1 und 0 liegt, liegt $1/k$ in der logarithmischen Darstellung entsprechend zwischen 0 dB und unendlich.

Als nächstes betrachten wir den Ausdruck $ak$ für die Schleifenverstärkung, den wir etwas umformen, so dass wir

$$a(j\omega)k = \frac{a(j\omega)}{1/k} \tag{10.126}$$

erhalten. In der logarithmischen Darstellung des Bode-Diagramms ist dann

$$\log[a(j\omega)k] = \log a(j\omega) - \log(1/k) . \tag{10.127}$$

Tragen wir also im Bode-Diagramm die Verstärkung $a(j\omega)$ und die Kurve $1/k$ auf, dann entspricht die Differenz zwischen den beiden Kurven der Schleifenverstärkung, wie in Abb. 10.46 gezeigt ist.

Aus dieser Darstellung sieht man, dass es eine Frequenz $\omega_D$ gibt, bei der die Differenz der beiden Kurven null ist und damit der Betrag der Schleifenverstärkung den Wert 0 dB bzw. eins annimmt. Aus dem im Bode-Diagramm ebenfalls dargestellten Verlauf der Phase $\varphi$ des Operationsverstärkers lässt sich nun ablesen, wie stark die Phasendrehung des Ausgangssignals gegenüber dem Eingangssignal bei der Frequenz $\omega_D$ ist.

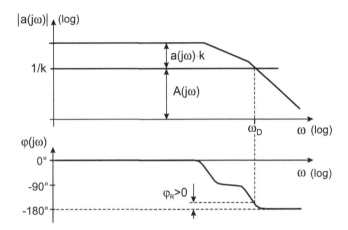

**Abb. 10.46** Darstellung der Schleifenverstärkung $ak$ und des Rückkopplungsfaktors $k$ einer Schaltung mit Operationsverstärker und ohmscher Rückkopplung

 S.m.i.L.E: 10.7_Stabilität

Aus der Schwingbedingung (10.116) folgt nun, dass die Schaltung schwingt, wenn bei einer Phasendrehung von $\varphi = 180°$ der Betrag der Schleifenverstärkung größer oder gleich eins ist, oder anders formuliert, wenn bei einem Betrag der Schleifenverstärkung von $|ak| = 1$ die Phasendrehung $180°$ oder mehr beträgt. Für den in Abb. 10.46 dargestellten Fall ist die rückgekoppelte Anordnung offensichtlich stabil, da die Phasendrehung bei $\omega_D$ kleiner als $180°$ ist. Erhöhen wir jedoch den Rückkopplungsfaktor $k$, verschiebt sich die Kurve $1/k$ nach unten, wodurch sich die Verstärkung $A$ verringert und die Schleifenverstärkung $ak$ erhöht. Damit verschiebt sich gleichzeitig die Frequenz $\omega_D$ zu höheren Frequenzen hin, so dass die Phasendrehung zunimmt und die Schaltung schließlich anfängt zu schwingen, sobald die Phase den Wert von $180°$ erreicht. Der Operationsverstärker mit dem Bode-Diagramm nach Abb. 10.45 ist demnach nicht für alle Werte des Rückkopplungsfaktors stabil. Insbesondere für hohe Werte von $k$ neigt die Schaltung zum Schwingen.

Die Differenz der Phase bei der Frequenz $\omega_D$ zu dem kritischen Wert $-180°$ nennt man auch den Phasenrand $\varphi_R$. Je größer der Phasenrand, um so geringer ist die Schwingneigung der Schaltung.

Wir wollen nun erreichen, dass der Operationsverstärker in einer Schaltung mit einer beliebigen ohmschen Rückkopplung betrieben werden kann, ohne dass die Schaltung

schwingt. Dazu muss der Operationsverstärker so modifiziert werden, dass die Phasendrehung $\varphi$ bei der Schleifenverstärkung $ak = 0\,\mathrm{dB}$ für $0 \leq k \leq 1$ nicht mehr als $180°$
beträgt. Dies kann dadurch erreicht werden, dass der Verstärker kompensiert, d. h. der
Frequenzgang des nicht rückgekoppelten Verstärkers so modifiziert wird, dass auch im
ungünstigsten Fall, d. h. für $k = 1$, die Schwingbedingung nicht erfüllt wird.

Wir wollen im Folgenden nun zwei Möglichkeiten vorstellen, um eine Verstärkerschaltung zu kompensieren.

> **Merksatz 10.11**
> Bei rückgekoppelten Verstärkerschaltungen kann durch die Phasendrehung des Ver-
> stärkers die Schleifenverstärkung den Wert $ak = -1$ annehmen, was dazu führt,
> dass die Schaltung schwingt. Dabei wird die Schaltung mit zunehmendem Rück-
> kopplungsfaktor $k$ instabiler.

### 10.7.3  Kompensation durch Polverschiebung

Eine einfache Möglichkeit, einen Verstärker zu kompensieren, ist die Verschiebung des
dominierenden Pols $p_1$ durch das Hinzuschalten einer Kompensationskapazität $C_k$ in der
Eingangsstufe des Operationsverstärkers (Abb. 10.47).

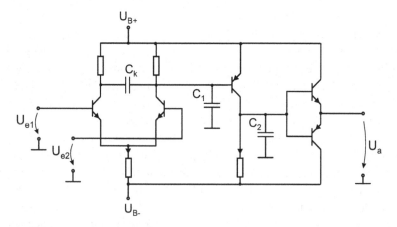

**Abb. 10.47** Operationsverstärker nach Abb. 10.43 mit Kompensationskapazität $C_k$ in der Eingangsstufe

Um die Wirkung dieser Kompensationskapazität zu untersuchen, betrachten wir die
Eingangsstufe des Operationsverstärkers für Differenzeingangssignale. Liegen an den beiden Eingängen $U_{e1}$ und $U_{e2}$ Signale mit unterschiedlichem Vorzeichen an, so ändern

sich die Kollektorpotenziale jeweils um den gleichen Betrag, aber mit unterschiedlichem Vorzeichen, so dass die Kompensationskapazität $C_k$ durch zwei in Reihe geschaltete Kapazitäten ersetzt werden kann, deren gemeinsamer Anschlusspunkt auf Masse liegt, wie in Abb. 10.48, links gezeigt. Aus Symmetriegründen können wir diese Schaltung nun in zwei Teile zerlegen, von denen der eine in Abb. 10.48, rechts dargestellt ist.

Die Kapazität $2C_k$ liegt demnach parallel zu der Kapazität $C_1$ in der Schaltung Abb. 10.47, so dass wir als Kleinsignalersatzschaltbild des Operationsverstärkers die in Abb. 10.49 gezeigte Schaltung erhalten.

Die Kompensationskapazität verschiebt demnach den ersten Pol der unkompensierten Schaltung von $p_1$ auf den Wert

$$p_1' = -\frac{1}{R_1(C_1 + 2C_k)} \,, \tag{10.128}$$

d. h. zu deutlich niedrigeren Frequenzen, während der zweite Pol nach unserem einfachen Modell unverändert bleibt (Abb. 10.50).

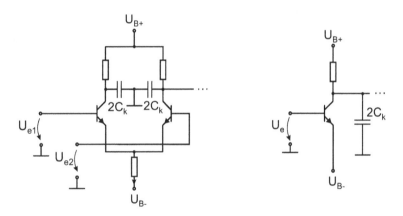

**Abb. 10.48** Ersatzschaltbild der Schaltung nach Abb. 10.47 für Differenzeingangssignale (*links*) und vereinfachte Ersatzschaltung (*rechts*)

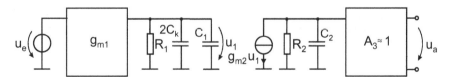

**Abb. 10.49** Kleinsignalersatzschaltbild des kompensierten Operationsverstärkers nach Abb. 10.47 für Differenzeingangssignale

 PSpice: 10.7_OP_comp1

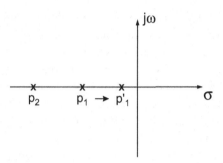

**Abb. 10.50**  Die Kompensationskapazität $C_k$ bewirkt eine Verschiebung des Pols bei $p_1$ zu niedrigeren Frequenzen

Die Dimensionierung der Kompensationskapazität $C_k$ erfolgt in der Regel so, dass der erste Pol $p_1$ so weit zu niedrigen Frequenzen verschoben wird, dass der Betrag der Schleifenverstärkung $ak$ bei dem zweiten Pol $p_2$ den Wert $|ak| = 1$ annimmt (Abb. 10.51). Die Phasendrehung an dieser Stelle beträgt dann etwa 135°, so dass ein ausreichender Phasenrand von $\varphi_R \approx 45°$ vorhanden ist.

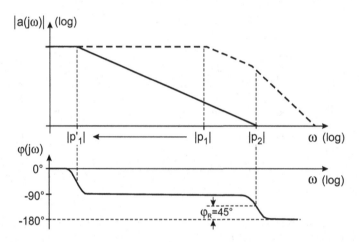

**Abb. 10.51**  Bode-Diagramm des kompensierten Operationsverstärkers nach Abb. 10.47. Die Kompensationskapazität $C_k$ wird so gewählt, dass der Pol $p_1$ so weit verschoben wird, bis die Verstärkung bei dem Pol $p_2$ 0 dB beträgt

 S.m.i.L.E: 10.7_Kompensation I

Nachteilig bei dieser Methode ist jedoch, dass sich die Bandbreite der Schaltung deutlich verringert, da der Pol $p_1'$ in der Regel bei sehr niedrigen Frequenzen von einigen Hertz liegt. Ebenfalls ist nachteilig, dass die Kapazität in der Größenordnung von nF liegen muss, um die nötige Kompensationswirkung zu erzielen, so dass der dazu nötige Flächenbedarf bei integrierten Operationsverstärkern nicht akzeptabel ist.

**Merksatz 10.12**
Durch Hinzuschalten einer Kapazität in die Eingangsstufe des Operationsverstärkers kann der dominierende Pol der Übertragungsfunktion so verschoben werden, dass die Schwingbedingung für alle Rückkopplungsfaktoren $0 \leq k \leq 1$ sicher nicht erfüllt wird, so dass der Operationsverstärker bei beliebiger ohmscher Rückkopplung stabil ist.

### 10.7.4 Kompensation durch Polaufsplittung

Eine andere Methode, einen Operationsverstärker zu kompensieren, ist die Polaufsplittung durch Hinzuschalten einer Kompensationskapazität $C_k$ zwischen Ein- und Ausgang der zweiten Verstärkerstufe, also der Stufe mit der höchsten Verstärkung (Abb. 10.52). Das sich dann ergebende Ersatzschaltbild ist in Abb. 10.53 gezeigt.

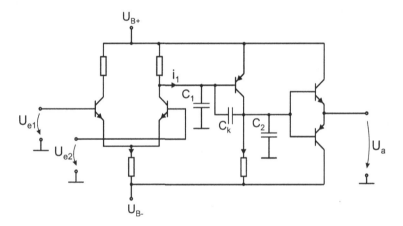

**Abb. 10.52** Operationsverstärker nach Abb. 10.43 mit Kompensationskapazität $C_k$ zwischen Eingang und Ausgang der zweiten Verstärkerstufe

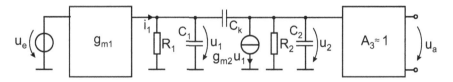

**Abb. 10.53** Kleinsignalersatzschaltbild des kompensierten Operationsverstärkers nach Abb. 10.52 für Differenzeingangssignale

 PSpice: 10.7_OP_comp2

Um für diese Schaltung den Einfluss der Kompensationskapazität auf die Lage der Pole zu untersuchen, bestimmen wir zunächst die Übertragungsfunktion. Mit

$$i_1 = \frac{u_1}{R_1} + u_1 s C_1 + (u_1 - u_2) s C_k \qquad (10.129)$$

sowie

$$g_{m2} u_1 + \frac{u_2}{R_2} + u_2 s C_2 + (u_2 - u_1) s C_k = 0 \qquad (10.130)$$

ergibt sich diese zu

$$A = \frac{u_a}{u_e} = \frac{g_{m1}(g_{m2} - s C_k) R_1 R_2}{1 + s[(C_2 + C_k) R_2 + (C_1 + C_k) R_1 + g_{m2} R_1 R_2 C_k] + s^2 R_1 R_2 C^*}, \qquad (10.131)$$

mit der Abkürzung

$$C^* = C_1 C_2 + C_k C_2 + C_k C_1 . \qquad (10.132)$$

In dem Ausdruck in eckigen Klammern dominiert der letzte Term, da die Kapazität $C_k$ wegen des Miller-Effekts vergrößert wird. Dadurch lässt sich der Ausdruck für $A$ annähern durch

$$A = \frac{u_a}{u_e} \approx \frac{g_{m1}(g_{m2} - s C_k) R_1 R_2}{1 + s(g_{m2} R_1 R_2 C_k) + s^2 R_1 R_2 (C_1 C_2 + C_k C_2 + C_k C_1)} . \qquad (10.133)$$

Zur Berechnung der Polstellen $p_1'$ und $p_2'$ von $A$ stellen wir das Nennerpolynom $N(s)$ in der Form

$$N(s) = \left(1 - \frac{s}{p_1'}\right)\left(1 - \frac{s}{p_2'}\right) \qquad (10.134)$$

$$= 1 - s\left(\frac{1}{p_1'} + \frac{1}{p_2'}\right) + s^2 \frac{1}{p_1' p_2'} \qquad (10.135)$$

dar und setzen voraus, dass die Polstellen der Übertragungsfunktion weit auseinanderliegen, also $|p_1'| \ll |p_2'|$ gilt. Dann wird

$$N(s) \approx 1 - s\frac{1}{p_1'} + s^2 \frac{1}{p_1' p_2'} . \qquad (10.136)$$

Durch Koeffizientenvergleich erhält man damit für die Pole $p_1'$ und $p_2'$ des kompensierten Verstärkers

$$p_1' = \frac{-1}{g_{m2} R_1 R_2 C_k} \qquad (10.137)$$

und

$$p_2' = \frac{-g_{m2} C_k}{C_1 C_2 + C_k C_2 + C_k C_1} . \qquad (10.138)$$

Der dominierende Pol $p_1$ der unkompensierten Schaltung verschiebt sich also mit größer werdendem $C_k$ zu niedrigeren Frequenzen an die Stelle $p_1'$, während sich gleichzeitig der Pol $p_2$ zu höheren Frequenzen an die Stelle $p_2'$ verschiebt, so dass die Pole auseinanderlaufen, wie in Abb. 10.54 dargestellt ist. Aus dem sich ergebenden Bode-Diagramm (Abb. 10.55) erkennt man, dass die untere Grenzfrequenz bei dem kompensierten Operationsverstärker nicht so weit abnimmt wie bei der ersten Methode. Außerdem werden bei dieser Art der Kompensation sehr viel kleinere Kapazitäten benötigt, da sich die Wirkung der Kapazität $C_k$ aufgrund des Miller-Effekts (vgl. Abschn. 9.3.2) deutlich erhöht.

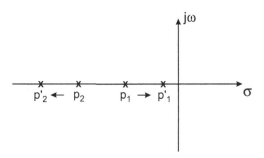

**Abb. 10.54** Die Kompensationskapazität $C_k$ bewirkt eine Verschiebung des Pols $p_1$ zu niedrigeren Frequenzen und gleichzeitig eine Verschiebung des Pols $p_2$ zu höheren Frequenzen

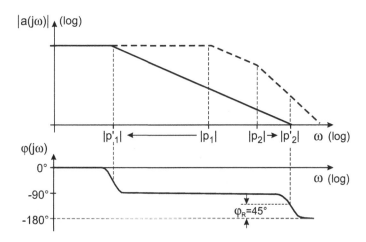

**Abb. 10.55** Bode-Diagramm des kompensierten Operationsverstärkers nach Abb. 10.52. Die Kompensationskapazität $C_k$ bewirkt eine Verschiebung des Pols $p_1$ zu niedrigen Frequenzen und des Pols $p_2$ zu höheren Frequenzen

 S.m.i.L.E: 10.7_Kompensation II

**Merksatz 10.13**
Durch das Hinzuschalten einer Kompensationskapazität über die Verstärkerstufe mit der höchsten Verstärkung erzielt man wegen des Miller-Effekts eine Aufsplittung der Pole und damit eine bessere Kompensationswirkung.

## Literatur

1. Hoffmann, K (2003) Systemintegration. Oldenbourg Wissenschaftsverlag, München, Wien
2. Jaeger, RC, Blalock, TN (2016) Microelectronic Circuit Design. McGraw Hill, New York
3. Siegl, J, Zocher, E (2014) Schaltungstechnik – Analog und gemischt analog/digital. Springer, Berlin
4. Tietze, U, Schenk, Ch, Gamm, E (1996) Halbleiter-Schaltungstechnik. Springer, Berlin, Heidelberg
5. Wupper, H (1996) Elektronische Schaltungen 1 – Grundlagen, Analyse, Aufbau. Springer, Berlin

# Logikschaltungen

11

## 11.1 Grundlegende Begriffe

Logikschaltungen werden verwendet, um digitale Eingangssignale innerhalb einer Schaltung so zu verarbeiten, dass die Verknüpfung zwischen den Eingangssignalen und dem Ausgangssignal der gewünschten logischen Funktion entspricht.

Da elektrische Größen wie Strom und Spannung jedoch naturgemäß analoge Größen sind, müssen diesen Größen zunächst logische Variablen zugeordnet werden. Dazu teilt man den Spannungsbereich digitaler Schaltungen in mehrere Bereiche ein, denen man die Bezeichnung L bzw. H zuordnet. Einem L-Pegel entspricht dann z. B. eine logische 0 und dem H-Pegel eine logische 1. Der zwischen L- und H-Pegel liegende Bereich ist keinem logischen Wert zugeordnet (Abb. 11.1). Die den Pegelbereichen zugeordneten Spannungen hängen davon ab, ob es sich um einen Eingangs- oder einen Ausgangspegel handelt. So wird dem Ausgangs H-Pegel ein höherer Wert und dem Ausgangs L-Pegel ein niedrigerer Wert als dem entsprechenden Eingangspegel zugeordnet, d. h.

$$U_{a,L} \leq U_{e,L} \tag{11.1}$$

$$U_{a,H} \geq U_{e,H} \, . \tag{11.2}$$

Dadurch ist gewährleistet, dass der digitale Wert eines Signals auch dann noch richtig erkannt wird, wenn bei der Übertragung vom Ausgang eines Gatters zum Eingang des folgenden Gatters Störungen, z. B. durch Über- oder Unterschwinger, auftreten.

Die Festlegung der Pegel erfolgt anhand der Übertragungskennlinie der entsprechenden Logikfamilie, wobei wir als Beispiel einen einfachen bipolaren Inverter nach Abb. 11.2, links, betrachten, der im Wesentlichen der bekannten Emitterschaltung entspricht.

Die in Abb. 11.2, rechts, dargestellte Übertragungskennlinie des Inverters zeigt die Ausgangsspannung $U_a$ als Funktion der Eingangsspannung $U_e$. Dabei sind $U_{e,L}$ und $U_{e,H}$ die Spannungen, bei denen die Steigung $dU_a/dU_e$ der Übertragungskennlinie gleich -1 ist. Die entsprechenden Ausgangspegel $U_{a,H}$ und $U_{a,L}$ der Schaltung ergeben sich dann

© Springer-Verlag GmbH Deutschland, ein Teil von Springer Nature 2019
H. Göbel, *Einführung in die Halbleiter-Schaltungstechnik*,
https://doi.org/10.1007/978-3-662-56563-6_11

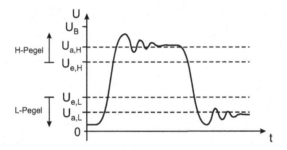

**Abb. 11.1** Zeitlicher Verlauf eines Signals einer Digitalschaltung. Abhängig von dem Wert der Spannung wird dem Signal zu jedem Zeitpunkt ein entsprechender Pegel (L bzw. H) zugeordnet

anhand der Kennlinie. Man erkennt, dass diese oberhalb bzw. unterhalb der entsprechenden Eingangspegel liegen und somit ein störsicherer Betrieb auch bei hintereinanderge-schalteten Gattern möglich ist.

> **Merksatz 11.1**
> Zur Verarbeitung digitaler Signale mit elektronischen Schaltungen werden den elektrischen Größen (z. B. der Spannung) Wertebereiche zugeordnet, die mit L bzw. H. bezeichnet werden und denen jeweils ein logischer Wert, 0 bzw. 1, zugewiesen werden kann.

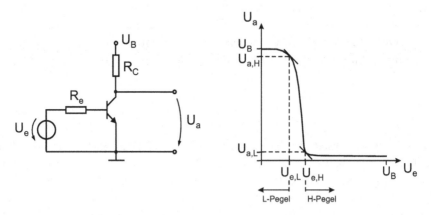

**Abb. 11.2** Inverter mit Bipolartransistor als Beispiel für eine einfache Logikschaltung (*links*) und die dazugehörige Übertragungskennlinie (*rechts*)

 PSpice: 11.1_Logik

### 11.1.1 Dioden-Transistor-Logik (DTL)

Zur Realisierung von Logikschaltungen benötigt man Grundschaltungen, welche die elementaren Logikfunktionen wie UND, ODER und die Negation repräsentieren, aus denen sich dann beliebige logische Schaltungen aufbauen lassen. Gatter mit mehreren Eingängen können mit der so genannten Dioden-Transistor-Logik (DTL) realisiert werden, die heute allerdings keine Anwendung mehr findet. Als Beispiel für eine Schaltung in DTL-Technologie ist in Abb. 11.3 ein NAND-Gatter dargestellt.

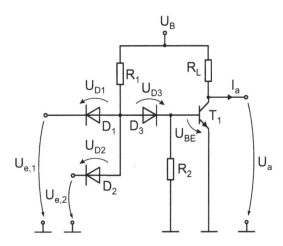

**Abb. 11.3** NAND-Gatter in Dioden-Transistor-Logik

Sind in dieser Schaltung beide Eingänge $U_{e,1}$ und $U_{e,2}$ auf H-Pegel, sperren die Dioden $D_1$ und $D_2$ und es fließt Strom über den aus $R_1$ und $R_2$ bestehenden Spannungsteiler. In diesem Fall leitet der Transistor T1 und der Ausgang $U_a$ geht auf L-Pegel. Dabei fließt jedoch ein Querstrom durch den Transistor und den Widerstand $R_L$, auch wenn der Ausgang nicht belastet wird, was zu einer hohen Verlustleistung der Schaltung führt.

Ist dagegen mindestens einer der Eingänge, z. B. $U_{e1}$, auf L-Pegel, wird die Basis-Emitter-Spannung $U_{BE}$ von T1 zu

$$U_{BE} = -U_{D3} + U_{D1} + U_{e,L} \approx U_{e,L} \,, \tag{11.3}$$

d. h. der Bipolartransistor sperrt und der Ausgang $U_a$ geht auf H-Pegel. Die sich dann einstellende Ausgangsspannung $U_a$ ist

$$U_a = U_B - R_L I_a \,. \tag{11.4}$$

Dabei ist der zweite Term auf der rechten Seite von (11.4) abhängig von dem Laststrom, so dass der Ausgangspegel absinkt, wenn die Schaltung einen hohen Ausgangsstrom $I_a$ liefern muss. An den Ausgang dürfen daher nicht beliebig viele weitere Gatter angeschlossen werden.

## 11.1.2 Transistor-Transistor-Logik (TTL)

Ersetzt man die Dioden der DTL-Logik durch einen Transistor mit Multi-Emitterstruktur (Abb. 11.4), so erhält man die so genannte Transistor-Transistor-Logik (TTL), die lange Zeit der Standard bei Logikschaltungen war und gelegentlich auch heute noch verwendet wird.

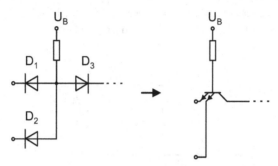

**Abb. 11.4** Dioden-Eingangsstufe des DTL-Gatters (*links*) und die Realisierung mit einem Multi-Emitter-Transistor (*rechts*)

Die Multi-Emitter-Struktur wird realisiert, indem mehrere voneinander unabhängige Emittergebiete in einer gemeinsamen Basis-Wanne untergebracht werden, wie in Abb. 11.5 gezeigt ist.

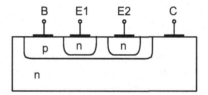

**Abb. 11.5** Querschnitt durch einen Multi-Emitter-Transistor

Als Beispiel für eine Schaltung in TTL-Technologie zeigt Abb. 11.6 das Schaltbild eines NAND-Gatters. Das Gatter besteht neben der eigentlichen Logikstufe aus einer Gegentakt-Ausgangsstufe, bestehend aus den Transistoren T3 und T4, sowie den Eingangsschutzdioden D1 und D2, welche den Transistor T1 vor zu großen negativen Eingangsspannungen schützen.

Wir wollen nun die Funktion der Schaltung untersuchen und betrachten zunächst den Fall, dass mindestens einer der Eingänge $U_e$ auf L-Pegel liegt. Dann leitet der Transistor T1 so dass die Transistoren T2 und T4 sperren und der Ausgang $U_a$ auf H-Pegel geht. Die Ausgangsspannung $U_a$ ist dann

$$U_a = U_B - U_{BE,3} - U_D - I_2 R_2 \tag{11.5}$$

$$= U_B - U_{BE,3} - U_D - \frac{I_a}{B_{N,3}} R_2 . \tag{11.6}$$

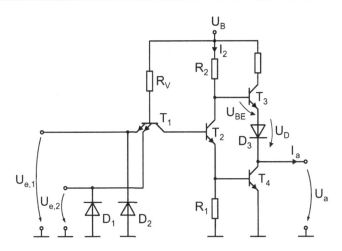

**Abb. 11.6** NAND-Gatter in Transistor-Transistor-Logik (TTL)

 PSpice: 11.1_TTL

Auch die Ausgangsspannung des TTL-Gatters ist wegen des letzten Terms auf der rechten Seite lastabhängig. Allerdings ist die Abhängigkeit wegen $B_N \gg 1$ sehr gering, so dass die Schaltung deutlich höher belastbar ist als eine Schaltung in DTL-Technologie.

Sind beide Eingänge des in Abb. 11.6 gezeigten Gatters auf H-Pegel, arbeitet der Transistor T1 im Inversbetrieb und T2 leitet. Wegen des Spannungsabfalls an R1 leitet T4 und der Ausgang $U_a$ geht auf L-Pegel. Gleichzeitig sperrt Transistor T3, da dessen Basis-Emitter-Spannung wegen

$$U_{\mathrm{BE,3}} = U_{\mathrm{CE_{sat},2}} + U_{\mathrm{BE_{sat},4}} - U_{\mathrm{CE_{sat},4}} - U_D \tag{11.7}$$

$$\approx 0{,}1\,\mathrm{V} + 0{,}8\,\mathrm{V} - 0{,}1\,\mathrm{V} - 0{,}7\,\mathrm{V} \tag{11.8}$$

$$\approx 0{,}1\,\mathrm{V} \tag{11.9}$$

sehr gering ist. Demnach fließt kein Querstrom durch T3 und T4, so dass die Verlustleistung gegenüber der DTL-Technologie deutlich reduziert ist.

## 11.2 MOS-Logikschaltungen

Moderne integrierte Logikschaltungen werden überwiegend in MOS-Technologie hergestellt, da sich diese neben kurzen Schaltzeiten durch sehr geringe Verlustleistung auszeichnet. In diesem Abschnitt werden wir zunächst wieder den einfachen Inverter in MOS-Technologie untersuchen und uns dann mit dem Entwurf komplexerer MOS-Schaltungen beschäftigen.

### 11.2.1 n-MOS-Inverterschaltungen

Die einfachste Ausführung eines Inverters mit n-Kanal Transistor ist der Inverter mit ohmscher Last, wie er in Abb. 11.7 dargestellt ist. Dabei verzichten wir im Folgenden der Übersichtlichkeit halber bei den Schaltbildern auf die Darstellung der Bulk-Anschlüsse der MOS-Transistoren. Der Leser kann davon ausgehen, dass, sofern keine anderen Angaben gemacht werden, die Bulk-Anschlüsse der n-Kanal Transistoren auf das niedrigste in der Schaltung vorkommende Potenzial, also 0 V, und die Bulk-Anschlüsse der p-Kanal Transistoren auf die höchste in der Schaltung vorkommende Spannung, also $U_B$, gelegt werden (vgl. Abschn. 4.1).

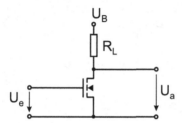

**Abb. 11.7** Inverter mit Feldeffekttransistor und ohmscher Last

Da in integrierten Schaltungen nach Möglichkeit auf Widerstände verzichtet wird, weil diese sehr viel Platz beanspruchen und auch nur mit großen Toleranzen herstellbar sind, findet der Inverter mit ohmscher Last praktisch keine Anwendung. Statt dessen ersetzt man den Lastwiderstand durch einen Transistor als aktive Last. Ist man dabei durch die Technologie auf eine Transistorart, z. B. n-Kanal Transistoren, beschränkt, so ergeben sich die in Abb. 11.8 dargestellten Realisierungsmöglichkeiten mit einem Anreicherungstransistor bzw. einem Verarmungstransistor, die sich sowohl hinsichtlich des Schaltverhaltens als auch der Übertragungskennlinie unterscheiden. Wir wollen diese Art von Schaltungen im Folgenden jedoch nicht weiter behandeln, sondern uns der heute am häufigsten verwendeten Technologie, der komplementären MOS-Technologie (CMOS), zuwenden.

### 11.2.2 CMOS-Komplementärinverter

Die gebräuchlichste Schaltungstechnik bei integrierten Logikschaltungen ist die komplementäre MOS-Technik (CMOS) mit p-Kanal und n-Kanal MOSFET. In Abb. 11.9 ist als Beispiel ein Inverter in CMOS-Technologie dargestellt.

Die Funktionsweise dieser Schaltung ist, dass bei Anlegen von $U_e = U_B$ am Eingang der Schaltung der n-Kanal Transistor T1 leitet, da $U_{GS,1} > U_{Th}$. Gleichzeitig sperrt der p-Kanal Transistor T2, da $U_{GS,2} = 0\,\text{V}$ ist.

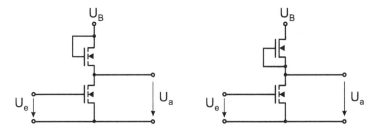

**Abb. 11.8** Inverter mit Feldeffekttransistor und aktiver Last, realisiert durch einen Anreicherungstyp (*links*) und einen Verarmungstyp (*rechts*)

 S.m.i.L.E: 11.2_MOS-Inverter

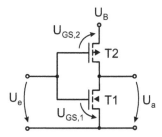

**Abb. 11.9** Inverter in CMOS-Technologie mit n-Kanal und p-Kanal-Transistor

 S.m.i.L.E: 11.2_CMOS-Prozess     PSpice: 11.2_CMOS-Inv

Umgekehrt sperrt der n-Kanal Transistor T1 bei Anlegen der Eingangsspannung $U_e = 0\,\mathrm{V}$, da $U_{GS,1} = 0\,\mathrm{V}$ und der p-Kanal Transistor T2 leitet, da $U_{GS,2} = -U_B$. Ist die Eingangsspannung also entweder $U_e = 0\,\mathrm{V}$ oder $U_e = U_B$, so sperrt jeweils ein Transistor, während der andere leitet, so dass kein Querstrom durch den Inverter fließt und damit auch keine Verlustleistung umgesetzt wird.

Wir wollen nun zunächst die Eigenschaften des CMOS-Inverters untersuchen und dann die Ergebnisse auf komplexere Gatter in CMOS-Technik übertragen.

**Merksatz 11.2**
Die CMOS-Technologie ist die am häufigsten für integrierte Logikschaltungen eingesetzte Technologie. Das hervorstechende Merkmal von CMOS-Schaltungen ist die geringe Verlustleistung.

**Dimensionierung des CMOS-Inverters**

CMOS-Gatter werden üblicherweise so dimensioniert, dass beide Transistoren im eingeschalteten Zustand etwa den gleichen Strom liefern. Dies gewährleistet sowohl eine symmetrische Übertragungskennlinie als auch die gleiche Schaltzeit beim Aufladen und beim Entladen einer kapazitiven Last. Um dies zu erfüllen, muss gelten

$$\beta_n = \beta_p \qquad (11.10)$$

und damit

$$\mu_n C'_{\text{ox}} \left.\frac{w}{l}\right|_n = \mu_p C'_{\text{ox}} \left.\frac{w}{l}\right|_p . \qquad (11.11)$$

Da für eine gegebene Technologie der Wert von $C'_{\text{ox}}$ fest ist, die Ladungsträgerbeweglichkeit der Elektronen jedoch um den Faktor zwei bis drei größer ist als die der Löcher, erhalten wir daraus schließlich die Forderung

$$\boxed{\left.\frac{w}{l}\right|_p \approx 2\ldots3 \left.\frac{w}{l}\right|_n} , \qquad (11.12)$$

d. h. ein p-Kanal Transistor muss ein etwa um den Faktor zwei bis drei größeres $w/l$-Verhältnis haben als ein entsprechender n-Kanal Transistor, um den gleichen Strom zu liefern.

**Merksatz 11.3**

Da ein p-Kanal MOSFET wegen der geringeren Ladungsträgerbeweglichkeit bei gleicher Dimensionierung einen um den Faktor zwei bis drei geringeren Strom liefert als ein n-Kanal MOSFET, muss das $w/l$-Verhältnis von dem p-Kanal Transistor des CMOS-Inverters entsprechend größer gewählt werden.

**Statische Verlustleistung**

Wir wollen nun die Verlustleistung des CMOS-Inverters bestimmen, wobei wir zunächst den Fall betrachten, dass wir ein periodisches Eingangssignal mit endlicher Flankensteilheit an den Inverter nach Abb. 11.10 legen. Dabei hatten wir bereits gesehen, dass jeweils einer der Transistoren sperrt, wenn der Eingang des Inverters auf 0 V oder $U_B$ liegt, so dass kein Querstrom fließt und somit auch keine Verlustleitung umgesetzt wird. In dem Bereich $U_{Th,n} < U_e < U_B + U_{Th,p}$ sind jedoch beide Transistoren leitend, so dass ein unerwünschter Querstrom $I_q$ durch die Transistoren fließt, wie in Abb. 11.11 gezeigt ist.

Die dabei im Mittel während einer Periode $T_p$ umgesetzte statische Verlustleistung ist

$$P_{\text{stat}} = \frac{1}{T_p} U_B \int\limits_0^{T_p} I_q dt . \qquad (11.13)$$

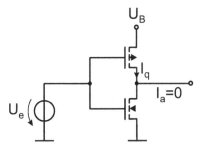

**Abb. 11.10** Liegt die Eingangsspannung $U_e$ in einem Bereich, in dem beide Transistoren eingeschaltet sind, fließt ein unerwünschter Querstrom durch die Schaltung

Wir nehmen hier an, dass $U_{Th,n} = -U_{Th,p} = U_{Th}$ ist, so dass es aus Symmetriegründen
genügt, den Strom während der Zeit $t_1 \leq t < t_2$ zu bestimmen. Der n-Kanal Transistor ist
während dieser Zeit in Sättigung, da

$$U_e - U_{Th} < U_a \tag{11.14}$$

und somit

$$U_{GS} - U_{Th} < U_{DS} \tag{11.15}$$

gilt. Für den Querstrom $I_q$ durch die beiden Transistoren erhalten wir dann

$$I_q = \frac{\beta_n}{2} \left[ U_e(t) - U_{Th} \right]^2 . \tag{11.16}$$

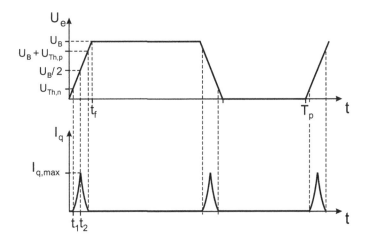

**Abb. 11.11** Zeitlicher Verlauf eines Eingangssignals des Inverters nach Abb. 11.10 und der entsprechende Verlauf des Querstromes $I_q$

 PSpice: 11.2_CMOSInv_Pstat

Die Eingangsspannung $U_e(t)$ lässt sich nach Abb. 11.11 für $0 \leq t < t_f$ durch

$$U_e(t) = U_B \frac{t}{t_f} \tag{11.17}$$

beschreiben, so dass wir für den mittleren Querstrom

$$\overline{I_q} = \frac{4}{T_p} \int_{t_1}^{t_2} \frac{\beta_n}{2} \left( U_B \frac{t}{t_f} - U_{Th} \right)^2 dt \tag{11.18}$$

erhalten. Die untere Integrationsgrenze $t_1$ bestimmt sich aus (11.17) mit

$$U_e(t_1) = U_{Th} \tag{11.19}$$

zu

$$t_1 = \frac{U_{Th}}{U_B} t_f \ . \tag{11.20}$$

Für die obere Integrationsgrenze $t_2$ gilt aus Symmetriegründen

$$t_2 = t_f / 2 \ . \tag{11.21}$$

Die statische Verlustleistung wird dann mit

$$P_{\text{stat}} = \overline{I_q} U_B \ , \tag{11.22}$$

nach Ausführen der Integration schließlich

$$\boxed{P_{\text{stat}} = \frac{\beta}{12} (U_B - 2U_{Th})^3 \frac{t_f}{T_p}} \ . \tag{11.23}$$

**Beispiel 11.1**
Für einen Inverter mit $\beta_n = \beta_p = 1 \times 10^{-5} \text{AV}^{-2}$, $U_{Th,n} = |U_{Th,p}| = 0{,}8\,\text{V}$, $U_B = 3{,}3\,\text{V}$ und einem Verhältnis von Schaltflankendauer zu Periodendauer von $1/10$ soll die statische Verlustleistung berechnet werden.

Mit (11.23) ergibt sich eine mittlere statische Verlustleistung von $P_{\text{stat}} = 0{,}41\,\mu\text{W}$

**Dynamische Verlustleistung**
Der in der Regel dominierende Anteil der Verlustleistung bei integrierten CMOS-Schaltungen ist die dynamische Verlustleistung, die dadurch entsteht, dass beim Umladen

von kapazitiven Lasten die Transistoren den Lade- bzw. Entladestrom liefern müssen. Zur Bestimmung der dynamischen Verlustleistung $P_{dyn}$ gehen wir von der in Abb. 11.12 dargestellten Schaltung mit der Lastkapazität $C_L$ aus und nehmen zur Vereinfachung an, dass das Eingangssignal $U_e$ einen rechteckförmigen Verlauf hat (Abb. 11.13).

Während des Aufladens ist dann nur der p-Kanal Transistor leitend und es gilt

$$I_p = -I_a \ . \tag{11.24}$$

Entsprechend gilt während des Entladevorgangs über den n-Kanal Transistor

$$I_n = -I_a \ , \tag{11.25}$$

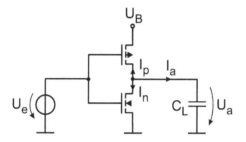

**Abb. 11.12** Beim Umladen einer kapazitiven Last müssen die beiden MOSFET den Umladestrom $I_a$ liefern

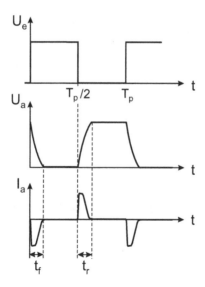

**Abb. 11.13** Zeitlicher Verlauf eines Eingangssignals des Inverters nach Abb. 11.12 und der entsprechende Verlauf des Umladestromes $I_a$

 PSpice: 11.2_CMOS-Inv_Pdyn

mit

$$I_a = C_L \frac{dU_a}{dt} \, . \tag{11.26}$$

Die während des Umladens in den Transistoren umgesetzte dynamische Verlustleistung $P_{\text{dyn}}$ ist damit gegeben durch

$$P_{\text{dyn}} = \frac{1}{T_p} \int\limits_{0}^{T_p/2} I_n U_a \, dt + \frac{1}{T_p} \int\limits_{T_p/2}^{T_p} I_p \, (U_a - U_B) dt \, . \tag{11.27}$$

Mit (11.26), (11.24) und (11.25) erhalten wir schließlich

$$P_{\text{dyn}} = -\frac{C_L}{T_p} \left[ \int\limits_{U_B}^{0} U_a dU_a + \int\limits_{0}^{U_B} (U_a - U_B) \, dU_a \right]$$

$$= \frac{C_L}{T_p} U_B^2 \tag{11.28}$$

$$\boxed{P_{\text{dyn}} = C_L f U_B^2} \, . \tag{11.29}$$

Die dynamische Verlustleistung $P_{\text{dyn}}$ steigt also proportional mit der Frequenz und quadratisch mit der Versorgungsspannung.

**Beispiel 11.2**
Für einen Inverter mit $\beta_n = \beta_p = 1 \times 10^{-5} \text{AV}^{-2}$, der eine Last von $C_L = 1 \, \text{pF}$ treibt, soll die dynamische Verlustleistung berechnet werden, wenn die Schaltung mit $U_B = 3{,}3 \, \text{V}$ und 100 MHz betrieben wird.
  Mit (11.29) ergibt sich eine dynamische Verlustleistung von $P_{\text{dyn}} = 1{,}1 \, \text{mW}$

**Merksatz 11.4**
Bei integrierten CMOS-Schaltungen ist die dynamische Verlustleistung, welche mit der Betriebsfrequenz der Schaltung ansteigt, in der Regel deutlich größer als die statische Verlustleistung.

### Schaltverhalten des CMOS-Inverters
Wir wollen nun das Schaltverhalten eines CMOS-Inverters untersuchen, der eine kapazitive Last umlädt (Abb. 11.14).

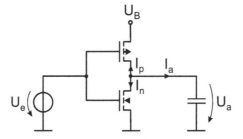

**Abb. 11.14** Schaltung zur Untersuchung des dynamischen Verhaltens des Komplementärinverters

  PSpice: 11.2_CMOS-Inv_Schalt

Ist $U_e = U_B$, sperrt der p-Kanal Transistor und der n-Kanal Transistor leitet, so dass die Kapazität über den n-Kanal Transistor entladen wird. Diesen Fall hatten wir bereits in Kap. 4 untersucht und für die Abfallzeit näherungsweise die Beziehung

$$t_f \approx 3\frac{C_L}{\beta_n U_B} \tag{11.30}$$

erhalten. Entsprechend gilt für den Fall $U_e = 0\,\text{V}$, dass der n-Kanal Transistor sperrt und die Last $C_L$ über den p-Kanal Transistor auf die Betriebsspannung $U_B$ aufgeladen wird. Die Anstiegszeit $t_r$ beträgt dann

$$t_r \approx 3\frac{C_L}{\beta_p U_B}. \tag{11.31}$$

### 11.2.3  Entwurf von CMOS-Gattern

Wir wollen uns nun die grundsätzliche Vorgehensweise beim Entwurf komplexer CMOS-Schaltungen am Beispiel des in Abb. 11.15 dargestellten NOR-Gatters verdeutlichen. Die Schaltung besteht aus einem n-MOS Block, der den Ausgang $y$ der Schaltung mit der Masse verbindet, und einem p-MOS Block, der eine Verbindung zwischen dem Ausgang und der Versorgungsspannung $U_B$ herstellt. Die Transistoren eines jeden Blocks werden mit den Eingangssignalen $x_1$ und $x_2$ angesteuert, wobei die n-Kanal Transistoren leiten, wenn die Eingangssignale auf H-Pegel liegen und die p-Kanal Transistoren entsprechend, wenn die Eingänge auf L-Pegel liegen.

Um nun die gewünschte Logikfunktion, in diesem Beispiel die NOR-Funktion, zu realisieren, sind die beiden n-Kanal Transistoren T1 und T2 parallelgeschaltet, so dass der Ausgang auf L-Pegel geht, sobald eines der Eingangssignale, d. h. $x_1$ *oder* $x_2$, auf H-Pegel

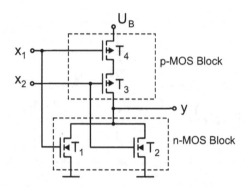

**Abb. 11.15** Grundsätzlicher Aufbau eines komplexen CMOS-Gatters, bestehend aus je einem Block mit n-Kanal MOSFET und einem Block mit p-Kanal MOSFET, am Beispiel des NOR-Gatters

liegt. Dies entspricht der logischen NOR-Verknüpfung

$$\overline{y} = x_1 + x_2 \ . \tag{11.32}$$

Der p-MOS Block darf hingegen nur dann leiten, wenn beide Eingänge, d. h. $x_1$ *und* $x_2$, auf L-Pegel liegen, was man durch Serienschaltung der beiden p-Kanal Transistoren T3 und T4 erreicht. Wir erhalten in diesem Fall die Verknüpfung

$$y = \overline{x_1} \cdot \overline{x_2} \ , \tag{11.33}$$

die mit (11.32) identisch ist, wie man leicht durch Anwendung der Boole'schen Algebra zeigen kann. Zu beachten ist, dass bei der Ansteuerung des p-MOS Blocks in unserem Beispiel eine Inversion der Eingangssignale $x_1$ und $x_2$ nicht notwendig ist, da die p-Kanal Transistoren genau dann leiten, wenn das entsprechende Eingangssignal auf L-Pegel liegt. Die Inversion erfolgt damit bereits in den p-Kanal Transistoren selbst.

Aus diesem einfachen Beispiel lassen sich nun die folgenden allgemeinen Entwurfsregeln für CMOS-Logikschaltungen ableiten:

- Der n-MOS Block wird aufgebaut, indem die zu realisierende logische Funktion in die Form $\overline{y} = f_1(x_1, x_2, \ldots, x_n)$ gebracht wird, wobei Negationen nur bei den unabhängigen Variablen selbst, nicht aber bei den Teilfunktionen vorkommen dürfen. Die Ansteuerung der Transistoren erfolgt mit den (ggf. negierten) Eingangssignalen $x_1$ bis $x_n$.
- Zur Realisierung des p-MOS Blocks wird die logische Funktion in die Form $y = f_2(\overline{x_1}, \overline{x_2}, \ldots, \overline{x_n})$ gebracht. Auch hier dürfen Negationen nur bei den unabhängigen Variablen selbst, nicht aber bei den Teilfunktionen vorkommen. Die Transistoren werden ebenfalls mit den Eingangssignalen $x_1$ bis $x_n$ angesteuert, da die Inversion der Eingangssignale durch die p-Kanal Transistoren selbst erfolgt.

- Eine ODER-Verknüpfung in den logischen Funktionen $y$ bzw. $\overline{y}$ entspricht dabei der Parallelschaltung der jeweiligen Transistoren in dem p-MOS bzw. n-MOS Block.
- Eine UND-Verknüpfung in den logischen Funktionen $y$ bzw. $\overline{y}$ entspricht der Serienschaltung der jeweiligen Transistoren in dem p-MOS bzw. n-MOS Block.

Aus der Betrachtung des einfachen NOR-Gatters aus Abb. 11.15 erkennen wir weiterhin, dass eine Serienschaltung von Transistoren in einem der Logikblöcke einer Parallelschaltung der mit den gleichen Eingangssignalen angesteuerten Transistoren in dem anderen Logikblock entspricht. Diese Eigenschaft kann ebenfalls zum Entwurf von CMOS-Logikschaltungen verwendet werden. Ist also einer der Logikblöcke bekannt, kann der andere durch Umwandlung der Serien- in Parallelschaltungen und umgekehrt entworfen werden.

### 11.2.4 Dimensionierung von CMOS-Gattern

Bei der Dimensionierung von komplexen CMOS-Gattern muss beachtet werden, dass sich bei mehreren in Serie geschalteten Transistoren die Durchlasswiderstände der einzelnen Transistoren addieren. Dies führt dazu, dass der Strom zum Umladen der Last kleiner und damit die Schaltzeit entsprechend größer wird. Dies ist nicht erwünscht und muss durch geeignete Dimensionierung der Transistoren kompensiert werden. Wir wollen dies im Folgenden genauer untersuchen und betrachten dazu den Durchlasswiderstand eines einzelnen MOS-Transistors, der sich in der Form

$$R_{\mathrm{on}} = \frac{U_{\mathrm{DS}}}{I_{\mathrm{DS}}} = \frac{U_{\mathrm{DS}}}{\frac{w}{l}k_n\left[(U_{\mathrm{GS}}-U_{Th})\,U_{\mathrm{DS}} - \frac{U_{\mathrm{DS}}^2}{2}\right]} \tag{11.34}$$

$$= \frac{\mathrm{const.}}{w/l} \tag{11.35}$$

angeben lässt. Bei der Reihenschaltung zweier Transistoren $T_1$ und $T_2$ ergibt sich damit für den Gesamtwiderstand $R_{\mathrm{on,ges}}$ der Serienschaltung

$$R_{\mathrm{on,ges}} = \frac{\mathrm{const.}}{w/l|_{T1}} + \frac{\mathrm{const.}}{w/l|_{T2}} \tag{11.36}$$

$$= \mathrm{const.}\left[\frac{1}{w/l|_{T1}} + \frac{1}{w/l|_{T2}}\right]. \tag{11.37}$$

Die Reihenschaltung zweier Transistoren mit $w/l|_{T1}$ und $w/l|_{T2}$ verhält sich also wie ein einzelner Transistor mit dem $w/l$-Verhältnis

$$\frac{1}{w/l|_{eq}} = \frac{1}{w/l|_{T1}} + \frac{1}{w/l|_{T2}}. \tag{11.38}$$

Werden also beispielsweise zwei gleich große Transistoren in Reihe geschaltet, so verhält sich die Serienschaltung wie ein einzelner Transistor mit dem halben $w/l$-Verhältnis. Anschaulich lässt sich dies dadurch erklären, dass sich durch die Serienschaltung der Transistoren die Kanallänge effektiv vergrößert, was in (Abb. 11.16) verdeutlicht ist.

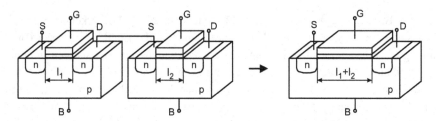

**Abb. 11.16** Die Serienschaltung von Feldeffekttransistoren führt zu einer Vergrößerung der effektiven Kanallänge

Analog erhält man bei Parallelschaltung zweier Transistoren für das $w/l$-Verhältnis eines entsprechenden Transistors

$$w/l|_{eq} = w/l|_{T1} + w/l|_{T2} \ . \tag{11.39}$$

Für den Fall der Parallelschaltung zweier gleich großer Transistoren addieren sich also die $w/l$-Verhältnisse der einzelnen Transistoren, was sich ebenfalls grafisch verdeutlichen lässt (Abb. 11.17).

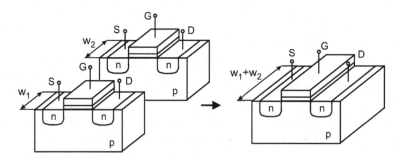

**Abb. 11.17** Die Parallelschaltung von Feldeffekttransistoren führt zu einer Vergrößerung der effektiven Kanalweite

Da das $w/l$-Verhältnis eines Transistors dessen Stromergiebigkeit bestimmt, bedeutet dies, dass sich bei komplexen Logikschaltungen, bei denen mehrere Transistoren in Serie geschaltet sind, der Strom vermindert, wenn der Ladevorgang der Last über diesen Pfad erfolgt. Dies muss dadurch kompensiert werden, dass die einzelnen Transistoren der Serienschaltung entsprechend größer dimensioniert werden.

Die Dimensionierung erfolgt dabei so, dass für eine gegebene Last $C_L$ und die geforderten Schaltzeiten $t_f$ und $t_r$, in der diese Last umgeladen werden soll, zunächst die $w/l$-Verhältnisse eines äquivalenten Inverters bestimmt werden, der diesen Anforderungen genügt. Dies geschieht mit den Gleichungen (11.30) und (11.31). Danach werden die einzelnen Transistoren der zu entwerfenden Logikschaltung so dimensioniert, dass im ungünstigsten Fall, d. h. wenn der Strom zum Umladen der Lastkapazität durch mehrere in Serie geschaltete Transistoren fließen muss, deren effektives $w/l$-Verhältnis dem des äquivalenten Inverters entspricht. Wir wollen uns diese Vorgehensweise am Beispiel des einfachen NOR-Gatters verdeutlichen.

**Beispiel 11.3**
Das in Abb. 11.18 gezeigte NOR-Gatter soll so dimensioniert werden, dass das Gatter auch im ungünstigsten Fall eine Last von $C_L = 1\mathrm{pF}$ in etwa $t = 10\,\mathrm{ns}$ umladen kann, wenn es mit einer Spannung von $U_B = 3\mathrm{V}$ betrieben wird. Für den Prozess gelte $k_p = 1 \times 10^{-5}\,\mathrm{A\,V^{-2}}$ und $k_n = 2k_p$.

Wir bestimmen zunächst das $w/l$-Verhältnis des äquivalenten Inverters, der die genannten Anforderungen erfüllt und erhalten mit (11.30) und (11.31) sowie (4.22)

$$\left.\frac{w}{l}\right|_{eq,p} = 2 \left.\frac{w}{l}\right|_{eq,n} = \frac{10}{1}. \tag{11.40}$$

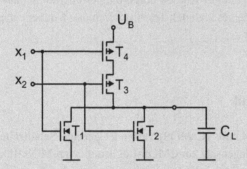

**Abb. 11.18** Schaltungsbeispiel zur Dimensionierung einer CMOS-Schaltung

 PSpice: 11.2_CMOS-NOR

Wir betrachten nun zunächst den Entladevorgang, wobei der Strom im ungünstigsten Fall von einem der Transistoren T1 oder T2 allein geliefert werden muss. T1 und T2 müssen daher beide wie der n-Kanal Transistor des Referenzinverters

dimensioniert werden, d. h.

$$\frac{w}{l}\bigg|_{T1} = \frac{w}{l}\bigg|_{T2} = \frac{w}{l}\bigg|_{eq,n} = \frac{5}{1}. \tag{11.41}$$

Bei dem Aufladevorgang muss der Ladestrom in jedem Fall von der Serienschaltung der p-Kanal Transistoren T3 und T4 geliefert werden. Wir dimensionieren daher beide p-Kanal Transistoren doppelt so groß wie den des äquivalenten Inverters, also

$$\frac{w}{l}\bigg|_{T3} = \frac{w}{l}\bigg|_{T4} = 2\frac{w}{l}\bigg|_{eq,p} = \frac{20}{1}. \tag{11.42}$$

Die Serienschaltung der beiden p-MOS Transistoren T3 und T4 hat dann ein effektives $w/l$-Verhältnis von $10/1$ und entspricht damit dem des äquivalenten Inverters.

**Merksatz 11.5**
Bei komplexen CMOS-Gattern muss beachtet werden, dass auch im ungünstigsten Fall, d. h. wenn der Strom zum Umladen der Last von der Serienschaltung mehrerer Transistoren geliefert werden muss, die geforderten Schaltzeiten eingehalten werden. Die in Serie geschalteten Transistoren müssen daher entsprechend groß dimensioniert werden.

## 11.2.5   C²MOS Logik

Die Clocked CMOS-Logik (C²MOS) verbindet geringe Schaltzeiten mit einer kleinen Layoutfläche, da im Gegensatz zur CMOS-Logik auf den p-MOS Block verzichtet werden kann. Dies wird dadurch erreicht, dass die Last $C_L$ zunächst über einen p-Kanal Ladetransistor T1, der von einem Taktsignal $\phi$ angesteuert wird, auf die Spannung $U_B$ vorgeladen wird.

Geht dann in der Auswertephase der Takt $\phi$ auf H-Pegel, leitet der n-Kanal Auswertetransistor T2 und es hängt von dem n-MOS-Gatter mit den Eingangssignalen $x_1$ bis $x_n$ ab, ob ein leitender Pfad vom Ausgang $y$ zum Massenanschluss entsteht und sich die Kapazität $C_L$ wieder entlädt (Abb. 11.19). Die n-MOS-Logik wird damit nach den gleichen Regeln entworfen wie der n-MOS Block bei CMOS-Schaltungen.

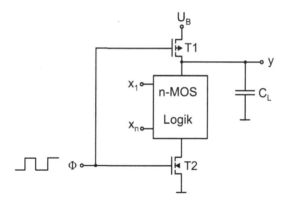

**Abb. 11.19** Prinzipieller Aufbau einer Schaltung in $C^2$MOS-Technologie

**Beispiel 11.4**

Für das in Abb. 11.20 dargestellte Gatter in $C^2$MOS-Technologie soll die realisierte Logikfunktion $y = f(x_1, x_2, x_3)$ bestimmt werden.

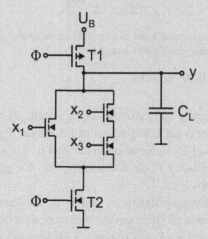

**Abb. 11.20** Beispiel für ein Logik-Gatter in $C^2$MOS-Technologie

Die Funktion der Schaltung kann unmittelbar aus dem n-MOS Block bestimmt werden. Ist $\phi = H$, wird die zuvor aufgeladene Kapazität $C_L$ entladen, wenn entweder $x_1$ oder gleichzeitig $x_2$ und $x_3$ auf H-Pegel sind. Mit der Schaltung wird also die logische Verknüpfung

$$\overline{y} = x_1 + (x_2 \cdot x_3) \tag{11.43}$$

realisiert.

Zu beachten ist, dass es bei $C^2$MOS-Schaltungen zu einer Fehlinterpretation der Eingangssignale kommen kann, wenn sich diese nach der Vorladezeit noch ändern, da in diesem Fall ein Ladungsausgleich zwischen der Lastkapazität $C_L$ und den parasitären Kapazitäten $C_p$ an den einzelnen Source- und Drainknoten auftreten kann. Wir wollen uns diesen Vorgang am Beispiel des in Abb. 11.21 dargestellten $C^2$MOS NAND-Gatters verdeutlichen.

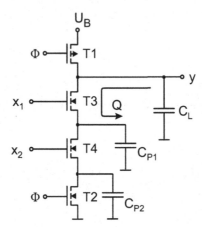

**Abb. 11.21** Bei $C^2$MOS-Schaltungen kann es zum Ladungsausgleich zwischen der Lastkapazität und den parasitären Kapazitäten des Gatters kommen

 PSpice: 11.2_C2MOS_Q-Ausgleich

Der Zeitverlauf der Signale ist in Abb. 11.22 dargestellt. Zunächst wird in der Vorladephase $t_0 \leq t < t_1$, in der $\phi$ auf L-Pegel liegt und damit der Transistor T1 leitet und T2 sperrt, die Kapazität $C_L$ auf $U_B$ aufgeladen. In der Zeit $t_1 \leq t < t_2$ wird dann nach Einschalten des Auswertetransistors T2 die Kapazität $C_{p1}$ auf 0 V geladen, da $x_2$ auf H-Pegel liegt und T4 somit ebenfalls leitet.

Ändern sich nun die Eingangssignale $x_1$ und $x_2$ in der Auswertephase, so dass nun Transistor T4 sperrt und dann T3 leitet, so führt dies dazu, dass für $t > t_3$ die Kapazität $C_L$ mit $C_{p1}$ zusammengeschaltet wird, was zu einem Ladungsausgleich zwischen den beiden Kapazitäten und damit zu einer Abnahme der Ausgangsspannung führt.

Dieser Effekt lässt sich dadurch vermeiden, dass die Eingangssignale nur während der Vorladezeit geändert werden. Kann dies nicht gewährleistet werden, so müssen die parasitären Kapazitäten $C_p$ durch geeignetes Layout minimiert werden, da die Abnahme der Ausgangsspannung um so größer ist, je größer die parasitären Kapazitäten sind.

---

**Merksatz 11.6**
Die $C^2$MOS-Technologie ist eine platzsparende Variante der CMOS-Technologie, bei der das Auf- und Entladen der Last synchron zu einem Taktsignal erfolgt.

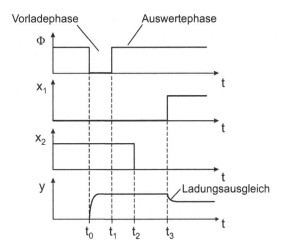

**Abb. 11.22** Zeitverlauf der Signale der Schaltung nach Abb. 11.21. Durch den Ladungsausgleich kommt es zu einem unerwünschten Absinken der Ausgangsspannung

### 11.2.6 Domino-Logik

Ein weiteres Problem bei $C^2$MOS-Schaltungen ist, dass eine einfache Kaskadierung von Gattern nicht möglich ist, da es dabei wegen der Verzögerung der Ausgangssignale zu Fehlinterpretationen kommen kann. Wir betrachten dazu die beiden kaskadierten Schaltungen in Abb. 11.23

Da beide Gatter gleichzeitig ausgewertet werden, wenn $\phi = H$ ist, der Ausgang $y_1$ aber erst verzögert von H nach L wechselt, kann es im nachfolgenden Gatter während der Zeit, in der $y_1$ noch H ist, zu einem unerwünschten Entladen von $C_{L2}$ kommen.

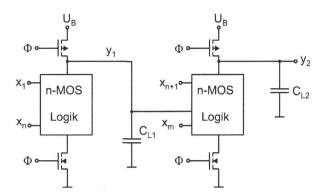

**Abb. 11.23** Die einfache kaskadierte Anordnung von $C^2$MOS-Schaltungen kann zu Fehlinterpretationen der Signale führen

Abhilfe schafft hier das so genannte Dominoprinzip, bei dem an die Ausgänge der Gatter jeweils Inverter geschaltet werden, wie in Abb. 11.24 gezeigt. Dadurch liegen die Ausgänge nach der Vorladephase zunächst auf L-Pegel, so dass kein unerwünschtes Entladen im nachfolgenden Gatter auftreten kann. Bei dem Entwurf muss allerdings berücksichtigt werden, dass an den nachfolgenden Gattern als Eingangssignal die invertierte Variable anliegt.

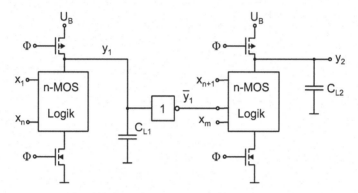

**Abb. 11.24** Fehlinterpretationen durch die Kaskadierung von $C^2$MOS-Schaltungen können vermieden werden, wenn die Ausgangssignale über Inverter geführt werden

  PSpice: 11.2_Domino

---

**Merksatz 11.7**
Die Domino-Logik verhindert das bei $C^2$MOS-Schaltungen auftretende Problem bei der Kaskadierung mehrerer Gatter durch das Hinzufügen eines zusätzlichen Inverters.

---

### 11.2.7  NORA-Logik

Auf das Hinzuschalten von Invertern kann verzichtet werden, wenn in aufeinanderfolgenden Logikstufen abwechselnd n-MOS- und p-MOS-Gatter verwendet werden, die mit jeweils invertiertem Taktsignal angesteuert werden (Abb. 11.25). Diese Technologie wird als NORA (No-Race) Technologie bezeichnet.

---

**Merksatz 11.8**
Bei der NORA-Logik wird das Problem bei der Hintereinanderschaltung von $C^2$MOS-Gattern dadurch gelöst, dass abwechselnd $C^2$MOS-Gatter mit n-MOS und p-MOS Logikblöcken eingesetzt werden.

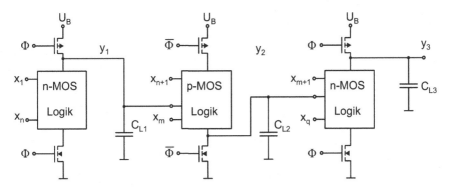

**Abb. 11.25** Bei der NORA-Logik wird das Problem bei der Hintereinanderschaltung von C²MOS-Gattern durch die abwechselnde Verwendung von n- und p-MOS-Logik gelöst

## Literatur

1. Baker, RJ, Li, HW, Boyce, DE (1998) CMOS Circuit Design, Layout and Simulation. IEEE Press, New York
2. Hoffmann, K (2003) Systemintegration. Oldenbourg Wissenschaftsverlag, München, Wien
3. Klar, H, Noll, T (2015) Integrierte Digitale Schaltungen – Vom Transistor zur optimierten Logikschaltung. Springer, Berlin, Heidelberg
4. Siegl, J, Zocher, E (2014) Schaltungstechnik – Analog und gemischt analog/digital. Springer, Berlin
5. Tietze, U, Schenk, Ch, Gamm, E (1996) Halbleiter-Schaltungstechnik. Springer, Berlin, Heidelberg
6. Weste, NHE, Harris, D (2005) CMOS VLSI Design – A Circuits and System Perspective. Addison Wesley, New York
7. Wupper, H (1996) Elektronische Schaltungen 2 – Operationsverstärker, Digitalschaltungen, Verbindungsleitungen. Springer, Berlin

# Herstellung integrierter Schaltungen in CMOS-Technik

**12**

## 12.1 Einführung

Der seit mehreren Jahrzehnten anhaltende Erfolg der Mikroelektronik beruht im Wesentlichen auf der Eigenschaft der Integrierbarkeit elektronischer Schaltungen, d. h. der Möglichkeit, einzelne Bauelemente gemeinsam auf einem Siliziumplättchen, dem so genannten Chip, herzustellen. Moderne Technologien erlauben dabei Integrationsdichten von mehreren Millionen und mehr Bauelementen pro Chip, was die kostengünstige Herstellung selbst komplexer Schaltungen, wie z. B. Mikroprozessoren, auf einem einzigen Chip von nur wenigen Quadratzentimetern Fläche ermöglicht.

Ein solcher Chip ist in Abb. 12.1, links, dargestellt. Man erkennt die seitlich an dem Kunststoffgehäuse angeordneten Anschlussbeinchen, mit denen der Chip auf eine Platine gelötet werden kann sowie eine Seitenmarkierung an der Stirnseite des Gehäuses. Neben der gezeigten Gehäusebauform gibt es noch zahlreiche weitere Varianten mit unterschiedlicher Zahl und Anordnung der Anschlüsse.

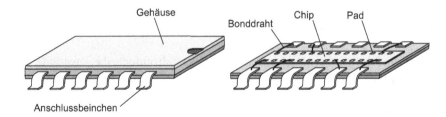

**Abb. 12.1** Integrierte Schaltung mit Gehäuse und Anschlussbeinen (*links*). Die Darstellung mit teilweise entferntem Gehäuse zeigt den eigentlichen Halbleiterchip sowie die Drahtverbindungen zwischen den Pads und den Anschlussbeinen (*rechts*)

Das eigentliche Halbleiterplättchen, oftmals auch einfach als Chip bezeichnet, wird erst nach der teilweisen Entfernung des Gehäuses sichtbar (Abb. 12.1, rechts). Die elektri-

© Springer-Verlag GmbH Deutschland, ein Teil von Springer Nature 2019
H. Göbel, *Einführung in die Halbleiter-Schaltungstechnik*,
https://doi.org/10.1007/978-3-662-56563-6_12

sche Verbindung zwischen den Kontaktflächen des Halbleiterplättchens, den so genannten Pads, und den Anschlussbeinen erfolgt mittels sehr dünner, so genannter Bonddrähte aus Gold.

Bei der Herstellung des Halbleiterchips wird so vorgegangen, dass eine Halbleiterscheibe aus Silizium, ein so genannter Wafer, prozessiert wird. Dabei werden mit speziellen Verfahren, die im Folgenden vorgestellt werden, die Schaltungen auf das Silizium aufgebracht. Der Wafer wird dann in die einzelnen Chips zersägt, die anschließend in Kunststoffgehäuse eingegossen werden. Ein solcher Wafer hat eine Dicke von etwa einem halben Millimeter und einen Durchmesser von bis zu 30 cm, so dass darauf bis zu mehrere hundert Chips Platz finden. Auf jedem Chip können sich, je nach Komplexität der Schaltung, bis zu mehreren Milliarden Bauelemente befinden (Abb. 12.2).

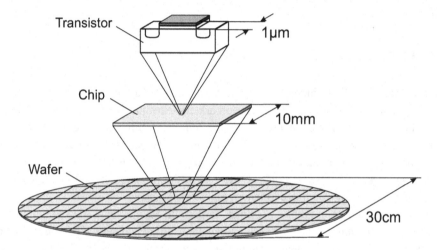

**Abb. 12.2** Auf einem Wafer können mehrere hundert Chips angeordnet sein, auf denen jeweils mehrere Millionen elektronischer Bauelemente Platz finden

### 12.1.1  Die CMOS-Technologie

Die einzelnen Schritte, die nötig sind, um aus einer Siliziumscheibe integrierte Schaltungen herzustellen, bezeichnet man als Prozess, bzw. Prozessablauf, die dazu nötigen Verfahren als Technologie. Abhängig davon, mit welcher Art von Bauelementen die integrierte Schaltung aufgebaut werden soll, unterscheidet man unter anderem bipolare Technologien sowie n-MOS, p-MOS oder auch CMOS-Technologien, wobei letztere die gemeinsame Fertigung von n-Kanal und p-Kanal MOSFET in einem Prozess erlauben. Da die grundsätzliche Vorgehensweise bei der Herstellung integrierter Schaltungen bei allen Technologien im Wesentlichen die gleiche ist, genügt es, exemplarisch eine Technologie zu betrachten, wobei wir uns im Folgenden auf die CMOS-Technologie beschränken. Diese ermöglicht, wie bereits in Kap. 10 gezeigt, die Herstellung von Schaltungen mit sehr geringer Verlustleistung und kurzen Schaltzeiten und gehört damit zu den wichtigsten Technologien der modernen Mikroelektronik. CMOS-Schaltungen findet man unter anderem in Computern, Geräten der Unterhaltungselektronik sowie insbesondere in tragbaren elektronischen Geräten.

### 12.1.2 Grundsätzlicher Prozessablauf

Bei der Herstellung integrierter Schaltungen müssen unterschiedliche Materialien strukturiert auf ein Grundmaterial aufgebracht werden, wie in Abb. 12.3 am Beispiel eines n-Kanal MOSFET dargestellt ist. Die dazu nötigen grundsätzlichen Prozessschritte werden im Folgenden kurz beschrieben.

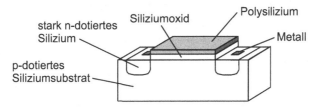

**Abb. 12.3** Zur Herstellung integrierter Schaltungen müssen unterschiedliche Materialien strukturiert auf ein Grundmaterial aufgebracht werden

Ausgehend von dem unbeschichteten Wafer (Abb. 12.4a), wird zunächst das zu strukturierende Material ganzflächig mittels geeigneter Schichttechniken aufgebracht (Abb. 12.4b). Danach wird eine Schicht eines lichtempfindlichen Materials, ein so genannter Fotolack, aufgetragen (Abb. 12.4c).

Die gewünschte Struktur wird dann mittels eines fotolithografischen Verfahrens auf den Wafer übertragen. Dazu wird der Wafer mit einer teildurchlässigen Maske, auf der sich die entsprechende Struktur befindet (Abb. 12.4d), belichtet (Abb. 12.4e). An den Stellen, an denen das Licht den Fotolack erreicht, verändert sich dieser chemisch (Abb. 12.4f). Anschließend wird der von dem Licht chemisch veränderte Fotolack entfernt (Abb. 12.4g). An den nicht belichteten Stellen bleibt daher der Fotolack zurück und dient als Maske für den folgenden Ätzprozess, bei dem die zu strukturierende Schicht an den nicht von dem Fotolack abgedeckten Stellen abgetragen wird (Abb. 12.4h). Als letztes kann nun der Rest des Fotolacks entfernt werden, so dass die gewünschte, durch die Fotomaske definierte Struktur auf dem Substrat zurückbleibt (Abb. 12.4i).

Durch wiederholte Anwendung dieser Prozessschritte können nacheinander alle zur Herstellung einer integrierten Schaltung nötigen Schichten wie n- und p-leitende Gebiete, Isolationsschichten, Verbindungsleitungen usw. strukturiert auf den Wafer aufgebracht werden. Da für jede zu strukturierende Schicht eine eigene Maske benötigt wird, ist die Anzahl der benötigten Masken ein Maß für die Komplexität eines Prozesses. Die Zahl der Masken liegt dabei in der Größenordnung von bis zu einigen zehn.

Schichttechnik:

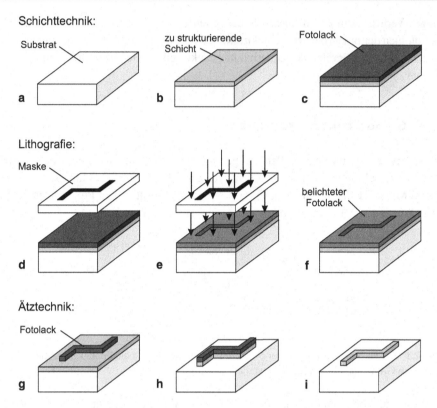

**Abb. 12.4** Grundsätzlicher Prozessablauf bei der Herstellung einer integrierten Schaltung. Erläuterungen siehe Text

Bevor wir nun die Prozessschritte eines kompletten CMOS-Prozesses im Einzelnen betrachten, werden zunächst die wichtigsten Verfahren der Schichttechnik, der Ätztechnik sowie das Prinzip der Lithografie vorgestellt.

## 12.2 Schichttechnik

Mit dem Begriff Schichttechnik bezeichnet man sämtliche Methoden zum Aufbringen der verschiedenen Materialschichten auf einen Wafer. Abhängig von dem aufzubringenden Material kommen dabei unterschiedliche Verfahren zum Einsatz, von denen hier die wichtigsten vorgestellt werden sollen.

### 12.2.1 Gasphasenabscheidung

Bei der Gasphasenabscheidung (Chemical Vapour Deposition, CVD) werden in einer Reaktionskammer ausgewählte Gase bei definiertem Druck und Temperatur über die zu

beschichtenden Wafer geleitet. Auf diesen bildet sich dann abhängig von den Prozessga-
sen eine entsprechende Schicht. Mit Hilfe dieses Verfahrens lassen sich unter anderem
Polysilizium, Siliziumoxid, Siliziumnitrid oder auch Metalle aufbringen. In Abb. 12.5 ist
schematisch die Beschichtung eines Siliziumsubstrates mit Polysilizium gezeigt.

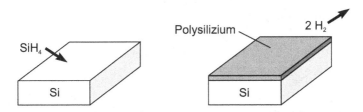

**Abb. 12.5**  Mit Hilfe von CVD-Verfahren lassen sich unterschiedliche Schichten, z. B. Polysilizium,
auf eine Unterlage aufbringen

Als Prozessgas wird in diesem Fall Silan ($SiH_4$) eingesetzt, wobei sich das Silizi-
um auf der Waferoberfläche anlagert und Wasserstoff frei wird. Im Gegensatz zu dem
nachfolgend beschriebenen Epitaxieverfahren wächst hier allerdings keine einkristalline
Siliziumschicht auf, sondern polykristallines Silizium, kurz Polysilizium, wie es als Gate-
Elektrode von Feldeffekttransistoren oder auch zur Verdrahtung innerhalb von integrierten
Schaltungen verwendet wird.

Eine wichtige Kenngröße zur Charakterisierung von CVD-Prozessen ist die so genannte Konformität, die das Verhältnis der Wachstumsraten auf vertikalen zu der auf
horizontalen Strukturen auf einem Wafer angibt. Dies ist unter anderem bedeutsam für
die Beschichtung von Stufen oder das Auffüllen von Gräben (Abb. 12.6).

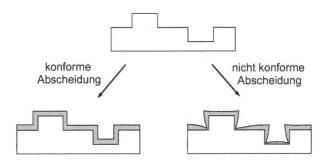

**Abb. 12.6**  Der Querschnitt durch einen Wafer zeigt die unterschiedliche Kantenabdeckung nach
konformer und nicht konformer Abscheidung

### 12.2.2  Epitaxie

Bei der Epitaxie wächst auf ein Substrat eine Schicht mit der gleichen Kristallstruktur,
so dass sich z. B. einkristalline Schichten auf einen Siliziumwafer aufbringen lassen. Da-

zu werden entsprechende Prozessgase, wie Siliziumchlorid ($SiCl_4$) und Wasserstoff ($H_2$), bei Temperaturen von etwa 1000 °C über das Substrat geleitet, wobei Silizium aufwächst und Salzsäure (HCl) freigesetzt wird (Abb. 12.7). Das Silizium wächst dabei nur an den Stellen auf, an denen eine einkristalline Unterlage vorhanden ist. Somit lässt sich eine einkristalline Siliziumschicht auch lokal aufbringen, indem man die Stellen, an denen keine Epitaxieschicht aufwachsen soll, zuvor z. B. mit Siliziumoxid beschichtet.

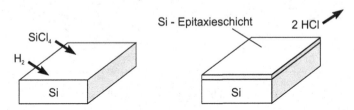

**Abb. 12.7**   Bei der Epitaxie wächst auf ein Siliziumsubstrat eine einkristalline Siliziumschicht auf

### 12.2.3   Thermische Oxidation

Die thermische Oxidation wird zur Beschichtung von Silizium mit Siliziumoxid verwendet. Dazu wird bei Temperaturen um 1000 °C dem Wafer Sauerstoff ($O_2$) zugeführt, der dann mit dem Silizium zu Siliziumoxid ($SiO_2$) reagiert. Da bei dieser Reaktion Silizium verbraucht wird, wächst die Siliziumoxidschicht nicht nur nach oben, sondern auch nach unten (Abb. 12.8). Auch Siliziumoxid lässt sich lokal auftragen, indem man die Stellen, an denen keine Oxidation stattfinden soll, zuvor mit Siliziumnitrid beschichtet, was als Oxidationssperre wirkt.

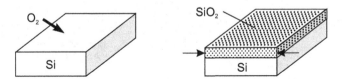

**Abb. 12.8**   Aufwachsen einer Oxidschicht durch thermische Oxidation. Die Pfeile in dem rechten Teilbild markieren die ursprüngliche Lage der Siliziumoberfläche

### 12.2.4   Kathodenzerstäubung

Bei der Kathodenzerstäubung, auch Sputtern genannt, handelt es sich um ein Verfahren, welches vorzugsweise zum Aufbringen von Metallschichten eingesetzt wird. Dazu wird ein ionisiertes Gas (z. B. Argon) in einer Elektrodenanordnung in Richtung der negativ geladenen Kathode beschleunigt. An dieser ist ein so genanntes Target angebracht, welches aus dem Material besteht, das auf den Wafer aufgebracht werden soll. Durch die Auftreff-

energie der Argonionen werden kleinste Partikel aus dem Target herausgelöst, die dann
auf dem Wafer landen und sich dort in einer gleichmäßigen Schicht ablagern (Abb. 12.9).

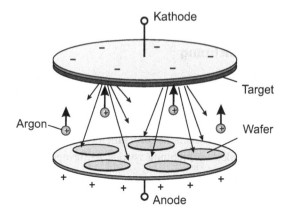

**Abb. 12.9**  Prinzipielle Darstellung einer Sputteranlage zur Beschichtung von Waferoberflächen

## 12.2.5  Ionenimplantation

Die Ionenimplantation wird unter anderem zum Dotieren von Halbleitern verwendet. Dazu wird der Dotierstoff ionisiert und mit einer Beschleunigungsspannung von etwa 100 kV
zum Wafer hin beschleunigt, wo er ca. 0,1 µm tief eindringt. Durch anschließendes Er-
hitzen des Substrates wird der Dotierstoff in das Kristallgitter eingebaut und damit erst
elektrisch aktiv. Fotolack oder auch Polysilizium verhindern das Eindringen von Ionen in
das Substrat und können daher als Implantationsbarriere verwendet werden. Durch eine
vorherige Beschichtung und Strukturierung mit diesen Stoffen können daher gezielt bestimmte Bereiche auf dem Wafer dotiert werden.

Der prinzipielle Aufbau einer Anlage zur Ionenimplantation von Wafern ist in
Abb. 12.10 gezeigt. Durch das Ablenken des Ionenstrahls wird erreicht, dass der auf
den Wafer auftreffende Ionenstrahl frei von nicht geladenen Verunreinigungen ist, da
diese nicht abgelenkt werden. Wegen der hohen Genauigkeit und Gleichmäßigkeit wird

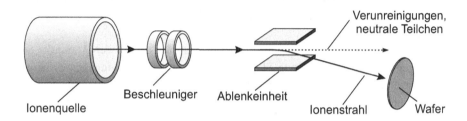

**Abb. 12.10**  Schematische Darstellung einer Anlage zur Ionenimplantation

das Verfahren zum Herstellen der Source- und Drain-Gebiete für MOSFET eingesetzt oder zur Herstellung von Wannen, also großflächig dotierten Bereichen, die als Substrat für MOSFET dienen.

### 12.2.6  Schleuderbeschichtung

Bei der Schleuderbeschichtung (Spin coating) wird eine Flüssigkeit auf den sich schnell drehenden Wafer aufgebracht. Durch die Zentrifugalkraft verteilt sich die Flüssigkeit gleichmäßig auf der Waferoberfläche, so dass nach dem Trocknen eine aus dem gewünschten Material bestehende Schicht zurückbleibt (Abb. 12.11). Das wichtigste Anwendungsgebiet der Schleuderbeschichtung ist das Aufbringen von Fotolack auf einen Wafer.

**Abb. 12.11**  Bei der Schleuderbeschichtung verteilt sich eine aufgebrachte Flüssigkeit durch die Zentrifugalkraft gleichmäßig über den sich drehenden Wafer

### 12.3  Ätztechnik

Ätzverfahren werden zum Entfernen einzelner Schichten von der Waferoberfläche eingesetzt. Eine wichtige Kenngröße von Ätzverfahren ist dabei die Selektivität, die angibt, wie stark ein Material im Vergleich zu einem anderen Material durch den Ätzvorgang abgetragen wird. Dies ist dann von Bedeutung, wenn z. B. Fotolack als Ätzmaske verwendet wird, da diese durch den Ätzprozess nicht oder nur in geringem Maß angegriffen werden darf.

Eine weitere wichtige Kenngröße eines Ätzprozesses ist die so genannte Isotropie. Diese gibt an, ob der Abtrag beim Ätzen ausschließlich senkrecht zur Waferoberfläche erfolgt (anisotropes Ätzen) oder aber gleichmäßig in alle Richtungen (isotropes Ätzen). Zur Verdeutlichung sind in Abb. 12.12 die Ergebnisse zweier Ätzprozesse mit unterschiedlicher Isotropie dargestellt.

Man erkennt, dass bei dem rein anisotropen Ätzen die Struktur der Ätzmaske (z. B. Fotolack) genau auf das zu ätzende Material übertragen wird, wohingegen es bei dem isotropen Ätzen zu einem so genannten Unterätzen kommt. Letzteres ist vielfach nicht erwünscht, kann aber auch gezielt eingesetzt werden, um Strukturen völlig freizuätzen. So lassen sich beispielsweise in der Mikromechanik frei schwingende Balken für Beschleunigungssensoren herstellen.

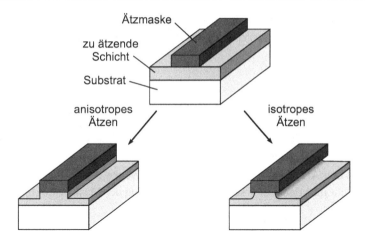

**Abb. 12.12** Vergleich zwischen anisotropem (*links*) und isotropem (*rechts*) Ätzen. Beim isotropen Ätzen kommt es zu einem Unterätzen der Maske

Im Folgenden werden nun einige wichtige Ätzverfahren vorgestellt, die sich hinsichtlich der o. g. Kenngrößen und des apparativen Aufwandes unterscheiden.

### 12.3.1  Nassätzen

Das Nassätzen ist ein einfaches Ätzverfahren, bei dem der Wafer mit der abzutragenden Schicht in eine flüssige Ätzlösung eingetaucht oder mit dieser besprüht wird. Bei dem Nassätzen handelt es sich typischerweise um einen isotropen Ätzprozess, der zu dem beschriebenen Unterätzen von Strukturen führt. Durch geeignete Auswahl der Lösung erreicht man jedoch eine sehr hohe Selektivität, so dass die Ätzmaske praktisch nicht angegriffen wird.

### 12.3.2  Physikalisches Trockenätzen

Bei diesem Verfahren wird die Oberfläche des Wafers mit Ionen, Elektronen oder Photonen beschossen. Durch die Auftreffenergie werden aus der Waferoberfläche kleinste Partikel herausgerissen, so dass es zu einem Materialabtrag kommt. Dieses Verfahren besitzt eine nur geringe Selektivität.

### 12.3.3  Chemisches Trockenätzen

Bei dem chemischen Trockenätzen wird ein Gas über die Waferoberfläche geleitet, welches dann mit dieser reagiert. Durch geeignete Wahl des Gases erreicht man eine hohe

Selektivität, allerdings kommt es ähnlich wie beim Nassätzen zur Ausbildung eines iso-tropen Ätzprofils, so dass dieses Verfahren nicht zur Erzeugung feiner Strukturen geeignet ist.

### 12.3.4  Chemisch physikalisches Trockenätzen

Das chemisch physikalische Trockenätzen ist ein Verfahren, bei dem ein ionisiertes Ätzgas in einer Elektrodenanordnung durch das elektrische Feld zu dem Wafer hin beschleunigt wird und dort den Ätzvorgang auslöst (Abb. 12.13). Wegen des senkrechten Teilchenbe-schusses erreicht man dabei eine sehr genaue Abbildung der Maskenstruktur.

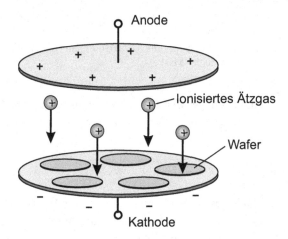

**Abb. 12.13**  Prinzipieller Aufbau einer Anlage zum chemisch physikalischen Trockenätzen

### 12.3.5  Chemisch mechanisches Polieren

Das chemisch mechanische Polieren (CMP) ist ein mechanisches Schleifen des Wafers mit Polierkörnern und aktiven chemischen Zusätzen. Naturgemäß hat dieses Verfahren eine nur geringe Selektivität und wird oftmals zum Planarisieren, also Einebnen der Wa-feroberfläche verwendet.

## 12.4  Lithografie

### 12.4.1  Prinzip der Fotolithografie

Die Lithografie dient zur Abbildung von Maskenstrukturen auf der mit Fotolack be-schichteten Halbleiteroberfläche. Dazu werden die sich auf einer Fotomaske befindlichen

Strukturen mittels optischer Techniken auf die Halbleiteroberfläche projiziert. Die Masken bestehen dabei in der Regel aus hochreinem Quarzglas, welches an den Stellen mit Chrom beschichtet ist, an denen das Licht nicht auf die Waferoberfläche dringen soll. Die sehr aufwändige Maskenherstellung erfolgt dabei üblicherweise mit einem Elektronenstrahlschreibgerät, mit dem die abzubildenden Strukturen auf die Maske geschrieben werden. Durch die Bestrahlung der Maske mit Licht werden diese Strukturen dann auf die mit Fotolack beschichtete Waferoberfläche abgebildet. Je nach Verfahren erfolgt die Abbildung dabei im Maßstab 1:1 oder um bis zu einem Faktor vier verkleinert. Auf eine Maske passen in der Regel die Strukturen eines oder einiger weniger Chips. Um den gesamten Wafer zu belichten, wird dieser daher nach jedem Belichtungsschritt mittels eines Verschiebetisches verschoben und dann der nächste Bereich auf dem Wafer belichtet. Die entsprechende Anordnung nennt man Waferstepper (Abb. 12.14).

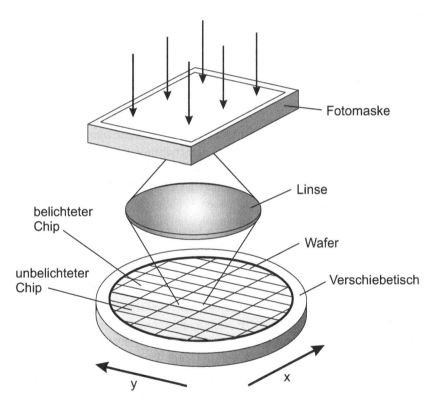

**Abb. 12.14** Prinzipielle Darstellung eines Wafersteppers. Da sich auf einer Maske die Strukturen von nur einem oder wenigen Chips befinden, wird der Wafer Schritt für Schritt belichtet

## 12.4.2   Kenngrößen der Fotolithografie

Der Belichtungsschritt gehört zu den aufwändigsten und teuersten bei der Herstellung integrierter Schaltungen. Da die minimalen Strukturabmessungen bei modernen integrierten Schaltungen mittlerweile im Bereich von unter 100 nm liegen, müssen die Auflösung der Abbildung und die Positioniergenauigkeit ebenfalls in diesem Bereich liegen. Von entscheidender Bedeutung für die genaue Abbildung auch kleinster Strukturen ist die Wellenlänge des verwendeten Lichts, da diese direkt mit der erreichbaren Auflösung in Zusammenhang steht. Um Auflösungen im Bereich von unter $0,1\,\mu m$ zu erreichen, muss daher Licht mit Wellenlängen unterhalb des sichtbaren Bereichs eingesetzt werden.

Die erreichbare minimale Strukturabmessung ist daher neben der Anzahl der verwendeten Masken die wichtigste Kenngröße eines Prozesses. Man stellt diese daher auch oft der Prozessbezeichnung voran. Bei einem $0,2\,\mu m$-CMOS-Prozess handelt es sich also um einen CMOS-Prozess, mit dem Strukturen mit einer minimalen Abmessung von $0,2\,\mu m$ hergestellt werden können.

## 12.5   Der CMOS-Prozess

## 12.5.1   Prozessablauf

Nachdem wir in den letzten Abschnitten verschiedene Verfahren zum Aufbringen, Strukturieren und Entfernen von Schichten kennengelernt haben, soll nun ein einfacher CMOS-Prozess vorgestellt werden. Dazu betrachten wir als Beispiel die Herstellung eines n-Kanal und eines p-Kanal MOSFET auf einem p-dotierten Grundmaterial. Da die p-Kanal MOSFET in einem n-dotierten Substrat liegen müssen, benötigt man eine so genannte n-Wanne, in der die p-Kanal Transistoren liegen. Einen solchen Prozess nennt man daher auch einen n-Wannen Prozess.

In dem nachfolgend dargestellten Prozessablauf werden die wichtigsten Prozessschritte kurz beschrieben. Zur Verdeutlichung ist in den rechts daneben stehenden Abbildungen jeweils ein Querschnitt des Wafers nach den genannten Prozessschritten gezeigt. Erwähnt sei, dass es sich bei dem gezeigten Prozessablauf um eine stark vereinfachte Darstellung handelt und viele Zwischenschritte, z. B. Reinigungsschritte, oder das Aufbringen von Hilfsschichten, die bei einem realen Prozess nötig sind, der Einfachheit halber weggelassen wurden. Insbesondere sind auch die Substrat- und Wannenkontakte nicht dargestellt. Im Gegensatz zu einem realen Prozess mit mehreren Verdrahtungsebenen aus Metall wird in dem vorgestellten Prozess nur eine einzige Ebene aus Metall verwendet. Die Zahl der insgesamt benötigten Masken, deren Bezeichnung bei den Belichtungsschritten jeweils mit angegeben ist, liegt in diesem Beispiel bei sieben.

Um die Darstellung des Prozessablaufes zu vereinfachen, sind die unterschiedlichen Materialien in den Abbildungen durch verschiedene Füllmuster gekennzeichnet, die nachfolgend beschrieben sind. Dabei sind neben den bereits in Abb. 12.3 gezeigten Materialien noch weitere Materialien aufgeführt, wie der für die Lithografie notwendige Fotolack oder Siliziumnitrid, welches als Oxidationssperre bei der thermischen Oxidation dient. Das n-dotierte Silizium wird als Substrat für die p-Kanal Transistoren benötigt.

| ☐ p-dotiertes Silizium | ⌐⌐ n-dotiertes Silizium |
|---|---|
| ▦ Siliziumoxid | ▦ Siliziumnitrid |
| ■ Metall | ▥ Fotolack |
| ▨ stark p-dotiertes Silizium | ◳ stark n-dotiertes Silizium |
| ▦ Polysilizium | |

**Herstellung der n-Wanne**

Im ersten Teil des auf einem p-dotierten Grundmaterial basierenden Prozesses wird das Substrat für die p-Kanal Transistoren, die n-Wanne, hergestellt.

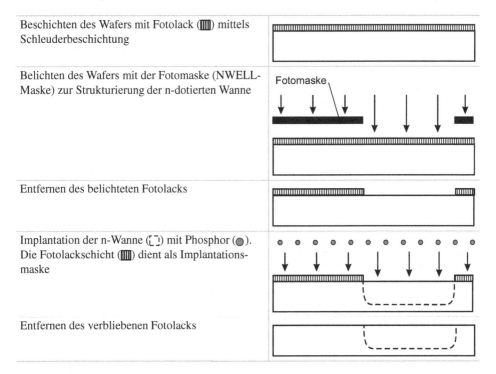

| Beschichten des Wafers mit Fotolack (▥) mittels Schleuderbeschichtung | |
| Belichten des Wafers mit der Fotomaske (NWELL-Maske) zur Strukturierung der n-dotierten Wanne | Fotomaske |
| Entfernen des belichteten Fotolacks | |
| Implantation der n-Wanne (⌐⌐) mit Phosphor (◉). Die Fotolackschicht (▥) dient als Implantations-maske | |
| Entfernen des verbliebenen Fotolacks | |

**Herstellung der Isolation**

Der folgende Teil des Prozesses beschreibt die Herstellung des Gateoxids sowie der Isolation aus Siliziumoxid, an den Stellen, an denen sich später keine Transistoren befinden. Diese Schichten werden wegen ihrer unterschiedlichen Schichtdicken auch als Dünn- bzw. Dickoxid bezeichnet.

| | |
|---|---|
| Beschichten des Wafers mit Siliziumoxid (▧), Siliziumnitrid (▨) und Fotolack (▥) | 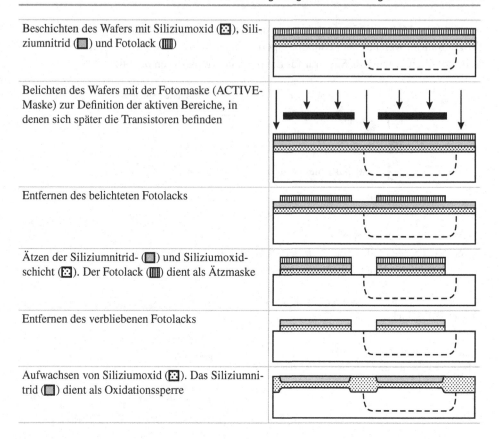 |
| Belichten des Wafers mit der Fotomaske (ACTIVE-Maske) zur Definition der aktiven Bereiche, in denen sich später die Transistoren befinden | |
| Entfernen des belichteten Fotolacks | |
| Ätzen der Siliziumnitrid- (▨) und Siliziumoxidschicht (▧). Der Fotolack (▥) dient als Ätzmaske | |
| Entfernen des verbliebenen Fotolacks | |
| Aufwachsen von Siliziumoxid (▧). Das Siliziumnitrid (▨) dient als Oxidationssperre | |

**Herstellung der Gate-Elektroden**

Der nächste Prozessabschnitt dient der Herstellung der aus Polysilizium bestehenden Gate-Elektroden.

| | |
|---|---|
| Entfernen des verbliebenen Siliziumnitrids Beschichten des Wafers mit Polysilizium (▨) und Fotolack (▥) | 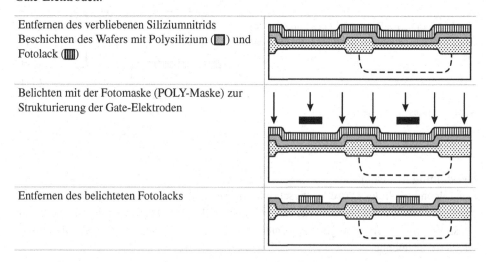 |
| Belichten mit der Fotomaske (POLY-Maske) zur Strukturierung der Gate-Elektroden | |
| Entfernen des belichteten Fotolacks | |

| Ätzen des Polysiliziums (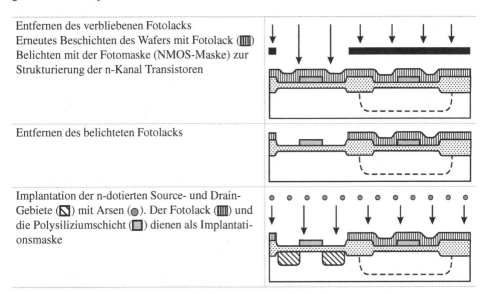). Der Fotolack (▦) dient als Ätzmaske | |

**Herstellung der n-Kanal MOSFET**

Zur Herstellung der n-Kanal Transistoren wird deren gesamte Grundfläche, der so genannte aktive Bereich, mit Dotierstoffen bestrahlt. Dabei dient neben dem Fotolack auch das Polysilizium als Implantationsmaske. Da durch diese Technik die Source- und Drain-Gebiete genau zu der Gate-Elektrode positioniert sind, spricht man auch von einem so genannten selbstjustierenden Prozess.

| Entfernen des verbliebenen Fotolacks Erneutes Beschichten des Wafers mit Fotolack (▦) Belichten mit der Fotomaske (NMOS-Maske) zur Strukturierung der n-Kanal Transistoren | |
| Entfernen des belichteten Fotolacks | |
| Implantation der n-dotierten Source- und Drain-Gebiete (◹) mit Arsen (●). Der Fotolack (▦) und die Polysiliziumschicht (◼) dienen als Implantationsmaske | |

**Herstellung der p-Kanal MOSFET**

Bei der Herstellung der p-Kanal Transistoren findet das gleiche Prinzip wie bei der Herstellung der n-Kanal Transistoren Anwendung, so dass auch hier die Source- und Drain-Gebiete exakt zu der Gate-Elektrode ausgerichtet sind.

| Entfernen des verbliebenen Fotolacks Erneutes Beschichten des Wafers mit Fotolack (▦) Belichten mit der Fotomaske (PMOS-Maske) zur Strukturierung der p-Kanal Transistoren | |

| | |
|---|---|
| Entfernen des belichteten Fotolacks | 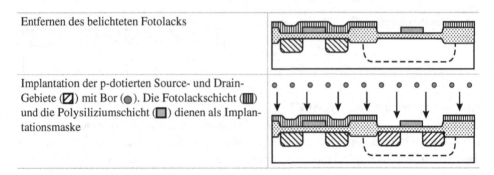 |
| Implantation der p-dotierten Source- und Drain-Gebiete (◪) mit Bor (●). Die Fotolackschicht (▥) und die Polysiliziumschicht (▦) dienen als Implantationsmaske | |

## Herstellung der Kontaktlöcher

Um die einzelnen Bauelemente elektrisch miteinander verbinden zu können, werden zunächst die Stellen definiert, an denen die Bauelemente später mit Leiterbahnen aus Metall verbunden werden sollen.

| | |
|---|---|
| Entfernen des verbliebenen Fotolacks<br>Beschichten des Wafers mit Siliziumoxid (▨) und Fotolack (▥) | 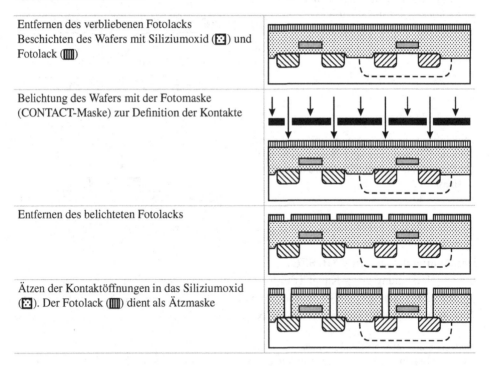 |
| Belichtung des Wafers mit der Fotomaske (CONTACT-Maske) zur Definition der Kontakte | |
| Entfernen des belichteten Fotolacks | |
| Ätzen der Kontaktöffnungen in das Siliziumoxid (▨). Der Fotolack (▥) dient als Ätzmaske | |

## Herstellung der Verdrahtung

Als letzter Schritt erfolgt die Verdrahtung der Bauelemente mit Leiterbahnen aus Metall. Dabei wird hier ein so genanntes Dual-Damascene-Verfahren eingesetzt, bei dem nach dem Ätzen der Kontaktlöcher zunächst die Stellen freigeätzt werden, an denen die

Leiterbahnen liegen sollen, und dann anschließend in einem einzigen Metallisierungs-schritt sowohl die Kontakte als auch die Leiterbahnen durch Beschichtung mit Metall hergestellt werden.

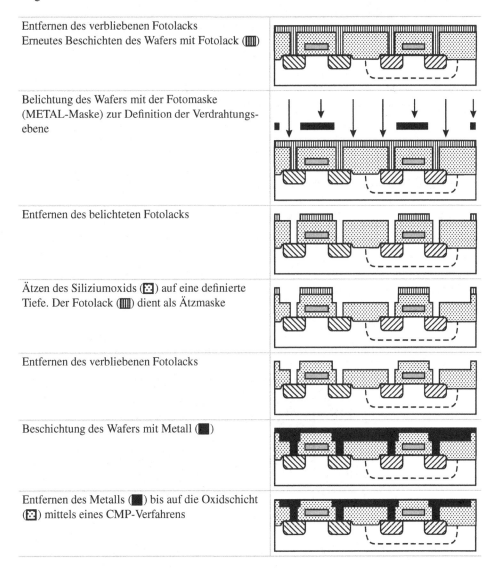

| | |
|---|---|
| Entfernen des verbliebenen Fotolacks<br>Erneutes Beschichten des Wafers mit Fotolack (▥) | |
| Belichtung des Wafers mit der Fotomaske<br>(METAL-Maske) zur Definition der Verdrahtungs-ebene | |
| Entfernen des belichteten Fotolacks | |
| Ätzen des Siliziumoxids (▨) auf eine definierte<br>Tiefe. Der Fotolack (▥) dient als Ätzmaske | |
| Entfernen des verbliebenen Fotolacks | |
| Beschichtung des Wafers mit Metall (■) | |
| Entfernen des Metalls (■) bis auf die Oxidschicht<br>(▨) mittels eines CMP-Verfahrens | |

Die sich nach dem letzten Prozessschritt ergebende Schaltung ist in Abb. 12.15 noch-mals in einer räumlichen Darstellung gezeigt, wobei zur Verdeutlichung die Siliziumoxid-schicht teilweise weggelassen wurde.

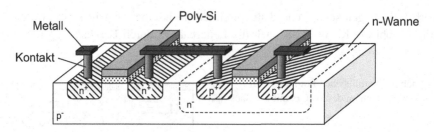

**Abb. 12.15** Schnittdarstellung der beiden in dem oben beschriebenen Prozess hergestellten Transistoren nach teilweiser Entfernung der Oxidschicht

## 12.6   Layout von CMOS-Schaltungen

### 12.6.1   Herstellungsebenen und Masken

Nachdem im vorangegangenen Abschnitt der Ablauf eines CMOS-Prozesses beschrieben wurde, soll nun das Layout einiger einfacher Beispielschaltungen vorgestellt werden.

Dazu betrachten wir zunächst die in Abb. 12.16 gezeigte Darstellung der zur Herstellung der Schaltung nach Abb. 12.15 verwendeten Masken in der Draufsicht. Zur Verdeutlichung besitzen die Masken dabei das gleiche Füllmuster wie die entsprechenden Herstellungsebenen.

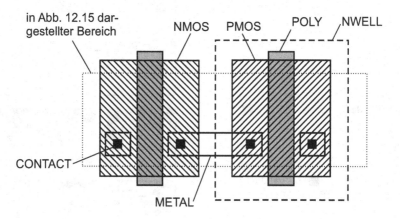

**Abb. 12.16** Gesamtdarstellung (Layout) der bei der Herstellung verwendeten Masken. Der in Abb. 12.15 dargestellte Bereich ist durch eine gepunktete Linie markiert

Diese Darstellung, welche die Lage und die Größe jedes auf der Schaltung befindlichen Bauteils auf dem Chip festlegt, bezeichnet man als das so genannte Layout der Schaltung bzw. des Chips. Das Layout wird aus dem elektrischen Schaltplan automatisch oder manuell generiert. Letzteres ist sehr aufwändig, ermöglicht aber, das Layout z. B. hinsichtlich des Flächenbedarfs zu optimieren. In jedem Fall müssen bei der Erstellung des

Layouts jedoch bestimmte Regeln beachtet werden, um die elektrische Funktionsfähigkeit der Schaltung zu gewährleisten. So muss z. B. die POLY-Maske, wie in Abb. 12.16 dargestellt, über die NMOS-, bzw. die PMOS-Maske hinausragen, da das Polysilizium als Implantationsmaske bei der Herstellung der Source- und Drain-Gebiete dient und ansonsten bei der Implantation ein Kurzschluss zwischen diesen entstünde. Auch für die anderen Maskenebenen gibt es Regeln für die Mindestabstände zu anderen Masken sowie die zulässigen Mindestabmessungen der einzelnen Strukturen. Alle zu einem bestimmten Prozess gehörenden Vorschriften werden als geometrische Entwurfsregeln bezeichnet.

### 12.6.2   CMOS-Inverter

Der CMOS-Inverter ist eine elementare Grundschaltung, die in integrierten Schaltungen unter anderem als Logikelement, als Treiberschaltung oder auch als Verzögerungsglied eingesetzt wird. Ein mögliches Layout des Inverters ist in Abb. 12.17, links, dargestellt; Abb. 12.17, rechts, zeigt das entsprechende elektrische Schaltbild.

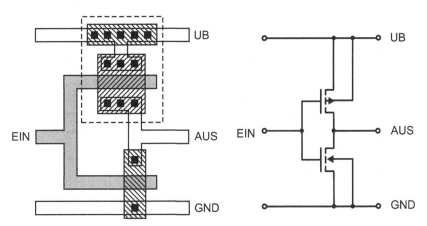

**Abb. 12.17** Layout (*links*) und elektrisches Schaltbild (*rechts*) eines CMOS-Inverters. Der Anschluss des p-Substrates an Masse ist nicht dargestellt

In dem Layout sind deutlich die beiden Transistoren zu erkennen, wobei der oben angeordnete p-Kanal MOSFET wegen der geringeren Beweglichkeit der Löcher ein größeres $w/l$-Verhältnis als der n-Kanal MOSFET hat (vgl. Abschn. 4.2.2). Ebenfalls erkennt man den Anschluss des n-dotierten Substrates, der n-Wanne, in der der p-Kanal MOSFET liegt, an die Versorgungsspannung (UB). Die Metallkontakte sind dabei nicht direkt mit der schwach dotierten n-Wanne verbunden, sondern über stark n-dotierte Bereiche, um zu gewährleisten, dass sich dort ein ohmscher Kontakt mit geringem elektrischem Widerstand bildet.

An den Stellen, an denen das Polysilizium nicht über die Implantationsgebiete läuft, entstehen keine Transistoren, so dass das Polysilizium dort zur Verdrahtung verwendet werden kann. In dem gezeigten Layout wird eine solche Polysiliziumleiterbahn verwendet, um das Eingangssignal (EIN) zu den beiden Transistoren zu führen. Der Ausgang der Schaltung (AUS) sowie die Versorgungsspannung (UB) und die Masse (GND) sind als Metallleiterbahn ausgeführt und mit den anzuschließenden Gebieten jeweils über Kontakte verbunden. Die Kontaktierung erfolgt grundsätzlich über so viel Kontakte wie möglich, um eine sichere elektrische Verbindung und einen möglichst gleichmäßigen Potentialverlauf innerhalb der anzuschließenden Gebiete zu gewährleisten.

### 12.6.3  2-fach NOR-Gatter

Ein weiteres Beispiel für das Layout integrierter Schaltungen ist das in Abb. 12.18 gezeigte 2-fach NOR-Gatter mit jeweils zwei entsprechend dimensionierten n-Kanal und p-Kanal MOSFET (vgl. Abschn. 11.2.4).

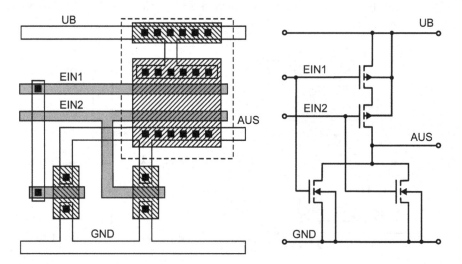

**Abb. 12.18** Layout (*links*) und elektrisches Schaltbild (*rechts*) eines 2-fach NOR-Gatters. Der Anschluss des p-Substrates an Masse (GND) ist nicht dargestellt

Die beiden in Serie geschalteten p-Kanal Transistoren liegen in einer gemeinsamen, an die Versorgungsspannung (UB) angeschlossenen n-Wanne. Um zusätzlich Platz zu sparen, ist das Drain-Gebiet des oberen p-Kanal MOSFET und das Source-Gebiet des unteren p-Kanal MOSFET als ein gemeinsames Gebiet ausgeführt. Die Verdrahtung der Eingangssignale (EIN1 und EIN2) erfolgt über Polysilizium, wobei hier wegen der notwendigen Überkreuzung der Leiterbahnen zusätzlich eine Metallleiterbahn für den Knoten (EIN1) nötig ist. Der Ausgang der Schaltung (AUS) ist über eine Metallleiterbahn nach außen geführt.

## 12.7 Elektrische Eigenschaften der Entwurfsebenen

In den vorangegangenen Abschnitten sind wir davon ausgegangen, dass das Layout und die dadurch definierte Schaltung eine exakte Repräsentation des entsprechenden elektrischen Schaltbildes darstellt. Dies ist jedoch nicht der Fall, da beispielsweise Metall- oder Polysilizium-Leiterbahnen einen elektrischen Widerstand haben, der bei dem Schaltungsentwurf berücksichtigt werden muss. In diesem Abschnitt werden wir daher die elektrischen Eigenschaften der unterschiedlichen Entwurfsebenen untersuchen. Die sich dabei ergebenden, für einen Prozess charakteristischen Eigenschaften werden auch als elektrische Entwurfsregeln bezeichnet. Die angegebenen Zahlenwerte sind dabei nur als grober Anhaltswert zu verstehen, da die Werte sehr stark von der verwendeten Technologie abhängen.

### 12.7.1 Metallebene

Die Metallebene in integrierten Schaltungen dient in erster Linie zur Verdrahtung von Bauelementen und Schaltungsteilen. Einfache Prozesse erlauben zwei übereinanderliegende Metallebenen, bei komplexeren Logikschaltungen hat man oft noch mehr Metallebenen zur Verfügung, um die Verdrahtung zu erleichtern. Als Leiterbahnmaterial kommen unter anderem Aluminium oder auch Kupfer zum Einsatz.

**Elektrischer Widerstand von Metallleiterbahnen**
Die wichtigste Kenngröße einer Leitung ist der elektrische Widerstand. Statt die spezifische Leitfähigkeit $\sigma$ des entsprechenden Materials anzugeben, aus dem dann bei gegebener Leiterbahnlänge $l$, -breite $w$ und -dicke $d$ (Abb. 12.19) der Gesamtwiderstand der Leitung gemäß

$$R = \frac{1}{\sigma d} \frac{l}{w} \tag{12.1}$$

bestimmt werden kann, bietet es sich bei integrierten Schaltungen an, den so genannten Flächenwiderstand anzugeben. Dazu fasst man den nur von dem Prozess abhängigen ersten Term auf der rechten Seite von (12.1) zu dem Flächenwiderstand

$$R_\square = \frac{1}{\sigma d} \tag{12.2}$$

zusammen.

Typische Werte für den Flächenwiderstand von Metallleiterbahnen aus Aluminium liegen in der Größenordnung von $R_{\square,\text{Alu}} = 0{,}1\,\Omega/\square$, wobei die Einheit $\Omega/\square$ aussagt, dass dieser Wert den Widerstand eines quadratischen Leiterbahnabschnittes angibt. Der Widerstand einer Leitung berechnet sich somit aus dem Wert des Flächenwiderstandes,

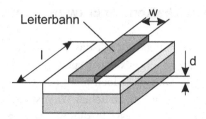

**Abb. 12.19** Neben der spezifischen Leitfähigkeit bestimmen die Leiterbahnabmessungen den elektrischen Widerstand einer Leitung

multipliziert mit der Länge der Leiterbahn in Quadraten. Bei gewinkelten Leiterbahnen gewichtet man die Eckquadrate mit dem Faktor 0,5.

**Beispiel 12.1**
Es soll der elektrische Widerstand der in Abb. 12.20 gezeigten Leiterbahnen bestimmt werden. Der Flächenwiderstand des Materials sei $R_\square = 0,1\,\Omega/\square$.

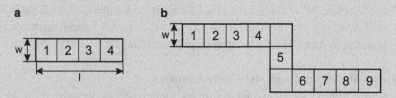

**Abb. 12.20** Zur Bestimmung des elektrischen Widerstandes wird die Leiterbahn in quadratische Abschnitte aufgeteilt

Unterteilt man die Leiterbahn in Abb. 12.20a in Quadrate, so ergeben sich vier Quadrate. Der Widerstand der Leiterbahn ist demnach

$$R = 0,1\,\Omega/\square \times 4\,\text{Quadrate} = 0,4\,\Omega\,. \tag{12.3}$$

Für die Leiterbahn in Abb. 12.20b erhält man entsprechend neun Quadrate plus zwei Eckquadrate, so dass sich der Widerstand der Leitung näherungsweise zu

$$R = 0,1\,\Omega/\square \times (9 + 2 \times 0,5)\,\text{Quadrate}$$
$$= 1\,\Omega \tag{12.4}$$

berechnet.

**Kapazität von Metallleiterbahnen**
Leiterbahnen bilden mit dem Substrat und der dazwischenliegenden Isolationsschicht eine Kapazität (Abb. 12.21).

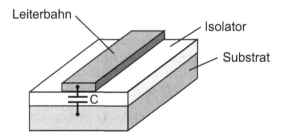

**Abb. 12.21**  Eine elektrische Leitung bildet mit dem darunterliegenden Substrat eine Kapazität

Die Größe der Kapazität hängt dabei von der Dicke und Art des Isolationsmaterials ab. Für den Fall einer Metallleiterbahn (z. B. Aluminium) über einer dicken Oxidschicht beträgt die flächenbezogene Kapazität gegenüber dem Substrat etwa

$$C'_{\text{Alu}} \approx 0,1\,\text{fF}/\mu\text{m}^2\,. \tag{12.5}$$

Leitungen sollten daher möglichst kurz gehalten werden, um hohe Leitungskapazitäten und damit lange Schaltzeiten (vgl. Abschn. 4.3.2) zu vermeiden. Bei benachbarten Leiterbahnen ist darüber hinaus zu beachten, dass zwischen diesen zusätzlich eine Koppelkapazität besteht (Abb. 12.22). Um ein kapazitives Übersprechen zwischen benachbarten Leitungen zu vermeiden, sollten diese daher nicht über längere Strecken parallel laufen.

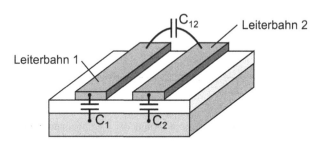

**Abb. 12.22**  Zwischen benachbarten Leiterbahnen entsteht eine Koppelkapazität $C_{12}$, die zum Übersprechen führen kann

**Leitungsinduktivität**
Neben dem Widerstands- und dem Kapazitätsbelag haben Leitungen zusätzlich einen von der Leitungsgeometrie abhängigen Induktivitätsbelag. Bei Leitungen auf dem Chip ist

dieser in der Regel vernachlässigbar, bei sehr langen Leitungen, wie z. B. den Bonddrähten zwischen den Pads und den Anschlussbeinchen, kann sich die Induktivität jedoch störend bemerkbar machen. Zur Abschätzung kann man von einer längenbezogenen Induktivität einer Leitung von etwa

$$L' \approx 1\,\mathrm{nH/mm} \tag{12.6}$$

ausgehen. Die Induktivität $L$ einer Leitung führt dazu, dass bei einer Stromänderung $di/dt$ auf der Leitung, ein Spannungsabfall $U$ auftritt, der durch das Induktionsgesetz

$$U = L\frac{di}{dt} \tag{12.7}$$

gegeben ist. Um solche Spannungsabfälle auf den Leitungen zu vermeiden, sollte deren Induktivität so klein wie möglich gehalten werden. Dies erreicht man durch eine möglichst kurze Leitungslänge. Ist dies, z. B. bei den Bonddrähten, nicht möglich, schaltet man gelegentlich auch mehrere Bonddrähte parallel, um die Induktivität zu verringern.

---

**Beispiel 12.2**

Eine Schaltung auf einem Chip sei durch je 5 mm lange Leitungen mit der Versorgungsspannung und der externen Masse verbunden (Abb. 12.23). Es soll ein Strom von 50 mA in 2 ns geschaltet werden. Gesucht ist der während des Schaltens aufgrund der Leitungsinduktivitäten auftretende Spannungsabfall über den Zuleitungen.

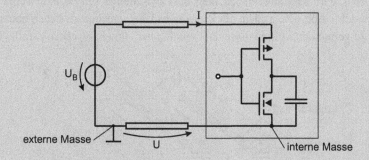

**Abb. 12.23** Entlang einer Leitung kann aufgrund der Leitungsinduktivität bei schnellen Stromänderungen ein Spannungsabfall auftreten

Die Leitungsinduktivität lässt sich mit (12.6) grob abschätzen zu

$$L = 1\,\mathrm{nH/mm} \times 5\,\mathrm{mm} = 5\,\mathrm{nH}\,. \tag{12.8}$$

Damit wird der Spannungsabfall entlang der Leitungen während des Schaltens

$$U = 5\,\mathrm{nH}\,\frac{50\,\mathrm{mA}}{2\,\mathrm{ns}} = 125\,\mathrm{mV}\,. \tag{12.9}$$

Die internen Anschlusspunkte schwanken also um 125 mV gegenüber den externen Potenzialen. Dies kann dazu führen, dass z. B. Eingangssignale nicht mehr richtig als Low- oder Highpegel erkannt werden und daher eine Fehlfunktion der Schaltung auftritt (vgl. Abschn. 11.1).

**Stromtragfähigkeit von Metallleiterbahnen**
Eine weitere wichtige Kenngröße von Leiterbahnen ist deren Stromtragfähigkeit, d. h. die maximal zulässige Stromdichte, die durch eine Leitung fließen kann. Für Metallleitungen liegt der zulässige Wert bei etwa $1 \, \text{mA}/\mu\text{m}^2$. Höhere Werte führen zur so genannten Elektromigration, d. h. dem Abtrag von Metallteilchen durch die durch die Leitung fließenden Elektronen, was letztlich zu einer Zerstörung der Leiterbahn führen kann.

## 12.7.2 Kontakte und Vias

Kontakte sind vertikale Verbindungen zwischen einer Metallebene und anderen Ebenen wie z. B. hochdotiertem Silizium oder Polysilizium. Als Via bezeichnet man die Verbindung zwischen unterschiedlichen Metallebenen (Abb. 12.24). Als Materialien kommen überwiegend Aluminium, Wolfram oder Kupfer zum Einsatz.

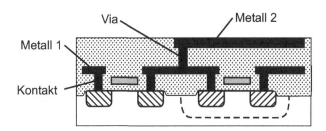

**Abb. 12.24** Querschnitt einer Schaltung mit zwei Metallverdrahtungsebenen (Metall1 und Metall2). Eine Verbindung zwischen den beiden Verdrahtungsebenen nennt man Via

**Elektrischer Widerstand von Kontakten**
Der elektrische Widerstand eines Kontaktes beträgt etwa

$$R_{\text{Kontakt}} \approx 2 \, \Omega \, . \tag{12.10}$$

Um den Widerstand bei der Kontaktierung möglichst gering zu halten, werden daher insbesondere bei der Kontaktierung großer Flächen, wie z. B. Wannen oder auch Source- und Drain-Gebiete, möglichst viele Kontakte angebracht.

**Stromtragfähigkeit von Kontakten**

Der maximal zulässige Strom je Kontakt liegt bei etwa

$$I_{max} \approx 0,5\,\text{mA}\,, \tag{12.11}$$

so dass bei hohen Strömen eine entsprechende Zahl von Kontakten verwendet werden muss, um eine Zerstörung der Kontakte zu verhindern.

## 12.7.3  Polysiliziumebene

Die Polysiliziumebene besteht im Gegensatz zu dem einkristallinen Silizium, welches als Grundmaterial für die Herstellung von Halbleitern verwendet wird, aus polykristallinem Silizium, d. h. aus einer Vielzahl von kleinen Kristallen.

Polysilizium wird unter anderem als Gate-Elektrode von MOSFET, als Verdrahtungsebene für kurze Verbindungen, oder auch zur Realisierung von Widerständen eingesetzt. Ebenfalls lassen sich damit Verbindungen herstellen, die mittels Laser getrennt werden können, so dass Schaltungen vor dem Eingießen in das Gehäuse programmiert werden können.

**Elektrischer Widerstand von Polysiliziumbahnen**

Wegen der Grenzschichten zwischen den einzelnen Kristallen ist die Beweglichkeit der Ladungsträger in Polysilizium geringer als in einkristallinem Silizium und somit der elektrische Widerstand entsprechen höher. Der flächenbezogene Widerstand liegt bei etwa

$$R_{\square,\text{Poly}} \approx 50\,\Omega/\square\,. \tag{12.12}$$

Durch das Aufbringen einer zusätzlichen so genannten Silizidschicht lässt sich der Widerstand einer Polysiliziumbahn jedoch um etwa eine Größenordnung verringern, so dass auch längere Verdrahtungen möglich sind.

**Kapazität von Polysiliziumbahnen**

Die Kapazität pro Fläche einer Polysiliziumbahn hängt von der Art und der Dicke der Isolationsschicht ab. Bei einer Leiterbahn aus Polysilizium, die über eine dicke Oxidschicht läuft, beträgt der Wert der flächenbezogenen Kapazität etwa

$$C'_{\text{Poly}} \approx 0,1\,\text{fF}/\mu\text{m}^2\,. \tag{12.13}$$

Bei der Verwendung von Polysilizium als Gate-Elektrode ist das Siliziumoxid in der Regel nur wenige nm dick, so dass sich eine flächenbezogene Kapazität von etwa

$$C'_{\text{ox}} \approx 1\,\text{fF}/\mu\text{m}^2 \tag{12.14}$$

ergibt.

### 12.7.4 Implantationsebene

Die auch als Implantationsebene bezeichnete $n^+/p^+$-Ebene besteht aus stark n- bzw. p-dotiertem Silizium. Aus ihr bestehen die Source- und Drain-Gebiete von MOSFET, oder die Bereiche, in denen schwach dotiertes Silizium (z. B. die n-Wanne) mit Metallkontakten verbunden werden soll. Durch die starke Dotierung wird gewährleistet, dass sich ein ohmscher Kontakt mit niedrigem Widerstand zwischen dem Silizium und dem Metall ausbildet.

**Elektrischer Widerstand der Implantationsebene**
Abhängig von der Art und der Stärke der Dotierung liegt der flächenbezogene Widerstand bei etwa

$$R_{\square,\text{Impl}} \approx 50\,\Omega/\square\,. \tag{12.15}$$

**Kapazität der Implantationsebene**
Liegt eine Implantationsebene in einem Gebiet mit umgekehrter Dotierung (z. B. das n-dotierte Source- oder Drain-Gebiet eines MOSFET in einem p-dotierten Substrat), so entsteht zwischen beiden ein pn-Übergang mit einer entsprechenden Sperrschichtkapazität (Abb. 12.25).

**Abb. 12.25** Zwischen unterschiedlich dotierten Gebieten bildet sich eine Kapazität

Die spannungsabhängige, flächenbezogene Sperrschichtkapazität des pn-Übergangs beträgt bei $U_{pn} = 0\,V$ etwa

$$C'_{j,\text{Impl}} \approx 0,1\,\text{fF}/\mu\text{m}^2\,. \tag{12.16}$$

### 12.7.5 Wannen

Die aus leicht dotiertem Silizium bestehenden Wannen dienen als Substrat, in dem sich die entsprechenden MOSFET befinden. Ebenso werden Wannen zur Realisierung hochohmiger Widerstände eingesetzt.

**Elektrischer Widerstand von Wannen**
Der flächenbezogene elektrische Widerstand einer Wanne liegt bei etwa

$$R_{\square,\text{Wanne}} \approx 5\,\text{k}\Omega/\square\,. \tag{12.17}$$

Wannen sollten daher stets großflächig mit vielen Kontakten versehen werden, um Potenzialdifferenzen innerhalb der Wanne zu vermeiden.

**Kapazität von Wannen**

Die Kapazität pro Fläche einer Wanne gegenüber dem Grundmaterial liegt bei etwa

$$C_{j,\text{Wanne}} \approx 0{,}1\,\text{fF}/\mu\text{m}^2 \ . \tag{12.18}$$

Wird eine Wanne als Widerstand verwendet, ist zu beachten, dass der relativ große Widerstands- und Kapazitätsbelag zu einer deutlichen Verzögerung bei der Ausbreitung von Signalen entlang der Wanne führt (Abb. 12.26).

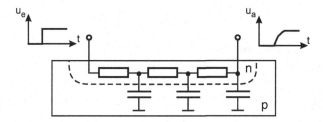

**Abb. 12.26** Beim Durchlaufen einer Wanne wird ein Signal wegen des großen Kapazitäts- und Widerstandsbelages stark verzögert

---

**Beispiel 12.3**

Wir bestimmen die Verzögerungszeit eines n-Wannen Widerstandes mit $R_{\square} = 5\,\text{k}\Omega/\square$, $C' = 0{,}1\,\text{fF}/\mu\text{m}^2$, einer Länge von $100\,\mu\text{m}$ und einer Breite von $2\,\mu\text{m}$.

Um die Größenordnung der Verzögerungszeit abzuschätzen, bestimmen wir die RC-Zeitkonstante. Mit

$$R = R_{\square} \frac{100\,\mu\text{m}}{2\,\mu\text{m}} = 250\,\text{k}\Omega \tag{12.19}$$

und

$$C = C' \times 100\,\mu\text{m} \times 2\,\mu\text{m} = 20\,\text{fF} \tag{12.20}$$

wird

$$t_d \approx RC$$
$$\approx 250\,\text{k}\Omega \ 20\,\text{fF} = 5\,\text{ns} \ . \tag{12.21}$$

Das Signal erfährt also eine deutliche Verzögerung beim Durchlaufen der n-Wanne.

## 12.8  Parasitäre Bauelemente

Neben den oben beschriebenen passiven parasitären Elementen wie Leitungswiderständen oder Kapazitäten entstehen bei der Herstellung integrierter Schaltungen prozessbedingt auch aktive parasitäre Bauelemente, wie Bipolar- und Feldeffekttransistoren. Diese können unter bestimmten Umständen die Funktion der Schaltung beeinträchtigen oder sogar zu deren Zerstörung führen. Im Folgenden sind die parasitären Bauelemente beschrieben, die bei einem CMOS-Prozess von Bedeutung sind.

### 12.8.1  Dickoxidtransistor

Sind in einem Layout zwei implantierte Gebiete durch eine Isolationsschicht aus Siliziumoxid getrennt, über die eine Leiterbahn läuft, so entsteht ein so genannter Dickoxidtransistor (Abb. 12.27).

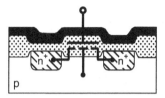

**Abb. 12.27**  Die über einer Dickoxidschicht gelegene Leiterbahn wirkt wie eine Gate-Elektrode, so dass zwischen den beiden $n^+$-Gebieten ein leitender Kanal entstehen kann. Den so entstandenen Transistor nennt man Dickoxidtransistor

Ist die Spannung an der als Gate-Elektrode wirkenden Leiterbahn groß genug, bildet sich ein leitender Kanal unter dem Oxid und die beiden $n^+$-Gebiete werden elektrisch verbunden. Abhilfe schafft eine $p^+$-Implantation unter dem Oxid, wodurch sich die Einsatzspannung des parasitären Transistors zu höheren Werten hin verschiebt, so dass dieser unter normalen Bedingungen nicht mehr leiten kann.

### 12.8.2  Parasitärer Bipolartransistor

Source-, Drain- und Bulkgebiet eines Feldeffekttransistors bilden stets einen parasitären Bipolartransistor. Bei einem n-MOS Transistor entsteht dabei, wie in Abb. 12.28 gezeigt, ein npn-Bipolartransistor.

Dabei bildet der Substrat-Source-Übergang die Basis-Emitter-Diode und der Substrat-Drain-Übergang die Basis-Kollektor-Diode. Im Normalfall sind beide Übergänge gesperrt, so dass der parasitäre Transistor unwirksam ist.

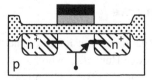

**Abb. 12.28** Durch die Schichtfolge n-p-n entsteht bei der Herstellung eines n-Kanal MOSFET stets auch ein parasitärer Bipolartransistor

### 12.8.3   Parasitärer Thyristor

Bei CMOS-Schaltungen mit n- und p-Kanal MOSFET entstehen sowohl parasitäre npn- als auch pnp-Transistoren. Als Beispiel betrachten wir die in Abb. 12.29 gezeigte Schaltung, wobei von den MOSFET der Einfachheit halber lediglich die Source-Elektroden dargestellt sind, die an 0 V (n-Kanal MOSFET) bzw. $U_B$ (p-Kanal MOSFET) angeschlossen sind. Das p-dotierte Grundmaterial sowie die n-Wanne sind ebenfalls über hoch dotierte Gebiete mit 0 V bzw. $U_B$ verbunden, um ohmsche Kontakte zu gewährleisten (vgl. Abschn. 2.5). Das sich somit ergebende elektrische Ersatzschaltbild der parasitären Bauelemente dieser Anordnung ist in Abb. 12.30 gezeigt, wobei jeweils noch die ohmschen Widerstände der niedrig dotierten Gebiete berücksichtigt sind.

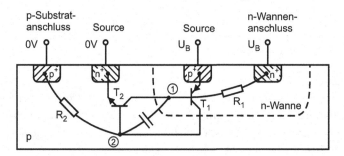

**Abb. 12.29** In CMOS-Schaltungen entstehen sowohl parasitäre npn- als auch pnp-Transistoren

Diese Verschaltung der beiden Transistoren stellt eine so genannte Vierschichtdiode bzw. einen Thyristor dar. Im Normalfall sperren beide Transistoren und es fließt kein Strom durch die Schaltung. Beginnt jedoch einer der Transistoren zu leiten, führt der dann fließende Strom zu einem Spannungsabfall an dem entsprechenden Kollektorwiderstand. Ist dieser hinreichend groß, wird die Basis-Emitter-Diode des anderen Transistors ebenfalls in Durchlassrichtung geschaltet, so dass auch dieser leitet, wobei durch die Verschaltung der Transistoren beide dauerhaft eingeschaltet bleiben. Dieser als Latchup bezeichneter Effekt kann wegen der dann fließenden großen Ströme zur Zerstörung der Schaltung führen.

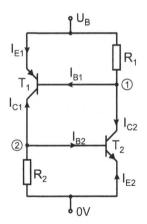

**Abb. 12.30** Elektrisches Ersatzschaltbild der parasitären Bauelemente der Schaltung nach Abb. 12.29. Die parasitäre Kapazität zwischen den Knoten 1 und 2 ist nicht eingezeichnet

Wir wollen nun untersuchen, unter welchen Bedingungen der Latchup-Effekt auftreten kann, welche Zündursachen er hat und welche Gegenmaßnahmen ergriffen werden können.

Die beiden Bipolartransistoren leiten, wenn der Betrag ihrer Basis-Emitterspannungen größer als etwa 0,7 V ist, was um so leichter auftritt, je größer die Widerstände $R_1$ und $R_2$ sind. Um zu untersuchen, unter welchen Bedingungen eine einmal gezündete Schaltung eingeschaltet bleibt, betrachten wir den ungünstigsten Fall unendlich großer Widerstände. Fließt ein Strom durch die Schaltung, dann gilt

$$I_{C2} = -I_{B1} \tag{12.22}$$

sowie

$$-I_{C1} = I_{B2} . \tag{12.23}$$

Für die Ströme in den Transistoren gelten die Strombeziehungen

$$I_{C1} = B_1 I_{B1} \tag{12.24}$$

und

$$I_{C2} = B_2 I_{B2} , \tag{12.25}$$

wobei $B_1$ und $B_2$ die Stromverstärkungen der beiden Transistoren $T_1$ und $T_2$ sind. Setzt man nun diese Gleichungen ineinander ein, erhält man nach Elimination der Ströme die Bedingung

$$B_1 B_2 = 1 . \tag{12.26}$$

Ist also das Produkt der Stromverstärkungen der beiden parasitären Bipolartransistoren größer oder gleich eins, bleibt der einmal gezündete Thyristor eingeschaltet.

Als Zündursache genügt es, wenn einer der Basis-Emitter-Übergänge kurzzeitig in Durchlassrichtung gelangt. Dies kann z. B. durch Schwankungen der Versorgungsspannung oder des Massepotentials eintreten, so dass kurzzeitig ein Ladestrom durch die Kapazität zwischen den Knoten 1 und 2 der Schaltung fließt.

Als Maßnahme zur Vermeidung des Latchup bietet sich zunächst die Verringerung der Stromverstärkung durch Erhöhung der Basisweite der parasitären Bipolartransistoren an, d. h. die Vergrößerung der Abstände zwischen den unterschiedlichen Bauelementen. Eine weitere effektive Maßnahme ist die Verringerung der Widerstandswerte von $R_1$ und $R_2$, wodurch sich der Spannungsabfall über den Basis-Emitterstrecken der parasitären Bipolartransistoren verringert. Dies erreicht man durch so genannte Guard-Ringe um die Anschlüsse, welche die Emitter der parasitären Bipolartransistoren darstellen. Für den parasitären Transistor $T_2$ ist dies das im p-Substrat liegende $n^+$-Gebiet. Um dieses wird ein ringförmiger $p^+$-dotierter Anschluss gelegt, der die Basis von $T_2$ niederohmig mit der Masse verbindet. Entsprechendes gilt für den Transistor $T_1$ in der n-Wanne. Auch hier wird die Basis, d. h. die n-Wanne über einen $n^+$-dotierten Ring niederohmig mit der Versorgungsspannung $U_B$ verbunden. Durch die dann vorliegende Parallelschaltung der Widerstände $R_1$ und $R_{1'}$ bzw. $R_2$ und $R_{2'}$ sind Basis und Emitter der parasitären Transistoren jeweils so niederohmig miteinander verbunden, dass die dort abfallende Spannung nicht mehr ausreicht, um die Transistoren einzuschalten. Das Schnittbild einer solchen mit Guard-Ringen versehenen Schaltung ist in Abb. 12.31 gezeigt.

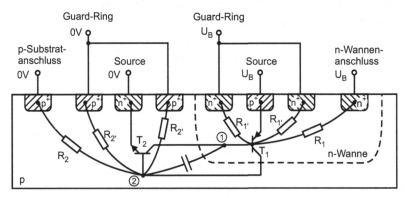

**Abb. 12.31** Modifizierte Version der Schaltung nach Abb. 12.29. Um die Source-Anschlüsse sind zusätzlich so genannte Guard-Ringe angebracht, um den Latchup-Effekt zu verhindern

## 12.9 ASIC

Der hohe Entwicklungs- und Fertigungsaufwand und die damit verbundenen Kosten bei der Herstellung integrierter Schaltungen rechnen sich nur bei in sehr großen Stückzahlen hergestellten Standardschaltungen, wie z. B. Prozessoren, Speichern oder einfachen

Logikbausteinen. Bei geringen Stückzahlen verwendet man daher oft so genannte anwendungsspezifische ICs (ASIC). Dabei handelt es sich um teilweise vorentwickelte oder vorgefertigte Schaltungen, die mit vergleichsweise geringem Aufwand und entsprechend geringen Kosten von dem Nutzer konfiguriert werden können. Man unterscheidet mehrere Typen von ASIC, die im Folgenden kurz beschrieben werden.

### 12.9.1 Gate Arrays

Gate Arrays sind teilweise vorgefertigte integrierte Schaltungen. Auf dem Chip befinden sich bereits Transistorstrukturen (Abb. 12.32), die nur noch in einem letzten Prozessschritt (Metallisierung) verdrahtet werden müssen, so dass der Herstellungsaufwand relativ gering bleibt. Da die Festlegung der Funktion der Schaltung mit der Metallmaske erfolgt, spricht man auch von Maskenprogrammierung.

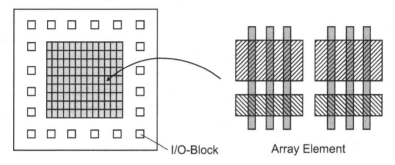

**Abb. 12.32** Layout eines Gate Array ASIC

### 12.9.2 Standardzellen

Bei der Standardzellen-Architektur kann der Entwickler bei dem Entwurf der Schaltung auf eine Bibliothek mit Standardzellen (Makrozellen) zurückgreifen. Diese Standardzellen sind vordefinierte Blöcke mit bestimmten Funktionen (z. B. Gatter, Addierer, Register) und fertigem Layout (Abb. 12.33). Die Zellen müssen von dem Entwickler dann nur noch zu der gewünschten Schaltung zusammengefügt werden, so dass sich die Zeit für den Entwurf der Schaltung und des entsprechenden Layouts deutlich reduziert. Die Herstellung erfolgt dann wie bei einer herkömmlichen integrierten Schaltung, d. h. es müssen alle Maskenebenen prozessiert werden.

### 12.9.3 PLD

Programmable logic devices (PLD) sind vollständig vorgefertigte Schaltungen, die durch den Anwender programmiert werden. Je nach Art der Schaltung lassen diese sich einma-

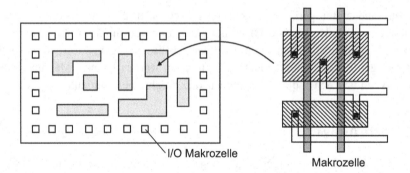

I/O Makrozelle

Makrozelle

**Abb. 12.33** Standardzellenlayout mit verschiedenen Funktionsblöcken (Makrozellen) und Ein-/ Ausgabe-Blöcken (I/O-Makrozellen)

lig oder auch mehrfach programmieren. Bei der einmaligen Programmierung werden z. B. Leiterbahnen aus Polysilizium auf dem Chip, so genannte Fuses, aufgetrennt. Dies erfolgt beispielsweise durch einen hohen Strom, der kurzzeitig durch die Leiterbahn geschickt wird, so dass diese zerstört und damit hochohmig wird oder durch einen Laser, mit dem die entsprechenden Fuses aufgetrennt werden. Die mehrfache Programmierung von Bausteinen wird erreicht durch den Einsatz von programmierbaren Transistoren, bei denen sich die Einsatzspannung durch kurzzeitiges Anlegen einer hohen Spannung verändern lässt. Man unterscheidet mehrere Arten programmierbarer Bausteine, die im Folgenden kurz vorgestellt werden sollen:

### PLA

Programmable logic array (PLA) bestehen aus je einer Anordnung programmierbarer AND-Gatter und OR-Gatter. Da sich jede Logikfunktion aus der OR-Verknüpfung von AND-Gattern realisieren lässt, können mit dieser Art von Schaltung sehr einfach Logik-Gatter realisiert werden.

### PAL

Bei der Programmable array logic (PAL) besteht der Baustein aus einer Anordnung programmierbarer AND-Gatter sowie aus einer Anordnung nicht programmierbarer OR-Gatter. Wegen der eingeschränkten Programmiermöglichkeit ist die Komplexität der realisierbaren Logikfunktionen jedoch begrenzt.

### FPGA

Field programmable gate arrays (FPGA) bestehen aus Logikzellen mit jeweils kombinatorischer Logik und Flipflops (Abb. 12.34). Durch programmierbare Verbindungen der Logikzellen untereinander lassen sich nahezu beliebige Logikfunktionen realisieren.

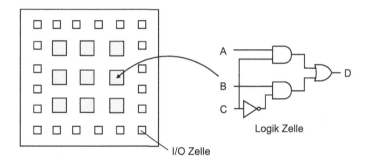

**Abb. 12.34** Layout eines FPGA mit programmierbaren Logikzellen

## Literatur

1. Cordes, KH, Waag, A, Heuck, N (2011) Integrierte Schaltungen – Grundlagen – Prozesse – Design – Layout. Pearson Studium, München
2. Hoffmann, K (2003) Systemintegration. Oldenbourg Wissenschaftsverlag, München, Wien
3. Hilleringmann, U (2014) Silizium-Halbleitertechnologie. Springer, Wiesbaden
4. Veendrick, HJM (2017) Manometer CMOS ICs- From Basics to ASICs. Springer, Netherlands
5. Widmann, D, Mader, H, Friedrich, H (1996) Technologie hochintegrierter Schaltungen. Springer, Berlin

# Rechnergestützter Schaltungsentwurf

**13**

## 13.1 Einführung

### 13.1.1 Entwurfsablauf

Der Entwurf elektronischer Schaltungen erfolgt heutzutage überwiegend am Computer. Dies gilt ausnahmslos für integrierte Schaltungen, bei denen der gesamte Entwurfsprozess mit entsprechenden CAD[1] -Programmen durchgeführt wird. Eine schematische Darstellung des Entwurfsprozesses mit den unterschiedlichen Entwurfsebenen ist in Abb. 13.1 gezeigt.

Der Entwurf erfolgt dabei in der Regel ausgehend von der höheren Ebene zur niedrigeren; für das in Abb. 13.1 gezeigte Beispiel einer einfachen NOR-Verknüpfung also von der sehr abstrakten funktionalen Beschreibung mittels Boole´scher Gleichungen über die Gatterdarstellung auf der Logikebene und die Darstellung auf Transistorebene bis hin zur Beschreibung der Schaltung auf der physikalischen Layout-Ebene. Auf jeder Ebene stehen dazu entsprechende Werkzeuge zur Verfügung, mit denen der Entwurf durchgeführt und anschließend die Funktion der Schaltung überprüft werden kann.

Der Ablauf des Schaltungsentwurfes muss dabei jedoch nicht streng dem gezeigten Schema entsprechen. Dieser hängt vielmehr von der Art der Schaltung (analog oder digital), der Realisierung (diskreter Aufbau, integrierte Schaltung oder ASIC), den Anforderungen an die Schaltung (Leistungsfähigkeit, Flächenbedarf, Verlustleistung usw.) und nicht zuletzt von der Komplexität der Schaltung ab. So hatten wir in den vorangegangenen Kapiteln bereits Methoden kennengelernt, um für einfache Logikfunktionen direkt eine Realisierung in CMOS-Technologie anzugeben (vgl. Abschn. 11.2) und daraus ein entsprechendes Layout zu generieren (vgl. Abschn. 12.6).

---

[1] Computer Aided Design.

© Springer-Verlag GmbH Deutschland, ein Teil von Springer Nature 2019
H. Göbel, *Einführung in die Halbleiter-Schaltungstechnik*,
https://doi.org/10.1007/978-3-662-56563-6_13

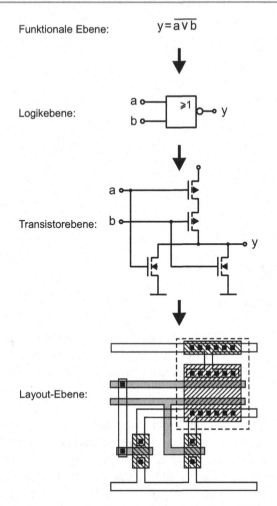

**Abb. 13.1** Schematische Darstellung der Entwurfsebenen beim Entwurf integrierter Schaltungen

Für komplexe Logikschaltungen erfolgt der Entwurf hingegen oft mittels so genannter Beschreibungssprachen wie z. B. VHDL[2] . Hier wird die Schaltung auf funktionaler Ebene durch eine spezielle Syntax, vergleichbar einer Programmiersprache, beschrieben. Daraus lässt sich dann entweder mit Übersetzungsprogrammen, so genannter Synthesetools, ein entsprechendes Layout generieren oder es kann ein Datensatz erzeugt werden, mit dem z. B. ein FPGA (vgl. Abschn. 12.9) direkt programmiert werden kann. Dies verkürzt die Entwicklungszeit erheblich; hinsichtlich Flächenbedarf und Leistungsfähigkeit müssen bei einer solchen Realisierung jedoch Kompromisse eingegangen werden.

---

[2] Very High Speed Integrated Circuit Hardware Description Language.

## 13.1.2  Simulationswerkzeuge für den Schaltungsentwurf

Im Folgenden wollen wir, angelehnt an die bisher in diesem Buch beschrittene Vorgehensweise, Entwurfswerkzeuge für den Schaltungsentwurf auf der Logik- bzw. Transistorebene vorstellen.

Zu den wichtigsten Werkzeugen gehören dabei Programme zur Schaltungssimulation, wie z. B. das weit verbreitete Programm PSpice. So finden sich auch in diesem Buch zu den einzelnen Schaltungsbeispielen jeweils PSpice-Dateien, die es ermöglichen, die im Buch beschriebenen Schaltungen auf einfache Weise am Rechner zu simulieren. Wie bei allen Simulationen sollte der Anwender jedoch in der Lage sein, die Korrektheit der Ergebnisse einzuschätzen und diese ggf. kritisch zu hinterfragen. Dies lässt sich zum einen erreichen, indem vor der Simulation eine überschlägige Berechnung der Schaltung vorgenommen wird, wobei die Anwendung von einfachen Näherungsformeln, wie wir sie in den entsprechenden Kapiteln abgeleitet hatten, zweckmäßig ist. Zum anderen ist die Kenntnis der grundlegenden Funktionsweise eines Simulationsprogramms nötig, um dessen Möglichkeiten und Grenzen abschätzen zu können.

Bevor wir im Folgenden die Arbeitsweise eines Programms zur Schaltungssimulation darstellen, sollen zunächst jedoch die wichtigsten Simulationsarten kurz beschrieben werden.

## 13.1.3  Simulationsarten

**Logik- und Analogsimulation**
Bei der Schaltungssimulation ist zunächst zwischen der Simulation auf Logikebene (Logiksimulation) und der Simulation auf Transistorebene (analoge Schaltungssimulation) zu unterscheiden. Für beide Simulationsarten gibt es sowohl spezielle Programme als auch Programme, die beide Simulationsarten in der so genannten Mixed-Signal-Simulation miteinander kombinieren können (Abb. 13.2).

Der grundsätzliche Unterschied zwischen der Logiksimulation und der analogen Schaltungssimulation ist, dass bei ersterer mit stark vereinfachten Modellen gearbeitet wird. So

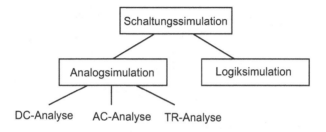

**Abb. 13.2**  Übersicht über die verschiedenen Simulationsarten

wird die Funktion des NOR-Gatters in Abb. 13.1 auf der Logikebene durch ein Modell beschrieben, welches lediglich die logische Verknüpfung zwischen Ein- und Ausgangssignal angibt. Bei den entsprechenden Ein- und Ausgangspegeln wird dabei nur zwischen unterschiedlichen Spannungspegeln, also L, H und „nicht definiert" unterschieden (vgl. Abschn. 11.1), und das zeitliche Verhalten des Gatters wird nur durch eine Verzögerungszeit zwischen Ein- und Ausgangssignal modelliert.

Wird die gleiche Schaltung hingegen auf Transistorebene simuliert, so stehen wesentlich genauere Modelle zur Verfügung. Für die in Abb. 13.1 gezeigte Realisierung des Gatters mit MOS-Transistoren können z. B. die in Kap. 4 abgeleiteten Transistorgleichungen verwendet werden, mit denen das zeitliche Verhalten des Gatters sehr genau berechnet werden kann. Nachteilig ist jedoch, dass eine Simulation auf Transistorebene wesentlich länger dauert als eine Logiksimulation. Bei komplexeren Schaltungen erfolgt die Verifikation der Gesamtschaltung daher zweckmäßigerweise auf der Logikebene, während die Optimierung einzelner Teilschaltungen auf Transistorebene durchgeführt wird.

**Transienten-, Gleichstrom- und Wechselstromanalyse**
Neben der oben beschriebenen Simulation des zeitlichen Verhaltens einer Schaltung, der so genannten Transienten-Simulation oder kurz TR-Analyse, gibt es noch weitere Simulationsarten, die jedoch nur bei der analogen Schaltungssimulation von Bedeutung sind. Dies sind zum einen die Gleichstrom- oder Arbeitspunktanalyse (DC-Analyse) und zum anderen die Wechselstromanalyse (AC-Analyse) (Abb. 13.2). Diese Analysearten entsprechen genau der in diesem Buch vorgestellten Vorgehensweise bei der Berechnung von Verstärkerschaltungen. Dort hatten wir zunächst die Schaltung für den Gleichstromfall betrachtet, um den Arbeitspunkt zu berechnen (vgl. Abschn. 6.1) und hatten anschließend für den speziellen Fall einer sinusförmigen Anregung mit kleiner Signalamplitude mit Hilfe des Kleinsignal-Ersatzschaltbildes das Übertragungsverhalten der Schaltung untersucht (vgl. Abschn. 6.4).

Um die Unterschiede zwischen den verschiedenen Analysearten zu verdeutlichen, betrachten wir das in Abb. 13.3 gezeigte Schaltungsbeispiel.

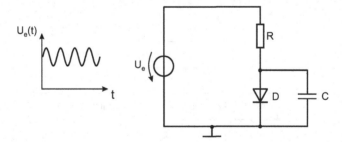

**Abb. 13.3** Beispielschaltung zum Vergleich der unterschiedlichen Analysearten

DC-Analyse:

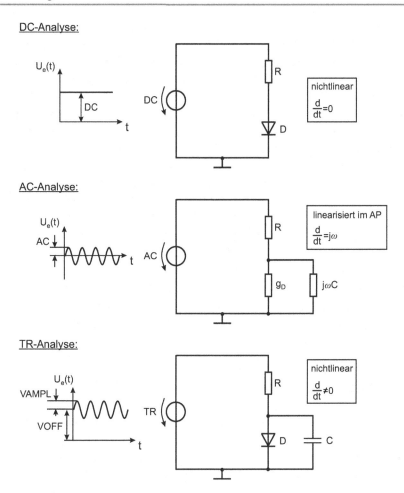

AC-Analyse:

TR-Analyse:

**Abb. 13.4** Gegenüberstellung der unterschiedlichen Analysearten. Abhängig von der durchzuführenden Analyse werden für die Simulation der Schaltung nach Abb. 13.3 unterschiedliche Ersatzschaltungen verwendet

Für die Gleichstrom- oder DC-Analyse kann die Schaltung vereinfacht werden, da der stationäre Fall, d. h. $d/dt = 0$, betrachtet wird und frequenzabhängige Bauteile, wie z. B. Kapazitäten oder Induktivitäten, durch Leerläufe bzw. Kurzschlüsse ersetzt werden können (vgl. Abschn. 6.1.3). Nichtlinearitäten bleiben jedoch erhalten, so dass wir für die DC-Simulation schließlich die in Abb. 13.4, oben, gezeigte Schaltung erhalten. Die Signalquelle liefert in diesem Fall nur noch den entsprechenden, mit DC bezeichneten Gleichanteil, der bei der Eingabe der Parameter der Spannungsquelle definiert wird.

Bei der AC-Analyse erfolgt die Berechnung der Schaltung für kleine Signalamplituden bei einer sinusförmigen Anregung mit einer Frequenz $\omega$. Dazu wird die Schaltung nach Abb. 13.3 im Arbeitspunkt linearisiert. Um den Arbeitspunkt zu berechnen, muss vor der AC-Analyse daher eine DC-Analyse durchgeführt werden. Durch die Linearisierung wird in dem gezeigten Beispiel die nichtlineare Diode durch ihr entsprechendes Kleinsignal-Ersatzschaltbild ersetzt (vgl. Abschn. 2.3.3). Da die Schaltung bei der AC-Analyse für den Fall der Ansteuerung mit sinusförmigen Signalen betrachtet wird, können frequenz-abhängige Bauteile durch ihre komplexen Leitwerte beschrieben werden; die Kapazität in unserem Beispiel also durch $j\omega C$ (Abb. 13.4, mitte). Für die Ansteuerung der Schaltung wird bei der Simulation nur der mit AC bezeichnete Wechselanteil der Signalquelle her-angezogen, d. h. insbesondere, dass der der Gleichanteil (DC) der Quelle zu null gesetzt wird (vgl. Abschn. 6.4).

Bei der TR-Analyse werden die Großsignal-Ersatzschaltbilder der Bauelemente ver-wendet, die, wie im Fall der Diode, Nichtlinearitäten aufweisen können. Frequenzabhän-gige Bauteile, wie Kapazitäten, müssen bei dieser Analyseart entsprechend durch ihre Beschreibung im Zeitbereich modelliert werden. Als Eingangssignal wird der mit TR be-zeichnete zeitabhängige Anteil der Signalquelle benutzt (Abb. 13.4, unten).

Im Folgenden soll nun der Aufbau und die Funktionsweise eines analogen Schaltungs-simulators beschrieben werden.

## 13.2  Aufbau eines Schaltungssimulators

Ein Schaltungssimulator, wie z. B. das Programm PSpice, besteht neben dem eigentlichen Simulationsprogramm in der Regel aus einem Programm zur Eingabe des Schaltplans, dem so genannten Schaltplan-Editor, und einem Programm zur grafischen Ausgabe der Simulationsergebnisse (Abb. 13.5).

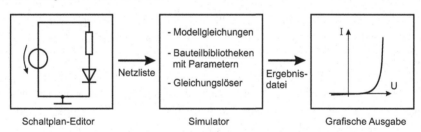

Schaltplan-Editor                    Simulator                    Grafische Ausgabe

**Abb. 13.5** Grundsätzlicher Aufbau eines Schaltungssimulators, bestehend aus Schaltplan-Editor, dem eigentlichen Simulator und einem Progamm zur grafischen Ausgabe der Ergebnisse

### 13.2.1  Schaltungseingabe und Netzliste

Mit dem Schaltplan-Editor erfolgt die grafische Eingabe der Schaltung. Dazu werden die Symbole der einzelnen elektrischen Bauelemente auf der Zeichenebene platziert und miteinander verbunden. Die auf dem gleichen Potential liegenden Teile einer Schaltung bilden jeweils einen so genannten Knoten, dem automatisch oder manuell ein eindeutiger Name, hier 1 bzw. 2, zugewiesen wird (Abb. 13.6, links). Der Masseknoten, Knoten 0, der das Bezugspotential für die Schaltung darstellt, wird dabei durch ein Massesymbol gekennzeichnet.

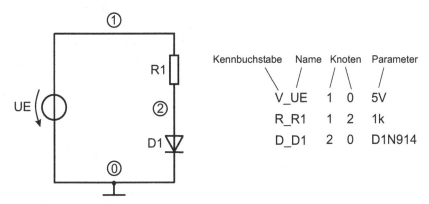

**Abb. 13.6**  Beispielschaltung (*links*) und entsprechende Netzliste zur Beschreibung der Schaltungstopografie (*rechts*)

Für jedes in der Schaltung befindliche Bauelement lässt sich somit angeben, mit welchen Knoten dieses verbunden ist. Diese Information wird in die so genannte Netzliste eingetragen, welche damit die vollständige Information über die Topografie der Schaltung enthält. In der Netzliste sind zeilenweise sämtliche in der Schaltung vorkommenden Bauelemente sowie die Knoten, an denen das jeweilige Bauelement angeschlossen ist, aufgelistet (Abb. 13.6, rechts). Die Bauelemente werden dabei durch Kennbuchstaben repräsentiert. So steht z. B. der Buchstabe V für eine Spannungsquelle, R für einen Widerstand und D für eine Diode; die daran angehängten Bezeichnungen, z. B. D1, sind der individuelle Name des Bauteils in der Schaltung. Am Ende der Zeile stehen dann ggf. noch die Bauelementparameter, wie z. B. der Wert der Spannungsquelle oder der Widerstandswert, oder der Name des speziellen Bauteiltyps.

Neben der Netzliste gibt es noch eine Reihe weiterer Dateien, die von dem Schaltplan-Editor generiert und an den eigentlichen Simulator weitergegeben werden. Diese Dateien, auf die hier nicht näher eingegangen werden soll, beinhalten z. B. die notwendigen Informationen über die Art der durchzuführenden Simulationen.

## 13.2.2  Modellgleichungen und Parameterübergabe

In den Kapiteln über die einzelnen Bauelemente hatten wir zur Beschreibung des elektrischen Verhaltens der Bauelemente bereits entsprechende Gleichungen sowohl für das Großsignal- als auch das Kleinsignalverhalten abgeleitet. So hatten wir beispielsweise das statische Großsignalverhalten der Diode durch die Diodengleichung mit den entsprechenden Parametern, wie dem Sättigungsstrom $I_S$ und dem Emissionskoeffizienten $N$ beschrieben. Diese Modellgleichungen sind in dem Simulator selbst abgelegt und werden dann, abhängig von der gewählten Analyseart, bei der Berechnung der Schaltung herangezogen. So werden bei der DC-Analyse die Modellgleichungen für das statische Großsignalverhalten verwendet, bei der TR-Analyse die dynamische Großsignalbeschreibung und bei der AC-Analyse entsprechend die Kleinsignalbeschreibung der jeweiligen Bauelemente. Die Festlegung der Bauteilparameter erfolgt entweder durch direkte Eingabe in den Schaltplan-Editor oder durch die Wahl eines speziellen Bauteiltyps, für den bereits ein vordefinierter Parametersatz existiert. Diese Parametersätze sind in so genannten Bauteilbibliotheken abgelegt, auf die der Simulator zugreifen kann. Das erspart dem Anwender die oftmals sehr aufwändige Bestimmung der Bauteilparameter. Wird also, wie in dem gezeigten Beispiel, eine Diode vom Typ 1N914 verwendet, die als parametrisiertes Modell in dem Simulator zur Verfügung steht, wird der Name, hier also D1N914, in die Netzliste übertragen und bei der anschließenden Simulation werden die zu diesem Diodentyp gehörenden Bauteilparameter verwendet (Abb. 13.7).

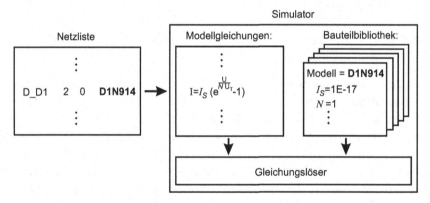

**Abb. 13.7** Parameterübergabe am Beispiel einer Diode vom Typ 1N914. Durch Angabe des Diodentyps in der Netzliste werden den Modellgleichungen im Simulator automatisch die entsprechenden Bauteilparameter übergeben

Im Folgenden wollen wir nun auf die Arbeitsweise des Simulators selbst eingehen und zeigen, wie, ausgehend von der Information aus der Netzliste, die entsprechenden Netzwerkgleichungen aufgestellt werden können und damit schließlich die Schaltung rechnergestützt berechnet werden kann.

## 13.3  Aufstellen der Netzwerkgleichungen bei der Schaltungssimulation

Allgemein erfolgt die Analyse einer Schaltung so, dass zunächst die Netzwerkgleichungen, d. h. Knoten- und Maschengleichungen, aufgestellt und diese anschließend nach den gesuchten Größen aufgelöst werden. Wir werden nun zeigen, wie diese komplexe Aufgabe automatisiert und somit rechnergestützt ausgeführt werden kann. Dazu betrachten wir einfache Beispielnetzwerke, für die wir jeweils allgemeingültige Regeln für das Aufstellen der Netzwerkgleichungen ableiten. Dabei werden wir auf eine vereinfachte Variante des so genannten Knotenpotentialverfahrens zurückgreifen. Bei diesem Verfahren wird für ein gegebenes Netzwerk aus den entsprechenden Knotengleichungen die so genannte Leitwertmatix aufgestellt, welche den Zusammenhang zwischen den als unbekannt angenommenen Knotenpotentialen und den als bekannt vorausgesetzten, in die Knoten fließenden Strömen beschreibt. Durch Lösen dieses Gleichungssystems erhält man dann die gesuchten Knotenpotentiale.

### 13.3.1 Netzwerk mit Stromquellen

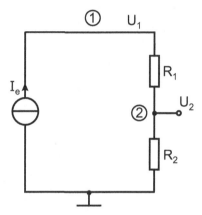

**Abb. 13.8** Einfaches Netzwerk mit einer Stromquelle. Neben dem Bezugsknoten hat das Netzwerk noch zwei weitere Knoten, die mit ① bzw. ② gekennzeichnet sind

Als Beispiel betrachten wir zunächst die in Abb. 13.8 dargestellte Schaltung, bestehend aus der Stromquelle $I_e$ und den beiden Widerständen $R_1$ und $R_2$. Neben dem mit dem Massesymbol gekennzeichneten Bezugsknoten hat die Schaltung zwei weitere Knoten, die mit ① und ② bezeichnet sind. Die Aufgabe sei nun, die beiden Potentiale $U_1$ und $U_2$ zu bestimmen. Dazu stellen wir die Knotengleichungen auf, indem wir jeweils die Summe der in jeden Knoten hineinfließenden Ströme gleich null setzen. An dieser Stelle sei darauf hingewiesen, dass bei einem Netzwerk mit $N$ Knoten nur $N-1$ Knotengleichungen benötigt werden. Wir stellen daher die Gleichungen für die Knoten 1 und 2 auf und verzichten auf die Gleichung für den Bezugsknoten, da diese linear von den restlichen Knotengleichungen abhängt. Dies führt auf das Gleichungssystem

$$\text{Knoten } ①: \qquad I_e + \frac{U_2 - U_1}{R_1} = 0$$

$$\text{Knoten } ②: \qquad \frac{U_1 - U_2}{R_1} - \frac{U_2}{R_2} = 0 \,. \tag{13.1}$$

Durch einfaches Umstellen ergibt sich

$$\frac{1}{R_1} U_1 \qquad\qquad - \frac{1}{R_1} U_2 = I_e$$
$$-\frac{1}{R_1} U_1 + \left( \frac{1}{R_1} + \frac{1}{R_2} \right) U_2 = 0 \,,$$

(13.2)

was auch in Matrixschreibweise in der Form

$$\begin{bmatrix} \dfrac{1}{R_1} & -\dfrac{1}{R_1} \\ -\dfrac{1}{R_1} & \dfrac{1}{R_1} + \dfrac{1}{R_2} \end{bmatrix} \cdot \begin{bmatrix} U_1 \\ U_2 \end{bmatrix} = \begin{bmatrix} I_e \\ 0 \end{bmatrix}$$

(13.3)

dargestellt werden kann. Die Lösung des Gleichungssystems liefert schließlich die ge-suchten Knotenpotentiale $U_1$ und $U_2$ abhängig von dem Strom $I_e$. Nach kurzer Rechnung erhalten wir für das gezeigte Beispiel

$$U_2 = I_e R_2$$

(13.4)

und

$$U_1 = I_e (R_1 + R_2) \,.$$

(13.5)

**Regeln zum Aufstellen der Leitwertmatrix**

In allgemeiner Form lässt sich das Gleichungssystem nach (13.3) durch

$$[Y] \cdot U] = I]$$

(13.6)

darstellen, wobei $[Y]$ die Leitwertmatrix, $U]$ der Vektor mit den Knotenpotentialen und $I]$ der Vektor mit den Stromquellen ist. Im Folgenden werden wir nun zeigen, dass sich ein-fache Regeln zum Aufstellen der Leitwertmatrix $[Y]$ sowie des Quellenvektors $I]$ angeben lassen, so dass sich das gesamte Problem auch rechnergestützt lösen lässt. Dabei beschrän-ken wir uns zunächst auf den oben beschriebenen Fall eines Netzwerkes mit Stromquellen. Für diesen Fall gelten folgende Regeln für das Aufstellen der Leitwertmatrix:

- Die Leitwertmatrix hat $N-1$ Zeilen und $N-1$ Spalten, wenn das Netzwerk insgesamt, also einschließlich des Bezugsknotens, $N$ Knoten hat.
- Liegt ein Leitwert $y$ zwischen zwei Knoten $i$ und $j$ des Netzwerkes, so werden an der Stelle $(i, i)$ und $(j, j)$ jeweils der Wert $y$ addiert und an den Stellen $(i, j)$ und $(j, i)$ jeweils subtrahiert (Abb. 13.9).

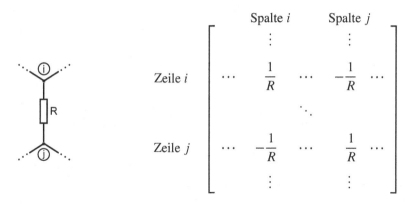

**Abb. 13.9** Widerstand zwischen den Knoten $i$ und $j$ im Netzwerk (*links*) und entsprechender Eintrag in der Leitwertmatrix (*rechts*)

- Liegt ein Leitwert $y$ zwischen einem Knoten $i$ und dem Bezugsknoten des Netzwerkes, so wird zu dem Matrixelement in der $i$-ten Zeile und der $i$-ten Spalte der Leitwertmatrix, also an der Stelle $(i, i)$, der Wert von $y$ addiert (Abb. 13.10).

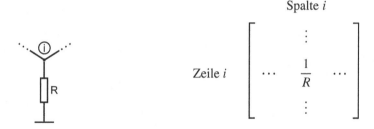

**Abb. 13.10** Widerstand zwischen dem Knoten $i$ und dem Bezugsknoten im Netzwerk (*links*) und entsprechender Eintrag in der Leitwertmatrix (*rechts*)

**Regeln zum Aufstellen des Quellenvektors**

Der Vektor $I$] auf der rechten Seite des Gleichungssystems (13.6) enthält die in die jeweiligen Knoten durch Stromquellen zusätzlich hineinfließenden Ströme, in unserem Beispiel also den Eintrag $I_e$ für den Knoten 1 und den Eintrag 0 für den Knoten 2. Allgemein gelten die folgenden Regeln:

- Liegt eine Stromquelle zwischen zwei Knoten $i$ und $j$, so wird in der $i$-ten und $j$-ten Zeile des Stromvektors der Wert der Stromquelle eingetragen, wobei in den Knoten fließende Ströme positiv und aus dem Knoten fließende Ströme negativ gezählt werden (Abb. 13.11).

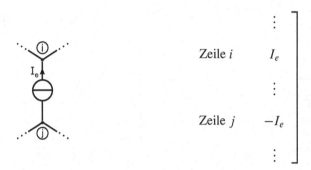

**Abb. 13.11** Stromquelle zwischen dem Knoten $i$ und dem Knoten $j$ im Netzwerk (*links*) und entsprechender Eintrag in dem Quellenvektor (*rechts*)

- Liegt eine Stromquelle zwischen einem Knoten $i$ und dem Bezugsknoten, so wird in der $i$-ten Zeile des Stromvektors der Wert der Stromquelle eingetragen. Fließt der Strom in den Knoten, wird er positiv gezählt, fließt er aus dem Knoten, entsprechend negativ (Abb. 13.12).

**Abb. 13.12** Stromquelle zwischen dem Knoten $i$ und dem Bezugsknoten im Netzwerk (*links*) und entsprechender Eintrag in dem Quellenvektor (*rechts*)

Das Gleichungssystem (13.6) lässt sich somit unmittelbar aus der Kenntnis der Netzliste angeben. Damit eignet sich dieses Verfahren für die rechnergestützte Schaltungssimulation und wird in abgewandelter Form in Schaltungssimulatoren verwendet.

### 13.3.2 Netzwerk mit Spannungsquellen

Für Netzwerke mit ausschließlich Stromquellen lässt sich mit dem oben vorgestellten Verfahren das Gleichungssystem für die Knotenpotentialanalyse direkt angeben. Existieren jedoch auch Spannungsquellen in dem Netzwerk, muss das Verfahren modifiziert werden. Dazu stehen folgende Möglichkeiten zur Verfügung:

- Quellenumwandlung,
- erweiterte Knotenpotentialanalyse,
- vereinfachte Knotenpotentialanalyse.

Die erste Möglichkeit kommt für den Fall realer Spannungsquellen infrage, d. h. Spannungsquellen mit einem von null verschiedenen Innenwiderstand. In diesem Fall können die realen Spannungsquellen in reale Stromquellen umgeformt werden (vgl. Abschn. 14.1.2), die dann, wie oben beschrieben, bei der Analyse berücksichtigt werden.

Im Fall von idealen Spannungsquellen eignet sich diese Vorgehensweise allerdings nicht. Hier kann jedoch die so genannte erweiterte Knotenpotentialanalyse eingesetzt werden. Bei dieser werden die Ströme durch die Spannungsquellen als zusätzliche Unbekannte betrachtet. Der Vorteil ist, dass die Lösung des so modifizierten Gleichungssystems neben den unbekannten Knotenpotentialen gleichzeitig die unbekannten Ströme liefert. Nachteilig ist, dass das Gleichungssystem dadurch komplexer wird.

Wir wollen hier der Übersichtlichkeit halber die vereinfachte Knotenpotentialanalyse verwenden, bei der sich das Gleichungssystem nicht vergrößert. Die Idee bei diesem Verfahren ist, dass die unbekannten Ströme durch die Spannungsquellen nicht berechnet werden müssen, wenn die entsprechenden Variablen bereits beim Aufstellen des Gleichungssystems eliminiert werden. Als Beispiel untersuchen wir das einfache Netzwerk mit idealer Spannungsquelle in Abb. 13.13.

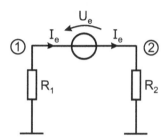

**Abb. 13.13** Schaltungsbeispiel zur Berücksichtigung einer Spannungsquelle

Um die Spannungsquelle zwischen den Knoten 1 und 2 zu berücksichtigen, betrachten wir zunächst den Strom $I_e$, der durch die Spannungsquelle fließt. Dieser ist – im Gegensatz zu der Spannung $U_e$ – zwar nicht bekannt, wir können ihn jedoch formal als einen in die Knoten 1 bzw. 2 eingeprägten Strom betrachten. Damit ergibt sich unter Anwendung der oben genannten Regeln das Gleichungssystem

$$\begin{bmatrix} \dfrac{1}{R_1} & 0 \\ 0 & \dfrac{1}{R_2} \end{bmatrix} \cdot \begin{bmatrix} U_1 \\ U_2 \end{bmatrix} = \begin{bmatrix} -I_e \\ I_e \end{bmatrix} \tag{13.7}$$

mit den gesuchten Knotenpotentialen $U_1$ und $U_2$ sowie der neuen Unbekannten $I_e$. Zusätzlich gilt zwischen den Knotenpotentialen $U_1$ und $U_2$ wegen der Spannungsquelle die Maschengleichung

$$U_2 - U_1 = U_e \,, \tag{13.8}$$

die bei der Lösung ebenfalls berücksichtigt werden muss.

Um dieses Problem zu lösen, eliminieren wir in (13.7) den unbekannten Strom $I_e$, indem wir z. B. die erste Zeile auf die zweite addieren. Damit erhalten wir

$$\frac{U_1}{R_1} + \frac{U_2}{R_2} = 0 \ . \tag{13.9}$$

Auch diese beiden Gleichungen können wir wieder in Matrixschreibweise darstellen, was auf

$$\begin{bmatrix} -1 & 1 \\ \dfrac{1}{R_1} & \dfrac{1}{R_2} \end{bmatrix} \cdot \begin{bmatrix} U_1 \\ U_2 \end{bmatrix} = \begin{bmatrix} U_e \\ 0 \end{bmatrix} \tag{13.10}$$

führt. Dabei entspricht die obere Zeile der Maschengleichung (13.8) und die untere Zeile der Beziehung (13.9). Mit Hilfe dieses Gleichungssystems lassen sich schließlich die beiden gesuchten Knotenpotentiale $U_1$ und $U_2$ bestimmen. Eine kurze Rechnung führt auf die Lösung

$$U_1 = -U_e \frac{R_1}{R_1 + R_2} \tag{13.11}$$

sowie

$$U_2 = U_e \frac{R_2}{R_1 + R_2} \ . \tag{13.12}$$

**Regeln zur Berücksichtigung von Spannungsquellen**

Auch die oben beschriebene Vorgehensweise lässt sich verallgemeinern, was auf die folgenden Regeln zur Berücksichtigung von Spannungsquellen beim Aufstellen der Leitwertmatrix führt:

- Zunächst werden die Leitwertmatrix und der Quellenvektor nach den bereits bekannten Regeln aufgestellt, jedoch ohne Berücksichtigung von Spannungsquellen.
- Liegt nun eine Spannungsquelle $U_e$ zwischen zwei Knoten $i$ und $j$ des Netzwerkes, so addiert man z. B. die $i$-te auf die $j$-te Zeile und streicht die $i$-te Zeile des Gleichungssystems.
- Liegt eine Spannungsquelle $U_e$ zwischen dem Knoten $i$ und dem Bezugsknoten des Netzwerkes, entfällt die Addition der $i$-ten Zeile, da die Knotengleichung des Bezugsknotens nicht in der Matrix auftaucht. Stattdessen wird die $i$-te Zeile gestrichen.
- In die frei gewordene Zeile $i$ trägt man dann die Maschengleichung der Spannungsquelle $U_i - U_j = U_e$ ein.

### 13.3.3 Berücksichtigung gesteuerter Quellen

Zur Berücksichtigung gesteuerter Quellen müssen die entsprechenden Bauelementgleichungen in das Gleichungssystem für die Netzwerkanalyse eingebaut werden, was wir am Beispiel einer spannungsgesteuerten Stromquelle (Abb. 13.14, links) zeigen wollen. Aus der Gleichung der Quelle, $I_q = gU_m$, folgen zunächst unter Berücksichtigung, dass die Spannung $U_m$ der Differenz der Knotenpotentiale $U_i$ und $U_j$ entspricht, die beiden Stromgleichungen für die Knoten $k$ und $l$

$$I_k = -g(U_i - U_j) \tag{13.13}$$
$$I_l = +g(U_i - U_j)\ . \tag{13.14}$$

Diese werden nun in den Quellenvektor eingetragen und anschließend die von den Knotenpotentialen $U_i$ und $U_j$ abhängigen Terme auf die linke Seite des Gleichungssystems gebracht und in die Leitwertmatrix eingetragen. Damit ergeben sich für den Fall einer spannungsgesteuerten Stromquelle die in Abb. 13.14, rechts, dargestellten, zusätzlichen Matrixeinträge.

$$\begin{array}{r} \\ \\ \text{Zeile } k \\ \\ \text{Zeile } l \\ \\ \end{array} \begin{array}{c} \text{Spalte } i \qquad \text{Spalte } j \\ \begin{bmatrix} & \vdots & & \vdots & \\ \cdots & g & \cdots & -g & \cdots \\ & & \ddots & & \\ \cdots & -g & \cdots & g & \cdots \\ & \vdots & & \vdots & \end{bmatrix} \end{array}$$

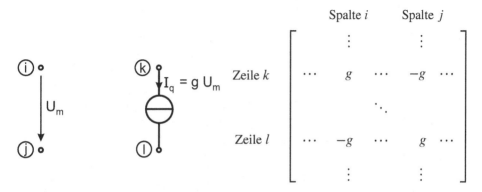

**Abb. 13.14** Spannungsgesteuerte Stromquelle (*links*) und entsprechender Eintrag in der Leitwertmatrix (*rechts*)

Der Vollständigkeit halber sind nachfolgend die anderen Typen gesteuerter Quellen mit den jeweiligen beschreibenden Gleichungen angegeben (Abb. 13.15 bis 13.17). Die Berücksichtigeng dieser Quellen erfolgt analog zu der oben beschrieben Vorgehensweise. Gesteuerte Quellen lassen sich somit ebenfalls mit den aus der Netzliste bekannten Informationen direkt in der Leitwertmatrix berücksichtigen.

$$U_k - U_l = a(U_i - U_j)$$

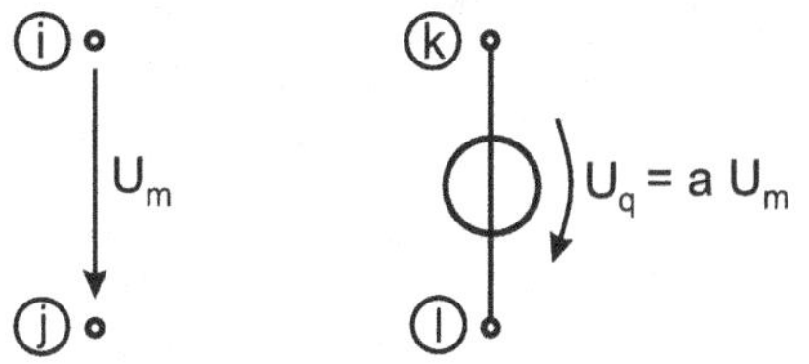

**Abb. 13.15** Spannungsgesteuerte Spannungsquelle (*links*) und entsprechende Gleichung (*rechts*)

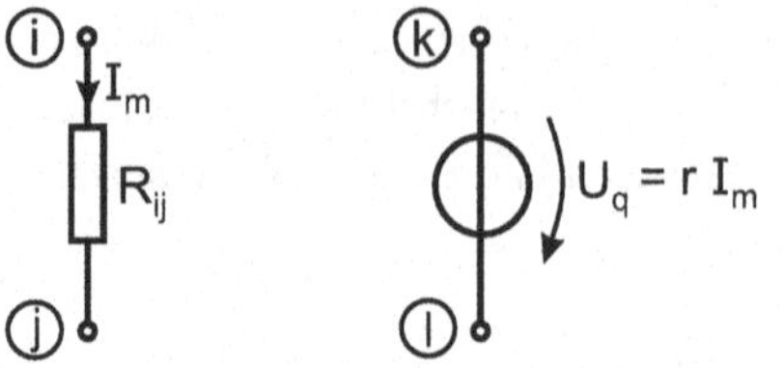

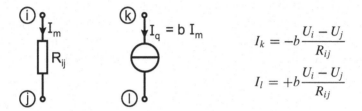

$$U_k - U_l = r \frac{U_i - U_j}{R_{ij}}$$

**Abb. 13.16**  Stromgesteuerte Spannungsquelle (*links*) und entsprechende Gleichung (*rechts*)

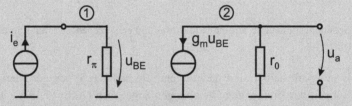

$$I_k = -b \frac{U_i - U_j}{R_{ij}}$$

$$I_l = +b \frac{U_i - U_j}{R_{ij}}$$

**Abb. 13.17**  Stromgesteuerte Stromquelle (*links*) und entsprechende Gleichungen (*rechts*)

**Beispiel 13.1**

Für die Schaltung nach Abb. 13.18 mit einer spannungsgesteuerten Stromquelle soll das Gleichungssystem für die Knotenpotentialanalyse aufgestellt und der Zusammenhang zwischen der Ausgangsspannung $u_a$ und dem Strom $i_e$ am Eingang bestimmt werden.

**Abb. 13.18**  Schaltungsbeispiel mit einer gesteuerten Stromquelle

Zur Lösung stellen wir zunächst die Leitwertmatrix ohne Berücksichtigung der spannungsgesteuerten Stromquelle $g_m u_{BE}$ nach dem bekannten Verfahren auf. Der Quellenvektor ist dann durch die Stromquelle $i_e$ am Eingang der Schaltung gegeben. Damit wird das Gleichungssystem für die Knotenpotentialanalyse

$$
\begin{bmatrix} \dfrac{1}{r_\pi} & 0 \\[2ex] 0 & \dfrac{1}{r_0} \end{bmatrix} \cdot \begin{bmatrix} u_1 \\[2ex] u_2 \end{bmatrix} = \begin{bmatrix} i_e \\[2ex] 0 \end{bmatrix} . \tag{13.15}
$$

Berücksichtigen wir nun die zwischen Knoten 2 und dem Masseknoten liegende spannungsgsteuerte Stromquelle, so muss lediglich in der 2-ten Zeile der Eintrag $g_m$ addiert werden und wir erhalten schließlich

$$\begin{bmatrix} \dfrac{1}{r_\pi} & 0 \\ g_m & \dfrac{1}{r_0} \end{bmatrix} \cdot \begin{bmatrix} u_1 \\ u_2 \end{bmatrix} = \begin{bmatrix} i_e \\ 0 \end{bmatrix} . \tag{13.16}$$

Das Knotenpotential $u_2$ ergibt sich damit nach kurzer Rechnung zu

$$u_2 = -r_\pi g_m r_0 i_e , \tag{13.17}$$

was wegen $u_2 = u_a$ dem gesuchten Zusammenhang entspricht.

### 13.3.4 Berücksichtigung nichtlinearer Bauelemente

Nichtlineare Bauelemente müssen beim Aufstellen der Netzwerkgleichungen lediglich bei der TR-Analyse und der DC-Analyse berücksichtigt werden, da bei der AC-Analyse linearisierte Ersatzschaltbilder verwendet werden (vgl. Abb. 13.4). Ein Schaltungsbeispiel mit einer Diode ist in Abb. 13.19 gezeigt. Bei der Diode handelt es sich um ein Bauelement mit einer nichtlinearen Strom-Spannungsbeziehung gemäß

$$I_D = I_S \left[ \exp\left( U_D / U_T \right) - 1 \right] . \tag{13.18}$$

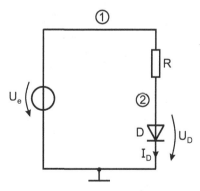

**Abb. 13.19** Einfaches Netzwerk mit nichtlinearem Bauelement

Dies kann formal als eine spannungsgesteuerte Stromquelle betrachtet werden, wobei der Strom $I_D$ von der Spannung $U_D$, d. h. in unserem Beispiel von dem Potential an dem Knoten 2 abhängt. Um für die Schaltung das Gleichungssystem aufzustellen, ignorieren wir zunächst die Spannungsquelle $U_e$ und betrachten die Diode als Stromquelle, indem wir die Gleichung für den Diodenstrom (13.18) gemäß den bekannten Regeln in den Quellenvektor auf der rechten Seite des Gleichungssystems einbauen. Dies führt auf

$$
\begin{bmatrix} \dfrac{1}{R} & -\dfrac{1}{R} \\[2mm] -\dfrac{1}{R} & \dfrac{1}{R} \end{bmatrix} \cdot \begin{bmatrix} U_1 \\[2mm] U_2 \end{bmatrix} = \begin{bmatrix} 0 \\[2mm] -I_S\left[\exp\left(U_2/U_T\right) - 1\right] \end{bmatrix} . \tag{13.19}
$$

Um die Spannungsquelle zwischen Knoten 1 und dem Bezugsknoten zu berücksichtigen, streichen wir die erste Zeile in (13.19) und bauen stattdessen die entsprechende Gleichung $U_e = U_1$ der Spannungsquelle ein. Dies führt schließlich auf

$$
\begin{bmatrix} 1 & 0 \\[2mm] -\dfrac{1}{R} & \dfrac{1}{R} \end{bmatrix} \cdot \begin{bmatrix} U_1 \\[2mm] U_2 \end{bmatrix} = \begin{bmatrix} U_e \\[2mm] -I_S\left[\exp\left(U_2/U_T\right) - 1\right] \end{bmatrix} . \tag{13.20}
$$

Der nächste Schritt besteht darin, den von dem unbekannten Knotenpotential $U_2$ abhängigen Ausdruck in dem Quellenvektor auf die linke Seite der Gleichung zu bringen, wie wir das bereits bei der Berücksichtigung gesteuerter Quellen getan haben. Die Variable $U_2$ kommt in dem Quellenvektor in (13.20) allerdings in einem nichtlinearen Ausdruck vor, so dass sich der entsprechende Term nicht ohne weiteres in die Leitwertmatrix einbauen lässt. Die Vorgehensweise ist hier nun, den Ausdruck zu linearisieren, was durch die Entwicklung der Funktion in eine Taylor-Reihe um einen Punkt $(U_0, I_0)$ herum geschieht. Dabei wird nach dem linearen Glied abgebrochen, was der Näherung der Funktion durch die Tangente in dem entsprechenden Punkt $(U_0, I_0)$ entspricht (Abb. 13.20). Statt (13.18) erhalten wir damit den linearen Ausdruck

$$
I_D = I_0 + g_0(U_D - U_0) \tag{13.21}
$$

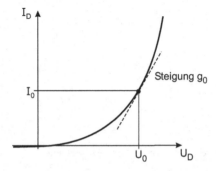

**Abb. 13.20** Näherung der nichtlinearen Kennlinie durch eine Tangente

mit der Variablen $U_D$. Die anderen Größen legen, abhängig von der Stelle $U_0$, an der die Reihenentwicklung durchgeführt wird, die Gleichung der Tangente fest. Für diese gilt

$$I_0 = I_S \left[\exp\left(U_0/U_T\right) - 1\right] \tag{13.22}$$

und

$$g_0 = \left.\frac{d I_D}{d U_D}\right|_{U_D = U_0} = \frac{I_S}{U_T} \exp\left(U_0/U_T\right) . \tag{13.23}$$

Setzen wir nun statt (13.18) den linearisierten Ausdruck (13.21) in das Gleichungssystem (13.20) ein, so erhalten wir

$$\begin{bmatrix} 1 & 0 \\ -\dfrac{1}{R} & \dfrac{1}{R} \end{bmatrix} \cdot \begin{bmatrix} U_1 \\ U_2 \end{bmatrix} = \begin{bmatrix} U_e \\ -I_0 - g_0(U_2 - U_0) \end{bmatrix} . \tag{13.24}$$

Hier kann nun der Term mit $U_2$ auf die linke Seite gebracht werden und wir erhalten schließlich

$$\begin{bmatrix} 1 & 0 \\ -\dfrac{1}{R} & \dfrac{1}{R} + g_0 \end{bmatrix} \cdot \begin{bmatrix} U_1 \\ U_2 \end{bmatrix} = \begin{bmatrix} U_e \\ -I_0 + g_0 U_0 \end{bmatrix} . \tag{13.25}$$

Eine Diode kann also durch den Eintrag des Diodenleitwertes $g_0$ an entsprechender Stelle in der Leitwertmatrix sowie den Eintrag der Größen $I_0$ und $U_0$ in den Quellenvektor berücksichtigt werden. Das sich ergebende Gleichungssystem ist linear und liefert die Knotenpotentiale $U_1$ und $U_2$ für gegebene Werte $U_e$, $I_0$, $U_0$ und $g_0$. Die Lösung erfolgt nun so, dass ausgehend von einem geeigneten Startwert $U_0$ zunächst mit (13.22) und (13.23) die Größen $I_0$ bzw. $g_0$ bestimmt werden, welche die Lage der Näherungsgeraden festlegen. Danach wird das lineare Gleichungssystem (13.25) gelöst. Der sich ergebende Wert von $U_2$ stellt dabei allerdings nur einen Näherungswert dar, da zur Lösung die linearisierte Gleichung (13.21) verwendet wurde, welche die ursprüngliche Gleichung (13.18) nur annähert. Dies ist in Abb. 13.21, links, veranschaulicht, in der neben der Diodengleichung $I_D = I_S \left[\exp\left(U_D/U_T\right) - 1\right]$ auch die Gleichung des Widerstandes, $I_D = (U_e - U_D)/R$, abhängig von der Spannung $U_D$ dargestellt ist (vgl. Abb. 13.19).

Die exakte Lösung ist dann durch den Schnittpunkt der beiden Kurven gegeben, in welchem die Ströme durch die Diode und den Widerstand gleich groß sind. Wird statt der Diodengleichung die Näherung durch die Tangente an der Stelle $U_0$ genommen, weicht die so gefundene Lösung $U_2$ des Gleichungssystems von der exakten ab. Dieser Wert von $U_2$ kann jedoch als Startwert für eine erneute Berechnung des linearisierten Gleichungssystems (LGS) verwendet werden. Dazu wird die Gleichung nun an dieser Stelle linearisiert und das Gleichungssystem erneut gelöst. Dies liefert wieder eine Lösung $U_2$, die nun bereits deutlich näher an der tatsächlichen Lösung liegt (Abb. 13.21, rechts). Dieser Vorgang wird nun so oft wiederholt, bis die Abweichung zwischen zwei aufeinanderfolgenden Lösungen eine vorgegebene Grenze nicht mehr überschreitet oder eine bestimmte Anzahl

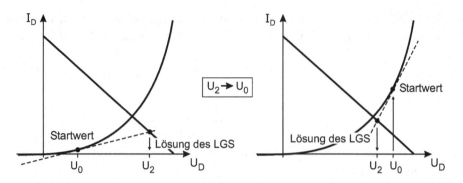

**Abb. 13.21** Lösung des nichtlinearen Gleichungssystems durch Iteration. Das Ergebnis $U_2$ der ersten Iteration (*links*) wird für die zweite Iteration als neuer Startwert $U_0$ verwendet (*rechts*)

von Iterationen überschritten wurde. Von großer Bedeutung für das Auffinden der Lösung ist die Wahl des geeigneten Startwertes $U_0$, da bei ungünstiger Wahl die Lösung unter Umständen nicht konvergiert.

### 13.3.5 Berücksichtigung von Induktivitäten und Kapazitäten

Enthält ein Netzwerk Induktivitäten und Kapazitäten, so muss berücksichtigt werden, dass die Zusammenhänge zwischen Strom und Spannung an den Klemmen dieser Bauelemente im Allgemeinen durch

$$I = C\frac{dU}{dt} \tag{13.26}$$

für die Kapazität bzw.

$$U = L\frac{dI}{dt} \tag{13.27}$$

für die Induktivität gegeben sind. Wie diese Bauelemente beim Aufstellen der Leitwertmatrix zu berücksichtigen sind, hängt von der gewählten Analyseart ab. Bei der DC-Analyse hatten wir bereits darauf hingewiesen, dass Induktivitäten durch Kurzschlüsse und Kapazitäten durch Leerläufe ersetzt werden können (vgl. Abb. 13.4). Bei der TR- und der AC-Analyse müssen jedoch die Bauelementgleichungen in entsprechender Form in die Leitwertmatrix eingebaut werden.

**Berücksichtigung von Induktivitäten und Kapazitäten bei der AC-Analyse**
Bei der AC-Analyse erfolgt die Anregung des Netzwerkes definitionsgemäß mit einem sinusförmigen Eingangssignal. Wir können daher die in der Wechselstromlehre übliche komplexe Schreibweise verwenden und entsprechend die Ableitungen nach der Zeit durch den Term $j\omega$ ersetzen. Damit vereinfachen sich die Gleichungen erheblich und wir erhal-

ten aus (13.26)

$$i_C = j\omega C u_C \ . \tag{13.28}$$

Entsprechend ergibt sich aus (13.27) für die Spule

$$u_L = j\omega L i_L \ . \tag{13.29}$$

Für eine gegebene Frequenz $\omega$ lässt sich daher der komplexe Widerstand bzw. Leitwert von Spule und Kondensator angeben und nach den bekannten Regeln in die Leitwertmatrix einbauen.

**Berücksichtigung von Induktivitäten und Kapazitäten bei der Transientenanalyse**
Bei der TR-Analyse wird das Verhalten von Induktivitäten und Kapazitäten durch die Gleichungen (13.26) und (13.27) beschrieben. Um diese in die Leitwertmatrix einbauen und das Gleichungssystem anschließend rechnergestützt lösen zu können, müssen die Gleichungen zunächst zeitlich diskretisiert werden. Dazu betrachten wir zunächst die Differentialgleichung für die Kapazität (13.26) und ersetzen dort den Differentialquotienten durch den Differenzenquotienten. Dies führt auf

$$I_{(n)} = C \frac{U_{(n)} - U_{(n-1)}}{\Delta t} \ . \tag{13.30}$$

Dabei ist $\Delta t$ die Zeitschrittweite, d. h. der Abstand zwischen zwei Diskretisierungszeitpunkten. Der Index $(n)$ kennzeichnet den Wert der entsprechenden Variablen zum aktuellen Zeitpunkt und $(n-1)$ den Wert zu dem vorhergehenden Zeitpunkt. Durch Umstellen von (13.30) erhalten wir

$$I_{(n)} = \frac{C}{\Delta t} U_{(n)} - \frac{C}{\Delta t} U_{(n-1)} \ , \tag{13.31}$$

was sich in einem Ersatzschaltbild darstellen lässt, wie in Abb. 13.22 gezeigt. Der Wert $I_{(n)}$ der Stromquelle hängt dabei von der Spannung $U_{(n-1)}$ des letzten Zeitschrittes ab und ist somit bekannt.

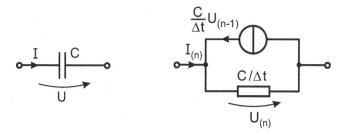

**Abb. 13.22** Kapazität (*links*) und entsprechendes Ersatzschaltbild für die TR-Analyse (*rechts*)

Als nächstes diskretisieren wir die Gleichung (13.27) für die Induktivität. Wir erhalten

$$U_{(n)} = L\frac{I_{(n)} - I_{(n-1)}}{\Delta t} \; . \tag{13.32}$$

Durch Umstellen ergibt sich

$$I_{(n)} = \frac{\Delta t}{L}U_{(n)} + I_{(n-1)} \; , \tag{13.33}$$

was sich ebenfalls in einem Ersatzschaltbild darstellen lässt (Abb. 13.23).

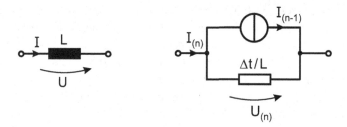

**Abb. 13.23** Induktivität (*links*) und entsprechendes Ersatzschaltbild für die TR-Analyse (*rechts*)

Diese Ersatzschaltbilder können nun in die Leitwertmatrix eingebaut werden und ermöglichen somit die Berücksichtigung von Kapazitäten und Induktivitäten bei der Berechnung von transienten Vorgängen in Netzwerken.

**Beispiel 13.2**

Für die in Abb. 13.24, links, gezeigte Schaltung soll der Aufladevorgang des Kondensators mit Hilfe der Knotenpotentialanalyse berechnet werden, wenn zur Zeit $t = 0$ die Spannung $U_e$ von $0\,\text{V}$ auf den Wert $U_e = U_0$ springt.

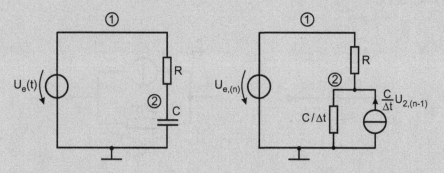

**Abb. 13.24** Schaltung mit Kapazität (*links*) und entsprechende Ersatzschaltung (*rechts*)

Zur Lösung bestimmen wir zunächst das Ersatzschaltbild (siehe Abb. 13.24, rechts) und stellen dann das Gleichungssystem für die Knotenpotentialanalyse auf. Dabei lassen wir zunächst die Spannungsquelle $U_{e,(n)}$ außer Acht und erhalten

$$
\begin{bmatrix} \dfrac{1}{R} & -\dfrac{1}{R} \\ -\dfrac{1}{R} & \dfrac{1}{R} + \dfrac{C}{\Delta t} \end{bmatrix} \cdot \begin{bmatrix} U_{1,(n)} \\ U_{2,(n)} \end{bmatrix} = \begin{bmatrix} 0 \\ \dfrac{C}{\Delta t} U_{2,(n-1)} \end{bmatrix} . \tag{13.34}
$$

Der Index $(n)$ an den unbekannten Knotenpotentialen soll verdeutlichen, dass es sich um die Werte zu dem aktuellen Zeitpunkt handelt.

Die Berücksichtigung der Spannungsquelle $U_e$ zwischen dem Knoten 1 und dem Bezugsknoten erfolgt, indem wir die erste Zeile in (13.34) streichen und statt dessen die Gleichung der Spannungsquelle einfügen. Damit erhalten wir schließlich

$$
\begin{bmatrix} 1 & 0 \\ -\dfrac{1}{R} & \dfrac{1}{R} + \dfrac{C}{\Delta t} \end{bmatrix} \cdot \begin{bmatrix} U_{1,(n)} \\ U_{2,(n)} \end{bmatrix} = \begin{bmatrix} U_{e,(n)} \\ \dfrac{C}{\Delta t} U_{2,(n-1)} \end{bmatrix} . \tag{13.35}
$$

Darin ist $U_{e,(n)}$ der bekannte Wert der zeitabhängigen Spannungsquelle $U_e$ zum aktuellen Zeitpunkt und $U_{2,(n-1)}$ der ebenfalls bekannte Wert des Potentials $U_2$ am Knoten 2, der bei der Berechnung des vorangegangenen Zeitpunktes bestimmt wurde. Bei der Berechnung des ersten Zeitschrittes wird für $U_{2,(n-1)}$ die so genannte Anfangsbedingung genommen, d. h. in diesem Fall die Spannung, auf die der Kondensator zur Zeit $t = 0$ aufgeladen war. Dieser Wert ist in der Regel null, er kann jedoch bei der Eingabe der Bauelementparameter auf beliebige Werte gesetzt werden. Beginnend mit der Zeit $t = 0$ wird somit bei der Simulation für jeden Zeitschritt das Gleichungssystem (13.35) gelöst, wobei die Ergebnisse dann bei der Berechnung des folgenden Zeitschrittes verwendet werden.

Wir lösen das Gleichungssystem hier durch einfache Umformung und erhalten nach kurzer Rechnung

$$
U_{2,(n)} = \frac{1}{\dfrac{1}{R} + \dfrac{C}{\Delta t}} \left( \frac{C}{\Delta t} U_{2,(n-1)} + \frac{U_{e,(n)}}{R} \right) . \tag{13.36}
$$

Durch wiederholtes Anwenden der Beziehung (13.36) kann somit der zeitliche Verlauf der Spannung $U_2$ bei gegebener Eingangsspannung $U_e$ bestimmt werden. Abb. 13.25 zeigt den berechneten Verlauf der Spannung über dem Kondensator.

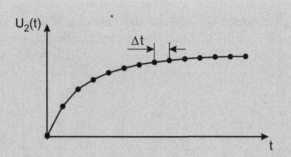

**Abb. 13.25** Mit (13.36) ermittelter Verlauf der Spannung über dem Kondensator in der Schaltung nach Abb. 13.24. Bei der grafischen Ausgabe werden die berechneten Werte (•) mit Geradenstücken verbunden

Die Genauigkeit der Lösung hängt dabei u. a. von der Zeitschrittweite $\Delta t$ ab. Wird diese zu groß gewählt, wird die Lösung in der Regel ungenauer; ein kleiner Wert erhöht die Genauigkeit, verlängert jedoch die Rechenzeit erheblich. Schaltungssimulatoren verwenden daher in der Regel eine automatische Zeitschrittweitensteuerung. Bei der grafischen Ausgabe der Simulationsergebnisse der TR-Analyse ist zu beachten, dass die berechneten Werte in der Regel durch Geradenstücke verbunden werden, was insbesondere bei großen Zeitschrittweiten zu Fehlinterpretationen führen kann.

## Literatur

1. Heinemann, R (2001) PSpice, Einführung in die Elektroniksimulation. Carl Hanser, München
2. Klein, P (2005) Schaltungen und Systeme – Grundlagen, Analyse und Entwurfsmethoden. Oldenbourg, München, Wien

# Anhang 14

## 14.1 Äquivalente Zweipole

Lineare Zweipole (Abb. 14.1) können durch äquivalente Spannungs- oder Stromquellen ersetzt werden, die in Bezug auf die elektrischen Eigenschaften an den Anschlussklemmen das gleiche Verhalten aufweisen wie der entsprechende Zweipol.

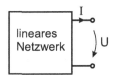

**Abb. 14.1** Allgemeine Darstellung eines linearen Zweipols

### 14.1.1 Bestimmung von Ersatzspannungsquellen

Um einen Zweipol durch eine äquivalente Spannungsquelle (Abb. 14.2) zu ersetzen, müssen die Leerlaufspannung $U_0$ und der Innenwiderstand $R_0$ der äquivalenten Spannungsquelle bestimmt werden.

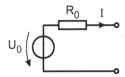

**Abb. 14.2** Darstellung des linearen Zweipols nach Abb. 14.1 durch eine äquivalente Spannungsquelle

© Springer-Verlag GmbH Deutschland, ein Teil von Springer Nature 2019
H. Göbel, *Einführung in die Halbleiter-Schaltungstechnik*,
https://doi.org/10.1007/978-3-662-56563-6_14

**Bestimmung der Leerlaufspannung**

Zur Bestimmung der Leerlaufspannung $U_0$ wird die Spannung $U$ an den Klemmen des Netzwerkes nach Abb. 14.1 bei leerlaufendem Ausgang bestimmt.

**Bestimmung des Innenwiderstandes**

Die Bestimmung des Innenwiderstandes $R_0$ erfolgt durch

- Kurzschließen aller unabhängigen Spannungsquellen in dem linearen Netzwerk,
- Abtrennen aller unabhängigen Stromquellen in dem Netzwerk,
- Anlegen einer Testquelle mit der Spannung $U_x$ an die Klemmen des Netzwerkes und Messung des in die Schaltung fließenden Stromes $I_x$,
- Berechnung des Innenwiderstandes $R_0$ gemäß $R_0 = U_x/I_x$.

## 14.1.2 Bestimmung von Ersatzsstromquellen

Um einen Zweipol durch eine äquivalente Stromquelle (Abb. 14.3) zu ersetzen, müssen der Kurzschlussstrom $I_0$ und der Innenwiderstand $R_0$ der äquivalenten Stromquelle bestimmt werden.

**Bestimmung des Kurzschlussstromes**

Die Bestimmung des Kurzschlussstromes $I_0$ erfolgt durch Messung des Stromes $I$ aus den Klemmen des Netzwerkes nach Abb. 14.1 bei kurzgeschlossenem Ausgang.

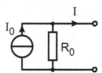

**Abb. 14.3** Darstellung des linearen Zweipols nach Abb. 14.1 durch eine äquivalente Stromquelle

Die Bestimmung des Innenwiderstandes $R_0$ erfolgt durch

- Kurzschließen aller unabhängigen Spannungsquellen in dem linearen Netzwerk,
- Abtrennen aller unabhängigen Stromquellen,
- Anlegen einer Testquelle mit der Spannung $U_x$ an die Klemmen des Netzwerkes und Messung des in die Schaltung fließenden Stromes $I_x$,
- Berechnung des Innenwiderstandes $R_0$ gemäß $R_0 = U_x/I_x$.

## 14.2 Ein- und Ausgangswiderstand von Verstärkern

Verstärkerschaltungen sind in der Regel Vierpole, die mit einer Quelle am Eingang und einer Last am Ausgang betrieben werden (Abb. 14.4). Die Quelle besteht dabei im Allgemeinen aus einer idealen Strom- oder Spannungsquelle mit einen Innenwiderstand.

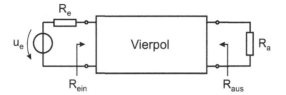

**Abb. 14.4**  Vierpol mit der Quelle $u_e$, dem Quellwiderstand $R_e$ und der Last $R_a$

### 14.2.1   Bestimmung des Eingangswiderstandes

Die Bestimmung des Eingangswiderstandes $R_{\text{ein}}$, der in die Eingangsklemmen des Verstärkers hinein gemessen wird (Abb. 14.5), erfolgt durch

- Abtrennen der Signalquelle von den Eingangsklemmen,
- Anschließen einer Testquelle $u_x$ an den Eingang der Schaltung,
- Bestimmung des Eingangswiderstandes gemäß $R_{\text{ein}} = u_x/i_x$.

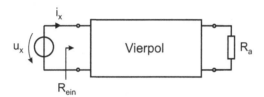

**Abb. 14.5**  Messschaltung zur Bestimmung des Eingangswiderstandes eines Vierpols

### 14.2.2   Bestimmung des Ausgangswiderstandes

Die Bestimmung des Ausgangswiderstandes $R_{\text{aus}}$, der in die Ausgangsklemmen des Verstärkers hinein gemessen wird (Abb. 14.6), erfolgt durch

- Nullsetzen der Signalquelle am Eingang,
- Abtrennen der Last am Ausgang
- Anschließen einer Testquelle $u_x$ an den Ausgang der Schaltung,
- Bestimmung des Ausgangswiderstandes gemäß $R_{\text{aus}} = u_x/i_x$.

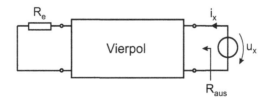

**Abb. 14.6**  Messschaltung zur Bestimmung des Ausgangswiderstandes eines Vierpols

## 14.3   Vierpolparameter

Lineare Vierpole (Abb. 14.7) lassen sich mit Hilfe von Vierpolparametern auf unterschiedliche Weise darstellen.

**Abb. 14.7**  Allgemeine Darstellung eines linearen Vierpols

### 14.3.1   Darstellung von Vierpolen mit $g$-Parametern

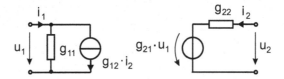

**Abb. 14.8**  Darstellung eines linearen Vierpols mit $g$-Parametern

Bei der Darstellung mit $g$-Parametern (Abb. 14.8) erfolgt die Berechnung der Parameter gemäß

$$g_{11} = \left.\frac{i_1}{u_1}\right|_{i_2=0} \ , \qquad g_{12} = \left.\frac{i_1}{i_2}\right|_{u_1=0} \qquad (14.1)$$

$$g_{21} = \left.\frac{u_2}{u_1}\right|_{i_2=0} \ , \qquad g_{22} = \left.\frac{u_2}{i_2}\right|_{u_1=0} \ . \qquad (14.2)$$

### 14.3.2   Darstellung von Vierpolen mit $h$-Parametern

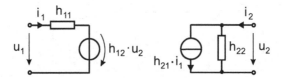

**Abb. 14.9**  Darstellung eines linearen Vierpols mit $h$-Parametern

Bei der Darstellung mit $h$-Parametern (Abb. 14.9) erfolgt die Berechnung der Parameter gemäß

$$h_{11} = \left.\frac{u_1}{i_1}\right|_{u_2=0} , \qquad h_{12} = \left.\frac{u_1}{u_2}\right|_{i_1=0} \qquad (14.3)$$

$$h_{21} = \left.\frac{i_2}{i_1}\right|_{u_2=0} , \qquad h_{22} = \left.\frac{i_2}{u_2}\right|_{i_1=0} . \qquad (14.4)$$

### 14.3.3 Darstellung von Vierpolen mit $y$-Parametern

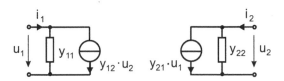

**Abb. 14.10** Darstellung eines linearen Vierpols mit $y$-Parametern

Bei der Darstellung mit $y$-Parametern (Abb. 14.10) erfolgt die Berechnung der Parameter gemäß

$$y_{11} = \left.\frac{i_1}{u_1}\right|_{u_2=0} , \qquad y_{12} = \left.\frac{i_1}{u_2}\right|_{u_1=0} \qquad (14.5)$$

$$y_{21} = \left.\frac{i_2}{u_1}\right|_{u_2=0} , \qquad y_{22} = \left.\frac{i_2}{u_2}\right|_{u_1=0} . \qquad (14.6)$$

### 14.3.4 Darstellung von Vierpolen mit $z$-Parametern

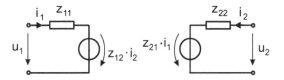

**Abb. 14.11** Darstellung eines linearen Vierpols mit $z$-Parametern

Bei der Darstellung mit $z$-Parametern (Abb. 14.11) erfolgt die Berechnung der Parameter gemäß

$$z_{11} = \left.\frac{u_1}{i_1}\right|_{i_2=0} , \qquad z_{12} = \left.\frac{u_1}{i_2}\right|_{i_1=0} \qquad (14.7)$$

$$z_{21} = \left.\frac{u_2}{i_1}\right|_{i_2=0} , \qquad z_{22} = \left.\frac{u_2}{i_2}\right|_{i_1=0} . \qquad (14.8)$$

# Sachverzeichnis

© Springer-Verlag GmbH Deutschland, ein Teil von Springer Nature 2019
H. Göbel, *Einführung in die Halbleiter-Schaltungstechnik*,
https://doi.org/10.1007/978-3-662-56563-6

Printed in the United States
By Bookmasters